水处理

原理、技术及应用

SHUICHULI

YUANLI JISHU JI YINGYONG

成岳 等 编著

化学工业出版社

·北京·

内 容 简 介

《水处理原理、技术及应用》一书主要论述了水处理的基本原理、主要技术和应用案例。全书共 19 章，包括绪论、筛分、沉淀分离、气浮分离、澄清过滤、脱水干燥、混凝、吸附、离子交换、化学与物理化学法、水处理反应器、废水生化处理理论基础、活性污泥法、生物膜法、厌氧消化法、颗粒污泥技术、膜生物反应器、微生物燃料电池和微生物电解池、膜分离等。本书理论与应用并重，详细介绍了水处理领域通用的各种技术方法、原理、设备装置的构造以及设计计算等，并在每章末都附有相应的思考题，便于读者加强练习和加深理解。

本书可供水处理、市政工程等相关领域的科研人员、技术人员、设计人员和管理人员阅读，也可供高等学校环境科学与工程、市政工程等相关专业的师生参考。

图书在版编目（CIP）数据

水处理原理、技术及应用/成岳等编著. —北京：化学工业出版社，2021.2（2023.8重印）
ISBN 978-7-122-38265-8

Ⅰ.①水…　Ⅱ.①成…　Ⅲ.①水处理-研究　Ⅳ.①TU991.2

中国版本图书馆 CIP 数据核字（2020）第 257726 号

责任编辑：卢萌萌　刘兴春　　　　　　文字编辑：丁海蓉
责任校对：王鹏飞　　　　　　　　　　装帧设计：王晓宇

出版发行：化学工业出版社（北京市东城区青年湖南街 13 号　邮政编码 100011）
印　　装：北京盛通数码印刷有限公司
787mm×1092mm　1/16　印张 25¼　字数 659 千字　2023 年 8 月北京第 1 版第 4 次印刷

购书咨询：010-64518888　　　　　　售后服务：010-64518899
网　　址：http://www.cip.com.cn
凡购买本书，如有缺损质量问题，本社销售中心负责调换。

定　　价：148.00 元

前言

　　自产业革命以来，人类在社会文明和经济发展方面取得了巨大的成就。与此同时，人类对自然的改造也达到空前的广度、深度和强度。研究表明，地球一半以上的陆地表面都受到人为活动的改造，一半以上的地球淡水资源都已被人类开发利用，人类活动严重影响着地球系统的生物地球化学过程及能量和物质的循环，外来物种入侵、海洋鱼类的大量捕捞及鸟类的大量灭绝，使地球生态系统面临空前的压力，环境污染、过度开采利用导致水资源日益短缺、油气资源和战略性矿产资源面临枯竭、物种退化灭绝及可能的生态灾难、全球气候变化、频发的自然灾害等，都危及人类社会的生存和发展。

　　水是人类和地球上其他生物的生命源泉，是生命性资源、基础性资源、战略性资源，是资源的资源，是人类社会发展的重要物质基础，直接关系到经济、社会和生态的可持续发展，是 21 世纪全球的核心资源。人类的发展与进步面临着人口膨胀、资源短缺、环境恶化和生态破坏四大问题。这四大问题均与水有着密切的关系，洪涝灾害、干旱缺水、水环境质量恶化和水土流失常常干扰或制约一个国家（或地区）的社会经济发展进程。中国的水资源危机不仅十分突出，而且已经成为经济增长和现代化进程中的根本性限制因素。水资源观念落后，涉水行为失当，水资源管理效率低下，造成水资源的巨大浪费，更加重了我国的水资源危机。

　　水资源是人类生命之源，随着世界社会经济的发展和人口逐渐增多，对水资源的争夺已逐渐演变为国际政治问题。在我国工业化和城镇化过程中，水资源污染问题日益严重，水资源短缺更加凸显，成为阻碍可持续发展的重大问题之一。

　　《水处理原理、技术及应用》主要论述了水处理的基本原理、理论和应用技术。全书共 19 章，包括绪论、筛分、沉淀分离、气浮分离、澄清过滤、脱水干燥、混凝、吸附、离子交换、化学与物理化学法、水处理反应器、废水生化处理理论基础、活性污泥法、生物膜法、厌氧消化法、颗粒污泥技术、膜生物反应器、微生物燃料电池和微生物电解池、膜分离等。

　　本书理论与应用并重，对水处理工程理论问题的论述比较全面、深入，对各家学派的学说也分别做了介绍。在应用上，详细介绍了水处理领域各种通用技术方法、原理、设备装置的构造以及实际应用等，较系统地介绍了国内外多种水处理新技术与新工艺、新设备，综合了各种技术的前沿研究成果，资料丰富，并列举大量实例和计算例题等。在每章都附有相应的思考题，便于读者加深理解。

　　本书内容丰富，可作为环境科学与工程类专业教学用书，在水处理方面既有较强的理论深度，又有最新的实例分析；既适合各类环境类专业人员的参考阅读，对从事水处理技术研究、开发、设计的人员也有较大参考价值，也可作为高等学校本科生与研究生及相关工程专业技术人员等相关专业教材或参考用书，满足不同层次读者的需要。

本书的大部分研究成果是由景德镇陶瓷大学环境工程专业硕士研究生袁峰平、牛海亮、焦创、范小丰、曹天忆、任婉茹、王静、吴小刚等完成，在此表示衷心的感谢。本书引用了一些文献资料，在此向被引用的参考文献的作者们致以谢意！

由于编著者水平及时间有限，书中不足和疏漏之处在所难免，欢迎广大读者批评指正。

编著者

目录

第1章

绪 论

1.1

水资源与水环境

1.1.1　水资源

（1）世界水资源

地球的储水量是很丰富的，共有 $1.45 \times 10^9 \text{km}^3$ 之多。地球上的水，尽管数量巨大，但能直接被人们生产和生活利用的，却少得可怜。首先，海水又咸又苦，不能饮用，不能浇地，也难以用于工业。其次，地球的淡水资源仅占其总水量的 2.5%，而在这极少的淡水资源中，又有 70% 以上被冻结在南极和北极的冰盖中，加上难以利用的高山冰川和永冻积雪，有 87% 的淡水资源难以利用。人类真正能够利用的淡水资源是江河湖泊和地下水中的一部分，约占地球总水量的 0.26%。全球淡水资源不仅短缺而且地区分布极不平衡。按地区分布，巴西、俄罗斯、加拿大、中国、美国、印度尼西亚、印度、哥伦比亚和刚果 9 个国家的淡水资源占了世界淡水资源的 60%。

随着世界经济的发展，人口不断增长，城市日渐增多和扩张，各地用水量不断增多。据联合国估计，1980 年为 $3 \times 10^{12} \text{m}^3/\text{a}$，1985 年为 $3.9 \times 10^{12} \text{m}^3/\text{a}$。到 2000 年，水量需求增加到 $6 \times 10^{12} \text{m}^3/\text{a}$。其中以亚洲用水量最多，达 $3.2 \times 10^{12} \text{m}^3/\text{a}$，其次为北美洲、欧洲、南美洲等。约占世界人口总数 40% 的 80 个国家和地区约 15 亿人口淡水不足，其中 26 个国家约 3 亿人极度缺水。

（2）中国水资源

中国水资源总量 $2.8 \times 10^{12} \text{m}^3$，我国 2014 年用水总量 $6.0949 \times 10^{11} \text{m}^3$，仅次于印度，位居世界第二位。由于人口众多，人均水资源占有量仅 2100m^3 左右。另外，中国的气候属于季风气候，水资源时空分布不均匀，南北自然环境差异大，其中北方 9 省区，人均水资源不到 500m^3，实属水少地区，特别是城市人口剧增，生态环境恶化，工农业用水技术落后，浪费严重，水源污染，更使原本贫乏的水"雪上加霜"，而成为国家经济建设发展的瓶颈。

中国水资源总量少于巴西、俄罗斯、加拿大、美国和印度尼西亚，居世界第六位。若按人均水资源占有量这一指标来衡量，则仅为世界平均水平的 1/4，排名在第 110 名之后。缺水状况在中国普遍存在，而且有不断加剧的趋势。全国约 670 个城市中，1/2 以上存在着不同程度的缺水现象，其中严重缺水的有 110 多个，全国城市缺水总量为 $6 \times 10^9 \, m^3$。

中国水资源总量虽然较多，但人均量并不丰富。水资源的特点是地区分布不均，水土资源组合不平衡；年内分配集中，年际变化大；连丰连枯年份比较突出；河流的泥沙淤积严重。这些特点造成了中国容易发生水旱灾害，水的供需产生矛盾，这也决定了中国对水资源的开发利用、江河整治的任务十分艰巨。

1.1.2　水环境

水环境是指自然界中水的形成、分布和转化所处空间的环境。是指围绕人群空间及可直接或间接影响人类生活和发展的水体、维持其正常功能的各种自然因素和有关的社会因素的总体。也有的指相对稳定的、以陆地为边界的天然水域所处空间的环境。在地球表面，水体面积约占地球表面积的 71%。水由海洋水和陆地水两部分组成，分别占总水量的 97.28% 和 2.72%。后者所占总量比例很小，且所处空间的环境十分复杂。水在地球上处于不断循环的动态平衡状态。天然水的基本化学成分和含量，反映了它在不同自然环境循环过程中的原始物理化学性质，是研究水环境中元素存在、迁移和转化及环境质量（或污染程度）与水质评价的基本依据。水环境主要由地表水环境和地下水环境两部分组成。地表水环境包括河流、湖泊、水库、海洋、池塘、沼泽、冰川等，地下水环境包括泉水、浅层地下水、深层地下水等。水环境是构成环境的基本要素之一，是人类社会赖以生存和发展的重要场所，也是受人类干扰和破坏最严重的领域。水环境的污染和破坏已成为当今世界主要的环境问题之一。

水是人类赖以生存的基础，也是国民经济和社会发展的重要资源。随着全球人口剧增，工业化和城市化的发展，人类社会对水的需求也急剧增长。同时城镇污水和工农业废水的大量排放，使地表水和地下水源不断受到污染，可供人类利用的水资源日益短缺。部分地区甚至出现了河道断流、湖泊干涸、地下含水层接近疏干，地面下沉，生态环境不断恶化等问题。

1.2
天然水的化学组成及水体污染、水体污染源与主要污染物

1.2.1　天然水的化学组成

在自然界，不存在完全纯净的水。天然水在循环过程中不断地与环境中各种物质相接触，并且或多或少地溶解它们，所以天然水实际上是一种组成复杂的溶液，其中的组分可以是固态、液态或气态的，并多以分子、离子及胶体微粒的状态存在于水中。通过分析显示，天然水中含有的物质包括了地壳中的大部分元素，主要可分为以下几类：

① 主要离子　天然水中最常见的离子是 K^+、Na^+、Ca^{2+}、Mg^{2+}、Cl^-、HCO_3^-、NO_3^-、SO_4^{2-}，这八种离子占天然水中离子总量的 95%～99%。

② 生源物质　主要有 NH_4^+、NO_2^-、NO_3^-、HPO_4^{2-}、PO_4^{3-}。

③ 微量元素　包括 Br、I、Fe、Cu、Ni、Ti、Pb、Zn、Mn 等。

④ 胶体　包括无机胶体 $SiO_2 \cdot nH_2O$、$Fe(OH)_2 \cdot nH_2O$、$Al_2O_3 \cdot nH_2O$ 以及有机胶

体腐殖质等。

⑤ 悬浮物质 包括细菌、藻类、原生动物、砂粒、黏土和铝硅酸盐颗粒等。

⑥ 溶解性气体 包括主要气体 N_2、O_2、CO_2、H_2S 以及微量气体 CH_4、H_2、He 等。

天然水体在受到人类活动影响后,其中所含的物质种类、数量、结构都有所改变,可通过这种变化判断人类活动对水体的影响程度。

1.2.2 水体污染、水体污染源与主要污染物

1.2.2.1 水体污染

水体是海洋、江河、湖泊、水库、沼泽、冰川等地表水与地下水及其中所包含物质的总称。在环境学中,水体不仅包括水本身,还包括了水中的各种溶解物质、胶体、悬浮物、底泥和水生生物等,实际上它是一个完整的自然综合体,也是一个完整的生态系统。

在水环境污染的研究中,区分"水"与"水体"的概念十分重要。如水中的重金属污染物容易转移到底泥中,一般在水中的含量都不高。若仅着眼于水,污染并不明显,而从整个水体来看,可能已受到较严重的污染。

水体污染是指排入水体的污染物在数量上超过了水体的本底含量和水体的环境容量,从而导致水的物理、化学、生物或者放射性等方面特性的改变,从而影响水的有效利用,危害人体健康或者破坏生态环境,造成水质恶化的现象。

1.2.2.2 水体污染源

造成水体污染的主要污染源有生活污水、工业废水、农业废水等。

(1) 生活污水

生活污水是人们日常生活中产生的污水,主要来自家庭、商业、机关、学校、医院、城镇公共设施及工厂,包括厕所冲洗排水、厨房洗涤排水、洗衣排水、沐浴排水等。生活污水的主要成分为纤维素、淀粉、糖类、脂肪、蛋白质等有机物,无机盐类及泥沙等杂质,一般不含有毒物质,但常含植物营养物质,且含有大量细菌(包括病原菌)、病毒和寄生虫卵。影响生活污水成分的因素主要有生活水平、生活习惯、卫生设备、气候条件等。

(2) 工业废水

工业废水是在工业生产过程中排出的废水。由于工业性质、原料、生产工艺及管理水平的差异,工业废水的成分和性质变化复杂。一般来说,工业废水污染比较严重,往往含有大量有毒有害物质。以焦化厂为例,其废水中含有酚类、苯类、氰化物、硫化物、焦油、吡啶、氨等有害物质。

(3) 农业废水

农业废水是指农田灌溉水。不合理地施用化肥、农药或不合理地使用污水灌溉,会造成土壤受农药、化肥、重金属和病原体等的污染,同时通过灌溉水及其径流和渗流,又将农田、牧场、养殖场以及副产品加工厂等附近土壤中这些残留的污染物带入水体,从而造成水质的恶化。

生活污水和工业废水通过下水道、排水管或沟渠等特定部位排放污染物,称为点源。点源较易监测与管理,可将这些污水改变流向并在进入环境前进行处理。而农业废水分散排放污染物,没有特定的入水排污位置,称为非点源或面源,其监测、调控和处理远比点源困难。

1.2.2.3 主要污染物

水体污染物种类繁多,因而可以用不同方法、标准或根据不同的角度分为不同的类型。现从环保角度出发,根据污染物的物理性质、化学性质、生物性质及污染特性,将水体污染

物分为无机无毒物质、无机有毒物质、有机无毒物质和有机有毒物质四大类。

（1）无机无毒物质

无机无毒物质主要指排入水体的酸、碱、一般的无机盐类以及 N、P 等植物营养元素。

酸、碱污染水体，会影响水体的自然缓冲作用，消灭微生物或抑制微生物的生长，导致水体的自净能力下降，腐蚀管道、水工建筑物和船舶等。此外，还可能会因 pH 值变化，导致水体中的无机盐类及硬度的增加。无机盐能增加水的渗透压，对淡水生物和植物生长造成不良影响。而过多的 N、P 等植物营养元素进入水体会导致富营养化。

（2）无机有毒物质

无机有毒物质指能直接引起人体及生物毒性反应的无机性污染物。这类污染物具有明显的累积性，在排入水体后可通过水生生物富集，进入食物链危害人体健康，其中最为典型的是重金属离子和氰化物、砷等非金属污染物。

① 重金属毒性物质　主要包括汞、镉、铬、铅、锌、铜、镍、钴等。

汞具有很强的毒性，无机汞被微生物转化为甲基汞后，毒性更是大增。甲基汞能在脑内大量积累，引起乏力、末梢麻木、动作失调、精神错乱甚至死亡。日本的水俣病事件即是人长期食用被汞污染的海产品所致。

镉是典型的富集型毒物。在进入人体后，主要富集在肾脏和骨骼中，使肾功能失调，骨骼中的钙被镉取代而疏松，造成自然骨折，疼痛难忍。日本的骨痛病事件是人长期饮用含镉河水，食用浇灌含镉河水生产的稻谷所致。

铬在水体中以六价铬和三价铬的形态存在，其中六价铬的毒性远大于三价铬。进入人体后，会引起神经系统中毒。

铅也是一种富集型的毒物。铅离子能与多种酶络合，干扰机体的生理功能，危及神经系统、肾脏与脑，儿童比成人更容易受到铅污染，造成永久性的脑损伤。

② 非金属的无机毒性物质　主要包括氰化物、砷、硒、氟、硫等。

氰化物为剧毒物质，主要来源于游离的氢氰酸（HCN），CN^- 在酸性溶液中可生成 HCN 而挥发出来。各种氰化物分离出 CN^- 及 HCN 的难易程度不同，因而毒性也有差异。CN^- 的毒性主要表现在破坏血液，影响输氧，引起组织缺氧，细胞窒息，脑部受损，最终因呼吸中枢麻痹而死亡。

砷是传统的剧毒物质，三价砷的毒性要比五价砷的毒性高得多，As_2O_3 即砒霜，对人体毒性很大。砷能在人体中积累，长期饮用含砷的水会导致慢性中毒，主要症状是神经中枢紊乱、腹痛、呕吐、肝痛、肝大等障碍，并常伴有皮肤癌、肝癌、肾癌及肺癌等发病率增高等现象。

（3）有机无毒物质

有机无毒物质主要指需氧有机物。天然水体中的有机物主要是水生生物生命活动的代谢产物，而生活污水和大部分工业废水中含有碳水化合物、蛋白质、脂肪和木质素等需氧有机物。这些物质的共同特性是没有毒性，进入水体后，在微生物的作用下，最终分解为简单的无机物，并在生物氧化分解过程中消耗水中的溶解氧，因而又称为需氧污染物。当需氧有机物过多地进入水体时，会造成水中的溶解氧严重不足甚至耗尽，引起有机物厌氧发酵，分解出甲烷、硫化氢、氨等气体，散发恶臭，污染环境。

（4）有机有毒物质

这类物质多为人工合成的有机物质，往往含量低、毒性大。其特点是化学性质稳定，不易被微生物降解，多数具有疏水亲油性质，易被水中胶粒和油粒吸附扩散且在水生生物体内能富集、积累，对人体及生物有毒害作用。有机有毒物质的种类很多，其污染影响及作用也各不相同，在此仅列举几种作简要介绍。

① 有机农药 包括杀虫剂、杀菌剂和除草剂。从化学结构上，有机农药可分为有机氯、有机磷两大类。其中有机氯农药水溶性低而脂溶性高，难以被化学降解和生物降解，易在动物体内累积，对动物和人体造成危害。相比之下，有机磷农药较易被生物降解，在环境中滞留时间较短，污染范围较小。

② 酚类化合物 酚类化合物是有机合成的重要原料之一，具有广泛的用途。酚作为一种原生质毒物，可使蛋白质凝固，主要作用于神经系统。水体受酚污染后，会严重影响各种水生生物的生长和繁殖，使水产品产量和质量降低。

③ 多环芳烃（PAHs） 多环芳烃是指多环结构的烃类，其种类很多，在地表水中已知的 PAH 有 20 多种，是环境中重要的致癌物质之一。已证实的致癌物包括苯并［a］芘、二苯并［a］芘、二苯并［a，h］芘、苯并［a］蒽、二苯并［a，h］蒽等，其中以苯并［a］芘最受关注。

④ 多氯联苯（PCBs） PCBs 是联苯分子中一部分或全部氢被氯取代后所形成的各种异构体混合物的总称。PCBs 广泛应用于工业，有剧毒，化学性质十分稳定，在进入环境后很难降解。进入人体后主要蓄积在脂肪组织、肝和脑中，引起皮肤和肝脏损害。日本的米糠油事件是人食用被 PCBs 污染的米糠油所致。

1.3
水质指标与水质标准

1.3.1 水质指标

水体污染有时可以直接观察到，如水体的颜色发生了改变，但更多时候需要借助仪器分析。通常采用水质指标来衡量水质的好坏和水体被污染的程度。水质指标项目繁多，一般可以分为物理性水质指标、化学性水质指标和生物性水质指标三大类。

（1）物理性水质指标

物理性水质指标包括温度、色度、臭和味、浊度、透明度等感官物理性质指标和固体物质（悬浮物）、电导率等其他物理性质指标，以下对常用物理性水质指标作简要说明。

① 温度 水的许多物理化学性质都与温度密切相关，如密度、黏度、含盐量、pH、气体溶解度、化学和生物化学反应速率，以及生物活动等都受水温变化的影响。水温的测量对水体自净、热污染判断及水处理过程的运转控制等都有重要意义。

水源不同，水温也有很大的差异。地表水的温度随季节和气候变化较大，一般为 0～30℃；地下水的温度相对稳定，一般为 8～12℃；工业废水的温度因工业类型、生产工业的不同往往有很大差别。

② 色度 纯水无色透明，但天然水中因含有泥土、有机质、无机矿物质及浮游物质等，往往呈现一定的颜色。有颜色的水会减弱水的透光性，从而影响水生生物的生长。工业废水中常含有染料、生物色素、有色悬浮物等，是环境水体着色的主要来源。

③ 臭和味 天然水是无臭无味的，当水体受到污染后会产生异臭、异味。水的异臭来源于还原性硫和氮的化合物、挥发性有机物和氯气等污染物质。盐分会给水带来异味，如氯化钠带咸味、硫酸镁带苦味、铁盐带涩味、硫酸钙略带甜味等。无臭无味的水虽然不能保证

不含污染物，但有利于使用者对水质的信任。

④ 浊度　浊度是反映水中不溶性物质对光线透过时阻碍程度的指标，通常仅用于天然水和饮用水，而污水中不溶性物质含量高，一般要求测定悬浮物。

⑤ 悬浮物　水样经过滤后留在过滤器上的固体物质，在 $103\sim105℃$ 烘干至恒重后得到的物质称为悬浮物。悬浮物使水体浑浊、透明度降低，影响水生生物呼吸和代谢。

（2）化学性水质指标

化学性水质指标又可分为无机物指标和有机物指标两类。无机物指标包括 pH 值、酸度、碱度、硬度，N、P 等营养元素以及有毒有害金属、非金属无机物等。有机物种类繁多、组成复杂，常用化学需氧量、生化需氧量、总有机碳等综合性指标来表征有机污染物的含量。但是许多痕量有毒有机物对上述综合性指标贡献较小，其危害或潜在威胁却很大，随着分析测试技术和分析仪器的不断发展，有毒有机物指标较以往有了大幅度的增加。

① pH 值　反映水的酸碱性质。天然水的 pH 值一般为 $6\sim9$，饮用水要求控制在 $6.5\sim8.5$。生活污水一般呈弱碱性，而工业废水可能为酸性或碱性，其排放会对天然水体的酸碱性造成影响。酸性或碱性的污水会对管道造成腐蚀。pH 还会影响水生生物的生理活动。

② 化学需氧量（COD）　COD 是指在一定条件下，氧化 1L 水样中还原性物质所消耗的氧化剂的量，以氧的质量浓度表示。化学需氧量反映了水体受还原性物质污染的程度。水中的还原性物质包括有机物和亚硝酸盐、硫化物、亚铁盐等无机物，基于水体被有机物污染的普遍性，COD 常作为有机污染物相对含量的综合性指标之一，但只能反映被氧化剂氧化的有机污染物。

③ 生化需氧量（BOD）　BOD 是指在有溶解氧存在的条件下，好氧微生物分解水中有机物的生化过程中所消耗的溶解氧的量。同时亦包括如硫化物、亚铁盐等还原性无机物氧化所消耗的溶解氧，但这部分通常占的比例很小。

由于温度对微生物的活动有很大影响，BOD 测定时规定了 20℃ 为标准温度。在有氧条件下，污水中有机物的分解一般分两个阶段进行。第一阶段为含碳物质氧化阶段，主要是含碳有机物转化为二氧化碳和水；第二阶段为硝化阶段，主要是含氮有机化合物转化为亚硝酸盐和硝酸盐。一般有机物在 20℃ 下需要 20d 才能完成第一阶段的氧化分解，如此长的测定时间很难在实际工作中应用，对于一般有机物，5d 的 BOD 约为 20d 的 70%，因而以 5d 作为测定标准时间，所测数据以 BOD_5 表示。

BOD 的测定条件与有机物进入天然水体后被微生物氧化分解的情况较类似，因此能较准确地反映有机物对水质的影响，但测定所需时间较长。

④ 总有机碳（TOC）　TOC 是近年来发展起来的一种快速测定方法，它包含了水体中所有污染的含碳量。测定方法是在特殊的燃烧器中，以铂为催化剂，在 900℃ 下，使水样汽化燃烧，测定燃烧后气体中二氧化碳含量，从而确定水中的碳元素总量。在此总量中减去无机碳元素含量，即可得总有机碳量。TOC 虽可以总有机碳元素量来反映有机物总量，但因排除了其他元素，仍不能直接反映有机物的真正浓度。

（3）生物性水质指标

生物性水质指标主要有细菌总数、总大肠菌群数以及各种病原菌、病毒等。

① 细菌总数　是指 1mL 水样在营养琼脂培养基中，于 37℃ 下培养 24h，所生长的细菌菌落（CFU）总数。该指标是判断饮用水、水源水、地表水等污染程度的指标，但细菌总数不能说明污染的来源，需结合总大肠菌群数来判断。

② 总大肠菌群数　是指能在 35℃、48h 内使乳糖发酵产酸、产气的需氧及兼性需氧

的革兰氏阴性无芽孢杆菌数，以每升水样中所含的大肠菌群数目表示。总大肠菌群是粪便污染的指示菌群，其值可表明水体被粪便污染的程度，并间接表明肠道致病菌存在的可能性。

1.3.2　水质标准

（1）水环境质量标准

水是人类的重要资源，根据水体的环境功能和保护目标制定相应的标准。目前我国的水环境质量标准主要有：

①《地表水环境质量标准》（GB 3838—2002）。

②《地下水质量标准》（GB/T 14848—2017）。

③《海水水质标准》（GB 3097—1997）。

④《渔业水质标准》（GB 11607—1989）。

⑤《农田灌溉水质标准》（GB 5084—2021）。

以《地表水环境质量标准》（GB 3838—2002）为例，按功能高低将水域依次划分为五类：

Ⅰ类：主要适用于源头水、国家自然保护区；

Ⅱ类：主要适用于集中式生活饮用水地表水源地一级保护区、珍稀水生生物栖息地、鱼虾类产卵场、仔稚幼鱼的索饵场等；

Ⅲ类：主要适用于集中式生活饮用水地表水源地二级保护区、鱼虾类越冬场、洄游通道、水产养殖区等渔业水域及游泳区；

Ⅳ类：主要适用于一般工业用水区及人体非直接接触的娱乐用水区；

Ⅴ类：主要适用于农业用水区及一般景观要求水域。

对应地表水上述五类水域功能，将地表水环境质量标准基本项目标准值分为五类，不同功能类别分别执行相应类别的标准值。水域功能类别高的标准值严于水域功能类别低的标准值。同一水域兼有多类使用功能的，执行最高功能类别对应的标准值。地表水环境质量标准基本项目标准限值见 GB 3095—2012。

（2）水污染物排放标准

为了控制水污染，保护海洋、江河、湖泊、运河、渠道、水库等地表水及地下水的水质，对各种水体污染源制定相应的排放标准。我国现行的国家水污染物排放标准主要有：

①《污水综合排放标准》（GB 8978—1996）。

②《城镇污水处理厂污染物排放标准》（GB 18918—2002）。

③《污水海洋处置工程污染控制标准》（GB 18486—2001）。

以《污水综合排放标准》（GB 8978—1996）为例，该标准按地表水域使用功能和污水排放去向分别执行三级标准：排入《地表水环境质量标准》（GB 3838—2002）中Ⅲ类水域（规定的保护区和游泳区除外）和排入《海水水质标准》（GB 3097—1997）中二类海域的污水，执行一级标准；排入《地表水环境质量标准》（GB 3838—2002）中Ⅳ、Ⅴ类水域和《海水水质标准》（GB 3097—1997）中三类水域的污水，执行二级标准；排入设置二级污水处理厂的城镇排水系统的污水，执行三级标准。排入未设置二级污水处理厂的城镇排水系统的污水，必须依据排水系统出水受纳水域的功能要求，执行相应级别的标准。

标准还将排放的污染物按其性质及控制方式分为两类。

第一类污染物：能在环境或动、植物体内积累，对人体健康产生长远不良影响的污染物质。不分行业和污水排放方式，也不分受纳水体的功能类别，一律在车间或车间处理设施排放口采样，其最高允许排放浓度必须达到《污水综合排放标准》（GB 8978—1996）第一类污染物最高允许排放的限值要求（采矿行业的尾矿坝出水口不得视为车间排放口）。

第二类污染物：长远影响小于第一类污染物的污染物质。在排污单位排放口采样，其最高允许排放浓度必须达到《污水综合排放标准》（GB 8978—1996）第二类污染物最高允许排放的限值要求。另外，根据部分行业排放废水的特点和治理技术的发展水平，制定了一系列行业排放标准，按照综合排放标准与行业排放标准不交叉执行的原则，有行业标准的执行行业标准，不再执行综合排放标准。

1.4
水污染防治与处理

1.4.1　水污染防治

水污染是当今许多国家面临的一大环境问题，它严重威胁着人类生命健康，阻碍经济建设发展，是可持续发展的制约因素。水污染防治应当坚持预防为主、防治结合、综合治理的原则，优先保护饮用水水源，严格控制工业污染、城镇生活污染，防治农业面源污染，积极推进生态治理工程建设，预防、控制和减少水环境污染和生态破坏。

（1）工业水污染防治

应当合理规划工业布局，要求造成水污染的企业进行技术改造，采取综合防治措施，提高水的重复利用率，减少废水和污染物排放量。对于严重污染水环境的落后工业和设备，国家实行淘汰制度。

（2）城镇水污染防治

应当集中处理城镇污水。根据城乡规划和水污染防治规划，组织编写城镇污水处理设施建设规划，并根据该规划的要求建设城镇污水集中处理设施及配套管网。城镇污水处理设施的运营单位按照国家规定向排污者收取污水处理费用，用于污水集中处理设施的建设和运行。向城镇污水集中处理设施排放水污染物，应当符合国家或者地方规定的水污染排放标准。

（3）农业和农村水污染防治

应当加强管理过期失效农药的运输、贮存和处置过程；合理地施用化肥和农药，控制化肥和农药的过量使用；应当保证禽畜养殖的粪便、废水的综合利用或无害化处理设施正常运转，保证污水达标排放；应当保护水产养殖的水域生态环境，科学确定养殖密度，合理投饵和使用药物；利用工业废水和城镇污水灌溉，应当防止污染土壤、地下水和农业品。

1.4.2　水污染处理

针对各种水体污染源，可以运用工程技术，将其中含有的污染物质分离去除、回收利用，或将其转化为无害物质，从而使污水得到净化。按处理原理，水处理技术分为物理处理方法、化学处理方法、物理化学处理方法和生物处理方法四大类。

物理处理方法有使用格栅与筛网、沉淀、气浮、过滤、蒸发等。

化学处理方法有中和、混凝絮凝、化学沉淀、氧化还原和消毒等。

物理化学处理方法有吸附法、离子交换法、膜分离法等，其中膜分离技术有渗透、电渗析、反渗透、扩散渗透、纳滤、超滤、微孔过滤等。

生物处理方法有好氧活性污泥法、生物膜法、厌氧法和自然生物处理法等。

思　考　题

1. 水环境问题有哪些？
2. 什么是水体污染？造成水体污染的物质主要有哪些？
3. 什么是水体自净？需氧有机物在水中如何降解？
4. 水污染防治的原则是什么？
5. 污水的处理技术有哪些？
6. 简述城市污水处理的基本流程。

第一篇　物理处理

第2章

筛 分

水处理中的物理处理方法，首先用到格筛和筛网，其主要作用是拦截水中的杂物和回收工业废水中的短小纤维。对污泥的粒度分析，需要用到筛分分析。筛分是最古老的一种粒度分析方法，做法是使已知质量的试料相继通过逐个变细的筛网，并称量每个筛网上所收集的试料量，计算出每个筛级的质量分数。筛分可以用湿料，也可以用干料，筛子要振动，以便使所有颗粒都能与筛孔接触。

2.1
物料的粒度组成及粒度分析

2.1.1 粒度及其表示方法

对于松散物料，技术上通常引入"粒度""粒级""粒度组成"及"平均粒度"来描述粒群的特征。粒度是指颗粒或粒子大小的度量，表示物料粉碎的程度，一般用 mm（或 μm）表示。在实际工作中，粒度通常借用"直径"一词来表示，记为 d。用某些方法（如筛分）将粒度范围较宽的碎散物料粒群分成粒度范围较窄的若干个级别，这些级别就称为粒级，粒级通常用上限尺寸和下限尺寸来表示。粒度组成是指记录碎散物料粒群中各个粒级的质量分数或累积质量分数的文字资料，它表明物料的粒度构成情况，是对碎散物料粒度分布特征的一种数字描述。平均粒度是指碎散物料粒群中颗粒粒度大小的一种统计表示方法。

平均粒度虽然反映了一个碎散物料粒群中颗粒粒度的平均大小，从一个侧面描述了这一物料的粒度特征，但它并不能全面地说明物料的粒度特征。尽管两个碎散物料粒群具有相同的平均粒度，但它们各个粒级的质量分数却完全不同。由此可见，平均粒度并不能全面地说明物料的粒度特征。为了更充分地描述物料的粒度特征，在实际工作中，除采用平均粒度外，还引入偏差系数来描述物料颗粒粒度的均匀程度。

2.1.2 粒度分析方法

粒度分析是固体物料分选学中的一项重要工作，针对不同粒度范围的物料，采用不同的分选方法。确定分选工艺流程和选择分选设备时，待分选物料的粒度组成是一个必须考虑的重要因素。在评价分选作业的实际工作效果和分析生产过程时，也常常需要对给料和产物进行粒度分析。因此，对于固体物料的分选过程，粒度分析是一个基本手段，是技术工作中的一项基本操作方法。常用的方法有筛分分析法、水力沉降分析法、显微镜分析法。

筛分分析法是采用筛孔大小不同的一套筛子对物料进行粒度分析的方法，适用的物料粒度范围为 0.01～100mm，粒度大于 0.1mm 的物料多用干筛，粒度在 0.1mm 以下的物料则常用湿筛，得到的是颗粒的几何尺寸。优点是设备简单、操作容易；缺点是颗粒形状对分析结果的影响较大。

水力沉降分析法是利用不同粒度的颗粒在水中沉降速度的差异，将物料分成若干粒度级别的分析方法。其中，测量结果是具有相同沉降速度的颗粒的当量直径，而不是颗粒的实际尺寸。适用于处理 0.05～40μm 的物料，其特点是既受颗粒大小的影响，又受颗粒密度和形状的影响。

显微镜分析法是在显微镜下对颗粒的尺寸和形状直接进行观测的一种粒度分析方法。适用于处理 0.005～50μm 的物料。主要应用于检查分选作业的产品、校正水力沉降分析法得到的分析结果、研究物料的结构和构造等。

2.2

筛分分析

筛分分析是试验研究和生产实践中应用最多的粒度分析方法。这种方法实质上就是让已知质量的物料（试样）连续通过筛孔逐层减小的一套筛子，从而把物料分成不同的粒度级别。

一般地讲，对于粒度大于 6mm 的矿料的筛析属于粗粒物料的筛析，采用钢板冲孔或钢丝网制成的手筛作为筛析工具。即用一套筛孔大小不同的筛子对矿料进行筛分，将矿石分成若干粒级，然后分别称量各粒级矿料的质量，并列表记录下来。如果原矿含泥和细粒级矿料黏附在大块矿石上，应当将它们清洗下来，否则会影响筛析结果的准确性。

筛析的目的，是求出各粒级物料的质量分数，从而确定它们的粒度组成。某一粒级矿料质量除以被筛物料总质量，即为该粒级物料的产率（或筛余）。累积筛余百分数，则表示大于某一筛孔的物料占被筛物料总质量的百分数；而累积筛下百分数，是表示小于某一筛孔的物料占被筛物料总质量的百分数，或称通过量百分数。

2.2.1　筛分过程

将颗粒大小不同的物料，通过单层或多层筛子分成若干个不同粒度级别的过程称为筛分。筛分是物料按几何尺寸的粒度分级过程。筛分的形式分为干筛和湿筛，一般用于粗颗粒的分级，也可用于脱水、脱泥、脱介质。

筛分过程分为两个阶段：①易于穿过筛孔的颗粒通过不能穿过筛孔的颗粒组成的物料层到达筛面；②易于穿过筛孔的颗粒透过筛孔。要实现筛分的两个阶段，物料在筛面上应具有适当的运动，一方面使物料层保持松散，产生析离（按粒度分层），另一方面使堵在筛孔上的颗粒脱离筛面，有利于颗粒透过筛孔。根据筛孔尺寸不同，粒度划分为 4 个等级，分别是易筛粒 [$d<(3/4)L$]、难筛粒 [$(3/4)L \leqslant d \leqslant L$]、阻碍粒 [$d=(1\sim1.5)L$]、非阻碍粒（$d \geqslant 1.5L$）（$d$ 为颗粒粒度，L 为筛孔尺寸）。矿粒通过筛孔的可能性，称为筛分概率。通常影响筛分概率的因素有筛孔大小、矿粒与筛孔的相对大小、筛子有效面积、矿粒运动方向与筛面的角度、矿料含水或含泥量。假设满足理想条件：单个球形矿粒在单个正方形筛孔上方垂直下落。

筛分概率：

$$P=\frac{m}{n} \qquad (0 \leqslant P \leqslant 1) \tag{2-1}$$

对于正方形筛孔，球形颗粒概率公式：

$$P = \frac{L-d}{L^2} = \left(1 - \frac{d}{L}\right)^2 \tag{2-2}$$

若考虑筛丝的直径，则颗粒透过筛面的概率为：

$$P = \frac{(L-d)^2}{(L+a)^2} = \frac{L^2}{(L+a)^2}\left(1 - \frac{d}{L}\right)^2 \tag{2-3}$$

式中　　P——筛分概率，%；

$\quad\quad\quad m$——过筛数；

$\quad\quad\quad n$——总数；

$\quad\quad\quad L$——筛孔边长，cm 或 mm；

$\quad\quad\quad d$——球形颗粒直径，cm 或 mm；

$\quad\quad\quad a$——筛丝直径，mm。

注：筛孔尺寸越大，筛丝和颗粒直径越小，颗粒透过筛孔的可能性就越大。

2.2.2　筛分工具

筛分分析根据待分析物料的粒度范围，可采用不同的筛分工具。对于粗粒物料多采用手筛进行人工筛分分析；而对于粒度在几毫米以下的物料，则需要采用标准筛在振筛机上进行筛分分析。

手筛就是把筛网固定在筛框上而构成的筛子，这种筛子可以根据需要随时加工。而标准筛则是一套筛孔尺寸有一定比例、筛孔大小和筛丝直径均按照标准制造的筛子。在使用标准筛时，需要按照筛孔的大小从上到下依次将各个筛子排列起来，这时各个筛子所处的层位次序称为筛序；在叠好的筛序中，相邻两个筛子的筛孔尺寸之比称为筛比。

标准套筛的制造标准和采用的筛比，目前世界上尚没有统一。在美国、英国、加拿大等国家，采用的筛比为 1.414；而在法国和苏联则采用 1.259 作为公共筛比。筛号以前主要以网目命名。所谓网目，就是筛网上每英寸长度内所具有的方形筛孔的个数，这种筛号的命名方法连续使用了很长时间。近年来广泛采用的筛号命名方法是直接以筛孔的尺寸来命名，与采用网目命名方法比较，这种命名方法更直观、准确。中国所采用的标准筛的制造标准与美国和英国的标准比较接近。

所谓目数，是指物料的粒度或粗细度，一般定义是指在 1in×1in 的面积内有多少个网孔数，即筛网的网孔数，物料能通过该网孔即定义为多少目数。如 200 目，就是该物料能通过 1in（1in=2.54cm）×1in 内有 200 个网孔的筛网。作为基准的筛子叫基筛。目数越大，说明物料粒度越细；目数越小，说明物料粒度越大。标准筛目数与孔径对照表见表 2-1。

表 2-1　标准筛目数与孔径对照表

目数	4	8	10	12	14	20	25	30	35	40	45	50	60	70
孔径/mm	4.75	2.36	2.0	1.7	1	0.841	0.707	0.595	0.5	0.42	0.354	0.297	0.25	0.21

目数	80	100	120	140	150	200	230	250	270	300	325	400	500	1000
孔径/mm	0.177	0.147	0.125	0.105	0.10	0.075	0.068	0.067	0.065	0.061	0.044	0.037	0.020	0.013

注：该表是美国标准（我国用的是这个标准），如果是泰勒筛制的尺寸会有差别。

2.2.3　筛分方法

用标准筛对物料进行粒度分析时，根据具体情况，可采用干筛，也可以采用干筛和湿筛联合的方式进行。当物料含水、含泥较少，对分析结果的要求又不是很严格时，可以直接进行干筛；但当物料黏结严重，对分析结果的要求又比较严格时，则须采用干筛和湿筛联合的方式进行筛分。

干筛在振筛机上一般需要运行 10~30min。筛分是否达到终点，需要对每层筛子进行人工筛分检查，当 1min 内筛出的筛下物料的质量不大于筛上物料质量的 1% 或不大于所筛物料总质量的 0.1% 时，方可认为筛分达到了终点。否则筛分应继续进行，直到符合上述要求为止。干筛完成后，将筛得的各个粒级分别检测出质量。

干-湿联合筛分是先用标准筛中筛孔尺寸最小的筛子对物料进行湿筛，然后再将所得到的筛上物料烘干、计量，筛上物料的质量与物料原来质量的差值，就是经过湿筛筛出的最细一个粒级的质量，最后再将筛上物料在振筛机上用全套标准筛进行干筛。筛分结束后，将所得到的各个粒级分别计量，其中干筛所得的最细一个粒级的质量加上湿筛所得的该粒级的质量即是筛分分析所得到的最细一个粒级的质量。

为了保证筛分分析结果具有足够的可信度，通过筛分分析所得到的各个粒级的质量之和与物料原来质量的差值不能超过物料原来质量的 1%，否则筛分分析结果应视为无效，必须重新进行筛分分析。另外，欲得到准确可靠的筛分分析结果，筛分分析试样的质量必须达到有代表性的最小质量。

2.2.4 数据处理

当筛析过程的物料质量损失不超过 1% 时，就可以把各个粒级的质量之和作为 100% 来计算。在此基础上，可以采用表格法或曲线法对筛分分析所得的结果进行处理。

所谓表格法，顾名思义，就是把筛析结果填入规定的表格内，常用的表格形式如表 2-2 所示。

表 2-2 筛析常用表格形式

粒级/mm	质量/kg	各粒级产率/%	筛上(正)累积产率/%	筛下(负)累积产率/%
−16+12	2.25	15.00	15.00	100.00
−12+8	3.00	20.00	35.00	85.00
−8+4	4.50	30.00	65.00	65.00
−4+2	2.25	15.00	80.00	35.00
−2+0	3.00	20.00	100.00	20.00
合计	15.00	100.00		

表 2-2 中的第 1 栏是粒级，也就是在筛分分析试验中采用的每两个相邻筛子的筛孔尺寸；第 2 栏是筛析所得到的各个粒级的质量；第 3 栏是各个粒级的产率，也就是被筛析的物料中某个粒级的质量分数；第 4 栏是筛上累积产率（或正累积产率），也就是被筛析的物料中粒度大于某一筛孔尺寸的那一部分物料的质量分数，如第 4 行的 80.00% 表明，被筛析的物料中颗粒粒度大于 2mm 部分的质量分数为 80.00%，小于 2mm 部分的质量分数为 20.00%；第 5 栏是筛下累积产率（或负累积产率），也就是被筛析的物料中粒度小于某一筛孔尺寸的那一部分物料的质量分数。

曲线法就是把筛析结果绘制成曲线，以便更充分地体现它们的意义和作用。这种按照筛析结果绘制出的曲线称为粒度特性曲线，它直观地反映出被筛析物料中任何一个粒级的产率与颗粒粒度之间的关系。在绘制粒度特性曲线时，通常以横坐标表示物料粒度，以纵坐标表示累积产率，采用的直角坐标系可以是算术的、半对数的，也可以是全对数的。三种类型的曲线分别见图 2-1~图 2-3。

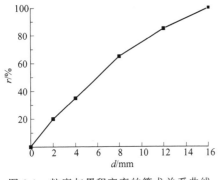

图 2-1　粒度与累积产率的算术关系曲线

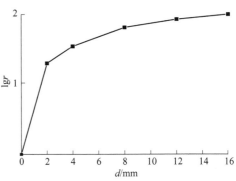

图 2-2　粒度与累积产率的半对数关系曲线

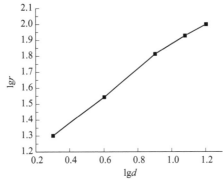

图 2-3　粒度与累积产率的全对数关系曲线

2.3
筛分理论

2.3.1　筛分运动规律理论

（1）单颗粒运动理论

筛分理论中的单颗粒运动理论主要包括混沌运动理论以及定常运动理论。单颗粒运动理论认为物料颗粒在筛面上的运动轨迹主要受筛分机抛射强度的影响，混沌运动理论假定颗粒同筛面间的碰撞为塑性碰撞，而定常运动理论假设这种碰撞为完全塑性碰撞。

（2）物料群运动理论

单颗粒运动理论是研究筛分物料运动的基础，但这种理论也存在着将复杂问题简单化的弊端，在实际筛分工作中，颗粒间存在着一定的干扰作用，因此相关学者便引入了概率学理论对物料群运动进行分析。物料群运动理论是在概率运动学模型的基础上建立的动态理论，将筛面上物料的运动看作随机性的复杂运动过程。物料群运动理论是单颗粒运动理论与概率学、统计学结合得出的。

2.3.2　筛分透筛概率理论

（1）单颗粒透筛概率理论

振动筛面表面上物料的筛分过程是以概率论为原理基础的，因此物料颗粒的透筛概率就是筛分过程的实际工作原理。物料颗粒形状并非是规则的球形，相反呈现着不规则形状，在筛分过程中其形状与质量都对物料颗粒的透筛概率存在着影响。不仅仅是物料合理的形状与质量，物料颗粒中的含泥量与含水量都会对透筛概率造成影响，因此对单颗粒透筛概率进行计算时，必须根据物料颗粒的实际情况对分配方程进行修正。

（2）物料群透筛概率理论

为了深入分析粒群效应对物料颗粒透筛概率的影响，在趋于成熟的单颗粒透筛概率的基础上，利用概率统计学的方法对物料颗粒分层透筛过程进行观察，将同一粒度颗粒在筛面上的滞留时间设定为随机变量，建立了筛面长度方向基础上的粒群透筛概率模型。

2.3.3 潮湿物料干法深度筛分理论

早在 20 世纪 60 年代瑞典学者就提出了通过调整筛面倾角控制分离粒度的概率筛分法，随着理论研究的深入，各国学者通过不懈的研究又提出了等厚筛分理论、潮湿物料分配曲线细粒端反常上翘理论、潮湿物料微观黏附力影响理论等理论。各国学者开始从筛面研究转向对物料颗粒表面物理特性以及化学特性的研究，并根据这一理论设计出了强化筛、梯流筛等筛分机械。

将颗粒大小不同的碎散物料群，多次通过均匀布孔的单层或多层筛面，分成若干不同级别的过程称为筛分。理论上大于筛孔的颗粒留在筛面上，称为该筛面的筛上物；小于筛孔（至少有二维的尺寸小于筛孔尺寸）的颗粒透过筛孔，称为该筛面的筛下物。碎散物料的筛分过程，可以看作由两个阶段组成：一是小于筛孔尺寸的细颗粒通过粗颗粒所组成的物料层到达筛面；二是细颗粒透过筛孔。要想完成上述两个过程，必须具备最基本的条件，就是物料和筛面之间要存在着相对运动。为此，筛箱应具有适当的运动特性：一方面使筛面上的物料层成松散状态；另一方面，使堵在筛孔上的粗颗粒闪开，保持细粒透筛之路畅通。实际的筛分过程是：大量粒度大小不同，粗细混杂的碎散物料进入筛面后，只有一部分颗粒与筛面接触，而在接触筛面的这部分物料中，不全是小于筛孔的细粒，大部分小于筛孔尺寸的颗粒，分布在整个料层的各处。由于筛箱的运动，筛面上料层被松散，使大颗粒本来就存在的较大的间隙被进一步扩大，小颗粒趁机穿过间隙，转移到下层。由于小颗粒间隙小，大颗粒不能穿过，因此，大颗粒在运动中位置不断升高。于是原来杂乱无章排列的颗粒群发生了析离，即按颗粒大小进行了分层，形成小颗粒在下、粗粒居上的排列规则。到达筛面的细颗粒，小于筛孔者透筛，最终实现了粗、细粒分离，完成筛分过程。然而，充分的分离是没有的，在筛分时，一般都有一部分筛下物留在筛上物中。细粒透筛时，虽然颗粒都小于筛孔，但它们透筛的难易程度不同。由经验得知，和筛孔相比，颗粒越小，透筛越易，和筛孔尺寸相近的颗粒，透筛就较难，透过筛面下层的大颗粒间隙就更难。

2.4

筛分效率

2.4.1 筛分效率计算

筛孔大小一定的筛子每平方米筛面面积每小时所处理物料的质量，称为处理能力，用 Q 表示，它表明筛分工作的数量指标，单位为 t/(m² · h)。实际得到的筛下产物质量与入筛物料中所含粒度小于筛孔尺寸的物料质量之比，称为筛分效率，用 E 表示，它是表示筛分工作质量的指标，反映筛分的完全程度，单位为％。处理能力和筛分效率是衡量筛子运行效果的两个工艺指标。

筛分效率的物理意义：

$$E=\frac{C}{Q\alpha}\times10^4\%$$ （2-4）

式中　E——筛分效率，％；

　　　C——下产品质量，kg；

　　　Q——入筛原料质量，kg；

　　　α——入筛原料中小于筛孔的粒度级别的物料含量，％。

实际应用时筛分效率的计算公式为：

$$E=\frac{\alpha-\theta}{\alpha(100-\theta)}\times10^4\%$$ （2-5）

筛下产物中混有大于筛孔尺寸的颗粒时筛分效率的计算公式为：

$$E=\frac{\beta(\alpha-\theta)}{\alpha(\beta-\theta)}\times100\%$$ （2-6）

式中　α——入筛原料中小于筛孔的粒度级别的物料含量，％；

　　　β——筛下产物中含小于筛孔的粒度级别的物料含量，％；

　　　θ——筛上产物中含小于筛孔的粒度级别的物料含量，％。

2.4.2　筛分效率的测定方法

在入筛原料和筛上产物中每隔 15～20min 取一次样，连续取样 2～4h，将取得的平均试样在检查筛里筛分，检查筛的筛孔与生产上用的筛子筛孔相同。分别求出原料和筛子产品中小于筛孔尺寸的粒度级别的物料百分含量 α 和 θ，求出筛分效率，筛分效率的测定见图 2-4。

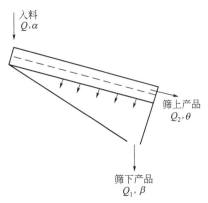

图 2-4　筛分效率的测定

2.4.3　筛分效率的影响因素

2.4.3.1　入筛原料性质的影响

入筛原料性质的影响包括含水率、含泥量、粒度特性和密度特性。

（1）物料含水率

外在水分：附着在物料颗粒表面，对筛分影响大。

内在水分：存在于物料颗粒缝隙之中或与物质化合，对筛分影响小。

影响的表现：外在水分使细颗粒相互黏结成团，附在大块上，堵住筛孔；外在水分附着在筛丝上，在表面张力作用下形成水膜，掩盖筛孔。

解决措施：可以增大筛孔，由湿筛变为水筛来提高筛分效率。

（2）物料含泥量

泥是指很细的物料（粒径小于 $19\mu m$ 或小于 $37\mu m$）。黏土物质在筛分中会黏结成团，使细泥混入筛上产物中，容易堵塞筛孔。

解决措施：增大筛孔，湿法筛分，预先脱泥，原料烘干。

（3）物料粒度特性

易筛粒多有利于筛分；难筛粒和阻碍粒多时会降低筛分效率；最大粒径不应大于筛孔尺

寸的 2.5~4.0 倍；颗粒太多的物料可以采用预先筛分或分段筛分措施，提高筛分效率和筛网使用寿命。三维尺寸接近的球体、立方体、多面体颗粒过筛容易；三维尺寸差异大的薄片体、长条体、怪异体过筛困难，影响效率。

（4）物料密度特性

物料中所有颗粒都是同一密度时对筛分没有影响。粗粒密度小、细粒密度大，易筛分；粗粒密度大、细粒密度小，难筛分。

2.4.3.2 筛子性能的影响

筛子性能的影响因素包括筛面运动形式、筛面结构参数及操作条件。

（1）筛面运动形式

粗粒（$d > 2$mm）的筛面运动形式和筛分效率见表 2-3。

表 2-3 粗粒（$d > 2$mm）的筛面运动形式和筛分效率

筛子类型	固定条筛	转动筛	摇动筛	振动筛
筛面运动形式	固定不动	筒形转动	摇动	振动
筛分效率/%	50~60	60	70~80	≥90

（2）筛面结构参数

① 筛面种类 棒条筛——粗碎，钢板冲孔筛或板筛——中碎，钢丝编织筛——细碎。有效筛孔面积越大，筛分效率越高。而且筛分效率钢丝＞钢板＞棒条。几种筛面的性能比较见表 2-4。

表 2-4 几种筛面的性能比较

筛面种类	棒条筛	钢板冲孔筛	钢丝编织筛
有效面积	最小	次小	较大
使用寿命	最长	次长	最短
价格	最低	次低	最高

② 筛面倾角 筛子一般需倾斜安装，以便排出筛上物料。筛面倾角越大，透筛的颗粒粒度越小；倾角小，透筛的粒度大。倾角大，物料在筛面向前运动的速度快，生产率大，但物料在筛面停留时间短，减少了颗粒透筛的机会，筛分效率低。振动筛一般安装角度在 $10° \sim 25°$，固定棒条筛在 $40° \sim 45°$，棒条筛可以水平安装。

③ 筛孔大小 取决于对粒度的控制程度，不严格要求。可放大筛孔尺寸，提高筛分效率，否则选用接近筛分粒度的筛孔。

④ 筛孔形状 有圆孔、方孔和长孔，大部分采用方孔。

$$d_{max} = KL \tag{2-7}$$

式中 d_{max}——筛下产物最大粒度，mm；

L——筛孔尺寸，mm；

K——系数，圆形为 0.7，方形为 0.9，长方形为 1.2~1.7。

⑤ 开孔率 筛面的开孔率是指筛面开孔面积与筛面面积的比值。开孔率越大，对筛分越有利，但受筛面强度、使用寿命的限制。

（3）操作条件

给料均匀连续，给料量合适，定期清理维修。

2.5

筛分机械

筛分机械广泛地应用于许多工业部门。因此，筛分机的种类繁多，至今尚无统一的分类标准。选煤厂使用的筛分机械主要有以下几种类型。

2.5.1　标准套筛

标准套筛是实验室科研工作做物料粒度分析必不可少的工具之一，按照目数的不同，筛孔孔径大小也不同。标准套筛见图 2-5。

2.5.2　固定筛

固定筛是最简单的筛分设备，筛面由许多平行排列的筛条组成，筛面固定不动。筛面可水平安装或倾斜安装，依靠物料自重沿筛面下滑而筛分，虽然单位面积处理能力和筛分效率低，但是，由于构造简单、不耗用动力、没有运动部件、设备费用低和维修方便，所以在污水处理厂和选矿厂广泛应用。固定格筛见图 2-6。

图 2-5　标准套筛　　　　　　　　　　　图 2-6　固定格筛

固定筛有棒条筛和条缝筛之分。棒条筛筛面由平行的棒条组成，筛孔（棒条间隙宽度）一般大于或等于 25mm，用于大块物料分级；条缝筛由梯形断面筛条排列而成，筛孔（筛条间隙宽度）一般为 0.25～1mm，一般用于物料的初步脱水。

固定的弧形筛和旋流筛属新型的固定筛。弧形筛筛面沿纵向（物料运动方向）呈圆弧形，筛条横向排列；旋流筛筛面由筛条排列成倒置的截头圆锥形。两者皆利用煤浆沿筛面运动时的离心力实现分级和脱水。弧形筛一般用于预先脱水、脱泥和脱介，旋流筛可用于初步脱水和预先脱泥。

2.5.3　振动筛

振动筛是目前许多工业部门应用最广泛的筛分机。振动筛和摇动筛一样具有带平面筛面的矩形筛箱，吊挂，但筛箱用弹性元件支承在机架上并用激振器进行激振，因而它是一个弹性振动系统，其振幅受给料及其他动力学因素的影响，可以改变。振动筛的振动频率高、振幅小、物料在筛面上做跳跃运动，因而处理能力和筛分效率都较高。振动筛适用于各粒级物料的分级和中、细粒级煤的脱水、脱泥和脱介。

2.5.4 筛分机械的发展

(1) 向大型化方向发展

随着我国工业现代化进程加快，我国企业规模逐渐扩大，对企业生产能力提出了较高的要求。这种发展趋势使得企业的筛分机械向大型化方向发展，使筛分机同企业生产需求相匹配。

(2) 向动态设计方向发展

筛分机械的设计如果依靠传统经验，按照静态的设计计算以及设计方法进行设计，难以满足振动筛长寿命、高效率的需求。现阶段部分西方先进国家已经利用计算机信息技术进行筛分机械的动态设计，对较为复杂的非线性理论进行动态分析。

(3) 向研发新型筛分机械方向发展

为了满足现阶段工业生产对于筛分机的需求，我国开始深入研发新型筛分机械。以反共振振动筛为代表的新型筛分机械主要以减轻重量、降低运行成本、提高筛分机可靠性为目标，这种筛分机械不仅可以保证刚度以及强度，还可以在减振时获得降低噪声的效果。

(4) 向高可靠性方向发展

在筛分机械的使用过程中，与西方国家相同规格的筛分机进行比较，可以发现我国筛分机械的寿命普遍不高，绝大多数筛分机械仅有两年左右的寿命，而西方先进国家的筛分机械通常都可以使用三年以上。针对这一问题，我国筛分机械逐渐向高可靠性方向发展。

(5) 向革新制造工艺方向发展

为了满足现阶段企业对于大型筛分机械高强度、长寿命的需求，应当在保证筛分机械生产质量的基础上革新其制造工艺，从而有效地缩短与西方国家先进制造工艺间的差距。

(6) 向标准化、通用化方向发展

筛分机械向标准化以及通用化方向发展是提高设计质量、提高生产效率以及降低生产成本的有效途径。现阶段部分西方大型制造公司制造的筛机的侧板、筛板、传动轴已初步实现标准化以及通用化，因此我国相应筛分机械制造公司也应当深入研究筛分机械标准化制造。

总而言之，随着我国市场经济的快速发展，工业基于自身的发展需求对筛分机械的质量与种类要求越来越高，使筛分机械进入了高速发展时期。由于近年来我国振动筛需求逐年增大，且振动筛企业数量与企业规模不断扩大，然而振动筛企业整体实力有限，只有对振动筛市场的整体发展趋势进行深入把握，才能提高振动筛企业的市场竞争力，实现我国筛分机械企业的可持续发展。

思 考 题

1. 废水中的油比较多，特别是格栅井的地方，有黑色结垢的油，通常是怎样处理的？

2. 对某原矿进行筛分，设原矿 $\alpha = 56\%$，筛下 $\beta = 96\%$，筛上 $\theta = 12\%$，求筛分效率。

3. 某选矿厂细碎作业要求的产品粒度为 12mm，用筛分机做检查筛分。测得筛分机给矿中粒径小于 12mm 粒级占 48%，筛下产品中小于 12mm 粒级占 94%，筛上产品中小于 12mm 粒级占 18%。试计算该筛分机的级别筛分效率和总筛分效率。

4. 某天然海砂筛分结果见下表，根据设计要求：$d_{10} = 0.54$mm，$K_{80} = 2.0$。试问筛选滤料时，共需筛除天然砂粒的质量分数是多少（分析砂样 200g）。筛分试验记录见表 2-5。

表 2-5 天然海砂筛分试验记录

筛孔 /mm	留在筛上砂量		通过该号筛的砂量	
	质量/g	质量百分数(%)	质量/g	累积质量百分数(%)
2.36	0.8			
1.65	18.4			
1.00	40.6			
0.59	85.0			
0.25	43.4			
0.21	9.2			
筛底盘	2.6			
合计	200			

第3章
沉淀分离

3.1
概述

　　沉淀分离法是利用水中悬浮颗粒和水的密度差，在重力作用下产生下沉作用，以达到固液分离的一种方法。按照废水的性质与所要求的处理程度的不同，沉淀处理工艺是整个水处理过程中的一个工序，亦可以作为唯一的处理方法。在典型的污水处理中，有以下4种用法：①在沉砂池中，用于去除污水中的无机性易沉物。②在初次沉淀池中，较经济地去除悬浮有机物，减轻后续生物处理构筑物的有机负荷。③在二次沉淀池中，用来分离生物处理工艺中产生的生物膜、活性污泥等，使处理后的水澄清。④在污泥浓缩池中，将来自初沉池以及二沉池的污泥进一步浓缩，以减小体积，减小后续构筑物的尺寸以及降低处理费用等。

3.2
沉淀类型

　　根据水中悬浮颗粒的性质、凝聚性能及浓度，沉淀通常可以分为四种不同的类型：自由沉淀、絮凝沉淀、区域沉淀和压缩沉淀。

　　自由沉淀也称为离散沉淀，是一种非絮凝性或弱絮凝性固体颗粒在稀悬浮液中的沉淀。由于悬浮固体浓度低，而且颗粒之间不发生聚集，因此在沉降过程中颗粒的形状、粒径和密度都保持不变，互不干扰地各自独立完成匀速沉降。

　　絮凝沉淀是一种絮凝性固体颗粒在稀悬浮液中的沉淀。虽然悬浮固体浓度也不高（50～500mg/L），但颗粒在沉降过程中接触碰撞时能互相聚集为较大的絮体，因而颗粒粒径和沉降速度随沉降时间的延续而增大。

　　区域沉淀称为成层沉淀，也称为拥挤沉淀。这是一种固体颗粒（特别是强絮凝性颗粒）在较高浓度（500mg/L以上）悬浮液中的沉降。由于悬浮固体浓度较高，颗粒彼此靠得很近，吸附力将促进所有颗粒聚集为一个整体，但各自保持不变的相对位置共同下沉。此时，水与颗粒群体之间形成一个清晰的泥水界面，沉降过程就是这个界面随沉降历时下移的过程。

压缩沉淀是指当悬浮液中的悬浮固体浓度很高时，颗粒之间便互相接触，彼此上下支撑。在上下颗粒的重力作用下，下层颗粒间隙中的水被挤出，颗粒相对位置不断靠近，颗粒群体被压缩。

3.3

沉淀理论

为了便于说明沉淀池的工作原理以及分析水中悬浮颗粒在沉淀池中的运动规律，Hazen 和 Camp 提出了理想沉淀池的概念。理想沉淀池划分为 4 个区域，即进口区域、沉淀区域、出口区域及污泥区域。作如下假设：

① 沉淀区过水断面上各点的水流速度均相同，水平速度为 v；

② 悬浮颗粒在沉淀区等速下沉，下沉速度为 u；

③ 在沉淀区的进口区域，水流中的悬浮颗粒均匀分布在整个过水断面上；

④ 颗粒一经沉到池底，即认为被除去。

当某一颗粒进入沉淀池后：一方面随着水流在水平方向流动，其水平流速 v 等于水流速度；另一方面，颗粒在重力作用下沿垂直方向下沉，其沉速即是颗粒的自由沉降速度 u。其中颗粒运动的轨迹为其水平分速 v 和沉速 u 的矢量和，在沉淀过程中，是一条倾斜的直线，其坡度为：

$$i = \frac{u}{v}$$

$$v = \frac{q_V}{A'} = \frac{q_V}{Hb} \tag{3-1}$$

式中　u——颗粒的沉速，m/s；

　　　v——颗粒的水平分速，m/s；

　　　q_V——进水流量，m³/s；

　　　A'——沉淀区过水断面面积，即 Hb，m²；

　　　H——沉淀区的水深，m；

　　　b——沉淀区宽度，m。

从沉淀区顶部 x 点进入的颗粒中，必存在着某一粒径的颗粒，其沉速为 u_0，到达沉淀区末端时刚好能沉至池底。

当颗粒沉速 $u_i \geqslant u_0$ 时，无论这种颗粒处于进口端的什么位置，它都可以沉到池底被去除。

当颗粒沉速 $u_i < u_0$ 时，从沉淀区顶端进入的颗粒不能沉淀到池底，会随水流排出，当其位于水面下的某一位置进入沉淀区时，它可以沉淀到底部而被去除。

自由沉淀实验：设在一水深 H 的沉淀柱内进行自由沉淀实验，实验开始，沉淀时间为 0，此时沉淀柱内悬浮物分布是均匀的，即每个断面上颗粒的数量与粒径的组成是相同的，悬浮物浓度为 C_0(mg/L)，此时去除率 $E = 0$。

设沉速 $u_1 < u_0$ 的颗粒占全部颗粒的 $dP(\%)$，其中 $\frac{h}{H}dP(\%)$ 的颗粒将会从水中沉到池底而去除。在同一沉淀时间 t，下式成立：

$$h = u_1 t; \qquad H = u_0 t$$

故 $\dfrac{h}{H}=\dfrac{u_1}{u_0}$，从而得到 $\qquad\qquad\dfrac{h}{H}\mathrm{d}P=\dfrac{u_1}{u_0}\mathrm{d}P$ $\qquad\qquad$ (3-2)

对于沉速为 u（$u<u_0$）的全部悬浮颗粒，可被沉淀于池底的总量为：

$$\int_0^{P_0}\dfrac{u}{u_0}\mathrm{d}P=\dfrac{1}{u_0}\int_0^{P_0}u\,\mathrm{d}P \qquad\qquad (3\text{-}3)$$

而沉淀池能去除的颗粒包括 $u\geqslant u_0$ 以及 $u<u_0$ 的两部分，故沉淀池对悬浮物的总去除率为：

$$\eta=(1-P_0)+\dfrac{1}{u_0}\int_0^{P_0}u\,\mathrm{d}P \qquad\qquad (3\text{-}4)$$

不同沉淀速度的总去除率见图 3-1，不同沉淀时间的总去除率和表观去除率见图 3-2。

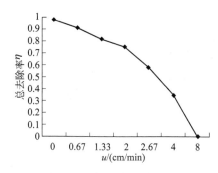

图 3-1　不同沉淀速度的总去除率

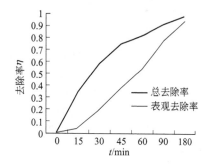

图 3-2　不同沉淀时间的总
去除率和表观去除率

图 3-3 的运动轨迹中的相似三角形存在如下关系：

$$\dfrac{v}{u_0}=\dfrac{L}{H}$$

变形得

$$v=u_0\dfrac{L}{H} \qquad\qquad (3\text{-}5)$$

将上式代入 $v=\dfrac{q_V}{A'}=\dfrac{q_V}{Hb}$ 中并化简得到：

$$q_V=u_0\times\dfrac{L}{H}\times Hb=u_0A \qquad\qquad (3\text{-}6)$$

得到： $\qquad\qquad\qquad u_0=\dfrac{q_V}{A}$

$$\qquad\qquad (3\text{-}7)$$

q_V/A 为反映沉淀池效率的参数，一般称为沉淀池的表面负荷率，或称沉淀池的过流率，用符号 q 表示：$q=q_V/A$。

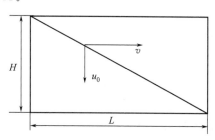

图 3-3　沉淀过程运动轨迹

3.4

自由沉淀及分析

3.4.1　自由沉淀分析

分析的假定：

① 颗粒为球形；

② 沉淀过程中颗粒的大小、形状、质量等不变；

③ 颗粒只在重力作用下沉淀，不受器壁和其他颗粒影响；

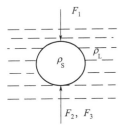

图 3-4　悬浮颗粒在水中
的受力示意图

④ 静水中悬浮颗粒开始沉淀时，因受重力作用产生加速运动，经过很短的时间后，颗粒的重力与水对其产生的阻力平衡时，颗粒即成等速下沉。

悬浮颗粒在水中的受力示意图见图 3-4。悬浮颗粒在水中的受力：重力 F_1、浮力 F_2、下沉中的摩擦阻力 F_3。

当重力大于浮力和摩擦阻力时，颗粒下沉；重力等于浮力和摩擦阻力时，颗粒相对静止；重力小于浮力和摩擦阻力时，颗粒上浮。

3.4.2　用牛顿第二定律表达颗粒的自由沉淀过程

用牛顿第二定律表达颗粒的自由沉淀过程的公式为：

$$m\frac{\mathrm{d}u}{\mathrm{d}t}=F_1-F_2-F_3 \tag{3-8}$$

式中　m——颗粒质量，kg；

　　　u——颗粒沉速，m/s；

　　　t——沉降时间，s；

　　　F_1——颗粒的重力，N；

　　　F_2——颗粒的浮力，N；

　　　F_3——颗粒沉淀过程中受到的摩擦阻力，N。

颗粒的重力：

$$F_1=\frac{\pi d^3}{6}\rho_s g \tag{3-9}$$

式中　ρ_S——颗粒密度，kg/m³；

　　　d——颗粒直径，m；

　　　g——重力加速度，m/s²。

颗粒的浮力：

$$F_2=\frac{\pi d^3}{6}\rho_L g \tag{3-10}$$

式中　ρ_L——液体密度，kg/m³。

颗粒沉淀过程中受到的摩擦阻力：

$$F_3=\lambda A\rho_L\frac{u^2}{2} \tag{3-11}$$

式中　λ——阻力系数，当颗粒周围绕流处于层流状态时，$\lambda = 24/Re$，Re 为颗粒绕流雷诺

数，与颗粒的直径、沉速、液体的黏度等有关，$Re = \dfrac{ud\rho_L}{\mu}$（$\mu$ 为液体动力黏

度，Pa·s）；

A——自由沉淀颗粒在垂直面上的投影面积，$A = \dfrac{1}{4}\pi d^2$，m^2。

颗粒开始下沉时，沉速为 0，逐渐加速，阻力 F_3 也随之增加，很快三种力达到平衡，颗粒等速下沉，$du/dt = 0$，代入公式：

$$m\frac{du}{dt} = (\rho_S - \rho_L)g\frac{\pi d^3}{6} - \lambda\frac{\pi d^3}{4}\rho_L\frac{u^2}{2}$$

$$u = \left(\frac{4}{3}\times\frac{g}{\lambda}\times\frac{\rho_S - \rho_L}{\rho_L}d\right)^{\frac{1}{2}} = \frac{\rho_S - \rho_L}{18\mu}gd^2 \tag{3-12}$$

即为球状颗粒自由沉淀的沉速公式，亦称斯托克斯公式。

3.4.3　斯托克斯定律讨论

$$u = \frac{\rho_S - \rho_L}{18\mu}gd^2 \tag{3-13}$$

由式（3-13）可知：

① 当 $\rho_S > \rho_L$ 时，$\rho_S - \rho_L$ 为正值，颗粒以 u 下沉。

② 当 $\rho_S = \rho_L$ 时，$u = 0$，颗粒在水中呈悬浮态，这种颗粒不能用沉淀法去除。

③ 当 $\rho_S < \rho_L$ 时，$\rho_S - \rho_L$ 为负值，颗粒以 u 上浮，可以用浮上法去除。

④ u 与颗粒直径 d 的平方成正比，因此增加颗粒直径有助于提高沉降速度（或上浮速度），提高去除效率。

⑤ u 与 μ 成反比，μ 随水温上升而下降，即沉速受水温影响，水温上升，沉速增大。

3.5

沉淀池类型及特点

3.5.1　平流式沉淀池

平流式沉淀池由进、出水区，沉淀区和污泥区三个部分组成。平流式沉淀池多用混凝土筑造，也可用砖石圬工结构，或为砖石衬砌的土池。平流式沉淀池构造简单，沉淀效果好，工作性能稳定，使用广泛，但占地面积较大。若加设刮泥机或对密度较大沉渣采用机械排除，可提高沉淀池工作效率。平流式沉淀池进出口形式及布置，对沉淀池出水效果有较大的影响。一般情况下，当进水端用穿孔墙配水时，穿孔墙在池底积泥面以上 0.3～0.5m 处至池底部分不设孔眼，以免冲动沉泥。当沉淀池出口处流速较大时，可考虑在出水槽前增加指形槽的措施，以降低出口槽堰口的负荷。平流式沉淀池示意图见图 3-5。

3.5.2　竖流式沉淀池

竖流式沉淀池，池体平面为圆形或方形。废水由设在沉淀池中心的进水管自上而下排入

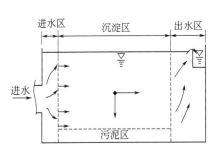
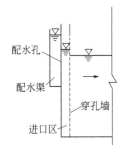

图 3-5　平流式沉淀池示意图

池中，进水的出口下设伞形挡板，使废水在池中均匀分布，然后沿池的整个断面缓慢上升。悬浮物在重力作用下沉降入池底锥形污泥斗中，澄清水从池上端周围的溢流堰中排出。溢流堰前也可设浮渣槽和挡板，保证出水水质。这种池占地面积小，但深度大，池底为锥形，施工较困难。竖流式沉淀池的优点是占地面积小，排泥容易；缺点是深度大，施工困难，造价高。竖流式沉淀池常用于处理水量小于 $20000m^3/d$ 的污水处理厂。竖流式沉淀池示意图见图 3-6。

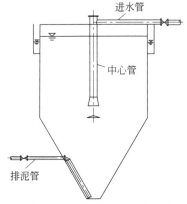

3.5.3　辐流式沉淀池

辐流式沉淀池，池体平面圆形为多，也有方形的。直径（或边长）6～60m，最大可达 100m，池周水深 1.5～3.0m，池底坡度不宜小于 0.05。废水自池中心进水管进入池内，沿半径方向向池周缓缓流动。悬浮物在

图 3-6　竖流式沉淀池示意图

流动中沉降，并沿池底坡度进入污泥斗，澄清水从池周溢流出水渠。辐流式沉淀池多采用回转式刮泥机收集污泥，刮泥机刮板将沉至池底的污泥刮至池中心的污泥斗，再借重力或污泥泵排走。为了满足刮泥机的排泥要求，辐流式沉淀池的池底坡度平缓。辐流式沉淀池示意图见图 3-7。

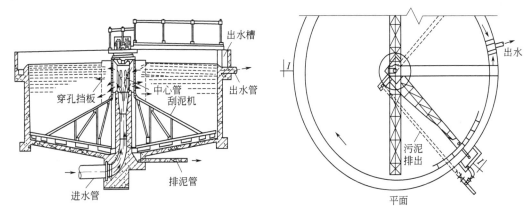

图 3-7　辐流式沉淀池示意图

辐流式沉淀池半桥式周边传动刮泥活性污泥法处理污水工艺过程中沉淀池的理想配套设备适用于初沉池或二沉池，主要功能是去除沉淀池中沉淀的污泥以及水面表层的漂浮物。一

一般适用于大中池径沉淀池。周边传动,传动力矩大,而且相对节能;中心支座与旋转桁架以铰接的形式连接,刮泥时产生的扭矩作用于中心支座时即转化为中心旋转轴承的圆周摩擦力,因而受力条件较好;中心进水、排泥,周边出水,对水体搅动力小,有利于污泥的去除。

优点是采用机械排泥,运行较好,设备较简单,排泥设备已有定型产品,沉淀效果好,日处理量大,对水体搅动小,有利于悬浮物的去除。缺点是池水水流速度不稳定,受进水影响较大,底部刮泥、排泥设备复杂,对施工单位的要求高,占地面积较其他沉淀池大,一般适用于大、中型污水处理厂。

3.5.4 斜板或斜管沉淀池

斜板或斜管沉淀池见图 3-8。主要就是在池中加设斜板或斜管,可以大大提高沉淀效率,缩短沉淀时间,减小沉淀池体积。但有斜板、斜管易结垢,表面易长生物膜,产生浮渣,维修工作量大,管材、板材寿命低等缺点。

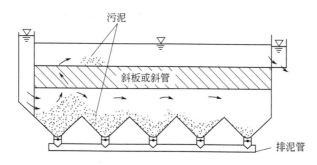

图 3-8 斜板或斜管沉淀池示意图

近几年来城市给水事业蓬勃发展,由浅池理论原理发展形成的斜管沉淀池也获得较为广泛的应用。

正在研究试验的还有周边进水沉淀池、回转配水沉淀池以及中途排水沉淀池等。沉淀池有各种不同的用途。如在曝气池前设初次沉淀池可以降低污水中悬浮物含量,减轻生物处理负荷;在曝气池后设二次沉淀池可以截流活性污泥。此外,还有在二级处理后设置的化学沉淀池,即在沉淀池中投加混凝剂,用以提高难以生物降解的有机物、能被氧化的物质和产色物质等的去除效率。

3.6

浅池理论原理与设计

3.6.1 原理

设斜管沉淀池池长为 L,池中水平流速为 v,颗粒沉速为 u_0,在理想状态下,$L/H = v/u_0$。可见 L 与 v 不变时,池身越浅,可被去除的悬浮物颗粒越小。若用水平隔板,将 H 分成 3 层,每层层深为 $H/3$,在 u_0 与 v 不变的条件下,只需 $L/3$,就可以将 u_0 的颗粒去除。也即总容积可减少到原来的 1/3。如果池长不变,由于池深为 $H/3$,则水平流速可增加至 $3v$,仍能将沉速为 u_0 的颗粒去除,也即处理能力提高 3 倍。同时将沉淀池分成 n 层就可以把处理能力提高 n 倍。这就是 20 世纪初,哈真(Hazen)提出的浅池理论。

1904 年 Hazen 提出浅池理论；1945 年 Camp 认为池浅为好；1955 年多层沉淀池产生（Fr 和 Re 可以同时满足）；1959 年日本开始应用斜板；1972 年中国汉阳正式应用断面形状为圆形、矩形、方形、多边形的沉淀池，除圆形以外，其余断面均可同相邻断面共用一条边。

水力半径：$R > \dfrac{d}{3}$（斜板）；$R \leqslant \dfrac{d}{3}$（斜管）。

斜管比斜板的水力条件更好。

材质：轻质，无毒，如纸质蜂窝、薄塑料板（硬聚氯乙烯、聚丙烯）。

3.6.2　斜管沉淀池设计

为了创造理想的层流条件，提高去除率，需要控制雷诺数 $Re = \dfrac{\rho u L}{\mu}$，斜管由于湿周 L 长，故 Re 可控制在 200 以下，远小于层流界限 500。

雷诺数是流体力学中表征黏性影响的相似准则数。为纪念雷诺而命名，记作 Re。又称雷诺准数，是用以判别黏性流体流动状态的一个无因次数群。

1883 年英国人雷诺（O. Reynolds）观察了流体在圆管内的流动，首先指出，流体的流动形态除了与流速（u）有关外，还与管径（d）、流体的黏度（μ）、流体的密度（ρ）这 3 个因素有关。

$Re = \dfrac{\rho u L}{\mu}$，$\rho$、$\mu$ 为流体密度和动力黏性系数，u、L 为流场的特征速度和特征长度。雷诺数在物理上表示惯性力和黏滞力量级的比。对外流问题，u、L 一般取远前方来流速度和物体主要尺寸（如机翼弦长或圆球直径）；内流问题则取通道内平均流速和通道直径。两个几何相似流场的雷诺数相等，则对应微团的惯性力与黏滞力之比相等。

雷诺数较小时，黏滞力对流场的影响大于惯性力，流场中流速的扰动会因黏滞力而衰减，流体流动稳定，为层流；反之，若雷诺数较大时，惯性力对流场的影响大于黏滞力，流体流动较不稳定，流速的微小变化容易发展、增强，形成紊乱、不规则的紊流流场。

异向流体力学中表征流体惯性力和重力相对大小的一个无量纲参数，记为 Fr。它表示惯性力和重力量级的比，即：

$$Fr = \frac{u^2}{gL} \tag{3-14}$$

式中　u——物体运动速度，m/s；

　　　g——重力加速度，m/s²；

　　　L——物体的特征长度，m。

斜管沉淀池的水力计算可归纳为如下两种。

（1）分离粒径法

可分离颗粒的粒径 d_p 可表示为：

$$d_p^2 = k \frac{Q}{A_f + A} \tag{3-15}$$

若用可分离颗粒沉速 u_S 来表示，则：

$$u_S = \frac{v}{\dfrac{L}{d}\cos\theta + \sin\theta} \tag{3-16}$$

式中　Q——沉淀池流量，m³/s；

　　　A——斜管区水面面积，m²；

A_f——斜管总投影面积，m^2；

k——颗粒粒径与沉速的变换系数，无量纲；

v——斜管中的水流速度，m/s；

L——颗粒沉降需要的长度，m；

d——斜管的垂直高度，m；

θ——斜管倾角，$(°)$。

(2) 加速沉淀法

考虑到颗粒沉淀过程中的絮凝因素，假设颗粒的沉速以等加速改变，并设起始沉速为零。结合考虑管内的流速分部，则斜管长度为：

$$L = \frac{16}{15}v\sqrt{\frac{2d}{a\cos\theta - d\tan\theta}} \tag{3-17}$$

式中 a——颗粒沉速变化的加速度，即 $a = \dfrac{\mathrm{d}u}{\mathrm{d}t}$，$m^2/s$。

上述两种方法，各有不足之处，在目前还没有更完善的斜管沉淀池计算方法之前，认为分离粒径可作为斜管沉淀计算的出发点。

3.6.3 斜流沉淀池

(1) 形式

斜流沉淀池的几种形式见图 3-9。

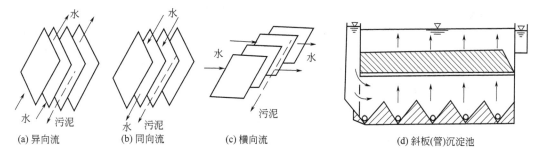

图 3-9 斜流沉淀池的几种形式

① 异向流 异向流基本参数：$\theta = 60°$，$L = 1 \sim 1.2m$，板间距 $50 \sim 150mm$，清水区距离 $0.5 \sim 1.0m$，布水区距离 $0.5 \sim 1.0m$，$u_0 = 0.2 \sim 0.4mm/s$，$v \leqslant 3mm/s$。

$$Q_设 = u_0(A_斜 + A_原) \tag{3-18}$$

式中 $A_斜$——斜板在水平面的投影面积，m^2；

$A_原$——斜板实际面积，m^2。

② 同向流 水流促进泥的下滑，斜角可减小到 $30° \sim 40°$，沉淀效果提高，构造较复杂，使用少。

$$Q_设 = u_0(A_斜 - A_原) \tag{3-19}$$

③ 横向流 使用少，结构和平流式沉淀池较接近，易于改造，但水流条件差（Re 大），难支撑。

$$Q_设 = u_0 A_斜 \tag{3-20}$$

(2) 优缺点

优点：沉淀面积增大，水深降低，产水量增加，$q = 9 \sim 11m^3/(m^2 \cdot h)$，平流式

$q < 2m^3/(m^2 \cdot h)$，层流状态 $Re < 200$，平流式 $Re > 500$，沉淀效率高、停留时间短、占地少。

缺点：停留时间短（几分钟），缓冲能力差，对混凝要求高，耗材，有时堵，常用于给水处理，和污水隔油池配合使用。

【例1】　一平流沉淀池，澄清区面积为 $(20 \times 4)m^2$，流量为 $Q = 120m^3/h$。若将其改造成斜板沉淀池，流量提高至原流量 6.5 倍，其他条件不变。求需要装多少块斜板？（斜板长 $L = 1.2m$，宽 $B = 0.8m$，板间距 $d = 0.1m$，板与水平夹角 $\theta = 60°$，板厚忽略不计）

解：平流池 $A = 20 \times 4 = 80$（m^2），$q = Q/A = 120/80 = 1.5$ $[m^3/(m^2 \cdot h)]$

斜板池 $q = 6.5Q/(At)$，即 $1.5 = 6.5 \times 120/(At)$

$$At = 520m^2 \text{（斜板池总面积）}$$

设斜板池总单元数为 n

则

$$n(LB\cos\theta + dB) = At$$

$$n(1.2 \times 0.8\cos60° + 0.1 \times 0.8) = 520$$

$$n = 929 \text{（单元数）}$$

故

$$\text{板数} = n + 1 = 929 + 1 = 930 \text{（块）}$$

思　考　题

1. 水的沉淀法处理的基本原理是什么？试分析球形颗粒的静水自由沉降（或上浮）的基本规律。影响沉淀或上浮的因素有哪些？

2. 什么叫自由沉淀、拥挤沉淀和絮凝沉淀？

3. 已知悬浮颗粒密度和粒径，可否采用式(3-13)直接求得颗粒沉速？为什么？

4. 理想沉淀池应符合哪些条件？根据理想沉淀条件，沉淀效率与池子深度、长度和表面积关系如何？

5. 影响平流沉淀池沉淀效果的主要因素有哪些？沉淀池纵向分格有何作用？

6. 沉淀池表面负荷和颗粒截留沉速关系如何？两者含义有何区别？

7. 设计平流沉淀池主要根据沉淀时间、表面负荷还是水平流速？为什么？

8. 平流沉淀池进水为什么要采用穿孔隔墙？出水为什么往往采用出水支渠？

9. 斜管沉淀池的设计理论根据是什么？为什么斜管倾角通常采用 60°？

第4章

气浮分离

气浮是一种历史悠久的高效固液分离技术，主要用于去除密度与水相近、无法自然沉降又难以自然上浮的悬浮杂质，具有分离效率高、设备简单等优点，在水处理领域应用广泛。气浮法最早开始应用于选矿工业，后来陆续发明了加压溶气技术、喷射溶气气浮技术等。由于这些技术的发明，使溶气气浮法得到了广泛的应用，不但可以用于生活饮用水处理、工业用水处理，而且可以用于炼油、化工、造纸、制革、纺织、印染、钢铁、食品、医药等各种工业废水和城市生活污水处理中。

4.1

基本理论及原理

气浮处理法就是向废水中通入空气，并以微小气泡形式从水中析出成为载体，使废水中的乳化油、微小悬浮颗粒物等污染物质黏附在气泡上，随气泡一起上浮到水面，形成气泡——气、水、颗粒（油）三相混合体，通过收集泡沫和浮渣达到分离杂质、净化废水的目的。浮选法主要用来处理废水中靠自然沉降或上浮难以去除的乳化油或相对密度接近 1 的微小悬浮颗粒。

4.1.1 气浮的基本原理

（1）界面张力和润湿接触角

任何不同介质的相表面上都因受力不均衡而存在界面张力。气浮的情况涉及气、水、固三种介质，每两种之间都存在界面张力 σ。三相间的吸附界面构成的交界线称为润湿周边。通过润湿周边作水-粒界面张力作用线和水-气界面张力作用线，两作用线的交角称为润湿接触角 θ。

悬浮颗粒与气泡黏附的原理：水中悬浮颗粒能否与气泡黏附主要取决于颗粒表面的性质。颗粒表面易被水湿润，该颗粒属亲水性；如不易被水湿润，属疏水性。亲水性与疏水性可用气、液、固三相接触时形成的接触角大小来判别，在气、液、固三相接触时，固、液界面张力线和气、液界面张力线之间的夹角以 θ 表示。为了便于讨论，水、气、固体颗粒三相分别用 1、2、3 表示，如图 4-1 所示。如 $\theta<90°$ 为亲水性颗粒，不易于气泡黏附；$\theta>90°$ 为疏水性颗粒，易于气泡黏附。在气、液、固相接触时，三个界面张力总是平衡的。水中颗粒的润湿接触角（θ）是随水的表面张力（$\sigma_{1,2}$）的不同而改变的。增大水的表面张力（$\sigma_{1,2}$），可以使接触角增大，有利于气、粒结合。反之，成牢固结合的气、粒浮体。

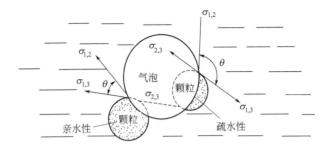

图 4-1   悬浮颗粒与气泡黏附受力示意图

（2）悬浮物与气泡的附着条件

按照物理化学的热力学理论，任何体系均存在力图使界面能减少为最小的趋势。

$$E = \sigma S \tag{4-1}$$

式中 E——界面能，J·m^2；

S——界面面积，m^2；

σ——界面张力，mN/m。

附着前：

$$E_1 = \sigma_{l\text{-}g} + \sigma_{l\text{-}s}（假设 S 为 1） \tag{4-2}$$

附着后：

$$E_2 = \sigma_{g\text{-}s} \tag{4-3}$$

界面能的减少：

$$\Delta E = E_1 - E_2 = \sigma_{l\text{-}g} + \sigma_{l\text{-}s} - \sigma_{g\text{-}s} \tag{4-4}$$

$$\sigma_{l\text{-}s} = \sigma_{g\text{-}s} + \sigma_{l\text{-}g}\cos(180° - \theta) \tag{4-5}$$

所以：

$$\Delta E = \sigma_{l\text{-}g}(1 - \cos\theta) \tag{4-6}$$

按照热力学理论，悬浮物与气泡附着的条件为 $\Delta E > 0$。ΔE 越大，推动力越大，越易气浮。

① $\theta = 0°$，$\cos\theta = 1$，$\Delta E = 0$，不能气浮；$\theta < 90°$，$\cos\theta < 1$，$\Delta E < \sigma_{l\text{-}g}$，颗粒附着不牢；$\theta > 90°$，$\Delta E > \sigma_{l\text{-}g}$，易气浮——疏水吸附；$\theta = 180°$，$\Delta E = 2\sigma_{l\text{-}g}$，最易被气浮。

② 同时，

$$\cos\theta = (\sigma_{g\text{-}s} - \sigma_{l\text{-}s})/\sigma_{l\text{-}g} \tag{4-7}$$

$\sigma_{l\text{-}g}$ 增加，θ 增大，有利于气浮。如石油废水，表面活性物质含量少，$\sigma_{l\text{-}g}$ 大，乳化油粒疏水性强，直接气浮效果好。而煤气洗涤水中的乳化焦油，由于水中表面活性物质含量多，$\sigma_{l\text{-}g}$ 小，直接气浮效果差。

微气泡与悬浮颗粒的三种黏附方式见图 4-2。

4.1.2   气泡的稳定性

气浮中要求气泡具有一定的分散度和稳定性。气泡粒径在 $100\mu m$ 左右为好。

洁净水中，气泡常达不到气浮要求的细小分散度。洁净水表面张力大，气泡有自动降低自由能的倾向，即气泡合并，稳定性不好。且缺乏表面活性物质的保护，气泡易破灭，不稳定。

即使悬浮物已附着在气泡上，也易重新脱落回水中，可加入起泡剂（一种表面活性物质），保护气泡的稳定性，见图 4-3。对于亲水性颗粒的气浮，表面需投加浮选剂改性为疏水性。

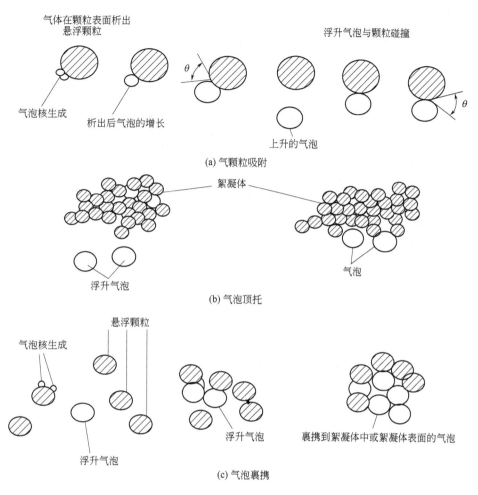

图 4-2　微气泡与悬浮颗粒的三种黏附方式

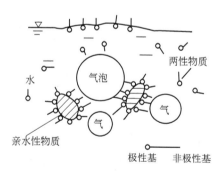

图 4-3　亲水性物质与极性-非极性物质作用后与气泡黏附的情况

　　对于有机污染物含量不多的废水，在进行气浮时，气泡的稳定性可能成为重要的影响因素，添加适当的表面活性剂是必要的。但表面活性物质太多，会使 $\sigma_{l\text{-}g}$ 降低，同时污染粒子严重乳化，此时，尽管气泡稳定，但颗粒-气泡附着不好，也不能有很好的气浮效果。

　　疏水性颗粒易气浮，但多数情况下效果并不好，主要是由于乳化现象。以油粒为例：表面活性物质存在时，非极性端吸附在油粒上，极性端则伸向水中变成乳化油，电离后带电，呈现双电层现象，变成稳定体系。

　　废水中含有亲水性固体粉末（固体乳化剂），如粉砂、黏土等（$\theta < 90°$），一小部分与油

接触，大部分为水润湿，不易被浮起。

4.1.3　气浮的影响因素

（1）带气絮粒的上浮和气浮表面负荷的关系

黏附气泡的絮粒在水中上浮时，宏观上将受到重力 G、浮力 F 等外力的影响。带气絮粒上浮时的速度由牛顿第二定律可导出，上浮速度取决于水和带气絮粒的密度差，带气絮粒的直径（或特征直径）以及水的温度、流态。如果带气絮粒中气泡所占比例越大，则带气絮粒的密度就越小，而其特征直径则相应增大，两者的这种变化可使上浮速度大大提高。

然而实际水流中，带气絮粒大小不一，而引起的阻力也不断变化，同时在气浮中外力还发生变化，从而气泡形成体和上浮速度也在不断变化。具体上浮速度可按照实验测定。根据测定的上浮速度值可以确定气浮的表面负荷。而上浮速度须根据出水的要求确定。

（2）水中絮粒向气泡黏附

气浮处理法对水中污染物的主要分离对象大体有两种类型，即混凝反应的絮凝体和颗粒单体。气浮过程中气泡对絮凝体和颗粒单体的结合可以有三种方式，即气泡顶托、气泡裹携和气粒吸附。显然，它们之间的裹携和黏附力的强弱，即气、粒（包括絮凝体）结合的牢固程度与否，不仅与颗粒、絮凝体的形状有关，更重要的受水、气、粒三相界面性质的影响。水中活性剂的含量、水的硬度、悬浮物的浓度，都与气泡的黏附强度有着密切的联系，气浮运行的好坏和此有根本的关联。在实际应用中须调节水质。

（3）水中气泡的形成及其特性

形成气泡的大小和强度取决于空气释放时各种用途条件和水的表面张力大小。表面张力是大小相等、方向相反，分别作用在表面层相互接触部分的一对力，它的作用方向总是与液面相切。

气泡半径越小，泡内所受附加压强越大，泡内空气分子对气泡膜的碰撞概率也越大、越剧烈。因此要获得稳定的微细泡，必须保证气泡膜强度。

气泡小，浮速快，对水体的扰动小，不会撞碎絮粒，并且可增大气泡和絮粒碰撞概率。但并非气泡越细越好，气泡过细影响上浮速度，因而气浮池的大小和工程造价有关。此外投加一定量的表面活性剂，可有效降低水的表面张力系数，加强气泡膜牢度，气泡直径（r）也变小。

向水中投加高溶解性无机盐，可使气泡膜牢度削弱，而使气泡容易破裂或并大。

（4）表面活性物质和混凝剂在气浮分离中的作用和影响

① 表面活性物质　如水中缺少表面活性物质时，小气泡总有突破泡壁与大泡合并的趋势，从而破坏气浮体的稳定。此时就需要向水中投加起泡剂，以保证气浮操作中气泡的稳定。所谓起泡剂，大多数是由极性-非极性分子组成的表面活性剂，表面活性剂的分子结构符号一般用 O 表示：圆头端表示极性基，易溶于水，伸向水中（因为水是强极性分子）；尾端表示非极性基，为疏水基，伸入气泡。由于同号电荷的相斥作用，从而防止气泡的兼并和破灭，增强了泡沫稳定性，因而多数表面活性剂也是起泡剂。

对有机污染物含量不多的废水进行气浮法处理时，气泡的分散度和泡沫的稳定性可能是必需的（例如饮用水的气浮过滤）。但是当其浓度超过一定限度后由于表面活性物质增多，使水的表面张力减小，水中污染粒子严重乳化，表面电位增高，此时水中含有与污染粒子相同荷电性的表面活性物的作用则转向反面，这时尽管起泡现象强烈，泡沫形成稳定，但气-粒黏附不好，气浮效果变差。因此，如何掌握好水中表面活性物质的最佳含量，便成为气浮处理需要探讨的重要课题之一。

② 混凝剂投加产生的带电絮粒　对含有细分散亲水性颗粒杂质（例如纸浆、煤泥等）的工业废水，采用气浮法处理时，除应用前述的投加电解质混凝剂进行表面电中和的方法外，还可向水中投加浮选剂，也可使颗粒的亲水性表面改变为疏水性，并能够与气泡黏附。当浮选剂的极性端被吸附在亲水性颗粒表面后，其非极性端则朝向水中，这样具有亲水性表面的物质即转变为疏水性，从而能够与气泡黏附，并随其上浮到水面。

浮选剂的种类很多，使用时能否起作用，首先在于它的极性端能否附着在亲水性污染物质表面，而其与气泡结合力的强弱，则又取决于其非极性端链的长短。如分离洗煤废水中煤粉时所采用的浮选剂为脱酚轻油、中油、柴油、煤油或松油等。

4.2
乳化现象与破乳

4.2.1　概述

化妆品含有油相和水相，而油水并不相溶，把水和油这两种不同的物质溶在一起就需要用到乳化剂使其乳化，乳化是一种液体以极微小液滴均匀地分散在互不相溶的另一种液体中的作用。乳化是液-液界面现象，两种不相溶的液体（如油与水）在容器中分成两层，密度小的油在上层，密度大的水在下层。若加入适当的表面活性剂并在强烈的搅拌下，油被分散在水中，形成乳状液，该过程叫乳化。

水包油（O/W）体系主要由三部分组成，即：水相、油相和乳化剂。水包油乳液通常油相料占总量的 $10\%\sim25\%$，水相料占 $75\%\sim90\%$。可用作两相的成分有数千种。水相一般包含水溶性聚合物流变学调节剂，如汉生胶、卡波姆、硅酸镁铝、水溶性纤维素等，起到增稠、悬浮稳定和助乳化的作用。此外，耐高温的水溶性活性添加剂也可以提前加入水相中在乳化前一起加热。油相一般是各种润肤油脂、固体脂肪醇及其酯还有各种蜡，常用的有植物油、合成油脂、甘油酯、脂肪醇和蜂蜡等。通常乳化剂也属于油相的一部分，一般占油相总和的 20% 左右。水包油体系常用的乳化剂多为阴离子和非离子表面活性剂。

水包油乳化剂 HLB 值：表面活性剂为具有亲水基团和亲油基团的两亲分子，表面活性剂分子中亲水基和亲油基之间的距离大小和力量平衡程度的量，定义为表面活性剂的亲水-亲油平衡值。一般在 8~18 之间，以非离子型的居多，常用的有聚氧乙烯脂肪醇醚系列和烷基糖苷化合物。

制备工艺中两相各自的加热温度取决于所用的物料的性质，若油相含有熔点较高的固态蜡质，油相和水相加热温度应当高于其所含蜡质的熔点（大约在 70~85℃）；反之则无需将水相和油相升至较高的温度。制备工艺一般是将分散好的油相加入水相体系中，均质 2~3min，然后搅拌降温，降温至适当温度后加入不耐高温的活性物、防腐剂和香料。

4.2.2　水包油（O/W）体系稳定性的影响因素

（1）相的添加顺序

水加到油-乳化剂中可以得到水包油（O/W）型乳化体，油加到水-相同乳化剂中可能产生油包水（W/O）型乳化剂，但最终形成哪一种类型的乳化体，是否会发生变型，取决于体系亲水-亲油平衡值（HLB）。水包油乳化剂 HLB 值在 8~18 之间，以非离子型的居多。

（2）界面膜的性质

乳化体中的分散液滴总是不停地运动。如果在碰撞时，乳化体中相互碰撞的液滴的界面膜破坏，两液滴将会聚结形成较大的液滴。若聚结过程继续，分散相会从乳化体中分离出来，发生"破乳"。界面膜的机械强度是决定乳化体稳定性的主要因素。

（3）分散相液滴的带电情况

当分散相液滴吸附了带电粒子时，就会使液滴表面带电，形成双层，减小液滴接近的频率和液滴接近及接触面导致液滴聚结的概率。

（4）位阻稳定作用

位阻稳定作用指分散液或者乳化体的不连续相表面吸附高分子聚合物，形成高分子吸附层组织、分散粒子或者液滴间的聚结，使分散液或者乳化体稳定的作用。

（5）连续相黏度、两相密度差、液滴大小和分布

连续相黏度增加，黏度系数减小，沉降速度下降，有利于乳化体稳定性的增加。两相密度差减小，沉降速度下降，这也有利于乳化体的稳定。液滴大小的影响较复杂，但是大量实验表明，液滴越小乳化体越稳定。液滴大小分布均匀的乳化体较具有相同平均粒径的宽分布的乳化体稳定。

（6）相体积比

乳化体的被分散相体积增加，界面膜越来越膨胀，才可把被分散相包围住。界面膜变薄，体系的不稳定性增加。

（7）体系的温度

温度变化会引起乳化体一些性质和状态的变化，其中包括：两相间的界面张力、界面膜的性质和黏度、乳化剂在两相中的相对溶解度、液相的蒸气压和黏度、被分散粒子的热运动等。因此，温度变化可能会使乳化体变型或者引起破乳。

（8）固体的稳定作用

固体粉末可以起乳化剂的作用，它们可以聚集于界面处形成坚固、稳定的界面膜，使乳化体稳定。

（9）电解质和其他添加物

若向离子表面活性剂稳定的 O/W 型乳化体中添加强电解质，会降低分散粒子的电势、增强表面活性剂离子和反离子之间的相互作用，O/W 型会转变为 W/O 型乳化体。

4.2.3　提高乳化体稳定性的方法

① 降低油-水的界面张力。乳化剂加入后会吸附在界面上从而降低界面张力，使乳化体处于较稳定状态。

② 形成坚韧的界面膜，例如蛋白质类的乳化剂就是在分散液滴表面上形成一层机械保护膜，阻碍液滴破坏。

③ 液滴带电，产生静电斥力。

④ 分散相具有较高的分散度和较小的体积分数。

⑤ 分散介质具有较高的黏度，以减慢分散相聚结的速度。

4.2.4　油包水（W/O）乳化液

油包水（W/O）乳化液是由油、水和乳化剂混合形成的。体系的形态是水以小液滴的

形式分散于油中。水相是内相或分散相，油是外相或分散介质。乳化剂对于乳化液的形成和稳定性至关重要，乳化剂分子一般是由非极性、亲油的碳氢链部分和极性、亲水的基团共同构成，具有既亲水又亲油的双重性质。乳化剂的加入，可以大大降低油/水界面的张力，并在界面吸附形成界面膜，从而在一定程度上保证了乳化液的稳定性。但是，从热力学观点来说，油包水乳化液是不稳定体系，它的稳定性只是相对的、暂时的。油包水乳化液的不稳定形式主要是水相液珠的沉降、聚集和凝并，因此我们在研究其稳定性时主要目标是减弱这三种形式的作用。与此相对应，影响油包水乳化液稳定性的因素主要包括界面张力的大小、界面膜的性质以及介质的黏度等。界面张力越小，界面膜强度越大，乳化液的水相液珠也越不易凝聚；介质的黏度越大，液珠沉降的速度也越慢。但是，含水量大时，意味着液珠之间的距离非常小，容易产生聚集甚至合并。

使乳化液尽可能稳定的根本途径是在油、水界面上形成聚密膜，以大幅度降低界面张力，增加界面膜强度，防止水相液珠的聚并。另外，辅之以适当的机械分散作用，可以保持高含水油包水乳化液较长时间的稳定。

4.2.5　破乳

4.2.5.1　破乳原理

乳状液的分散相小液珠聚集成团，形成大液滴，最终使油水两相分层析出的过程即破乳。破乳方法可分为物理机械法和物理化学法。物理机械法有电沉降、过滤、超声等；物理化学法主要是改变乳液的界面性质而破乳，如加入破乳剂。

表面活性剂受到温度变化或者其他外界因素的影响，由乳化状态变成油水分离的过程，主要是乳化不稳定造成的。破乳后的表面活性剂如化妆品、食品添加剂、印染助剂等失去使用性能，而且会引起副作用。

能有效地使乳状液破坏的试剂称为破乳剂，它们通常是在油水界面上有强烈吸附倾向，但又不能形成牢固的界面膜的一类表面活性剂。有阴离子型破乳剂（如脂肪酸盐、磺酸盐类、烷基苯磺酸盐、聚氧乙烯脂肪醇磷酸盐等），阳离子型破乳剂（如十四烷基三甲基氯化铵等），非离子型破乳剂［如聚氧乙烯聚氧丙烯烷基醇（或苯酚）醚、聚氧乙烯聚氧丙烯多乙烯多胺醚］。

乳状液的破坏过程通常分为两步。第一步是絮凝过程，在此过程中分散相粒子聚集成团，而各粒子仍然存在。絮凝过程是可逆的，即聚集成团的粒子在外界作用下又可分离开来，处于形成和解离动态平衡。若絮团与介质的密度差足够大时，则会加速分层；若乳状液的浓度足够大，其黏度则会显著增高。乳状液破坏的第二步是聚结过程，在此过程中，这些絮凝成团的粒子形成一个大液滴，与此对应，乳状液中的液珠数目随时间增加而不断减少，最终乳状液完全破坏，此过程是不可逆的。

将憎液溶胶的聚沉理论应用于乳状液。乳状液的聚沉是一个由两个连续反应组成的过程，其总的速率为慢反应所控制。在 O/W 型稀乳状液中，絮凝速率远小于聚集速率。因此，乳状液的稳定性由影响聚集的各因子所决定。这时，乳状液聚沉破乳由絮凝步骤所控制。在 O/W 型高浓度乳状液中，絮凝速率显著增大，聚集速率较絮凝速率小得多。

4.2.5.2　破乳常用方法

（1）长时间静置

将乳浊液放置过夜，一般可分离成澄清的两层。

（2）水平旋转摇动分液漏斗

当两液层由于乳化而形成界面不清时，可将分液漏斗在水平方向上缓慢地旋转摇动，这样可以消除界面处的"泡沫"，促进分层。

（3）用滤纸过滤

对于由于有树脂状、黏液状悬浮物存在而引起的乳化现象，可将分液漏斗中的物料，用质地致密的滤纸，进行减压过滤。过滤后物料则容易分层和分离。

（4）加乙醚

相对密度接近 1 的溶剂，在萃取或洗涤过程中，容易与水相乳化，这时可加入少量的乙醚，将有机相稀释，使之相对密度减小，容易分层。

（5）补加水或溶剂，再水平摇动

向乳化混合物中缓慢地补加水或溶剂，再进行水平旋转摇动，则容易分成两相。至于补加水，还是补加溶剂更有效，可将乳化混合物取出少量，在试管中预先进行试探。

（6）加乙醇

对由乙醚或氯仿形成的乳化液，可加入 5～10 滴乙醇，再缓缓摇动，则可促使乳化液分层。但此时应注意，萃取剂中混入乙醇，由于分配系数减小，有时会带来不利的影响。

（7）离心分离

将乳化混合物移入离心分离机中，进行高速离心分离。

（8）加无机盐及减压

对于乙酸乙酯与水的乳化液，加入食盐、硫酸铵或氯化钙等无机盐，使之溶于水中，可促进分层。另外，将乳化部分取出，小心地加热至 50℃，或用水泵进行减压排气，都有利于分离。对于由乙醚形成的乳化液，可将乳化部分分出，装入一个细长的筒形容器中，向液面上均匀地筛撒充分脱水的硫酸钠粉末，此时，硫酸钠一边吸水，一边下沉，在容器底部可形成水溶液层。

（9）加热

分液漏斗可以连接冷凝管，实现加热破乳。

4.2.5.3　破乳类型

（1）对 O/W 型乳化液破乳

对 O/W 型乳化液可以用化学、电解和物理等方法进行破乳。破乳就是把混合物的各部分分离到其原始状态。O/W 型乳化液一般用化学方法进行破乳。用机械方法进行破乳时，再辅助用一些化学方法能够增强其破乳能力。在破乳过程中，必须对一些促使系统稳定的因素加以克制，才能使油滴聚合。油滴周围必须增加其相反电性的电荷，使其保持中性，化学药剂（此时就是破乳剂）就能提供相反电性的电荷。油和水的特征促使油滴在乳化液中带有负电荷，所以要想破乳，必须引进正电荷。理论上，O/W 型乳化液能够完全分为油和水两层，但是这很难做到，因为在油水交界处存在着一个界面，在那里聚集着一些固体颗粒和中性的乳化剂。

对 O/W 型乳化液进行破乳都经过两个过程：①聚结，这个过程的作用是破坏表面活性剂对乳化液的影响，或者是中和带电的油滴。②絮凝，这个过程的作用是使中性的油滴凝聚成较大的油滴。

通常，在 O/W 型乳化液处理的工厂中，硫酸一直作为破乳剂进行第一步脱水。酸能够使表面活性剂中的羧基变成羧酸，从而影响表面活性剂的性能，促使油滴聚结。铁盐或者铝盐等絮凝剂可以代替酸进行破乳，因为它不仅能破坏活性剂，而且还能使油滴聚合。但是铁和铝很容易形成氢氧化物胶体，很难脱水。酸一般比盐破乳的效率更高，但是油水分离后，必须对酸化水进行处理。有机破乳剂是高效破乳剂，它比无机破乳剂更加持久、有效。在许多处理厂，有机破乳剂已经代替了无机破乳剂。除了效果更好以外，它的用量更少，还可以减少 50%～75% 的污泥生成。

（2）对 W/O 型乳化液破乳

对 W/O 型乳化液的破乳方法有化学方法和物理方法，例如有加热、离心和真空过滤法等。离心法是利用离心力把水相和油相进行分层；过滤法是用高速粗砂过滤器或硅藻土过滤器对乳化液进行过滤。这些设备必须认真操作才能得到较好质量的油。化学方法就是让溶解在油里的水滴不再稳定，或者是破坏乳化剂。酸化也许是一个很好的破乳方法，因为它既能溶解固体物料，又能降低表面张力。最新的破乳方法是用一种既含有亲水端又含有亲油端的破乳剂，它能把 W/O 型乳化液变成一种亲水的混合物。其机理是：在油水界面，用更具活性的表面活性剂去代替以前的表面活性剂。可以用加热的方法来给这个过程加速，因为加热能够降低黏度、增加溶解度并促进表面活性剂在油相中的扩散。因为 W/O 型乳化液中的水滴带有正电荷，所以一般用带有负电荷的有机破乳剂进行破乳。有时候酸和有机类破乳剂搭配使用会取得良好的效果。

总之，破乳剂必须充分混合到 W/O 型乳化液中去，这样才能充分接触到水滴，一般加热到 49～82℃ 时脱水速度比较快，充足的时间才能保证最佳的破乳效果。

4.3

气浮工艺

气浮净水工艺已开发出多种形式。按其产生气泡方式可分为：布气气浮（包括转子碎气法、微孔布气法、叶轮散气浮选法等）；溶气气浮（包括真空气浮法，压力气浮法的全溶气式、部分溶气式及部分回流溶气式）；电解气浮；生化气浮（包括生物气浮、化学气浮）。

4.3.1 布气气浮

布气气浮是利用机械剪切力，将混合于水中的空气碎成细小的气泡，以进行气浮的方法。按粉碎气泡方法的不同，布气气浮又分为：水泵吸水管吸入空气气浮、射流气浮、扩散板曝气气浮以及叶轮气浮四种。

4.3.1.1 水泵吸水管吸入空气气浮

这是最简单的一种气浮方法。由于水泵工作特性的限制，吸入的空气量不宜过多，一般不大于吸水量的 10%（按体积计），否则将破坏水泵吸水管的负压工作。另外，气泡在水泵内被破碎得不够完全，粒度大，气浮效果不好。这种方法用于处理通过除油池后的含油废水，除油效率一般为 50%～65%。其示意图见图 4-4。

4.3.1.2 射流气浮

采用以水带气射流器向废水中混入空气进行气浮的方法即射流气浮。射流器由喷嘴射出的高速水流使吸入室形成负压，并从吸气管吸入空气，在水气混合体进入喉管段后进行激烈的能量交换，空气被粉碎成微小气泡，然后直入扩散段，动能转化为势能，进一步压缩气泡,增大了空气在水中的溶解度,最终进入气浮池中进行气水分离。射流器各部位的最佳尺寸及有关参数,一般都是通过试验来确定的。射流气浮示意图见图4-5。

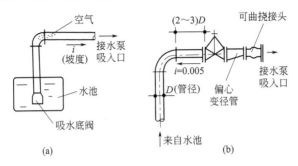

图 4-4　水泵吸水管吸入空气气浮示意图

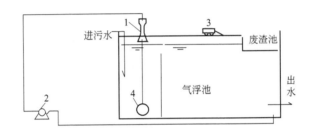

图 4-5　射流气浮示意图
1—射流器;2—加压水泵;3—刮渣机;4—释放器

4.3.1.3　扩散板曝气气浮

这种布气气浮比较传统,压缩空气通过具有微细孔隙的扩散板或扩散管,使空气以细小气泡的形式进入水中,但由于扩散装置的微孔过小,易于堵塞。若微孔板孔径过大,必须投加表面活性剂,方可形成可利用的微小气泡,从而导致该种方法使用受到限制。但近年研制、开发的弹性膜微孔曝气器,克服了扩散装置微孔易堵或孔径大等缺点,用微孔弹性材料制成的微孔盘起到扩张、关闭作用。扩散板曝气气浮示意图见图4-6。

4.3.1.4　叶轮气浮

叶轮在电动机的驱动下高速旋转,在盖板下形成负压吸入空气,废水由盖板上的小孔进入,在叶轮的搅动下,空气被粉碎成细小的气泡,并与水充分混合成水气混合体经整流板稳流后,在池体内平稳地垂直上升,进行气浮。形成的泡沫不断地被缓慢转动的刮板刮出槽外。

叶轮直径一般多为 200～400mm,最大不超过 600～700mm。叶轮的转速多采用 900～1500r/min,圆周线速度则为 10～15m/s。气浮池充水深度与吸气量有关,一般为 1.5～2.0m,但不超过 3m。叶轮与导向叶片间的距离也能影响吸气量的大小,实践证明,此间距超过 8mm 将使进气量大大降低。叶轮气浮示意图见图4-7。

这种气浮设备适用于处理水量小,而污染物质浓度高的废水,除油效果一般可达 80% 左右。布气气浮的优点是设备简单,易于实现。主要的缺点是空气被粉碎得不够充分,形成的气泡粒度较大,一般都不小于 0.1mm。这样,在供气量一定的条件下,气泡的表面积小,而且由于气泡直径大,运动速度快,气泡与被去除污染物质的接触时间短,这些因素都使布气气浮达不到高效的去除效果。

4.3.2　溶气气浮

根据废水中所含悬浮物的种类、性质,处理水净化程度和加压方式的不同,溶气气浮基

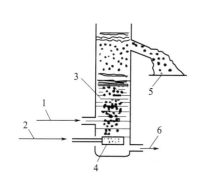

图 4-6 扩散板曝气气浮示意图
1—入流空气；2—入流液；3—分离区；4—筛孔
扩散设备；5—浮渣；6—出流

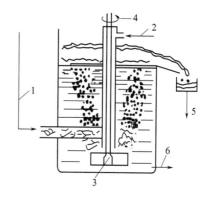

图 4-7 叶轮气浮示意图
1—入流液；2—入流空气；3—空气高速旋转混合器；
4—电动机；5—浮渣；6—出流

本流程有以下三种。

4.3.2.1 全流程溶气气浮法

全流程溶气气浮法是将全部废水用水泵加压，在泵前或泵后注入空气。在溶气罐内，空气溶解于废水中，然后通过减压阀将废水送入气浮池。废水中形成许多小气泡，黏附废水中的乳化油或悬浮物而逸出水面，在水面上形成浮渣。用刮板将浮渣排入浮渣槽，经浮渣管排出池外，处理后的废水通过溢流堰和出水管排出。全流程溶气气浮法示意图见图 4-8。

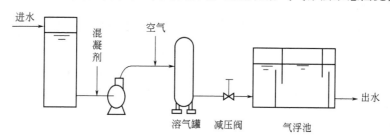

图 4-8 全流程溶气气浮法示意图

全流程溶气气浮法的优点：①溶气量大，增加了油粒或悬浮颗粒与气泡的接触机会；②在处理水量相同的条件下，它较部分回流溶气气浮法所需的气浮池小，从而减少了基建投资。但由于全部废水经过压力泵，所以增加了含油废水的乳化程度，而且所需的压力泵和溶气罐均较其他两种流程大，因此投资和运转动力消耗较大。

4.3.2.2 部分回流溶气气浮法

部分回流溶气气浮法是取一部分除油后出水回流进行加压和溶气，减压后直接进入气浮池，与来自絮凝池的含油废水混合和气浮。回流量一般为含油废水的 $25\%\sim100\%$。其特点为：①加压的水量少，动力消耗省；②气浮过程中不促进乳化；③矾花形成好，出水中絮凝物也少；④气浮池的容积较前两种流程大。为了提高气浮的处理效果，往往向废水中加入混凝剂或气浮剂，投加量因水质不同而异，一般由试验确定。部分回流溶气气浮法示意图见图 4-9。

4.3.2.3 加压溶气气浮法

加压溶气气浮法工艺由三部分组成，即压力溶气系统、溶气释放系统及气浮分离系统。加压溶气气浮法示意图见图 4-10。

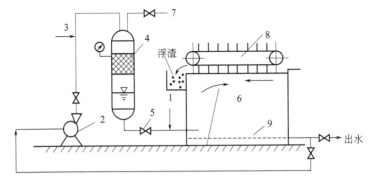

图 4-9   部分回流溶气气浮法示意图

1—废水进入；2—加压水泵；3—空气注入；4—压力溶气罐；5—减压释放阀；6—气浮池；
7—泄气阀；8—刮渣机；9—集水管及回流清水管

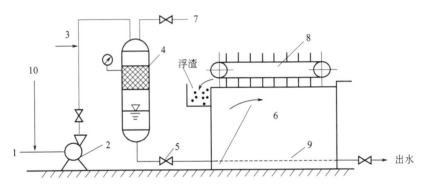

图 4-10   加压溶气气浮法示意图

1—废水进入；2—加压水泵；3—空气注入；4—压力溶气罐；5—减压释放阀；6—气浮池；
7—泄气阀；8—刮渣机；9—出水系统；10—化学药剂

（1）压力溶气系统

它包括水泵、空压机、压力溶气罐及其他附属设备。其中压力溶气罐是影响溶气效果的关键设备。采用空压机供气方式的溶气系统是目前应用最广泛的压力溶气系统。气浮法所需空气量较少，可选用功率小的空压机，并采取间歇运行方式。此外，空压机供气还可以保证水泵的压力不致有大的损伤。一般水泵至溶气罐的压力约 0.5MPa，可以节省能耗。

（2）溶气释放系统

它一般由释放器（或穿孔管、减压阀）及溶气水管路所组成。溶气释放器的功能是将压力溶气水通过消能、减压，使溶入水中的气体以微气泡的形式释放出来，并能迅速而均匀地与水中杂质相黏附。对溶气释放器的具体要求是：

① 充分地减压消能，保证溶入水中的气体能充分地全部释放出来；

② 消能要符合气体释出的规律，保证气泡的微细度，增加气泡的个数，增大与杂质黏附的表面积，防止微气泡之间相互碰撞而使气泡增大；

③ 创造释气水与待处理水中絮凝体良好的黏附条件，避免水流冲击，确保气泡能迅速均匀地与待处理水混合，提高"捕捉"概率；

④ 为了迅速地消能，必须缩小水流通道，故必须要有防止水流通道堵塞的措施；

⑤ 构造力求简单，材质要坚固、耐腐蚀，同时要便于加工、制造与拆装，尽量减少可动部件，确保运行稳定、可靠；

⑥ 溶气释放器的主要工艺参数，释放器前管道流速为 1m/s 以下，释放器的出口流速以 0.4～0.5m/s 为宜，冲洗时狭窄缝隙的张开度为 5mm，每个释放器的作用范围为 30～100cm。

(3) 气浮分离系统

它一般分为三种类型即平流式、竖流式及综合式。其功能是确保池的一定的容积与表面积，使微气泡群与水中絮凝体充分混合、接触、黏附，以保证带气絮凝体与清水分离。

评价溶气系统的技术性能指标主要有两个，即溶气效率和单位能耗。到目前为止，双膜理论解释气体传质于液体还是比较接近实际的。根据双膜理论，对于难溶气体决定传质过程的主要阻力来自液膜，而气膜中的传质阻力与之相比，可以忽略不计。即要强化溶气过程，除应有足够的传质推动力外，关键在于扩大液相界面或减薄液膜厚度。

实际上，在紊流剧烈的自由界面上难以存在稳定的层流膜，便出现了随机表面更新理论，这种理论增加了表面更新速率，即在考虑气液接触界面传质时，引入了气相、液相在单位时间内因涡流扩散而流入气-液更新界面的传质因素，从而使理论和实际更为接近。

4.3.3　电解气浮

电解气浮法是用不溶性阳极和阴极，通以直流电，直接将废水电解。阳极和阴极产生氢和氧的微细气泡，将废水中污染物颗粒或预先经混凝处理所形成的絮体黏附而上浮至水面，生成泡沫层，然后将泡沫刮除，实现污染物的去除。电解过程所产生的气泡远小于布气气浮法和溶气气浮法所产生的气泡，在利用可溶性阳极的时候，气浮过程和混凝过程结合进行，且不产生紊流。电解法不但起一般气浮分离作用，它兼有氧化还原作用，能脱色和杀菌。处理流程对废水负荷变化适应性强，生成的泥渣量相对较少，占地面积也少。

4.3.4　生化气浮

生物气浮：该法利用微生物的作用产生气体，与水中的悬浮絮体充分接触，使水中悬浮絮体黏附在微气泡上，随气泡一起浮到水面，形成浮渣并刮去，从而净化水质。

化学气浮：利用某些化合物在废水中产生气体的反应原理进行的，反应生成的气体在释放过程中形成微小气泡，吸附在固体颗粒表面，使固体颗粒向液面浮去，从而使固液分离。化学气浮法在选矿、医药和废水处理工程中都有应用。在国内油田污水的处理中，化学气浮法的使用几乎没有。

4.4
气浮技术的应用及展望

4.4.1　气浮技术的应用

① 造纸厂纸机白水回收、中段废水纤维回收及黑液中木质素的回收。

② 机械工业、石油工业中的乳化液、含油废水的固液分离。

③ 汽车工业或其他工业的油漆处理及印染废水处理。

④ 屠宰及食品工业等的前处理。

⑤ 难以生物降解有机物的加药反应固液分离处理。

⑥ 重金属离子、电镀废水的化学处理固液分离工艺。

⑦ 城市自来水、电镀废水的化学处理固液分离工艺。

⑧ 污水处理工艺中剩余污泥的固液分离及浓缩工艺。

4.4.2 气浮技术的展望

由于净水工艺中沉淀法沿用了多年，人们选用气浮法时自然地要与沉淀法比较。其实，两种方法各具特点：对于轻飘易浮的杂质宜采用溶气气浮法；对于密实沉重的杂质宜采用沉淀法。通常通过投药、混合反应后形成的絮体，当上浮速度快于沉淀速度时，则选用气浮法。

因为气浮法占地面积小（仅为沉淀法的 1/8~1/2），池容积也小（仅为沉淀法的 1/8~1/4），处理后出水水质好，不仅浊度及 SS 低而且溶解氧高，排出的浮渣含水率远远低于沉淀法排出的污泥。一般污泥体积比为 1/10~1/2，这给污泥的进一步处理和处置既带来了较大方便，又节约了费用。

有些废水同时含可沉、可浮的杂质，单独使用气浮或沉淀效果都不理想。此时可将沉淀与气浮结合，发挥各自优点，不仅会提高处理效果，而且也节省投资和运行费用。

生产实践表明，气浮池不仅在除色、去浊上优于沉淀池，而且在降低污染水的 COD、木质素以及提取氧等方面都显示出极其独特的优点，其造价也比平流沉淀池、斜管沉淀池、水力或机械加速澄清池低，运行费用也略低。

尽管气浮法净水因其独特优点而日露锋芒，但要充分发挥其特点，目前还应重点在以下4 个方面进行研究开发。

(1) 气泡进一步微细化

众所周知，在相等的释气量条件下，所产生的微气泡越细，则气泡个数越多，气泡越密集，黏附的絮粒也越小，净水效果也就越好，而且形成的浮渣也越稳定。因此。研究气泡平均直径更小的溶气释放器是当前提高气浮净水技术的一个途径。它不仅能提高现有净水对象的去除效果，而且还能开拓气浮法净水的应用范围。

(2) 直接切割气体制造微气泡

压力溶气气浮法净水存在两个问题：第一个是压力溶气相对能耗较大；第二个是溶气水的加入增大了气浮池内的水力负荷，给分离带来困难。解决这两个问题的理想办法是研制直接产生微气泡的布气装置，通过该装置将气体切割成稳定、微细、密集的微气泡群，从而极大限度地降低能耗，而且不会增加气浮池容积。尽管直接布气法难度很大，但它是最有吸引力的研究方向。

(3) 改善固、液分离效果

为了提高固、液分离技术的效率，充分发挥气浮净水的优势，除上述气泡进一步微细化与采用直接布气法外，改善固、液分离效果也是一个重要方面。因为气浮净水的最终目的还是体现在提高分离效果上。如果设法将电凝聚气浮的泡、絮同时形成并凝聚的这个概念引入压力溶气气浮法中则有可能大大提高其分离效果。

这个概念可称共凝聚气浮。为了适应共凝聚气浮，应该研制一种新型的溶气释放器，它应该延时释出高度密集的超微气泡，在与投药混合后的初级反应水（确切说，微絮粒尚未形成时的水）充分混合时，两者同时成长，即超微气泡与微絮粒同时形成并结合在一起，进而共同成长为带气絮粒。这样形成的带气絮粒在上浮过程中，不但不会受剪力影响而使气泡脱落，以致下沉，而且上浮快，浮渣稳定，耗用的气量最少。因此说共凝聚气浮是很有前途的研究方向。

（4）妥善地解决黏附牢度问题

气浮法作为一种物化法，不仅要提高气泡质量（如细微度、密集度、稳定性等），而且还要十分重视改善絮粒的性能。如果我们能得到憎水性、吸附性强的絮粒，则将大大有助于提高气浮净水的效果。为此，研究供气浮用的絮凝剂和助凝剂也是迫在眉睫的一个问题。例如沉淀技术的发展离不开沉淀理论的研究一样，气浮技术的发展也需要气浮理论的指导。更何况气浮研究的对象是液、固、气三相体系，比沉淀更复杂。对于气泡的结构和特性、气泡尺寸的正确选择与控制、气泡与絮粒黏附的条件，均须深入研究。有些理论上的新概念与假设，尚须进一步通过实验逐个地得到验证与确认。因此气浮净水技术远非已臻完善，众多的问题等待着我们去研究突破。

思 考 题

1. 在废水处理中，气浮法与沉淀法相比，各有何优缺点？

2. 微气泡与悬浮颗粒相黏附的基本条件是什么？有哪些影响因素？如何改善悬浮颗粒相黏附性能？

3. 油包水和水包油有何区别？如何破乳？有哪些方法？

4. 炼油厂（液化气、直馏柴油、催化裂化汽油）碱洗废碱液，水量大概 4kL/h，COD 约 40000mg/L，用什么方法进行预处理？

第5章

澄清过滤

5.1

过滤

5.1.1 过滤的基本概念和分类

过滤是指在外力的作用下，悬浮液中的液体通过多孔介质的孔道而固体颗粒被截留下来，从而实现固、液分离的操作。过滤是去除悬浮物，特别是去除浓度比较低的悬浊液中微小颗粒的一种有效方法。过滤操作所处理的悬浮液称为滤浆。所用的多孔物质称为过滤介质（当过滤介质是织物时，也称为滤布）。通过介质孔道的液体称为滤液。被截留的物质称为滤饼或滤渣。过滤示意图见图5-1。

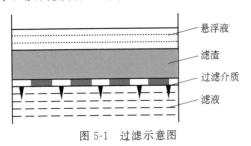

图 5-1　过滤示意图

（悬浮液）
（滤渣）
（过滤介质）
（滤液）

（1）根据过滤介质分类

根据所采用的过滤介质不同，可将过滤分为下列几类。

① 格筛过滤　过滤介质为柳条或滤网，用以去除粗大的悬浮物，如杂草、破布、纤维、纸浆等，其典型设备有格栅、筛网和微滤机。

② 微孔过滤　采用成型滤材，如滤布、滤片、烧结滤管、蜂房滤芯等，也可在过滤介质上预先涂上一层助滤剂（如硅藻土）形成孔隙细小的滤饼，用以去除粒径细微的颗粒。其定型的商品设备很多。

③ 膜过滤　采用特别的半透膜作过滤介质，在一定的推动力（如压力、电场力等）下进行过滤，由于滤膜孔隙极小且具选择性，可以除去水中细菌、病毒、有机物和溶解性溶质。其主要设备有反渗透、超过滤和电渗析等。

（2）根据过滤方式分类

根据过滤方式不同，可将过滤分为深层过滤和滤饼过滤。

① 深层过滤　当悬浮液中所含颗粒很小，而且含量很少（液体中颗粒的体积小于0.1%）时，可用较厚的粒状床层做成的过滤介质（自来水净化用的砂层）进行过滤。由于悬浮液中的颗粒尺寸比过滤介质孔道直径小，当颗粒随液体进入床层内细长而弯曲的孔道

时，靠静电及分子力的作用而附着在孔道壁上，过滤介质床层上面没有滤饼形成。因此，也称为深层过滤。由于它用于从稀悬浮液中得到澄清液体，所以又称为澄清过滤，例如自来水的净化及污水处理。

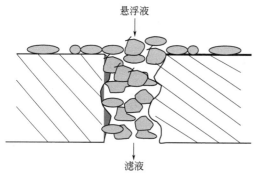

图 5-2　"架桥现象"示意图

② 滤饼过滤　悬浮液过滤时，液体通过过滤介质而颗粒沉积在过滤介质表面形成滤饼。颗粒比过滤介质的孔径大时会形成滤饼。当颗粒尺寸比过滤介质孔径小时，过滤开始会有部分颗粒进入过滤介质孔道里，迅速发生"架桥现象"。图 5-2 是"架桥现象"的示意图。"架桥现象"开始时滤液较浑浊，随着"架桥现象"逐渐形成滤饼层，此时滤饼层成为有效的过滤介质，滤液变得澄清。该方法适用于颗粒含量较高的悬浮液。化工生产中一般都是这种情况。

5.1.2　过滤介质

过滤过程中所选用的过滤介质应依不同的情况有所不同。但对其基本的要求是具有适宜的孔径、过滤阻力小，同时因过滤介质是滤饼的支承物，应具有足够的机械强度和耐腐蚀性。工业上常用的过滤介质（滤布）是棉麻，或合成纤维的丝织物，或金属丝织成的金属网。

过滤介质按其材质不同，可分为：

① 织物介质　是最常用的过滤介质，工业上称为滤布（网），由天然纤维、玻璃纤维、合成纤维或者金属丝编织而成。可截留的最小颗粒的直径为 $5 \sim 65 \mu m$。

② 多孔固体介质　具有很多微细孔道的固体材料，如多孔陶瓷、多孔金属及多孔性塑料制成的管或板，能截留 $1 \sim 3 \mu m$ 的微小颗粒。

③ 堆积介质　由沙、木炭之类的固体颗粒堆积而成的床层，称作滤床，用作过滤介质使含少量悬浮物的液体澄清。

④ 多孔膜　用于膜过滤的各种有机分子膜和无机材料膜。

5.1.3　滤饼和助滤剂

滤饼即由悬浮液中被截留下来的颗粒累积而成的床层，随过滤进行而增厚，根据其变形情况分为可压缩滤饼和不可压缩滤饼。当滤饼厚度增加或过滤压强差增大时：可压缩滤饼中颗粒的形状和颗粒间空隙发生明显变化，单位滤饼层厚度的流体阻力不断增大；而不可压缩滤饼颗粒的形状和颗粒间的空隙不发生明显变化，故单位滤饼层厚度的流体阻力基本恒定。

为了防止过滤介质的孔道被堵塞，或降低可压缩滤饼的过滤阻力，可以使用助滤剂。助滤剂是一种坚硬的粉状或纤维状的固体，将其预涂于过滤介质上，形成稀松的饼层，以改变滤饼结构，提高刚性，减少阻力。加助滤剂的方法有预涂法和预混法。作助滤剂的物质应能较好地悬浮于料液中，且颗粒大小合适，助滤剂中还不应含有可溶于滤液的物质，以免污染滤液。常用于作助滤剂的物质有硅藻土、珍珠岩粉、炭粉和石棉粉等。但是，当滤饼是产品时不能使用助滤剂。

5.1.4　过滤推动力和阻力

过滤推动力是指滤饼和过滤介质两侧的压力差。此压力差可以是重力或人为压差。增加过滤推动力的方法有：

① 增加悬浮液本身的液柱压力，一般不超过 $50kN/m^2$，称为重力过滤。

② 增加悬浮液液面的压力，一般可达 $500kN/m^2$，称为加压过滤。

③ 在过滤介质下面抽真空，通常不超过真空度 $86.6kN/m^2$，称为真空过滤。

此外，过滤推动力还可以用离心力来增大，称为离心过滤。

过滤阻力包括介质阻力和滤饼阻力。介质阻力可视为平变，且一般过滤初期较明显。滤饼阻力主要由滤饼厚度和滤饼特性决定，滤饼厚度随过滤进行而增加，滤饼特性主要指滤饼的颗粒形状、大小，粒度分布及压缩性。在大多数情况下，过滤阻力主要取决于滤饼阻力。

5.1.5　提高过滤生产能力的措施

提高过滤生产能力的措施主要有以下几点：

① 增大过滤面积、提高转速、缩短操作时间、改善过滤特性以提高过滤和洗涤速率。

② 加助滤剂　改变滤饼结构，使之较为疏松且不被压缩，则可提高过滤与洗涤速率。助滤剂多为刚性较好的多孔性粒状或纤维状材料，如常用的硅藻土、膨胀珍珠岩、纤维素等。

③ 加絮凝剂　使分散的细颗粒凝聚成团从而更容易过滤。絮凝剂有聚合电解质类的，如明胶、聚丙烯酰胺等，其长链高分子结构为固体颗粒架桥而成的絮团；也有无机电解质类的絮凝剂，其作用为破坏颗粒表面的双电层结构使颗粒依靠范德华力而聚并成团。

④ 流动或机械搅动　限制滤饼厚度的增长，或者借用离心力使滤饼在带锥度的转鼓中自动移动等动态过滤技术，也可以有效地提高过滤速率。

5.2
过滤设备

5.2.1　深层过滤设备

常用的深层过滤设备是各种类型的滤池。按过滤速度不同分类，有慢滤池（$<0.4m/h$）、快滤池（$4\sim10m/h$）和高速滤池（$10\sim60m/h$）三种；按作用力不同分类，有重力滤池（水头为 $4\sim5m$）和压力滤池（作用水头为 $15\sim25m$）两种；按过滤时水流方向分类，有下向流滤池、上向流滤池、双向流滤池和任向流滤池四种；按滤料层组成分类，有单层滤料滤池、双层滤料滤池和多层滤料滤池三种。普通快滤池是常用的过滤设备，也是研究其他滤池的基础。图 5-3 为普通快滤池的透视与剖面示意图。

过滤时，加入凝聚剂的浑水自进水管经集水渠、排水槽进入滤池，自上而下穿过滤料层、承托层，由配水系统收集，并经出水管排出。此时开 F_1、F_2，关 F_3、F_4、F_5。经过一段时间过滤，滤料层截留的悬浮物数量增加，滤层孔隙率减小，使孔隙水流速增大，其结果一方面造成过滤阻力增大，另一方面水流对孔隙中截留的杂质冲刷力增大，使出水水质变差。当水头损失超过允许值，或者出水的悬浮物浓度超过规定值时，过滤即应终止，进行滤池反冲洗。反冲洗时，开 F_3、F_4 和 F_5，关 F_1、F_2。反冲洗水由冲洗水管经配水系统进入滤池，由下而上穿过承托层、滤料层，最后由排水槽经集水渠排出。反冲洗完毕，又进入下一过滤周期。

普通快滤池一般用钢筋混凝土建造，池内有排水槽、滤料层、垫料层和配水系统，池外有集中管廊，配有进水管、出水管、冲洗水管、冲洗水排出管等管道及附件。

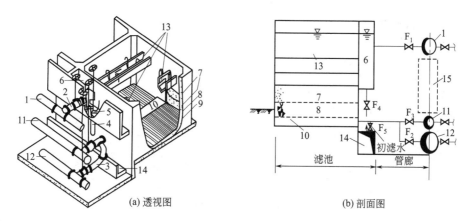

图 5-3　普通快滤池构造图

1—进水干管；2—进水支管；3—清水支管；4—排水管；5—排水阀；6—集水渠；7—滤料层；8—承托层；
9—配水支管；10—配水干管；11—冲洗水管；12—清水总管；13—排水槽；14—废水渠；15—走道空间

5.2.2　板框式压滤机

　　板框式压滤机由许多块滤板和滤框交替排列组合而成，滤板和滤框共同支承在两侧的架上并可在架上滑动，用一端的压紧装置将它们压紧。滤板和滤框多做成正方形，板框压滤机的操作是间歇的，制造方便。板框压滤机见图 5-4。

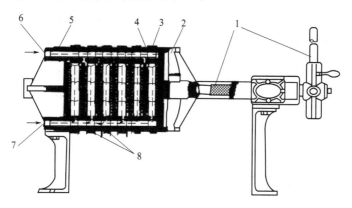

图 5-4　板框压滤机

1—压紧装置；2—可动头；3—滤框；4—滤板；5—固定头；6—滤液出口；7—滤浆进口；8—滤布

5.2.3　转筒真空过滤机

　　图 5-5 为转筒真空过滤机的构造。主体为一转筒，转筒表面有一层金属网，网上覆盖滤布，筒的一部分浸入滤浆槽中。沿转筒的周边用隔板分成若干小过滤室，每室单独与转筒转动盘上的孔相通。转动盘与安装在支架上的固定盘之间的接触面，用弹簧力紧密配合，保持密封。固定盘表面上有三个长短不等的圆弧凹槽，一端与转动盘的小孔连接，另一端分别与滤液排出管（真空）、洗液排出管（真空）和压缩空气管相接。因此转动盘与固定盘的这种配合，使得转筒内的过滤小室分别依次与滤液排出管、洗液排出管和压缩空气管连通。一般将转动盘与固定盘合称为分配头。

　　转筒真空过滤机是连续操作的设备，其每一部分面积，都顺序地经过过滤、脱水、洗涤、卸料四个区域，转筒每旋转一周即完成一个操作循环。转筒旋转一周时各小室可依次进

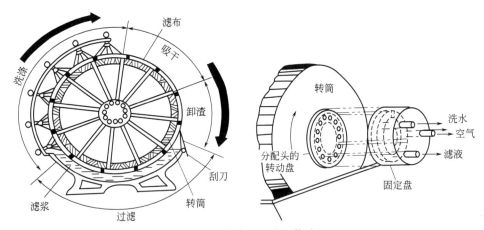

图 5-5　转筒真空过滤机构造

行过滤、洗涤、吸干、吹松、卸渣等项操作，而整个转筒在任何时候都在不同的部位同时进行上述循环操作过程。固定盘上的三个圆弧凹槽之间留有一定距离，以防转筒上操作区域过渡时互相串通。刮刀固定在滤浆槽之上，与滤布相贴。过滤面积一般为 $5\sim40m^2$，转筒浸没部分占总面积的 $30\%\sim40\%$，转速可调，通常在 $0.1\sim3r/min$，滤饼厚度在 $10\sim40mm$ 之间，含水量 $10\%\sim30\%$。该设备的优点是连续自动操作，节省人力，生产能力大，适用于处理量大、易过滤悬浮液的固液分离。缺点是附属设备多，投资费用高，过滤面积小，推动力有限，滤浆温度不能过高，洗涤不够充分，对滤浆的适应能力差，不适于难过滤的物系。

5.2.4　其他过滤设备

过滤机的种类很多，除以上介绍的三种设备之外，还有一些类型的设备在生产上也有广泛应用。另外，近些年来，生产上又陆续出现一些新型的过滤设备，它们在生产的自动化和提高过滤过程效率等方面都较以前的设备有所进步。下面就几种不同类型设备加以简单介绍，详见有关专著。

（1）预涂层转鼓真空过滤机

这是普通回转真空过滤机的改进类型，用于一些粒度小、易受压变形的固体颗粒形成的悬浮液的过滤。预涂层转鼓真空过滤机的突出优点是滤饼层很薄，过滤速度较高，滤饼可卸得很干净。适合于处理滤饼的压缩性很大且渗透性很差的悬浮液。

（2）带式真空过滤机

带式真空过滤机分为重力式、真空式、压榨式三种。

（3）可变容积过滤机

可变容积过滤机的结构类似于板框压滤机，但其滤板用钢材加强的硬橡皮制成，因厚度小，使过滤空间增大。

（4）管式压滤机

管式压滤机由一根或多根钻孔管组成，这些管由支撑板支撑排列在受压的筒体容器内，有卧式和立式两种类型。

（5）带式压榨过滤机

带式压榨过滤机一般按照机械压榨原理设计，这种过滤机一般都有两条无端环形滤带，若辊筒设计合理，则可使滤带的一部分重叠在一起，使进入两条滤带间的料浆被连续挤压脱水形成滤饼。当重叠带分开时，滤饼剥离脱落（有时也设有刮刀）。滤液则通过滤液槽汇集到滤液池循环，可作为清洗滤带用水。

5.3
有关过滤的计算

5.3.1　固体量、滤液量与滤渣量的关系

　　总物料：悬浮液质量＝滤渣量＋滤液量
　　固体物料：悬浮液中固体量＝滤渣中固体量
　　体积关系：湿滤渣体积＝干渣体积＋滤液体积
　　固体量、滤液量与滤渣量的关系可用关系式表示为：

$$\frac{C}{\rho_c}=\frac{1}{\rho_p}+\frac{C-1}{\rho} \tag{5-1}$$

式中　ρ——滤液密度，kg/m^3；

　　　　ρ_p——干滤饼密度（固体），kg/m^3；

　　　　ρ_c——湿滤饼密度，kg/m^3；

　　　　C——以 1kg 悬浮液为基准，湿滤渣与其中所含干渣的质量比，$C＝$湿滤饼质量（kg）/固体质量（kg）。

　　求与 $1m^3$ 滤液所对应的干渣质量 ω（kg），可用以下公式计算：

$$\omega=\frac{X}{(1-CX)/\rho} \tag{5-2}$$

式中　ρ——滤液密度，kg/m^3；

　　　　C——以 1kg 悬浮液为基准，湿滤渣与其中所含干渣的质量比；

　　　　X——干渣与悬浮液的质量比。

　　湿滤渣质量与滤液体积的比值为 ωC，求湿滤渣体积与滤液体积的比值 v，可用以下公式计算：

$$v=\frac{\omega C}{\rho_c} \tag{5-3}$$

　　【例 1】　已知湿滤渣、干滤渣及滤液的密度分别为 $\rho_c＝1400kg/m^3$，$\rho_p＝2600kg/m^3$，$\rho＝1000kg/m^3$。试求湿滤渣与其中所含干渣的质量比。若 1kg 悬浮液中含固体颗粒 0.04kg，试求与 $1m^3$ 滤液所对应的干渣质量为多少？

　　解：（1）由　$\dfrac{C}{1400}=\dfrac{1}{2600}+\dfrac{C-1}{1000}$

　　所以　$C＝2.15kg$（湿渣）/kg（干渣）

　　（2）已知 $X＝0.04kg$（湿渣）/kg（悬浮液）

$$\omega=\frac{X\rho}{1-CX}=\frac{0.04\times1000}{1-2.15\times0.04}=43.8[kg（干渣）/m^3（滤液）]$$

5.3.2　过滤速率基本方程式

　　过滤过程中，滤液通过滤布和滤饼的流速较低，其流动一般处于层流状态，过滤基本方

程式主要研究 $dV/d\tau$ 与哪些因素有关，即 $V \sim \tau$ 的关系。

过滤速度是指单位时间通过单位面积的滤液体积，可表示为 $u = dV/(Ad\tau)$，m/s。过滤速率是指单位时间通过的滤液体积，可表示为 $U = dV/d\tau$，m^3/s。

$$过滤速率 = \frac{过滤推动力}{过滤阻力} \tag{5-4}$$

为克服流体在过滤过程中通过过滤介质和滤饼层的阻力，必须施加外力，可以是重力、离心力或压力差，称为过滤推动力。由于流体所受的重力较小，所以一般重力过滤用于过滤阻力较小的场合。化工生产上常用压力差作推动力，压力差有可调性。下面着重讨论以压力差为推动力的过滤过程。

推动力可表示为 $\Delta p = \Delta p_c + \Delta p_m$，其中 Δp_c 为饼层压差，Δp_m 为过滤介质压差。所受的过滤阻力主要包括饼层阻力 R_c 和过滤介质阻力 R_m。当滤饼不可压缩时，任一瞬间单位面积上的过滤速率与滤饼上、下游两侧的压强差成正比，而与当时的滤饼厚度成反比，并与滤液黏度成反比。过滤推动力是促成滤液流动的因素，即压强差 Δp_c。用公式表示为：

$$\Delta p_c = \frac{32\mu l u}{d^2} \tag{5-5}$$

式中　Δp_c——压强差，N（Pa）；

　　　μ——滤液黏度，Pa·s（$1Pa \cdot s = 1N \cdot s/m^2$）；

　　　u——滤液速度，m/s；

　　　l——滤饼中毛细孔道的平均长度，m；

　　　d——直径，m。

转化得公式：

$$u = \frac{\Delta p_c}{32\mu l/d^2} \tag{5-6}$$

滤饼阻力 R_c 表达式为 $R_c = r\mu\omega V/A$，r 为比例系数，称为滤饼的比阻。比阻在数值上等于黏度为 1Pa·s 的滤液以 1m/s 的平均速度通过厚度为 1m 的滤饼层时所产生的压强降。所以，比阻反映了颗粒形状、尺寸及床层空隙率对滤液流动的影响，其大小反映了过滤操作的难易。床层越致密，对流体流动的阻滞作用越大。

过滤介质阻力 R_m 可以看作获得当量滤液量 V_e 时所形成的滤饼层的阻力。表达式为 $R_m = r\mu\omega V_e/A$。

过滤速度：

$$\frac{dV}{Ad\tau} = \frac{\Delta p}{r\mu\omega(V+V_e)/A} \tag{5-7}$$

过滤速率：

$$\frac{dV}{d\tau} = \frac{\Delta p A^2}{r\mu\omega(V+V_e)} \tag{5-8}$$

式(5-8) 称为过滤基本方程，它表示过滤操作中某一瞬时的过滤速率与物系性质（μ）、压力差（Δp）、该时间以前的滤液量（V）及过滤介质的当量滤液量（V_e）之间的关系。若用此式求出过滤时间与滤液量之间的关系式，还需根据具体情况积分。

需要注意的是，当量滤液量 V_e 不是真正的滤液量，其值与过滤介质的性质、滤饼及滤浆的性质有关，可由实验确定。

5.3.3　恒压过滤方程式

工业生产上有两种典型的过滤操作方式，即恒压和恒速。实际应用时可采取先恒速过滤后恒压过滤的操作方式。若过滤操作是在恒定压差下进行的，则称为恒压过滤。恒压过滤是最常见的过滤方式。

（1）滤液体积与过滤时间的关系

悬浮液一定，当 Δp 不变时，对式(5-8)进行积分得：

$$\int_0^V (V+V_e)\mathrm{d}V = \int_0^\tau \frac{A^2\Delta p}{r\mu\omega}\mathrm{d}\tau = \frac{A^2\Delta p}{r\mu\omega}\int_0^\tau \mathrm{d}\tau \tag{5-9}$$

令

$$K = \frac{2\Delta p}{r\mu\omega} \tag{5-10}$$

则上式的积分结果为：

$$V^2 + 2VV_e = KA^2\tau \tag{5-11}$$

若介质阻力可忽略不计，则上式可简化为：

$$V^2 = KA^2\tau \tag{5-12}$$

以上各式中的 K 称为过滤常数。

V_e 和 τ_e 间的关系为：

$$V_e^2 = KA^2\tau_e$$
$$(V+V_e)^2 = KA^2(\tau+\tau_e)^2 \tag{5-13}$$

式(5-10)～式(5-13)均称为恒压过滤方程式，恒压过滤方程为抛物线方程，如图 5-6 所示。令 $q=V/A$，$q_e=V_e/A$，分别称为单位面积上的滤液量和单位面积上的当量滤液量。则可得更为简单的恒压过滤方程：

$$q_e^2 = K\tau_e \tag{5-14}$$

$$q^2 + 2qq_e = K\tau \tag{5-15}$$

$$(q+q_e)^2 = K(\tau+\tau_e) \tag{5-16}$$

应用以上各式，可进行恒压过滤的各种计算。

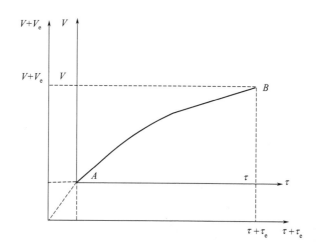

图 5-6 恒压过滤时 V 与 τ 的关系

（2）过滤常数的测定

实验测定过滤常数一般在恒压下进行。

$$q^2 + 2qq_e = K\tau$$

将基本方程式两侧各项均除以 qK，得： $\qquad \dfrac{\tau}{q}=\dfrac{1}{K}q+\dfrac{2}{K}q_e$ $\qquad$ (5-17)

式(5-17)表明，在恒压过滤时，τ/q 与 q 呈直线关系，直线的斜率为 $1/K$，截距为 $2q_e/K$。由此可知，只要测出不同过滤时间时单位过滤面积所得的滤液量，即可由上式求得 K 和 q_e。

【例2】 含有 $CaCO_3$ 质量分数为 13.9% 的水悬浮液，用板框过滤机在 20℃ 下进行过滤。过滤面积为 $0.1m^2$。实验数据列于表 5-1 中，试求过滤常数 K 与 q_e。

例 5-1 实验数据

压差/Pa	滤液量 V/dm³	过滤时间 τ/s	压差/Pa	滤液量 V/dm³	过滤时间 τ/s
3.43×10^4	2.92	146	10.3×10^4	2.45	50
	7.80	888		9.80	660

解：两种压力下的 K 与 q_e 分别计算如下。

(1) 压差为 $3.43\times10^4\,Pa$ 时为：

$$q_1=\frac{2.92}{10^3\times0.1}=2.92\times10^{-2}\,(m^3/m^2)$$

$$\frac{\tau_1}{q_1}=\frac{146}{2.92\times10^{-2}}=5.0\times10^3\,(m^2\cdot s/m^3)$$

$$q_2=\frac{7.80}{10^3\times0.1}=7.8\times10^{-2}\,(m^3/m^2)$$

$$\frac{\tau_2}{q_2}=\frac{888}{7.8\times10^{-2}}=1.14\times10^4\,(m^2\cdot s/m^3)$$

联立求解：

$$5.0\times10^3=\frac{2.92\times10^{-2}}{K}+\frac{2q_e}{K}$$

$$1.14\times10^4=\frac{7.8\times10^{-2}}{K}+\frac{2q_e}{K}$$

可得： $\qquad K=7.62\times10^{-6}\,m^2/s$

$$q_e=4.46\times10^{-3}\,m^3/m^2$$

(2) 压差为 $10.3\times10^4\,Pa$ 时用同样方法可得：

$$K=1.57\times10^{-5}\,m^2/s,\qquad q_e=3.74\times10^{-3}\,m^3/m^2$$

【例3】 一台板框压滤机的过滤面积为 $0.2m^2$，在表压 150kPa 下以恒压操作方式过滤某一悬浮液。2h 后得滤液 $40m^3$，已知滤渣不可压缩，过滤介质阻力忽略。求：(1) 若其他情况不变，而过滤面积加倍，可得滤液多少？ (2) 若表压加倍，2h 后可得滤液多少？ (3) 若其他情况不变，将操作时间缩短为 1h，所得滤液多少？

分析：由于过滤介质阻力忽略，所以选用公式 $V^2=KA^2\tau$。

解：(1) 过滤面积加倍，则

$$V'/V=A'/A\qquad V'=2V=80m^3$$

(2) 表压加倍，则

$$(V'/V)^2=K'/K\qquad V'=\sqrt{2}V=56.6m^3\qquad K=\frac{2\Delta p}{r\mu\omega}$$

(3) 过滤时间缩短为 1h，则

$$(V'/V)^2 = \tau'/\tau \qquad V' = \sqrt{0.5}V = 28.3 \text{m}^3$$

【例 4】　在实验室用一片过滤面积为 0.1m^2 的滤叶对某种颗粒在水中的悬浮液进行实验，过滤压强差为 500mmHg（$1\text{mmHg} = 133.322\text{Pa}$），过滤 5min 得滤液 1L，又过滤 5min 得滤液 0.6L，若再过滤 5min，可得滤液多少升？

　　分析：已知两组滤液体积和时间，求另一组过滤时间下的体积，则选用公式 $V^2 + 2VV_e = KA^2\tau$，注意 V、τ 的含义。

　　解： $(10^{-3})^2 + 2 \times 10^{-3}V_e = K \times 0.1^2 \times 5 \times 60$

$\qquad (1.6 \times 10^{-3})^2 + 2 \times 1.6 \times 10^{-3}V_e = K \times 0.1^2 \times 10 \times 60$

$\qquad V_e = 10^{-4}$

$\qquad K = 4 \times 10^{-7}$

$\qquad V^2 + 2V \times 10^{-4} = 4 \times 10^{-7} \times 0.1^2 \times 15 \times 60$

　　解得 $V = 2.073 \times 10^{-3}\text{m}^3$

　　所以再过滤 5min，可得滤液 $\Delta V = 2.073 \times 10^{-3} - 1.6 \times 10^{-3} = 0.473 \times 10^{-3} = 0.473$（L）

5.4

过滤理论

　　由于过滤行为的复杂性和影响因素的多样性，过滤理论到目前为止尚不完善。滤池设计参数的确定和运行效果的评价等都需要通过实验来确定。

5.4.1　过滤机理

　　最早出现的过滤机理为机械筛滤。但人们后来发现：对于直径为 $0.5 \sim 1.2\text{mm}$ 的石英砂滤料，经反冲洗分层后，滤料直径自上而下大致按由细到粗依次排列，假设滤料为球状，则滤料表层的孔隙尺寸约为 $80\mu\text{m}$，但是进入滤池的悬浮物颗粒尺寸大部分小于 $30\mu\text{m}$，仍然能被滤层截留下来，而且在滤层深处（孔隙大于 $80\mu\text{m}$）也能被截留，说明过滤显然不是机械筛滤的结果。经过研究，提出了两阶段理论，即悬浮颗粒必须经过迁移和附着两个过程才能完成它们的去除过程，因此完整的去除机理必须包括对这两个过程的定量描述。

　　在迁移阶段，Ives 等认为，颗粒的迁移分为五种情况，包括沉淀、扩散、惯性、阻截、和水动力。到目前为止，关于水动力迁移的定量描述尚未完成，而惯性作用对于空气过滤是重要的，对于水的过滤可以忽略不计。O′melia 认为三种物理迁移将悬浮颗粒从流体中迁移至滤料表面：第一是颗粒的布朗运动或分子扩散，这种随机运动的动力与水分子的动能 KT（K 为玻尔兹曼常数，T 为热力学温度）密切相关，因水分子的动能在连续不断的碰撞过程中转移给微小颗粒；第二是流体的流动，在过滤过程中，悬浮颗粒随着流体的运动与滤料颗粒相撞、发生阻截；第三是重力，它促使悬浮颗粒垂直运动。

　　在附着阶段，吸附作用为一种物理化学作用，当水中悬浮颗粒迁移到滤料表面上时，则在范德华引力和静电力相互作用下，以及某些化学键和某些特殊的化学吸附力作用下，被吸附于滤料颗粒的表面上，或者吸附于已附着在滤料上面的颗粒上。此外，絮凝颗粒的架桥作用也会存在。吸附作用主要取决于滤料和水中悬浮颗粒的表面物理化学性质。Torgas 认为，过滤过程中悬浮颗粒被去除的原因主要有三种：机械筛滤、悬浮颗粒直接吸附于滤料的表面、悬浮颗粒吸附于已附着在滤料上面的颗粒上。通过对颗粒大小的精确测量，Torgas 认为，当颗粒直径与滤料直径之比大于 $5.5×10^{-2}$ 时，机械筛滤是重要的；当颗粒直径与滤料直径之比为 $4.0×10^{-2}$～$5.5×10^{-2}$ 时，机械筛滤所占的比必须考虑；当颗粒直径与滤料直径之比小于 $4.0×10^{-2}$ 时，机械筛滤可忽略不计。

快滤池分离悬浮颗粒涉及多种因素和过程，一般分为三类，即迁移机理、附着机理和脱落机理。

(1) 迁移机理

悬浮颗粒脱离流线而与滤料接触的过程，就是迁移过程，引起颗粒迁移的原因如下。

① 筛滤　比滤层孔隙大的颗粒被机械筛分，截留于过滤表面上，然后这些被截留的颗粒形成孔隙更小的滤饼层，使过滤水头增加，甚至发生堵塞。显然，这种表面筛滤没能发挥整个滤层的作用。幸好，在普通快滤池中，悬浮颗粒一般都比滤层孔隙小，因而筛滤对总去除率贡献不大。根据几何学分析，三个直径为 0.5mm 的球形滤料相切时形成的孔隙，可以通过直径最大为 0.077mm，即 $77\mu m$ 的球形悬浮物。而经过混凝的絮体粒径一般为 2～$10\mu m$，SiO_2 的粒径约 $2\mu m$，硅藻土约 $30\mu m$，它们都能通过滤层而不被机械截留，但是，当悬浮颗粒浓度过高时，很多颗粒有可能同时到达一个孔隙，互相拱接而被机械截留。

② 拦截　随流线流动的小颗粒，在流线汇聚处与滤料表面接触。其去除概率与颗粒直径的平方成正比，与滤料粒径的立方成反比，也是雷诺数的函数。

③ 惯性　当流线绕过滤料表面时，具有较大动量和密度的颗粒因惯性冲击而脱离流线碰撞到滤料表面上。

④ 沉淀　如果悬浮物的粒径和密度较大，将存在一个沿重力方向的相对沉淀速度。在净重力作用下，颗粒偏离流线沉淀到滤料表面上。沉淀效率取决于颗粒沉速和过滤水速的相对大小和方向。此时，滤层中的每个小孔隙起着一个浅层沉淀池的作用。

⑤ 布朗运动　对于微小悬浮颗粒，由于布朗运动而扩散到滤料表面。

⑥ 水力作用　由于滤层中的孔隙和悬浮颗粒的形状是极不规则的，在不均匀的剪切流场中，颗粒受到不平衡力的作用不断地转动而偏离流线。

在实际过滤中，悬浮颗粒的迁移将受到上述各机理的作用，它们的相对重要性取决于水流状况、滤层孔隙形状及颗粒本身的性质（粒度、形状、密度等）。

(2) 附着机理

由上述迁移过程而与滤料接触的悬浮颗粒，附着在滤料表面上不再脱离，就是附着过程。引起颗粒附着的因素主要有如下几种。

① 接触凝聚　在原水中投加凝聚剂，压缩悬浮颗粒和滤料颗粒表面的双电层后，但尚未生成微絮凝体时，立即进行过滤。此时水中脱稳的胶体很容易与滤料表面凝聚，即发生接触凝聚作用。快滤池操作通常投加凝聚剂，因此接触凝聚是主要附着机理。

② 静电引力　颗粒表面上的电荷和由此形成的双电层产生静电引力和斥力。若悬浮颗粒和滤料颗粒带异号电荷则相吸，反之则相斥。

③ 吸附　悬浮颗粒细小，具有很强的吸附趋势，吸附作用也可能通过絮凝剂的架桥作用实现。絮凝物的一端附着在滤料表面，而另一端附着在悬浮颗粒上。某些聚合电解质能降低双电层的排斥力或者在两表面活性点间起键的作用而改善附着性能。

④ 分子引力　原子、分子间的引力在颗粒附着时起重要作用。万有引力可以叠加，其作用范围有限（通常小于 $50\mu m$），与两分子的间距的 6 次方成反比。

(3) 脱落机理

普通快滤池通常用水进行反冲洗，有时先用或同时用压缩空气进行辅助表面冲洗。在反冲洗时，滤层膨胀至一定高度，滤料处于流化状态，截留和附着于滤料上的悬浮物受到高速反洗水的冲刷而脱落。滤料颗粒在水流中旋转、碰撞和摩擦，也使悬浮物脱落。反冲洗效果主要取决于冲洗强度和时间。当采用同向流冲洗时，还与冲洗流速变动有关。

5.4.2 唯象理论与迹线理论

到目前为止，杂质颗粒的迁移、吸附及剥离可以根据唯象理论与迹线理论这两种不同的模型来描述。

（1）唯象理论

唯象理论侧重于描述水中悬浮颗粒被滤料截留后，其浓度的变化。唯象理论侧重于试验数据，它试图通过数学模型建立比沉积量 σ 与悬浮颗粒浓度 c、过滤时间 t、滤层深度 x 等的关系，属于宏观分析范畴。唯象理论中各个系数均必须经过试验确定。

（2）迹线理论

迹线理论将滤料层看作一系列收集器的集合体，通过颗粒迹线决定颗粒沉积最早出现于 1931 年，当时是应用于空气过滤。迹线理论侧重于理论分析，它试图抛开试验数据并建立单个微观收集器效率 η_0 的计算公式。

由于过滤行为的复杂性，迹线理论与唯象理论都不能非常完善地预测过滤过程中颗粒的移动轨迹，迹线理论与唯象理论都未能探讨水头损失对过滤行为的影响，也不能很好地反映剥离对过滤行为的影响，包括剥离发生的时间及其对过滤行为带来的变化。

到目前为止，过滤理论存在着一些争论，这些争论未能得到解决的根本原因在于过滤过程的试验工作存在下列几点困难：

① 对滤层孔隙所发生的现象进行直接的观察和测定；
② 对悬浮颗粒的体积浓度进行精确的测定；
③ 对滤层内悬浮颗粒的比沉积量随过滤时间的变化进行精确的测定。

在这些有关的试验工作未能解决以前，建立精确的过滤数学模型，并能实用化，是不太可能的。

思 考 题

1. 澄清池的基本原理和主要特点是什么？
2. 简单叙述书中所列 4 种澄清池的构造、工作原理和主要特点。
3. 为什么粒径小于滤层中孔隙尺寸的杂质颗粒会被滤层拦截下来？根据滤层中杂质分布规律，分析改善快滤池过滤效果的几种途径和滤池发展趋势。
4. 直接过滤有哪两种方式？采用原水直接过滤应注意哪些问题？
5. 清洁滤层水头损失与哪些因素有关？过滤过程中水头损失与过滤时间存在什么关系？可否用数学式表达？
6. 什么叫"等速过滤"和"变速过滤"？两者分别在什么情况下形成？分析两种过滤方式的优缺点并指出哪几种滤池属于"等速过滤"。
7. 什么叫"负水头"？它对过滤和反冲洗有何影响？如何避免滤层中"负水头"产生？
8. 什么叫滤料"有效粒径"和"不均匀系数"？不均匀系数过大对过滤和反冲洗有何影响？"均质滤料"的含义是什么？它的不均匀系数是否等于 1？
9. 双层滤料和多层滤料混杂与否与哪些因素有关？如果滤料选配适当，在反冲洗操作中是否可保证滤料不会混杂？滤料混杂对过滤有何影响？
10. 城市污水二级出水如果只是经过过滤直接利用，过滤的方式应是怎样的？如何经过过滤除去颗粒物、毛发及藻类等一些杂质？

第6章

脱水干燥

将污泥含水率降低到80%以下的操作称为脱水。污水经过沉淀处理后会产生大量污泥，即使经过浓缩及消化处理，污泥的含水量仍高达95%～97%，体积很大，难以消纳处置。必须经过脱水处理，提高泥饼的含固率，减少污泥堆置的占地面积。脱水的方法有自然脱水和机械脱水。自然脱水所使用的外力为自然力，如自然蒸发、渗透等，其构筑物有干化场、污泥贮留池等。机械脱水所使用的外力为机械力，如压力、离心力等，其方法有真空过滤、压滤、离心脱水等。一般大中型的污水处理厂均采用机械脱水。

污泥脱水去除的是毛细管结合水和表面附着水。在污泥脱水前需要通过物理、化学或物理化学作用，改善污泥的脱水性能，该操作称为污泥调理。

6.1

污泥脱水的基本原理

污泥脱水的基本原理是相同的，都是以过滤介质（一种多孔性物质）两面的压力差作为推动力，污泥中的水分被强制通过过滤介质（滤液），固体颗粒被截留在介质上（滤饼），从而达到脱水的目的。

造成压力差的方法有四种：①依靠污泥本身厚度的静压力；②在过滤介质一面造成负压；③加压污泥使滤液通过过滤介质；④造成离心力。

过滤开始时，滤液仅需克服过滤介质的阻力，当滤饼逐渐形成后，还须克服滤饼本身阻力。真正的过滤层应包括滤饼层和过滤介质。通过试验，已推导出滤液通过滤饼的过滤基本方程式，即

$$\frac{t}{V}=\frac{\mu C r V}{2pA^2}+\frac{\mu R_g}{PA}=bV+a \tag{6-1}$$

式中　V——滤液体积，mL；

t——过滤时间，s；

p——过滤时压强，Pa；

A——过滤面积，cm^2；

μ——滤液的动力黏度，Pa·s；

R_g——单位过滤面积上通过单位体积过滤液时，过滤介质所产生的阻力，cm^{-1}；

C——过滤单位体积的滤液，在过滤介质上截留的滤饼干固体质量，g/cm^2；

r——污泥比阻，单位过滤面积上单位干重滤饼所具有的阻力，cm/g。

影响污泥脱水性能的因素有污泥性质、污泥浓度、污泥过滤液的黏滞度、混凝剂的种类及投加量等。污泥比阻 r 是表示污泥过滤特性的综合指标，污泥比阻越大，脱水性能越差，反之脱水性能越好。通常用布氏漏斗试验，通过测定污泥滤液滤经介质的速度快慢，来确定污泥比阻的大小，并比较不同污泥的过滤性能，确定最佳混凝剂及其最佳投量。比阻 r 可用下式计算：

$$r = \frac{2pA^2}{\mu} \times \frac{b}{C} \qquad (6\text{-}2)$$

从上式可知，求 r 需在实验条件下求出斜率 b 和 C 值。即在定压条件下测定一系列不同过滤时间 t 的滤液量 V，以 V 为横坐标，以 t/V 为纵坐标作图，直线的斜率为 b。过滤单位体积滤液在过滤介质上截留的干固体质量 C（g/mL）可通过以下公式计算：

$$C = \frac{C_b C_0}{C_b - C_0} \qquad (6\text{-}3)$$

式中　C_0——原污泥固体浓度，g/mL；

　　　C_b——滤饼固体浓度，g/mL。

投加混凝剂可以改善污泥的脱水性能，使污泥比阻减小。一般认为，比阻 r 在 $10^{12} \sim 10^{13}$ cm/g 为难过滤污泥，在 $0.5 \times 10^{12} \sim 0.9 \times 10^{12}$ cm/g 为中等难度过滤污泥，小于 0.4×10^{12} cm/g 为易过滤污泥。活性污泥的比阻一般为 $(2.74 \sim 2.94) \times 10^{13}$ cm/g，消化污泥的比阻为 $(1.17 \sim 1.37) \times 10^{13}$ cm/g，初沉污泥的比阻为 $(3.9 \sim 5.8) \times 10^{12}$ cm/g。

对于可压缩滤饼，由于滤饼不断被压缩，使比阻不断增加，因此比阻与压力的关系可用以下关系式表示：

$$r = r'ps \qquad (6\text{-}4)$$

式中　r'——压力为 1 单位时的比阻，cm/g；

　　　s——滤饼的压缩系数，对不可压缩污泥 s 为 0。

对于不可压缩污泥，比阻与压力无关，增加压力并不会增加比阻，因此增压对提高过滤机的生产能力有较好效果。但像活性污泥等易压缩污泥，增加压力，比阻也会随之增大，故增压对提高其生产能力效果不大。

6.2
脱水方法与设备

6.2.1　污泥干化场

采用污泥干化场是最先出现的污泥脱水技术，在美国及欧洲广泛应用。适用于乡镇的小规模处理厂，对操作人员的技能要求较低。污泥干化场一般适用于良好消化或稳定的污泥。未经稳定的污泥，有臭味，招引昆虫，有碍卫生，当污泥以合理厚度铺放时不能满意地干化。干化场占地大，受气候条件、污泥特性、地价和离居民区距离等因素影响，冰冻期和雨季较长的地区操作受到严重的限制。

干化场可分为自然滤层干化场和人工滤层干化场两种。自然滤层干化场适用于自然土质渗透性好、地下水位低的地区。人工滤层干化场是人工铺设的，分为敞开式干化场与加盖式干化场两种。加盖式干化场使干化污泥免受雨淋，并控制臭味和昆虫，在冬天可缩短干化期，还可以改善废水处理厂的外观。

干化场由不透水层、排水系统、滤水层、输泥层、隔墙及围堤等部分组成。如果是有盖式的，还设有支柱和顶盖。不透水层由 200～400mm 厚的黏土或 150～300mm 厚的三七灰土夯实而成，也可用 100～150mm 厚的素混凝土铺成，底层应有 0.01～0.03 的坡度排向排水系统。排水系统用 100～150mm 陶土管或盲沟做成，管子接头处不密封，以便进水。管中心距为 3～8m 不等，坡度 0.002～0.003，排水管起点覆土深（至砂层顶面）为 0.6m 左右。滤水层下层用粗矿渣或砾石，厚 200～300mm，上层用细矿渣或砂，厚度 200～300mm。隔墙和围堤将整块干化场分隔成若干分块，轮流使用，提高利用率。每块带形场地的宽度同污泥脱水后除泥的方法有关，一般为 6m 左右，高度在 40m 以上，堤顶设输泥槽或输泥管，每隔 50m 左右设放泥口，向两侧场地放泥。

还有一种由沥青或混凝土浇筑、不用滤水层的干化场，适用于蒸发量大的地区，其优点是泥饼易于铲除。

影响污泥在干化场上脱水的因素主要是气候条件和污泥性质两方面。气候条件包括降雨量、蒸发量、相对湿度、风速等。

在好的天气使用良好消化的生活污泥或混合污泥，在两周至六周内可以获得含 40%～45% 干固体的污泥饼。采用化学药剂脱水时间可缩短 50% 或更多。如把污泥放在铺砂滤床上，可以获得 85%～90% 含量的干固体，但需要时间很长。

污泥干化场的操作控制：向场地灌入污泥、脱水和清除污泥构成一个工作周期，平均工作周期是 35～60d，最短是一周左右，主要取决于污泥脱水所需要的时间，受气候影响很大；每次灌泥深度一般为 20cm，每平方米有效场地每年可接纳污泥 1.2～2m³；当场地不空时，来泥需暂时贮存，可在消化池中提供贮泥容积或另设贮泥池。

6.2.2　离心法

离心法的推动力是离心力，推动的对象是固相，离心力的大小可控制，比重力大得多，因此脱水的效果比重力浓缩好。它的优点是设备占地小，效率高，可连续生产，自动控制，卫生条件好；缺点是对污泥预处理要求高，必须使用高分子聚合电解质作为调理剂，设备易磨损。离心机的分离因素就是离心力与重力的比值，表征了离心力的相对大小和离心机的分离能力。可用下式表示：

$$a = \frac{F}{G} = \frac{\frac{\omega^2 r}{g}G}{G} = \frac{\omega^2 r}{g} = \frac{n^2 r}{900} \tag{6-5}$$

式中　F——离心力，N；

G——重力，N；

ω——旋转角速度，s^{-1}；

r——旋转半径，m；

g——重力加速度，m/s^2；

n——转速，r/min。

根据分离因数 a 的不同，离心机可分为低速离心机（a 为 1000～1500）、中速离心机（a 为 1500～3000）和高速离心机（a 在 3000 以上）3 类。在污泥脱水处理中，由于高速离心机转速快、对脱水泥饼有冲击和剪切作用，因此适宜用低速离心机进行污泥离心脱水。

根据形状，离心机可分为转筒式离心机和盘式离心机等，其中以转筒式离心机在污泥脱水中应用最广泛，它的主要组成部分是转筒和螺旋输泥机。

污泥通过中空转轴的分配孔连续进入筒内，在转筒的带动下高速旋转，并在离心力作用下泥水分离。螺旋输泥机和转筒同向旋转，但转速稍慢，即二者有相对转动，这一相对转动使得泥饼被推出排泥口,而分离液从另一端排出。

采用不同脱水方法,其脱水泥饼的含水率也不同。一般情况下,真空过滤为 60%～80%,压滤为 45%～80%,滚压带式为 78%～86%,离心脱水为 80%～85%。

6.3
污泥干燥

6.3.1 回转圆筒式干燥器

它由一圆筒组成,该圆筒稍微倾斜,并以约 5～8r/min 的转速旋转。在干燥器内装刮板或在搅拌轴上装设破碎搅拌翼片以便破碎污泥。加热方式是采用热空气,将污泥的水分蒸发,使含水率减少到 10%左右。在加热干燥之前,污泥中的水分,应利用机械脱水的方法,尽可能地减少,以降低干燥处理费用。

脱水污泥经粉碎机粉碎后,与旋流分离器返回来的细粉混合,进入回转圆筒干燥器,干燥污泥由卸料室通过格栅送到贮存池,排气经旋流分离器分离出细粉后,经除臭燃烧器排入大气。此分离器的加热方式为用热风直接加热或利用热传导间接加热,或两者复合加热。

6.3.2 闪蒸干燥(或急骤干燥)

将污泥导入热气流中,使水分从固体中瞬时蒸发。这个系统以几种不同物料循环为基础,以调节适应不同的干燥方案。

导入的湿污泥饼,首先在混合器中与经干燥的污泥混合,以便改善气动输送条件。混合污泥与来自炉内约 650～760℃的热气体相混合,混合污泥的含水率约 50%,送进笼式粉碎机中,混合物在粉碎机内搅拌,并且迅速蒸发水蒸气。在笼式粉碎机内的停留时间仅为数秒钟,含有 8%～10%水分的干污泥,与加热气体在导管内上升,然后进入旋风分离器,使蒸气和固体分离。污泥干化过程主要是在导管内实现的,部分经干燥的污泥与进入的湿泥饼一起循环,其余的干燥污泥过筛,或送另一旋风分离器与废干燥气体分离后送储罐,可作为肥料予以利用。

6.3.3 喷雾干燥器

喷雾干燥器使用高速离心转筒,将液体污泥加入转筒内,离心力使其雾化成细粒,喷入干化室的顶部,在干化室内,水被均匀地转移到热气体中。热气体夹带的尘粒,经旋风除尘器除去后,废气排往大气。喷雾干燥器的离心转筒有并流式、逆流式、并逆流式三种。

6.3.4 真空冷冻干燥

冷冻干燥是指通过升华从冻结的生物产品中去除水分或其他溶剂的过程。升华指的是溶剂,比如水,像干冰一样,不经过液态,从固态直接变为气态的过程。冷冻干燥得到的产物称作冻干物,该过程称作冻干。

传统的干燥会引起材料皱缩,破坏细胞。在冰冻干燥过程中样品的结构不会被破坏,因为固体成分被在其位置上的坚冰支持着。在冰升华时,在干燥的剩余物质里会留下孔隙。这样就保留了产品的生物和化学结构及其活性的完整性。真空冷冻干燥机见图 6-1。

冻干有很多不同的用途,它在许多生物化学与制药应用中是不可缺少的。它被用来获得

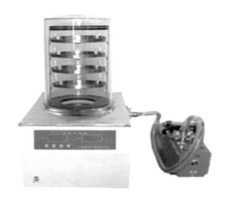

图 6-1　真空冷冻干燥机

可长时期保存的生物材料，例如微生物、酶、血液与药品，除长期保存的稳定性以外，还保留了其固有的生物活性与结构。为此，冻干被用于准备用来做结构研究（例如电镜研究）的组织样品。冷冻干燥也应用于化学分析中，它能得到干燥态的样品，或者浓缩样品以增加分析敏感度。冻干使样品成分稳定，也不需改变化学组成，是理想的分析辅助手段。

在壳式预冻中，冻干瓶中的样品浸放在低温热传导液体里旋转，液体样品沿冻干瓶圆周内壁结冻，以达到更大的表面积。这层薄的结冻层能让水分子更加容易地穿过。一旦样品结冰，就可以与冷冻干燥系统连接了。初级和次级干燥发生在样品瓶被连接到冻干系统时，样品立刻暴露在一个真空条件下，从而克服气流阻力。同时热量被提供作能量。为接在干燥箱或多歧管中的冻干瓶和其他玻璃容器提供热量的热源是室温空气浴。在自动压盖上箱中，是加热层供给。真空和热量这些条件可帮助从冰中升华出的水蒸气更容易地流离样品和表层已冻干的物质。

6.3.5　旋转蒸发仪

旋转蒸发仪可以用来回收、蒸发有机溶剂。它是利用一台电机带动蒸馏瓶旋转。由于蒸馏器在不断旋转，可免加沸石而不会暴沸。同时，由于不断旋转，液体附于蒸馏器的壁上，形成一层液膜，加大了蒸发的面积，使蒸发速度加快。使用时应注意：①减压蒸馏时，当温度高、真空度低时，瓶内液体可能会暴沸，此时应降低真空度以便平稳地进行蒸馏。②停止蒸发时，先停止加热，再停止抽真空，最后切断电源停止旋转。

（1）工作原理

通过电子控制，使烧瓶在最适合速度下，恒速旋转以增大蒸发面积。通过真空泵使蒸发烧瓶处于负压状态。蒸发烧瓶在旋转的同时置于水浴锅中恒温加热，瓶内溶液在负压下在旋转烧瓶内进行加热扩散蒸发。旋转蒸发器系统可以密封减压至 $400 \sim 600 \text{mmHg}$；用加热浴加热蒸馏瓶中的溶剂，加热温度可接近该溶剂的沸点，同时还可进行旋转，速度为 $50 \sim 160 \text{r/min}$，使溶剂形成薄膜，增大蒸发面积。此外，在高效冷却器作用下，可将热蒸气迅速液化，加快蒸发速率。

（2）结构组成

蒸馏烧瓶是一个带有标准磨口接口的茄形或圆底烧瓶，通过一高度回流蛇形冷凝管与减压泵相连，回流冷凝管另一开口与带有磨口的接收烧瓶相连，用于接收被蒸发的有机溶剂。在冷凝管与减压泵之间有一三通活塞：当体系与大气相通时，可以将蒸馏烧瓶、接液烧瓶取下，转移溶剂；当体系与减压泵相通时，则体系应处于减压状态。使用时，应先减压，再开动电动机转动蒸馏烧瓶，结束时，应先停机，再通大气，以防蒸馏烧瓶在转动中脱落。作为蒸馏的热源，常配有相应的恒温水槽。旋转蒸发器见图 6-2。

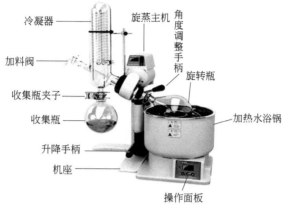

图 6-2　旋转蒸发器

思　考　题

1. 脱水的基本原理有哪些？
2. 在污泥脱水机进泥量没变化的情况下，脱水后泥饼的含水率明显上升，这是什么原因？
3. 近段时间本单位的污泥脱水机（带式压滤）滤布常会跑偏，是什么原因？
4. 脱水和干燥的方法有哪些？包括哪些设备？
5. 真空冷冻干燥的原理是什么？有何优缺点？
6. 旋转蒸发仪的工作原理是什么？主要使用场合有哪些？

第二篇　化学与物理化学处理

第7章

混 凝

7.1

概述

在水处理中，混凝所处理的对象主要是水中的微小悬浮物和胶体杂质。天然水中的胶体杂质通常是负电荷胶体，如黏土、细菌、病毒、藻类、腐殖质等。

各种废水都是以水为分散介质的分散体系。根据分散相粒度不同，废水可分为三类：分散相粒度为 $0.1 \sim 1nm$ 的称为真溶液；分散相粒度 $1 \sim 100nm$ 间的称为胶体溶液；分散相粒度大于 $100nm$ 的称为悬浮液。粒度在 $100 \mu m$ 以上的悬浮物可采用沉淀、上浮或筛滤处理，而粒度在 $1nm \sim 100 \mu m$ 间的部分悬浮颗粒和胶体，具有能在水中长期保持分散悬浮状态的"稳定性"，即使静置数十个小时也不会自然沉降。所谓胶体颗粒的稳定性，系指胶体颗粒在水中长期保持分散悬浮状态的特性。盐水、糖水等真溶液和沉降速度十分缓慢的含黏土类胶体溶液在水处理领域也被认为是"稳定体系"。

为了使微小颗粒失去稳定性，能够更好地沉降，对其进行脱稳。脱稳是指向原水中投加一定量的混凝剂，混凝剂提供大量的正电荷去中和、压缩胶粒的负电荷及扩散层，从而降低胶体颗粒的电位，改变其分散程度，使微粒失去稳定性的过程。

混凝过程具有两个作用：①使水中原有的离散微粒首先具有黏附在固体颗粒上的性质——凝聚；②使这些具有黏附性的离散微粒能够黏结成絮体——絮凝。

混凝设备简单，操作方便，便于间歇运行，效果好，但运行费用高，沉渣量大，处置困难。

7.2

胶体的特性

7.2.1 胶体的结构和基本特性

胶体结构：胶核是由胶体分子聚合而成的胶体微粒，在胶核表面吸附了某种离子（电位形成离子）而带有电荷，在微粒周围吸收了异号离子（反离子），一部分反离子紧附在固体表面随微粒移动，称为束缚反离子，组成吸附层，而另一部分反离子不随微粒移动形成扩散层，称为自由反离子。例如氢氧化铁胶体粒子的胶团结构可用以下简式表示，见图 7-1。

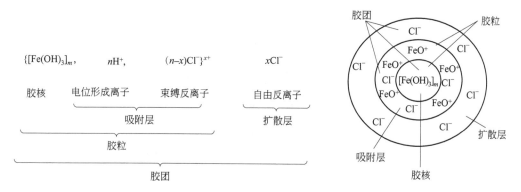

图 7-1　氢氧化铁胶体粒子的胶团结构

（1）胶体的特性

① 光学特性　指胶体在水溶液中能引起光的反射。

② 布朗运动　悬浮微粒永不停息地做无规则运动的现象。

③ 表面特性　分散体系的分散度越大，胶体颗粒的比表面积越大，具有的表面自由能越大，使胶体可以产生特殊的吸附能力和溶解现象。

④ 动电现象（电泳现象）　胶体具有带电性，在电场力作用下，胶体微粒向一个电极方向移动的现象。

（2）胶体的类型

① 疏水性胶体（憎水性胶体）　吸附层中的离子直接与胶核接触，水分子不能直接接触胶核。如氢氧化铝、二氧化硅在水中形成的胶体。

② 亲水性胶体　胶核表面存在某些极性基团，和水分子的亲和力很大，使水分子直接吸附到胶核表面而形成一层水化膜的胶体。

7.2.2　胶体的双电层结构

胶体粒子的中心称为胶核，由数百乃至数千个分散相固体物质分子组成。其表面选择性地吸附了一层带有同号电荷的离子（可以是胶核的组成物直接电离产生的，也可以是从水中选择吸附的 H^+ 或 OH^- 造成的），称为胶体的电位离子层。由于电位离子层的静电引力，在其周围又吸附了大量的异号离子，形成了反离子层，两者共同构成所谓的"双电层"结构。图 7-2 描述了胶体粒子的双电层结构及其电位分布情况。

这些异号离子，其中紧靠电位离子的部分被牢固地吸引着，当胶核运动时，它也随着一起运动，形成固定的离子层，称为吸附层。而其他的异号离子，距离电位离子较远，受到的引力较弱，不随胶核一起运动，并有向水中扩散的趋势，形成了扩散层。

吸附层与扩散层之间的交界面称为滑动面。滑动面以内的部分称为胶粒，胶粒与扩散层之间有一个电位差，称为胶体的电动电位（ζ 电位）。而胶核表面的电位离子与溶液之间的电位差称为总电位（φ 电位）。

胶体在水中受到几个方面的影响：

① 由于胶粒的带电现象，带相同电荷的胶体产生静电斥力，而且 ζ 电位越高，胶体间的静电斥力越大。

② 受水分子热运动的撞击，使胶体在水中做不规则的布朗运动。

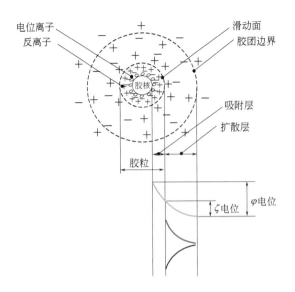

图 7-2　胶体粒子的双电层结构及其电位分布

③ 胶粒之间还存在着相互引力——范德华引力。范德华引力的大小与胶粒间距离的平方成反比，当间距较大时，可忽略不计。

一般水中的胶粒，ζ 电位较高。其互相间斥力不仅与电位有关，还与胶粒的间距有关，距离愈近，斥力愈大。而布朗运动的动能不足以将两胶粒推近到使范德华引力发挥作用的距离，因此，胶体微粒不能相互聚结而是长期保持稳定的分散状态。受胶核电位离子的静电引力和反离子热运动的扩散作用、溶液对反离子的水化作用的影响，反离子的浓度随与胶粒表面距离的增加而逐渐减小，分布符合 Boltzmann（玻尔兹曼）分布。

7.2.3　胶体的稳定性

(1) 胶体的稳定性概述

① 水处理中常见胶体：黏土颗粒（$d < 4\mu m$），大部分细菌（$d = 0.2 \sim 80\mu m$），病毒（$d = 10 \sim 300 nm$），蛋白质。

② 稳定性：胶体颗粒在水中保持分散状态的性质。

③ 胶体可分为憎水性胶体、亲水性胶体或介于两者之间的胶体。

④ 对于憎水性胶体，其稳定性可用双电层结构来说明。对于亲水性胶体，其稳定性主要由它所吸附的大量水分子所构成的水壳来说明。

(2) 憎水性胶体的双电层结构及其稳定性

水中胶体表面都带有电荷，在一般水质中，黏土、细菌、病毒等都是带负电的胶体。而氢氧化铝或氢氧化铁等微晶体都是带正电的胶体。

胶体的稳定性是指胶体粒子在水中长期保持分散悬浮状态的特性，主要有两方面：动力学稳定性和聚集稳定性。动力学稳定性是指颗粒布朗运动对抗重力影响的能力。粒子越小，动力学稳定性越高。聚集稳定性是指胶体粒子间不能相互聚集的特性，主要由 ζ 电位导致。胶体粒子小，比表面积大，故表面能大，在布朗运动作用下，有自发地相互聚集的倾向，但由于粒子表面同性电荷的排斥力作用或水化膜的阻碍使这种自发聚集不能发生。可见胶体粒子表面电荷或水化膜消除，便失去聚集稳定性，小颗粒便可相互聚集成大的颗粒，从而动力学稳定性也随之破坏，沉淀就会发生。因此，胶体稳定性的关键在于聚集稳定性。混凝处理即是要破坏胶体的聚集稳定性，使胶体脱稳、聚集、沉淀析出。

水中胶体颗粒具有稳定性的原因有 3 点：①胶体微粒的布朗运动；②胶体颗粒间的静电斥力；③胶体颗粒表面的水化作用。

7.3
混凝理论

混凝机理至今仍未完全清楚。因为它涉及的因素很多，如水中杂质的成分和浓度、水温、pH 值、碱度，以及混凝剂的性质和混凝条件等，但归结起来主要是以下几个方面的作用。

7.3.1　双电层压缩理论

当向胶体溶液中投加电解质后，溶液中与胶体反离子带相同电荷的离子浓度增加了，这些离子可挤进扩散层，乃至吸附层，使胶粒带电荷数减少，降低了 ζ 电位。当胶粒间的排斥力减小到一定值，而分子间以引力为主时，胶粒就互相聚合与凝聚，这就是双电层压缩理论。

由胶体粒子的双电层结构可知，反离子的浓度在胶粒表面处最大，并沿着胶粒表面向外的距离呈递减分布，最终与溶液中离子浓度相等，见图 7-3。当两个胶粒相互接近直至双电层发生重叠时，就产生静电斥力。向溶液中投加电解质，溶液中反离子浓度增加，反离子间静电斥力作用增大，将原有部分扩散层反离子挤压到吸附层中，ζ 电位相应降低，扩散层的厚度将从图 7-3 上的 oa 减小到 ob。由于扩散层减薄，颗粒相撞时的距离减小，相互间的吸引力变大。颗粒间排斥力与吸引力的合力由以斥力为主变为以引力为主，颗粒就能相互凝聚。

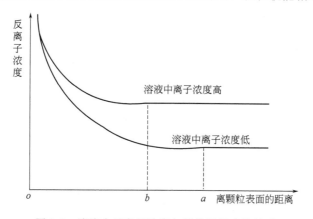

图 7-3　溶液中反离子浓度与扩散层厚度的关系

1941 年德查金（Darjaguin）和朗道（Landau）以及 1948 年维韦（Verwey）和奥弗比克（Overbeek）分别提出了带电胶体粒子稳定的理论，简称 DLVO 理论。根据 DLVO 理论，相互作用势能与颗粒距离之间的关系见图 7-4。在胶团之间，既存在着斥力势能（V_r），又存在着引力势能（V_a），胶体系统的相对稳定或聚沉取决于斥力势能和引力势能的相对大小。当粒子间斥力势能在数值上大于引力势能且足以阻止由于布朗运动使粒子相互碰撞而黏结时，则胶体处于相对稳定状态；当引力势能在数值上大于斥力势能时，粒子将相互靠拢而发生聚沉。调整两者的相对大小，可以改变胶体系统的稳定性。要使胶粒通过布朗运动相互碰撞聚集，需要降低其斥力势能，即降低或消除胶粒的 ζ 电位，在水中投加电解质即可达到此目的。

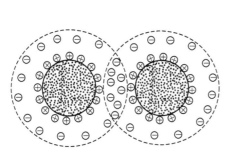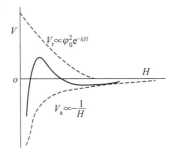

(a) 双电层部分重叠时产生的排斥作用　　　　(b) 粒子之间总势能与距离的关系(示意图)

图 7-4　相互作用势能与颗粒距离之间的关系

对于水中的负电荷胶体，投入的电解质（混凝剂）应是带正电荷或为聚合离子，如 Na^+、Ca^{2+}、Al^{3+} 等，其作用是压缩胶体双电层，保持胶体电性中和所要求的扩散层厚度。

不同电解质压缩双电层的作用是不同的。根据 Schulze-Hardy 法则，浓度相同的电解质破坏胶体稳定性的效力随离子价数的增加而加大。高价电解质压缩胶体双电层的效果远比低价电解质有效。使负电荷胶体脱稳所需不同价态正离子的浓度之比为：

$$M^+ : M^{2+} : M^{3+} = 1 : (20 \sim 50) : (1500 \sim 2500)$$

双电层结构是憎水性胶体聚集稳定性的主要原因。而亲水性胶体虽然也存在双电层结构，但 ζ 电位对胶体稳定性的影响远小于水化膜的影响，所以亲水性胶体聚集稳定性的主要原因是水化作用。

根据双电层压缩理论，应在等电状态（ζ＝0）下混凝效果最好，但实践表明效果最好时 ζ 电位往往大于 0，这说明除双电层作用外还有其他作用存在。

7.3.2　吸附电中和理论

向溶液中投加电解质作混凝剂，混凝剂水解后在水中形成胶体微粒，其所带电荷与水中

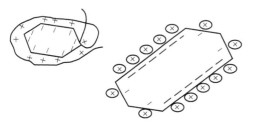

图 7-5　吸附电中和

原有物所带电荷相反，由于异性电荷相互吸引，产生电中和，使水中原有胶体物失去稳定性而凝聚成絮状颗粒。可以是异性胶粒间相互吸引达到电中和而凝聚，也可以是大胶粒吸附许多小胶粒或异号离子，ζ 电位降低，吸引力使同号胶粒相互靠近发生凝聚，吸附电中和见图 7-5。

7.3.3　吸附架桥理论

吸附架桥作用是指链状高分子聚合物在静电引力、范德华力和氢键力等作用下，通过活性部位与胶粒和细微悬浮物等发生吸附桥连的现象。高分子絮凝剂具有线型结构，含有某些化学基团，能与胶粒表面产生特殊反应而互相吸附，从而形成较大颗粒的絮凝体，如图 7-6。当废水浊度很低时有些混凝剂效果不好的现象可以用吸附架桥机理解释。废水中胶粒少时，聚合物伸展部分一端吸附一个胶粒后，另一端因黏不着第二个胶粒，只能与原先的胶粒相连，就不能起架桥作用，从而达不到絮凝的效果。

废水处理中，对高分子絮凝剂投加量及搅拌时间和强度都应严格控制，否则易出现胶体再稳现象：高分子聚合物浓度较高时，微粒被若干高分子链包围，而无空白部位去吸附其他高分子链，造成胶粒表面饱和，产生再稳现象；胶粒较少时，高分子聚合物的缠绕作用；长时间的剧烈搅拌使架桥聚合物从胶粒表面脱开，重新卷回原所在胶粒表面，造成再稳定状态。

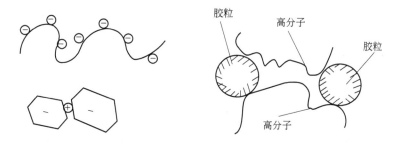

图 7-6　吸附架桥

7.3.4　沉淀物网捕理论

当采用硫酸铝、石灰或氯化铁等高价金属盐类作混凝剂时，当投加量很大形成大量的金属氢氧化物〔如 $Al(OH)_3$、$Fe(OH)_3$〕或金属碳酸盐（$CaCO_3$）沉淀时，可以网捕、卷扫水中的胶粒，水中的胶粒以这些沉淀为核心产生沉淀。这基本上是一种机械作用。混凝剂最佳投加量与被除去物质的浓度成反比，胶粒越多，金属混凝剂投加量越少。

在混凝过程中，上述现象常不是单独存在的，往往同时存在，只是在一定情况下以某种现象为主。对于混凝剂而言，在废水处理时（带负电胶体）：

（1）普通电解质

只有压缩双电层和吸附电中和作用。

（2）高分子物质

① 阳离子型（带正电荷）聚合电解质，具有电中和作用和吸附架桥功能。

② 非离子型（不带电荷）或阴离子型（带负电荷）聚合电解质，只能起吸附架桥作用。

压缩双电层作用：通过向水中投加电解质等混凝剂，消除或降低胶粒的 ζ 电位，使颗粒碰撞聚结，失去稳定性（凝聚）。

吸附架桥作用：三价铝盐或铁盐以及其他高分子混凝剂溶于水后，经水解和缩聚反应形成具有线性结构的高分子聚合物，当它一端吸附某一颗粒后，另一端又吸附另一颗粒，在相距较远的两胶粒间进行吸附架桥，使颗粒逐渐结大，形成肉眼可见的粗大絮凝体（絮凝）。

网捕作用：三价铝盐或铁盐等水解而生成沉淀物，这些沉淀物在自身沉降过程中，能集卷、网捕水中的胶体等颗粒，使胶体黏结。

高分子絮凝剂对微粒的吸附桥连模式见图 7-7。

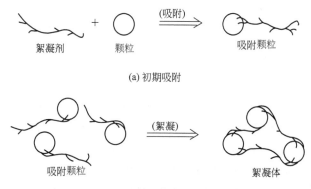

图 7-7　高分子絮凝剂对微粒的吸附桥连模式

7.4

混凝剂与助凝剂

根据胶体的特性，在水处理中，采取措施破坏胶体的稳定性。采用的方法有：投加电解质、投加所带电荷不同或水化作用不同的胶体或产生此类胶体的电解质、投加高分子物质、接触凝聚。上述投加的物质统称混凝剂。

在天然水中投加混凝剂后，等于提供了大量的正离子，正离子压缩扩散层促使胶粒间相互凝聚。但是，当混凝剂投加量过大时，正离子含量过多，改变了胶粒表面的电性，使胶粒变成带正电的胶粒，使脱稳胶粒重新获得稳定，混凝效果反而不好。

7.4.1 混凝剂

7.4.1.1 无机混凝剂

无机混凝剂分为传统无机混凝剂和无机高分子混凝剂。混凝剂的分类见图 7-8。

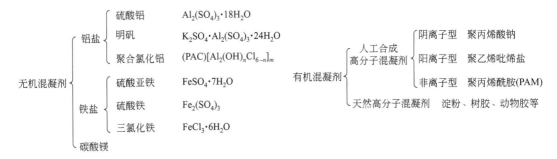

图 7-8　混凝剂的分类

（1）铝盐

传统铝盐混凝剂主要有明矾 $[K_2SO_4 \cdot Al_2(SO_4)_3 \cdot 24H_2O]$、硫酸铝 $[Al_2(SO_4)_3 \cdot 18H_2O]$ 等。由于铝的密度小，在水温低的情况下，絮粒较轻而疏松，处理效果较差；pH 值有效范围较窄，在 5.5～8 之间；投加量大。

以铝盐为例，介绍混凝的过程。在水中，Al^{3+} 很容易与极性很强的水分子发生水合作用形成水合络离子 $[Al(H_2O)_6]^{3+}$。由于中心离子 Al^{3+} 带有很强的正电荷，促使水合膜中的 H—O 键极化，$[Al(H_2O)_6]^{3+}$ 便在不同的 pH 条件下发生一系列水解反应：

$$[Al(H_2O)_6]^{3+} \longrightarrow [Al(OH)(H_2O)_5]^{2+} + H^+ \tag{7-1}$$

$$[Al(OH)(H_2O)_5]^{2+} \longrightarrow [Al(OH)_2(H_2O)_4]^+ + H^+ \tag{7-2}$$

$$[Al(OH)_2(H_2O)_4]^+ \longrightarrow [Al(OH)_3(H_2O)_3] \downarrow + H^+ \tag{7-3}$$

当 pH≤4 时，水解受到抑制，水中以 $[Al(H_2O)_6]^{3+}$ 为主。当 pH 4～5 时，水解产物中的羟基 OH^- 具有桥连性质，在由 $[Al(H_2O)_6]^{3+}$ 转向 $[Al(OH)_3(H_2O)_3]$ 的中间过程中，单核络合物可通过羟基架桥缩聚成多核络合物。在缩聚反应的同时，聚合物水解反应仍继续进行，使在水中形成多种形态的高聚物，以 $[Al(OH)(H_2O)_5]^{2+}$、$[Al(OH)_2(H_2O)_4]^+$ 及少量的 $[Al(OH)_3(H_2O)_3]$ 为主。当 pH 7～8 时，水中以 $[Al(OH)_3(H_2O)_3]$ 为主。当 pH>9 时，水中产生 $Al(OH)_3$ 沉淀。

铝离子在水中化学反应的全过程如下。

① 单核络合物通过 OH^- 桥键缩聚成单核羟基络合物：

$$[Al(H_2O)_6]^{3+} + [Al(OH)(H_2O)_5]^{2+} \rightleftharpoons [Al_2(OH)(H_2O)_{10}]^{5+} + H_2O \qquad (7-4)$$

② 两个单羟基络合物可缩合成双羟基双核络合物：

$$2[Al(OH)(H_2O)_5]^{2+} \longrightarrow [(H_2O)_4Al \overset{OH}{\underset{OH}{\diagup\diagdown}} Al(H_2O)_4]^{4+} + 2H_2O \qquad (7-5)$$

生成物 $[Al_2(OH)_2(H_2O)_8]^{4+}$ 还可进一步缩合成 $[Al_3(OH)_4(H_2O)_{10}]^{5+}$ 缩合产物，同时也会发生水解反应：

$$[Al_3(OH)_4(H_2O)_{10}]^{5+} \rightleftharpoons [Al_3(OH)_5(H_2O)_9]^{4+} + H^+ \qquad (7-6)$$

水解与缩聚两种反应交替进行，最终生成聚合度极大的中性氢氧化铝，浓度超过其溶解度时析出氢氧化铝沉淀。

Al^{3+} 在水中的存在状态和 pH 值有关：在 pH 值较低时，高电荷低聚合度的络合物占多数；在 pH 值较高时，低电荷高聚合度的络合物占多数。

其中，高电荷低聚合度的水解聚合物主要起到压缩双电层和吸附架桥作用；低电荷高聚合度的水解聚合物主要起到吸附架桥作用和沉淀网捕作用；高聚合度的水解沉淀物，以吸附、网捕、卷带作用为主。

（2）铁盐

传统的铁盐混凝剂主要有三氯化铁（$FeCl_3 \cdot 6H_2O$）、硫酸亚铁（$FeSO_4 \cdot 7H_2O$）和硫酸铁 $[Fe_2(SO_4)_3]$ 等。生成的絮粒在水中的沉淀速度较快；处理浊度高、水温较低的废水，效果比较显著。$FeCl_3$ 容易吸水潮解，故不易保管；腐蚀性强，对混凝土也产生腐蚀作用；生成的 $Fe(OH)_2$ 的溶解度很大，残留在水中的 Fe^{2+}、Fe^{3+} 会使处理后的水带色，Fe^{2+} 与水中的某些有色物质作用后，会生成颜色更深的溶解物。

（3）无机高分子混凝剂

聚合氯化铝（PAC），又称为碱式氯化铝或羟基氯化铝，其化学通式为 $[Al_2(OH)_nCl_{6-n}]_m$，式中 $n \leqslant 5$，$m \leqslant 10$，是以铝灰或含铝矿物作原料，采用酸溶法或碱溶法加工制成的。优点有：对水质适应性较强，适用 pH 值范围广，5～9 之间；絮凝体形成快，密度大，沉降性好；投药量低；碱化度较高，对设备的腐蚀性小，处理后水的 pH 值和碱度下降较小。

聚合硫酸铁（PFS），又称为碱式硫酸铁，其化学通式为 $[Fe_2(OH)_n(SO_4)_{(3-n)/2}]_m$，式中 $n < 2$，$m > 10$。优点有：适用范围广，pH 值为 4～11；低水温，混凝效果稳定；用量小，絮凝体沉降性能好；COD 去除率和脱色效果好；处理后水中铁残留量低，腐蚀性较小。

7.4.1.2 有机混凝剂

有机混凝剂分为天然高分子混凝剂和人工合成高分子混凝剂。

（1）天然高分子混凝剂

天然高分子混凝剂主要有动物胶、淀粉、甲壳素等。与人工合成高分子混凝剂相比，电荷密度小，分子量较低，且易发生降解而失去活性。但由于其为天然产品，毒性可能比合成高分子混凝剂要小，易于生物降解，不会引起环境问题，近年颇受关注。

（2）人工合成高分子混凝剂

根据所带基团能否离解及离解后所带离子的电性，可分为阴离子型、阳离子型和非离子型。

① 阴离子型　含—COOM（M 为 H^+ 或金属离子）或—SO_3H 的聚合物，如阴离子聚

丙烯酰胺（CPAM）和聚苯乙烯磺酸钠（PSS）等。

② 阳离子型　含有—NH_3^+、—NH_2^+ 和—N^+R_4 的聚合物，如阳离子聚丙烯酰胺（APAM）等。

③ 非离子型　所含基团未发生反应的聚合物。如非离子型聚丙烯酰胺（NPAM）和聚氧化乙烯（PEO）等。

聚丙烯酰胺简称 PAM，又称三号混凝剂，PAM 的分子结构通式为：$\left[CH_2 - CH \right]_n$。
$$\underset{CONH_2}{|}$$

PAM 是线状水溶性高分子，其分子量在 300 万～1800 万。产品外观为白色粉末，易吸湿，易溶于水，可以通过水解构成阴离子型，也可以通过引入基团构成阳离子型。

(3) 高分子混凝剂的作用及应注意的问题

高分子混凝剂靠氢键、静电力、范德华力的作用对胶粒有强烈的吸附作用。高聚合度的线型高分子在溶液中保持适当的伸展形状，从而发挥吸附架桥作用，把许多细小颗粒吸附后，缠结在一起。有机高分子混凝剂使用时须注意的问题有：

① 与其他混凝剂共同使用时的投加顺序　当废水低浊度时，宜先投其他混凝剂；当废水浊度高时，应先投加 PAM。

② 高分子混凝剂最佳投加量的确定　在高分子混凝剂使用时，应尽量采用较低的浓度。

7.4.1.3　微生物絮凝剂

微生物絮凝剂（microbial flocculant，MBF）指利用生物技术，通过微生物发酵、抽取、精制而得到的一种新型水处理剂，具有高效、无毒、可生物降解和无二次污染等特性。可产生 MBF 的微生物种类有细菌、放线菌、酵母菌和霉菌等。不同种类的微生物所产生的MBF 的成分一般各不相同，其主要成分为高分子有机物，包括糖蛋白、多糖、蛋白质、纤维素和 DNA 等，分子量多在 10^5 以上，其微观结构有纤维状和球状两种。MBF 具有广谱絮凝活性，适用范围较广，可用于给水处理、污水的除浊和脱色、消除污泥膨胀和污泥脱水等。但由于 MBF 的生产较复杂，成本较高，产品生产的稳定性较低，目前很少有工业化的 MBF 产品。利用现代分子生物学和基因工程技术，将高效絮凝基因转移到便于发酵生产的菌中，组建工程菌，这是促进 MBF 工业化的很有前途的研究方向。

7.4.2　助凝剂

当单用混凝剂不能取得良好效果时，可投加某些辅助药剂以提高混凝效果，这种辅助药剂称为助凝剂。使用助凝剂能改善絮粒结构，增大颗粒粒度及密度，调整废水的 pH 和碱度，使其达到最佳的混凝条件。助凝剂按其功能可分为：pH 调整剂，调节废水的 pH 至符合混凝处理工艺要求，常用石灰、硫酸、氢氧化钠等；絮凝结构改良剂，投加絮体结构改良剂以增大絮体的粒径、密度，常用骨胶、活化硅酸、海藻酸钠、黏土、水玻璃、PAM 等；氧化剂，有机物含量高，易起泡沫，絮凝体不易沉降，投加氯气、次氯酸、臭氧等分解有机物，使胶体脱稳，还可将 Fe^{2+} 转化成 Fe^{3+}，以提高混凝效果。

7.5

影响混凝的因素

影响混凝效果的因素较多也很复杂，但总体上可分为两类：一类是客观因素，主要指所处理对象即原水所具有的一些特性因素如水温、水的 pH 值、水中各种化学成分的含量及性质等；另一类是主观因素，即可以通过人为改变的一些混凝条件如混凝剂的种类及投加方式、水利条件等。

（1）水温

水温低时，混凝剂的水解速度慢，生成的絮凝体细而松，强度小，不易沉淀。水的黏度大，颗粒沉淀速度降低，而且颗粒之间碰撞机会减少，影响了混凝效果。

克服水温低、效果差的措施有：增加混凝剂的投量，以改善颗粒之间的碰撞条件；投加助凝剂（如活化硅酸或黏土）以增加绒体重量和强度，提高沉速。

（2）水的 pH 值和碱度

水的 pH 值对混凝效果影响很大，对一般的浑浊水，投硫酸铝的最佳 pH 值范围为 $6.5\sim7.5$。我们知道，$Al_2(SO_4)_3$ 水解过程中要产生 H^+，它与水中 HCO_3^-（碱度）作用生成 CO_2，使水中碳酸平衡发生变化，pH 值相应地降低。三价铁盐水解反应同样受 pH 值的控制，三价铁盐混凝剂适应的 pH 值范围较宽，最优 pH 值大约在 $6.0\sim8.4$ 之间。从铝盐和铁盐水解反应可以看出，水解过程中不断产生的 H^+ 必然导致水的 pH 值的下降。

天然水中含有一定的碱度。当投药量较少，原水的碱度又较大时，由于水中的碳酸化合物的缓冲作用，水的 pH 值略有降低，对混凝效果不会有大的影响。当投药量较大，原水的碱度小时，水中的碱度已不足以中和水解产生的酸时，水的 pH 值将大幅度下降，甚至降至最优混凝条件以下。这时便不能获得良好的混凝效果，为了保持水的 pH 值在混凝过程中始终处于最优范围内，须向水中投加碱剂，即对水进行碱化，一般投加 CaO。反应方程式如下：

$$Al_2(SO_4)_3+3H_2O+3CaO \longrightarrow 2Al(OH)_3+3CaSO_4 \tag{7-7}$$

$$2FeCl_3+3H_2O+3CaO \longrightarrow 2Fe(OH)_3+3CaCl_2 \tag{7-8}$$

（3）水中悬浮物浓度的影响

因电解质能使胶体凝聚，所以水中的溶解盐类能对混凝发生影响，由于 $Al_2(SO_4)_3$ 的水解产物都带正电荷，所以天然水中 Ca^+、Mg^+ 对混凝有利，而水中某些阴离子如 Cl^-，对混凝产生不利影响。黏土杂质、不同的颗粒，其粒径大小和级配、化学组成、带电性能和吸附性能等各不相同，因而即使浊度相同，混凝性能也未必一样。一般而言，粒径细小而均一者，混凝效果较差，粒径不同者于混凝有利。颗粒浓度过低往往不利于混凝，人工投加黏土或其他混凝剂可提高混凝效果。

（4）水中有机污染物的影响

水中有机物对胶体有保护稳定作用，即水中溶解性的有机物分子吸附在胶体颗粒表面好像形成一有机涂层一样，将胶体颗粒保护起来，阻碍胶体颗粒之间的碰撞，阻碍混凝剂与胶体颗粒之间的脱稳凝集作用，因此，在有机物存在条件下胶体颗粒比没有有机物时难以脱稳，需要增加混凝剂投加量才能获得较好的混凝效果。

（5）混凝剂种类与投加量的影响

由于不同种类的混凝剂其水解特性和适用的水质情况不完全相同，因此应根据原水水质情况优化选用适当的混凝剂种类。对于无机盐类混凝剂，要求形成能有效压缩双电层或产生强烈电中和作用的形态，对于有机高分子絮凝剂，则要求有适量的官能团和聚合结构，较大的分子量。

（6）混凝剂投加方式的影响

混凝剂的投加方式有干投和湿投两种。硫酸铝以稀溶液形式投加更好，而三氯化铁则以干投或浓溶液形式投加更好。如果除投加混凝剂之外还投加助凝剂，则各种药剂之间的投加先后顺序对混凝效果也有很大影响。

（7）水力条件的影响

水力条件对混凝效果的影响是显著的。此处所指的水力条件包括水力强度和作用时间两方面的因素。混合阶段要使投入的混凝剂迅速均匀地分散到原水中，这样混凝剂能均匀地在水中水解聚合并使胶体颗粒脱稳凝聚。快速混合要求有快速而剧烈的水力或机械搅拌作用，而且短时间内完成，一般在几秒或 1min 内完成，一般不超过 2min。

絮凝反应阶段，要求已脱稳的胶体颗粒通过异向絮凝和同向絮凝的方式逐渐增大成具有良好沉降性能的絮凝体，因此絮凝反应阶段搅拌强度和水流速度应随着絮凝体的增大而逐渐降低，避免已聚集的絮凝体被打碎而影响混凝沉淀效果。同时，由于絮凝反应是一个絮凝体逐渐增大的慢速过程，如果混凝反应后需要絮凝体增长到足够大的颗粒尺寸通过沉淀去除，需要保证一定的絮凝作用时间，如果混凝反应后是采用气浮或直接过滤的工艺，则反应时间可以大大缩短。

7.6
混凝设备及混凝处理工艺过程

7.6.1　混凝剂的投加设备

混凝剂投加设备包括计量设备、药液提升设备、投药箱、必要的水封箱以及注入设备等。

（1）计量设备

计量设备有：转子流量计；电磁流量计；苗嘴；计量泵等。

（2）投加方式

① 泵前投加　安全可靠，一般适用于取水泵房距水厂较近者。

② 高位溶液池重力投加　适用于取水泵房距水厂较远者，安全可靠，但溶液池位置较高。

③ 水射器投加　设备简单，使用方便，溶液池高度不受限制，但效率低，易磨损。

④ 泵投加　不必另设计量设备，适合混凝剂自动控制系统，有利于药剂与水混合。

7.6.2　混合设备

（1）水泵

药液投加在水泵吸水口或管上。混合效果好，节省动力，各种水厂均可用，常用于取水泵房靠近水厂处理构筑物的场合，两者间距不大于 150m。

（2）管式混合器

管式静态混合器，流速不宜小于 1m/s，水头损失不小于 $0.3\sim0.4$m，简单易行。

扩散混合器，是在管式孔板混合器前加一个锥形帽，锥形帽夹角 90°。顺流方向投影面积为进水管总截面面积的 1/4，开孔面积为进水管总截面面积的 3/4，流速为 $1.0\sim1.5$m/s，混合时间 $2\sim3$s，节管长度不小于 500mm，水头损失约 $0.3\sim0.4$，直径在 $DN200\sim1200$。

（3）机械混合设备

在池内安装搅拌装置，搅拌器可以是桨板式、螺旋桨式或透平式，速度梯度 $700\sim1000s^{-1}$，时间 $10\sim30s$ 以内。优点是混合效果好，不受水质影响；缺点是增加机械设备，增加维修工作。

7.6.3 絮凝设备

化学混凝的设备包括混凝剂的配制和投加设备、混合设备和反应设备。混凝反应池见图 7-9。

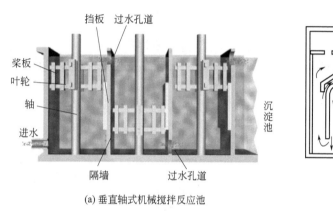

(a) 垂直轴式机械搅拌反应池   (b) 回转式隔板反应池

图 7-9 混凝反应池

混凝剂的配制和投加设备：溶解池、溶液池、计量设备（转子流量计、电磁流量计）、投加设备（泵前重力投加、水射器）。

混合设备：水泵、隔板、机械混合设备，平均速度梯度 $G=500\sim1000s^{-1}$，$t=10\sim30s$。

反应设备：隔板反应池和机械搅拌池，平均速度梯度 $G=20\sim70s^{-1}$，$t=15\sim30min$。

（1）隔板絮凝池

隔板絮凝池分往复式和回转式。隔板絮凝池的水头损失由局部水头损失和沿程水头损失组成。往复式总水头损失一般在 $0.3\sim0.5m$，回转式的水头损失比往复式的小 40% 左右。隔板絮凝池特点：构造简单、管理方便，但絮凝效果不稳定，池子大。隔板絮凝池适用于大水厂。

隔板絮凝池的设计参数：流速，起端 $0.5\sim0.6m/s$，末端 $0.2\sim0.3m/s$；段数 $4\sim6$ 段；转弯处过水断面积为廊道过水断面积的 $1.2\sim1.5$ 倍；絮凝时间 $20\sim30min$；隔板间距不大于 $0.5m$，池底应有坡度 $0.02\sim0.03$、直径不小于 $150mm$ 的排泥管；廊道的最小宽度不小于 $0.5m$。

（2）折板絮凝池

通常采用竖流式，它将隔板絮凝池的平面隔板改成一定角度的折板。折板波峰对波谷平行安装称"同波折板"，波峰相对安装称"异波折板"。与隔板式相比，水流条件大大改善，有效能量消耗比例提高，但安装维修较困难，折板费用较高。

（3）机械絮凝池

机械絮凝池的搅拌器有桨板式和叶轮式，按搅拌轴的安装位置分水平轴式和垂直轴式。第一格搅拌强度最大，而后逐步减小，G 值也相应减小，搅拌强度取决于搅拌器转速和桨板面积。机械絮凝池的优点是调节容易，效果好，大、中、小水厂均可用，但维修是问题。

机械絮凝池的设计参数：絮凝时间 10～15min；池内一般设 3～4 挡搅拌机；搅拌机转速按叶轮半径中心点线速度计算确定，线速度第一挡 0.5m/s 逐渐减小至末挡的 0.2m/s；桨板总面积宜为水流截面积的 10%～20%，不宜超过 75%，桨板长度不大于叶轮半径的 75%，宽度宜取 10～30cm。

（4）穿孔旋流絮凝池

穿孔旋流絮凝池由若干方格组成。分格数一般不少于 6 格。流速逐渐减小，G 也相应减小以适应絮凝体形成，孔口流速宜取 0.6～1.0m/s，末端流速宜取 0.2～0.3m/s。絮凝时间 15～25min。穿孔旋流絮凝池的优点是构造简单，施工方便，造价低，可用于中、小型水厂或与其他形式的絮凝池组合应用。

（5）网格、栅条絮凝池

网格、栅条絮凝池设计成多格竖井回流式。每个竖井安装若干层网格或栅条，各竖井间的隔墙上、下交错开孔，进水端至出水端逐渐减少，一般分 3 段控制。前段为密网或密栅，中段为疏网或疏栅，末段不安装网、栅。网格絮凝池效果好，水头损失小，絮凝时间较短，但还存在末端池底积泥现象，少数水厂发现网格上滋生藻类堵塞网眼现象。其主要设计参数见表 7-1。

表 7-1　网格、栅条絮凝池主要设计参数

絮凝池型	絮凝池分段	栅条缝隙或网格孔眼尺寸/mm	板条宽度/mm	竖井平均流速/(m/s)	过栅或过网流速/(m/s)	竖井之间孔洞流速/(m/s)	栅条或网格构件布设层数/层距/cm	絮凝时间/mim	流速梯度/s⁻¹
栅条絮凝池	前段（安装密栅条）	50	50	0.12～0.14	0.25～0.30	0.20～0.30	≥16/60	3～5	70～100
	中段（安装疏栅条）	80	50	0.12～0.14	0.22～0.25	0.15～0.20	≥8/60	3～5	40～60
	末段（不安装栅条）			0.10～0.14		0.10～0.14		4～5	10～20
网格絮凝池	前段（安装密网格）	80×80	35	0.12～0.14	0.25～0.30	0.20～0.30	≥16/60～70	3～5	70～100
	中段（安装疏网格）	100×100	35	0.12～0.14	0.22～0.35	0.15～0.20	≥16/60～70	3～5	40～50
	末段（不安装网格）			0.10～0.14		0.10～0.14		4～5	10～20

网格絮凝池和栅条絮凝池在不断完善和发展之中，絮凝池宜与沉淀池合建，一般布置成两组并联形式。每组设计水量一般为 $1.0×10^4～2.5×10^4 m^3/d$。

（6）不同形式絮凝池组合应用

每种形式的絮凝池各有其优缺点。不同形式的絮凝池组合应用可以相互补充，取长补短。往复式隔板絮凝池和回转式隔板絮凝池竖向组合是常用方式之一，穿孔旋流絮凝池与隔板絮凝池也往往组合应用。不同形式絮凝池配合使用，效果良好，但设备形式增多，应根据具体情况决定。

7.6.4　混凝处理工艺过程

水处理中，常规的混凝处理工艺过程为（混合、反应、分离）：

① 混凝＋沉淀；

② 混凝＋沉淀＋过滤；

③ 澄清池：在该池中同时完成混合反应、絮体沉降过程，包括混合室、反应室、导流室、分离室四个功能区。

7.7

絮凝模型

随着高效经济型絮凝剂的开发和计算机应用技术的提高，絮凝研究已从定性或宏观经验计算向微观理论研究及其数学模型的定量计算发展。通过对水流流态、颗粒运动轨迹等絮凝动力学过程的数学模拟，可以更清楚地认识和描述复杂的絮凝过程，进而探寻提高絮凝效率的途径并优化絮凝工艺。下面简要介绍几种具有代表性的絮凝模型。

絮凝是颗粒"接触-附着"的过程，颗粒能否接触取决于颗粒的相对运动和相互碰撞，即碰撞频率的问题，而能否附着，则取决于颗粒表面特性，即附着效率的问题。颗粒的碰撞可由 3 种相互独立的方式产生：①由颗粒的布朗运动产生，属异向絮凝；②由搅拌引起的流体运动产生，属同向絮凝或剪切絮凝；③由不同颗粒之间下沉速度的差异产生，称差速沉降。

7.7.1　传统絮凝模型

1917 年 Smoluchowski 根据以下 6 点假设：

① 所有颗粒碰撞都会引起附着，附着效率 $\alpha = 1$；

② 流体为层流剪切运动；

③ 颗粒是单分散性的；

④ 絮凝体形成后不再破碎；

⑤ 所有颗粒在碰撞前后均为实心球体；

⑥ 碰撞仅发生在 2 个颗粒之间。

提出了离散型絮凝动力学方程，即颗粒碰撞速率公式：

$$\frac{\mathrm{d}n_k}{\mathrm{d}t} = \frac{1}{2}\sum_{i+j=k}\beta(i,j)n_i n_j - \sum_{i=1}^{\infty}\beta(i,j)n_i n_j \tag{7-9}$$

式中　下标 i,j,k——相互独立的颗粒粒径级配；

$\quad\quad n_i,n_j,n_k$——第 i、j、k 级颗粒的数量浓度，cm^{-3}；

$\quad\quad\quad\quad \beta$——颗粒的碰撞频率函数；

$\quad\quad\quad\quad t$——颗粒的碰撞时间。

式(7-9) 的右边前项含义为：第 i、j 级颗粒之间发生絮凝使第 k 级颗粒数量增加，第 k 级颗粒的体积为第 i、j 级颗粒体积之和；系数 1/2 确保同样的碰撞不被计算 2 次。式(7-9) 的右边后项表示第 k 级颗粒与其他颗粒聚集而使自身数量减少。基于 Smoluchowski 假设又可分别得到在布朗运动、流体剪切和差速沉降下颗粒碰撞频率函数 β：

布朗运动：　　　　$\beta_{\mathrm{Br}} = [2kT/(3\mu)](1/d_i + 1/d_j)(d_i + d_j)$ 　　　　(7-10)

流体剪切：　　　　$\beta_{\mathrm{Sh}} = (1/6)(\mathrm{d}u/\mathrm{d}y)(d_i + d_j)^3$ 　　　　(7-11)

差速沉降：　　$\beta_{\mathrm{DS}} = [\pi g/(72\mu)](\rho_{\mathrm{p}} - \rho_{\mathrm{l}})(d_i + d_j)^3 |d_i - d_j|$ 　　　　(7-12)

式中　k——玻尔兹曼常数，$k = 1.38 \times 10^{-16}\,\mathrm{g \cdot cm^2/(s^2 \cdot K)}$；

$\quad\quad T$——热力学温度，K；

μ——流体的绝对黏度，g/(cm·s)；

ρ_p，ρ_1——颗粒和流体的密度，g/cm³；

du/dy——流体的速度梯度，s⁻¹；

g——重力加速度常数，$g=9.81m/s^2$；

d_i，d_j——第 i、j 级颗粒的粒径，cm。

式(7-9)~式(7-12) 被称为絮凝动力学的经典模型。Smoluchowski 用一系列离散的微分方程描述整个絮凝过程，但由于式(7-9) 是描述某一级别颗粒数量变化的非线性时变方程，且通过多个非线性微分方程与其他各级颗粒进行时空变化耦合，致使理论求解很困难。另外，由于对颗粒间短程力的作用机理了解不多，只有对形状规则、大小一致、表面电荷分布均匀的 2 个胶体颗粒在静电斥力和范德华引力满足线性叠加的假设下做出处理，才能得出颗粒相互作用能曲线。即使颗粒间短程力能被清楚表达，但在研究多个絮凝体碰撞-附着方面，也会遇上较为复杂的多体问题，同时絮凝过程中水流多处于紊流状态，因此 Smoluchowski 模型不能直接用于解释实际发生的许多絮凝现象，而其后发展的模型都是对 Smoluchowski 模型假设的具体说明或修正。

7.7.2 层流模型

Camp 和 Stein 在 Smoluchowski 二维流体层流运动模型的基础上，考虑三维流体运动，提出了绝对速度梯度 G_p 值和速度梯度均方根 G 值。将 G 值代入式(7-11) 有：

$$\beta_{Sh}=\frac{G}{6}(d_i+d_j)^3 \tag{7-13}$$

Camp 等考察了几个水厂的 G 值和 GT（速度梯度 G 与水力停留时间 T 的乘积）值，注意到 G 值约从 $20s^{-1}$ 变化到 $74s^{-1}$，GT 值约从 23000 变化到 210000，在 G 值较高时粒径大的絮凝体会发生破碎。

应用层流模型（Camp-Stein 模型）得到的 G 值和 GT 值至今仍是许多水厂絮凝设计和运行的主要参数。但 G 值是描述层流运动的参数，因此不断有人对其在紊流絮凝中的应用提出质疑。Kramer 等指出 Camp-Stein 模型对速度梯度推导有 2 点不足：一是 Camp-Stein 模型将 Smoluchowski 模型从二维流动向三维流动外推时仅考虑了应变率中切向分量的作用而忽略了法向分量的影响；二是 Camp-Stein 模型忽略了局部紊动的效果而将整体平均 G 值作为控制絮凝过程的指标，整体平均 G 值偏大。Kramer 等又通过一系列数学推导提出，用最大主应变率的绝对值来代替 G 值，能更合理准确地反映颗粒碰撞频率。可见，Camp-Stein 公式用于絮凝过程需要进一步研究与探讨。

7.7.3 紊流模型

在层流模型的基础上，许多学者提出了各向同性紊流絮凝动力学模型。该模型将紊流描述成是一系列逐渐减小的涡旋叠加而成的涡旋运动。这些大小涡旋在紊流内做随机运动，不断地平移和转动，使紊流中各点速度随时间不断变化，形成流速的脉动，即紊流是由连续不断的涡旋运动造成的。从动力学上看，絮凝过程搅拌混合时输入的能量主要用于大涡旋的形成，大涡旋完成几乎所有的动力传输，仅有一小部分能量被耗散，因此紊流的涡旋运动状态得到维持。能量通过逐级递减的涡旋进行传输，直到涡旋达到某种尺度大小时所有能量都会被黏滞阻力耗散。此时，涡旋的长度尺度被称为 Kolmogorov 微尺度 λ，在该尺度下涡旋的速度梯度最大，有利于颗粒的碰撞。微尺度 λ 用下式表示：

$$\lambda=\left(\frac{\nu^3}{\varepsilon}\right)^{\frac{1}{4}} \tag{7-14}$$

式中　ε——输入单位能量的功率，cm^2/s^3；

　　　ν——流体的运动黏性系数，cm^2/s。

紊流涡旋在絮凝反应中起重要的动力学作用。若能有效地消除紊流中的大尺度涡旋，增加微小涡旋的比例，就能很好地提高絮凝效果。

7.7.4　直线模型和曲线模型

为了简化计算，Smoluchowski 模型与 Camp-Stein 层流模型都假设所有颗粒间的碰撞会引起相互附着（即 $\alpha=1$），这种假设忽略了两颗粒彼此接近时所产生的水动力、颗粒间范德华引力和静电斥力的作用，于是由布朗运动、流体剪切和差速沉降引起的颗粒运动轨迹就呈直线，属于絮凝直线模型。

曲线模型则考虑了 3 种力对颗粒运动的影响：

① 水动力作用，当两颗粒彼此靠近时存在于其中的水被挤压出来，水的运动使颗粒运动偏离直线轨迹，相对于另一颗粒做旋转运动，碰撞阻碍颗粒；

② 当颗粒距离很近时，范德华引力起作用，促进颗粒碰撞；

③ 若颗粒表面带有电荷，则当带有相似电荷的颗粒靠近时会产生静电斥力，阻碍颗粒碰撞。

以上 3 种力的作用使颗粒运动轨迹变为曲线，此时颗粒碰撞后的附着效率 α 不再为 1。

关于颗粒运动轨迹的模型尚无定论。有学者认为颗粒运动轨迹应介于直线和曲线之间，因为直线模型计算的颗粒碰撞速率偏大，而用曲线模型计算的结果又偏小。但是曲线模型的提出是对传统直线模型的重要改进，不仅系统考虑了悬浮颗粒在短程力作用下运动轨迹的变化，还定量分析了该变化对颗粒附着效率 α 的影响，并对 Smoluchowski 模型、Camp-Stein 模型等直线模型中的 $\alpha=1$ 进行修正，得到 3 种碰撞方式下 α 的范围（$0.4<\alpha_{Br}<1$，$10^{-4}<\alpha_{DS}<10^{-1}$，$10^{-5}<\alpha_{Sh}<10^{-1}$），指出 α 与颗粒粒径、两碰撞颗粒粒径比等有关。

7.7.5　絮凝体破碎模型

传统絮凝模型中假设絮凝体一旦形成就不会破碎，而在实际絮凝过程中常会出现絮凝体破碎现象，影响悬浮物的去除率和出水浊度。Spicer 等认为，絮凝体成长主要经历 3 个阶段：

① 最初以絮凝体的成长为主，颗粒聚结成絮凝体，其粒径迅速增长；

② 絮凝体形成粒径大而多孔的结构，此时在水流剪切力作用下容易发生破碎；

③ 絮凝体成长与破碎相互平衡，絮凝体粒径分布趋于稳定。

紊流中絮凝体破碎与其粒径有关，且破碎形式有"表面腐蚀"和"大尺度破裂"2 种。粒径比微尺度 λ 小的絮凝体，受到黏性力作用，表面会被腐蚀，初始颗粒或微絮团从絮凝体表面剥落；而比 λ 大的絮凝体容易变形，并在脉动压差应力的作用下发生大规模破裂，裂成大小相似的碎片。

研究絮凝体破碎模型对混凝工艺运行条件控制有实际指导意义。絮凝过程中只有形成粒径尺度合适、结合力强的絮凝体，才能抵抗在后续固液分离时出现的各种剪切力，以保证较好的出水水质。随着非线性数学的发展，分形理论逐渐运用于各种絮凝体破碎模型中。

7.7.6　研究进展

近年来，分形理论被引进絮凝过程的研究中。分形是指一类介于有序和无序、微观和宏观之间的中间状态，其外表特征一般是破碎、无规则和复杂的，而内部特征则具有自相似性

和自仿射性。研究表明，絮凝体是分形物体，具有包含颗粒和封闭水的多孔隙结构，而非
Smoluchowski 模型假设的：颗粒碰撞结合在一起后形成的絮凝体是密实的球体。随着分形
理论在絮凝研究中的广泛应用，出现一系列分形模型，从絮凝体的生长、破碎、絮凝动力学
等方面更好地完善了传统模型。

分形理论在水处理絮凝研究中渐渐得到应用与发展，并启发研究人员对絮凝机理与动力
学过程的更新认识，以往研究均着眼于形态生成、分布与转化的表征等，对于絮凝体形态与
结构的定量描述很少见。因此，如何合理应用现代结构表征技术进行实验室与实际水处理条
件下的分形结构与各种影响因素之间相互关系的研究，阐明水质化学、絮凝剂化学以及各种
操作条件对絮凝体形成与结构的影响，成为极具重要的研究课题。

7.8
磁混凝

借助外加磁粉加强絮凝效果，提高沉淀效率，无疑是强化分离过程的有效手段。因此，
笔者对磁性絮团的形成机理和形成规律进行了初步探讨，通过试验，取得了磁混凝沉淀工艺
的最佳参数，从而为磁混凝沉淀技术在水处理中的应用创造了条件。

7.8.1　磁混凝沉淀技术

所谓磁混凝沉淀技术就是在普通的混凝沉淀工艺中同步加入磁粉，使之与污染物絮凝结
合成一体，以加强混凝、絮凝的效果，使生成的絮体密度更大、更结实，从而达到高速沉降
的目的。磁粉可以通过磁鼓回收循环使用。

整个工艺的停留时间很短，因此对包括 TP（总磷）在内的大部分污染物，出现反溶解
过程的概率非常小。另外，系统中投加的磁粉和絮凝剂对细菌、病毒、油及多种微小粒子都
有很好的吸附作用，因此该工艺对该类污染物的去除效果比传统工艺要好。同时由于其高速
沉淀的性能，使其与传统工艺相比，具有速度快、效率高、占地面积小、投资小等诸多
优点。

磁混凝沉淀技术在水处理工程中实际应用较多，磁粉回收率可达 99% 以上，在国内外
得到了越来越广泛的应用。美国有 15000t/d 的市政污水处理项目采用了磁混凝沉淀技术。
我国在城市污水处理、中水回用、自来水处理、河道水处理、高磷废水处理、造纸废水处
理、油田废水处理等方面对该技术的中试已经完成，均取得了较好的结果。该技术的应用已
在油田废水东营胜利油田的一期工程（5000t/d）中开始实施，在污水处理厂，日处理量 5×10^4t 的磁处理工厂已建成并投入使用。

7.8.2　磁混凝作用机理

根据混凝机理，加入混凝剂主要是通过改变胶体或悬浮颗粒的表面性质，使胶体或絮团
的吸引能大于排斥能而促进凝聚，而加入絮凝剂的作用是通过架桥作用使颗粒聚集增大。

磁混凝的作用机理，含磁絮团的形成与不含磁絮团的形成过程一样，都是在混凝剂的作
用下完成的。对磁粉的 ζ 电位的测试结果表明，磁粉表面呈负电性（ζ＝－10.5mV）。由此
可以推断，含磁絮团的形成经历如下：首先，混凝剂水解产生的正离子由于吸附电中和作用
聚集于带负电荷的胶体颗粒和磁粉颗粒周围；然后，由于静电斥力的消失，胶体颗粒与磁粉
颗粒之间以及它们自身之间通过范德华引力长大；最后，通过絮凝剂的架桥作用，进一步将

凝聚体絮凝成大絮团而沉淀。因此，有磁粉参与的磁絮凝反应与没有磁粉参与的絮凝反应没有本质区别，磁粉与其他的细微悬浮颗粒一样，混凝剂的作用机理对它同样起作用，已有的混凝理论对磁絮凝反应同样具有指导意义，所有的强化混凝措施都将促进磁絮凝反应的进行。

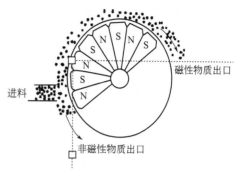

图 7-10　转鼓式磁粉回收装置工作原理图

7.8.3　磁粉的回收

传统的磁粉回收装置有格栅型、鼓型、带型等，最常用的为转鼓式。它的主要部分由固定的磁系和在磁系外面转动的非磁性圆筒构成。磁系的磁极极性沿圆周方向交替排列，沿轴向极性单一，磁系包角 106°～135°。圆筒用来运载黏附在其表面上的磁性物质。其工作原理如图 7-10 所示。

含有磁粉和污泥的污水从转鼓的一端进入分离装置，固定磁极将磁性颗粒吸出并附着在滚筒表面，随着滚筒的转动，被带至磁系边缘的低磁区，并从磁性物质出口卸下，非磁性物质则在重力的作用下，沿分离槽流至非磁性物质出口排出，完成磁性物质和非磁性物质的分离过程。

7.8.4　磁混凝沉淀技术的工艺流程及工艺参数

某城市 10000t/d 的磁混凝沉淀试验装置在污水处理厂进行了为期 2 个月的试验，取得了良好的效果。第 2 年，运用该项技术的 5×10^4 t/d 的市政污水处理项目在该厂建成并投入运行。以该工程为例，介绍磁混凝沉淀技术的工艺流程及最佳工艺参数的确定。

7.8.4.1　工艺流程

磁混凝沉淀工艺流程见图 7-11。

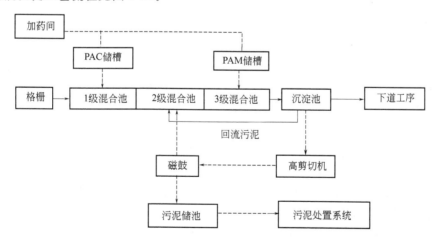

图 7-11　磁混凝沉淀工艺流程图

污水经格栅初步分离后，进入处理装置的 1 级混合池，同时向 1 级混合池投加混凝剂 PAC，二者充分混合后进入 2 级混合池，在此与回收的磁粉和回流污泥混合絮凝，然后进入 3 级混合池，与在此加入的助凝剂 PAM 进行反应，生成较大的絮体颗粒，最后进入沉淀池快速沉降，出水进入下一道处理工序。

经沉淀池沉淀下来的污泥，部分经污泥回流泵回流到 2 级混合池继续参与反应，另一部分则经高剪切机进行污泥剥离，并进入磁鼓进行磁粉回收，回收的磁粉再次进入 2 级混合池继续参与反应，剩余污泥则进入后续污泥处理系统。加药间调配好的 PAC 和 PAM 溶液由加药泵输送至各加药点。PAC 投加到 1 级混合池。PAM 投加到 3 级混合池。

7.8.4.2　最佳工艺参数的确定

在污水处理中，COD、总磷、浊度是几项最常用的指标，下面我们通过对这几项指标的测定，分析磁混凝沉淀工艺的最佳运行参数。试验中，源水为清河污水处理厂总进水。现将基本工艺条件及参数列于表 7-2。

表 7-2　基本工艺条件及参数

工艺条件	进水 COD/(mg/L)	进水总磷/(mg/L)	进水浊度/NTU
参数值	380～520	4.5～6.5	250～450
工艺条件	混凝剂	助凝集	磁粉
参数值	PAC	PAM	Fe_3O_4
工艺条件	1 级混合池停留时间/min	2 级混合池停留时间/min	3 级混合池停留时间/min
参数值	2	2	2

(1) 加料顺序对系统运行的影响

保持其他工况不变，分别试验以下 3 种加料顺序对磁絮凝反应的影响：①先加 PAC，再加入磁粉，最后加 PAM；②同时加入磁粉和 PAC，然后加 PAM；③先加 PAC，再加 PAM，最后加磁粉。其中每种物料的投加间隔时间为 2min。针对以上 3 种加料顺序分别测试上清液的浊度，结果列于表 7-3。

表 7-3　上清液浊度测试结果

工艺条件	进水浊度/NTU	上清液浊度/NTU	去除率/%
1	303.40	2.87	99.1
2	310.60	3.24	99.0
3	306.30	45.5	85.1

从以上数据可以看出，前两种加料顺序的效果基本相同，第 3 种显然不可取。究其原因，应该是磁粉加入太晚，赶不上参加混凝反应，未能形成磁性絮团。

(2) 搅拌条件对系统运行的影响

保持其他参数不变，分别调节 3 个混合池中搅拌机的运行频率，记录下各种组合下叶轮的转数和相应的污水水质指标，得出如下结论：在 1 级混合池和 2 级混合池需要快速搅拌，以增加混凝剂、磁粉与污物的碰撞机会，但是，搅拌速度并非越快越好，当搅拌速度达到 500r/min 时，与 250r/min 的效果相差不大，因此，在 1 级混合池和 2 级混合池宜采用 250r/min 的搅拌速度；在 3 级混合池，宜采用较慢的搅拌速度，以免将生成的矾花打碎，该工艺条件下推荐 80r/min 的搅拌速度。

(3) 混凝剂投加量对系统运行的影响

保持其他参数不变，将 PAM 投加质量浓度恒定，调节 PAC 的投加量（以 Al_2O_3 计），分别测试各种加药量下的 COD、总磷及浊度指标，并计算出各项污染物的去除率，将试验结果绘于图 7-12 中。

从图 7-12 中可以看出，系统对 COD 的去除率保持在 75% 以上，当加药量在 25～

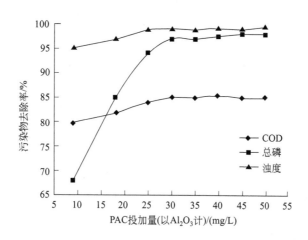

图 7-12　COD、总磷及浊度去除率随 PAC 投加量的变化曲线

30mg/L 之间时，COD 的去除率在 85％ 左右，随着 PAC 投加质量浓度的提高，COD 去除率没有明显提高。

当 PAC 投加量在 30mg/L 以内时，系统对总磷的去除率随着投加量的增加有显著提高，去除率可以达到 97％；当投药量超过 30mg/L 后，总磷去除率仍可随加药量的增加而提高，但趋势放缓，维持在 98％～99％ 之间，最高达 99.3％。

系统对浊度的去除率基本都可以维持在 95％ 以上，当投药量在 25mg/L 以内时，随着投药量的增加，浊度的去除率有明显提高，可以达到 99％，投药量继续增大，浊度去除率提高不明显。

综上，在 PAM 投加质量浓度恒定的条件下，当 PAC 的投加质量浓度（以 Al_2O_3 计）在 25～30mg/L 时，各项污染物指标都较好地降低，随着 PAC 投加质量浓度的继续增大，各项污染物去除率均没有明显提高，因此，最佳的 PAC 投加质量浓度为 25～30mg/L，此时，COD、总磷、浊度的去除率分别为 85％、97％、99％ 左右。

通过以上分析可以知道，磁混凝沉淀技术用于市政污水处理是非常有效和经济的。从污染物的去除效果上来讲，因为有磁性物质参与混凝反应，形成的絮团更紧密、结实，且能吸附更多的污染物，因此，它比普通混凝沉淀工艺具有更好的污染物去除效果，尤其是对水中的油脂类污染物、总磷等的去除更是有着让人满意的效果。

由于有磁粉参与的混凝反应生成的絮团比普通混凝反应生成的絮团在密度上要大很多，所以其沉降速度要快很多，这样，就可以大大缩短沉降时间，使池容大大减小，以清河污水处理厂磁处理设备为例，$5×10^4 t/d$ 的处理量，全部设施占地只有 $1000m^2$ 左右。我们知道，同样的处理能力，如果采用普通混凝沉淀工艺，光沉淀池占地就需 $2000m^2$ 以上，因此，采用磁混凝沉淀工艺可以大大节省占地面积，减少基建投资。

由于其较小的池容，因此可以采用钢结构或其他材料的结构作为设备的主体结构，可以采用工厂预制，现场安装的方式，可大大加快施工进度。以清河污水处理厂磁处理设备为例，$5×10^4 t/d$ 的处理设备从开始订货到安装、调试再到投入运行共历时 5 个多月，如果采用普通工艺是不可能做到的。

因此，磁混凝沉淀技术与传统工艺相比，具有较好的污染物去除效果、较小的建设投入和较快的建设周期，同时，其运行管理简便、启动快捷，值得在水处理行业推广应用。

7.9

有关混凝的计算

7.9.1　概述

根据混凝动力学，推动水中颗粒相互碰撞的动力来自两个方面：一方面颗粒在水中的布朗运动，由布朗运动所造成的颗粒碰撞聚集称"异向絮凝"；另一方面在水力或机械搅拌下所造成的流体运动，由流体运动所造成的颗粒碰撞聚集称"同向絮凝"。同向絮凝简称絮凝，在整个混凝过程中占有十分重要的地位。

异向絮凝过程中，假定颗粒为均匀球体，根据费克定律，可导出颗粒的碰撞速率：

$$N_p = 8\pi d D_B n^2 \qquad (7-15)$$

式中　N_p——单位体积中的颗粒在异向絮凝中碰撞速率，个/(cm³·s)；

　　　　n——颗粒数量浓度，个/cm³；

　　　　d——颗粒直径，cm；

　　　　D_B——布朗运动扩散系数，cm²/s。

扩散系数 D_B 可用斯笃克斯-曼因斯坦公式表示：

$$D_B = \frac{kT}{3\pi d \gamma \rho} \qquad (7-16)$$

式中　k——玻尔兹曼常数，1.38×10^{-16} g·cm²/(s²·K)；

　　　　T——水的热力学温度，K；

　　　　γ——水的运动黏度，cm²/s；

　　　　ρ——水的密度，g/cm³。

将式(7-16)代入式(7-15)得：

$$N_p = \frac{8}{3\gamma\rho} kTn^2 \qquad (7-17)$$

从式(7-17)中可以看出 N_p 只与颗粒数量和水温有关，与颗粒粒径无关。但当颗粒粒径大于 1μm 时，布朗运动消失。

在同向絮凝过程中，设水中颗粒为均匀球体，碰撞速率 N_0 为：

$$N_0 = \frac{4}{3} n^2 d^3 G \qquad (7-18)$$

式中　G——速度梯度，s⁻¹。

速度梯度 G 是指两相邻水层的水流速度差和它们之间的距离之比，是控制混凝效果的水力条件。在混凝设备中，往往以速度梯度 G 值作为重要的控制参数之一，可用以下公式表示：

$$G = \frac{\Delta U}{\Delta Z} \qquad (7-19)$$

式中　ΔU——相邻两流层的流速增量，cm/s；

　　　　ΔZ——垂直于水流方向的两流层之间的距离，cm。

单位体积水流所耗功率 P 为：

$$P = \tau G \qquad (7-20)$$

根据牛顿内摩擦定律，将 $\tau = \mu G$ 代入式(7-20) 中得：

$$G = \sqrt{\frac{P}{\mu}} \qquad (7\text{-}21)$$

式中　μ——水的动力黏度，Pa·s；

　　　P——单位体积流体所耗功率，W/m³。

当用机械搅拌时，式(7-21) 中的 P 由机械搅拌器提供；当采用水力絮凝池时，P 应为水流本身能量消耗：

$$PV = \rho g Q h \qquad (7\text{-}22)$$
$$V = QT \qquad (7\text{-}23)$$

将式(7-22) 和式(7-23) 及 $u = \gamma \cdot \rho$ 代入式(7-21) 得：

$$G = \sqrt{\frac{gh}{\gamma T}} \qquad (7\text{-}24)$$

式中　g——重力加速度，$g = 9.81\,\text{m/s}^2$；

　　　h——混凝设备中的水头损失，m；

　　　γ——水的运动黏度，m²/s；

　　　T——水流在混凝设备中的停留时间，s。

7.9.2　具体计算公式

(1) 速度梯度计算

① 机械搅拌　机械搅拌中公式为：

$$G = (P/\mu)^{0.5} \qquad (7\text{-}25)$$

式中　G——速度梯度，s^{-1}；

　　　P——对单位水体的搅拌功率，W/m³；

　　　μ——水的动力黏度，Pa·s。

② 水力搅拌　水力搅拌中公式为：

$$G = [\rho g h / (T\mu)]^{0.5} \qquad (7\text{-}26)$$

式中　G——速度梯度，s^{-1}；

　　　ρ——水的密度（约为 1000kg/m³），kg/m³；

　　　h——流过水池的水头损失，m；

　　　μ——水的动力黏度，Pa·s；

　　　T——水的停留时间，s；

　　　g——重力加速度，9.81m/s²。

(2) G、GT 值范围（GT 值其实就是速度梯度 G 与水力停留时间 T 的乘积）

混合池：$G = 500 \sim 1000\,\text{s}^{-1}$

$GT = 10 \sim 30\,\text{s}$（$<2\text{min}$）

絮凝反应池：$G = 20 \sim 70\,\text{s}^{-1}$

$GT = 10^4 \sim 10^5$（$10 \sim 30\text{min}$）

(3) 混凝剂的投加

① 投加量　通过实验确定。

② 投加系统　湿法投加：固体—溶解池—溶液池—计量设备—投加。

固体储存量 15～30 天。

溶解池容积　　　　　　　　　$W_1 = (0.2 \sim 0.3)W_2$。

溶液池容积 $\qquad\qquad W_2 = aQ/(417cn)$

式中 W_1，W_2——溶解池容积和溶液池容积，m^3；

$\qquad a$——混凝剂最大投加量，mg/L；

$\qquad Q$——处理水量，m^3/h；

$\qquad c$——配制的溶液浓度，一般取 $5\% \sim 20\%$（按固体质量计），代入公式时为 $5 \sim 20$；

$\qquad n$——每日调制次数，一般不超过 3 次。

【例 1】 某水厂用精制硫酸铝作为混凝剂，其最大投量为 $35mg/L$。水厂设计水量为 $10^5 m^3/d$，混凝剂每天调 3 次，溶液浓度 10%，溶解池容积为溶液容积的 $1/5$，求溶液池和溶解池容积。

解：（1）$W = aQ/(1000 \times 100 bn) = 35 \times 10^5/(1000 \times 100 \times 10\% \times 3) = 116.7$（$m^3$）

（2）$W_1 = W/5 = 116.7/5 = 23.34$（$m^3$）

【例 2】 隔板混合池设计流量为 $75000 m^3/d$，混合池有效容积为 $1100 m^3$。总水头损失为 $0.26m$。求水流速度梯度 G 和 GT（$20℃$时水的运动黏度 $r = 10^{-6} m^2/s$）。

解：（1）$T = VQ = 1100/75000 = 0.01467$（$d$）$= 1267$（$s$）

$G = [gh/(rT)]^{1/2} = [9.8 \times 0.26/(10^{-6} \times 1267)]^{1/2} = 45$（$s^{-1}$）

（2）$GT = 45 \times 1267 = 57015$

【例 3】 某处理工艺的设计处理水量为 $Q = 25000 m^3/d$，混凝剂（硫酸亚铁）的大投加量（按 $FeSO_4$ 计）为 $a = 20mg/L$，药溶液的浓度为 $c = 15\%$（按商品质量计），混凝剂每日配制次数为 $n = 2$ 次。试设计投药系统。

解：（1）溶液池的设计

溶液池容积：

$$W_1 = aQ/(417cn) = 20 \times 25000/24/(417 \times 15 \times 2) = 1.67 \ (m^3) \ (取 \ 1.7 m^3)$$

设两个溶液池交替使用，每个溶液池的容积为 $1.7 m^3$。溶液池采用矩形，尺寸为长×宽×高 $= 2.0 \times 1.5 \times 0.8$（$m^3$）（其中设超高 $0.2m$）

（2）溶解池的设计

溶解池容积：

$$W_2 = 0.3 W_1 = 0.3 \times 1.7 \approx 0.5 \ (m^3)$$

溶解池的放水时间采用 $t = 10min$，则放水流量为：

$$q_0 = W_2/(60t) = 0.5 \times 1000/(60 \times 10) = 0.83 (L/s)$$

查水力计算表得放水管径 $d_1 = 20mm$，相应的流速为 $v_1 = 2.58$（m/s）。溶解池底部设管径为 $100mm$ 的排渣管一根。

（3）投药管的设计

投药管流量：

$$q = W_1 \times 2 \times 1000/(24 \times 60 \times 60) = 0.0385 (L/s)$$

查水力计算表得投药管的管径为 $d_2 = 10mm$，相应的 $v_2 = 0.38$（m/s）。

思 考 题

1. 何谓胶体稳定性？试用胶粒间相互作用势能曲线说明胶体稳定性的原因。

2. 混凝过程中，压缩双电层和吸附-电中和作用有何区别？简要叙述硫酸铝混凝作用机理及其与水的 pH 值的关系。

3. 高分子混凝剂投量过多时，为什么混凝效果反而不好？

4. 什么叫助凝剂？常用的助凝剂有哪几种？在什么情况下需投加助凝剂？

5. 为什么有时需将 PAM 在碱化条件下水解成 HPAM？PAM 水解度是何含义？一般要求水解度为多少？

6. 影响混凝效果的主要因素有哪几种？这些因素是如何影响混凝效果的？

7. 混凝剂有哪几种投加方式？各有何优缺点及其适用条件？

8. 何谓混凝剂"最佳剂量"？有哪几种方法确定最佳剂量并实施自动控制？

9. 水厂中常用的絮凝设备有哪几种？各有何优缺点？在絮凝过程中，为什么 G 值应自进口至出口逐渐减小？

10. 含丙烯腈的废水，加 PAC 和 PAM，再经生化，氨氮含量最高 217mg/L。分析可能是丙烯腈转化为丙烯酸再转化成氨氮，也可能是酰胺也增加氨氮，没有理论和实验数据基础，是否能解释？

第8章

吸　附

8.1
概述

　　吸附剂即表面有吸附水中溶解物质及胶体物质的能力的固体，比表面积很大的活性炭等具有很高的吸附能力。

8.2
吸附的基本理论

8.2.1　吸附机理及分类

（1）引起吸附的主要原因

① 溶质对水的疏水特性和溶质对固体颗粒的高度亲和力；

② 溶质与吸附剂之间的静电引力、范德华引力或化学键力。

（2）吸附的分类

① 交换吸附　溶质的离子由于静电引力作用聚集在吸附剂表面的带电点上，并置换出原先固定在这些带电点上的其他离子。

② 物理吸附　溶质与吸附剂之间由于范德华力而产生的吸附。

③ 化学吸附　溶质与吸附剂发生化学反应，形成牢固的吸附化学键和表面络合物。

吸附的分类见图 8-1。

吸附 {
物理吸附——吸附剂与吸附物质之间是通过分子间引力(即范德华力)而产生的吸附

化学吸附——吸附剂与被吸附物质之间产生化学作用，生成化学键引起吸附
}

图 8-1　吸附的分类

8.2.2　吸附平衡

吸附过程是可逆的，当吸附速度和解吸速度相等时，则吸附质在溶液中的浓度和吸附剂表面上的浓度都不改变而达到平衡，此时吸附质在溶液中的浓度称为平衡浓度。

吸附过程中，固、液两相经过充分的接触后，最终将达到吸附与脱附的动态平衡。达到平衡时，单位吸附剂所吸附的物质的数量称为平衡吸附量，常用 q_e（mg/g）表示。

$$q_e = \frac{V(c_0 - c_e)}{W} \tag{8-1}$$

式中　q_e——平衡吸附量，mg/g；

V——体积，L；

W——吸附剂质量，g；

c_0——被吸附物质的起始浓度，mg/L；

c_e——被吸附物质的平衡浓度，mg/L。

以平衡吸附量 q_e 为纵坐标、相应的平衡浓度 c_e 为横坐标作图，得五种吸附等温线，见图 8-2。

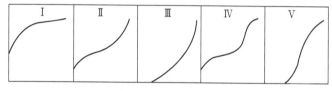

图 8-2　物理吸附的五种吸附等温线

图 8-2 中，Ⅰ型的特征是吸附量有一极限值，可以理解为吸附剂的所有表面都发生单分子层吸附，达到饱和时，吸附量趋于定值。Ⅱ型是非常普通的物理吸附，相当于多分子层吸附，吸附质的极限值对应于物质的溶解度。Ⅲ型相当少见，其特征是吸附热等于或小于纯吸附质的溶解热。Ⅳ型及Ⅴ型反映了毛细管冷凝现象和孔容的限制，由于在达到饱和浓度之前吸附就达到平衡，因而显出滞后效应。

8.2.3　吸附等温式

（1）Langmuir 等温式

Langmuir 假设吸附剂表面均一，各处的吸附能相同；吸附是单分子层的，当吸附剂表面为吸附质饱和时，其吸附量达到最大值；在吸附剂表面上的各个吸附点间没有吸附质转移运动；达动态平衡状态时，吸附和脱附速度相等。

$$q_e = \frac{abc_e}{1 + bc_e} \tag{8-2}$$

式中　q_e——平衡吸附量，mg/g；

c_e——液相平衡浓度，mg/L；

a——与最大吸附量有关的常数；

b——与吸附能有关的常数。

（2）B. E. T. 等温式

B. E. T. 模型假定在原先被吸附的分子上面仍可吸附另外的分子，即发生多分子层吸附，而且不一定等第一层吸满后再吸附第二层；对每一单层可用 Langmuir 式描述，第一层吸附是靠吸附剂与吸附质间的分子引力，而第二层以后是靠吸附质分子间的引力，这两类引

力不同,因此它们的吸附热也不同。总吸附量等于各层吸附量之和。由此导出的二常数 B.E.T. 等温式为:

$$q_e = \frac{Bac_e}{(c_s - c_e)[1 + (B-1)c_e/c_s]}$$ (8-3)

式中　c_s——吸附质的饱和浓度,mg/L;

　　　c_e——吸附平衡浓度,mg/L;

　　a,B——常数,与吸附剂和吸附质的相互作用能有关。

(3) Freundlich 等温式

此为指数函数类型的经验公式:

$$q_e = Kc_e^{1/n}$$ (8-4)

式中　c_e——吸附平衡浓度,mg/L;

　　　K——Freundlich 吸附系数;

　　　n——常数,通常大于 1。

Freundlich 式在一般的浓度范围内与 Langmuir 式比较接近,但在高浓度时不像后者那样趋于一定值,在低浓度时也不会还原为直线关系。

(4) 多组分体系的吸附等温式

多组分体系吸附和单组分吸附相比较,又增加了吸附质之间的相互作用,计算吸附量时可用两类方法。

① 用 COD 或 TOC 综合表示溶解于废水中的有机物浓度,其吸附等温式可用单组分吸附等温式表示。但吸附等温线可能是曲线或折线。

② 假定吸附剂表面均一,混合溶液中的各种溶质在吸附位置上发生竞争吸附,被吸附的分子之间的相互作用可忽略不计。如果各种溶质以单组分体系的形式进行吸附,则其吸附量可用 Langmuir 竞争吸附模型来计算。

【**例 1**】　在活性炭吸附亚甲基蓝的实验中,吸附平衡方程式为 $q = 5C^{0.5}$,现有 1000L 0.03g/L 的亚甲基蓝溶液,如果要将亚甲基蓝的色度去除 97%,需要加多少活性炭?

解:平衡时的 $C = 0.03 \times (1 - 97\%) = 0.0009$ (g/L)

吸附量:$q = 5C^{0.5} = 5 \times 0.0009^{0.5} = 0.15$ (g/g)

　　　　$M = V(C_0 - C_e)/q = 1000 \times (0.03 - 0.0009)/0.15 = 194$ (g)

8.2.4　吸附速度

吸附速度是指单位质量的吸附剂在单位时间内所吸附的物质的量。吸附过程可分为 3 个阶段,见图 8-3。

图 8-3　吸附过程的 3 个阶段

通常吸附反应阶段速度非常快,总过程的速度由第一、二阶段的速度所控制。在一般情况下,吸附过程开始时吸附速度往往由膜扩散控制,而在吸附接近终了时,内扩散起决定性作用。

8.3

影响吸附的因素

衡量吸附性能的指标见图 8-4。外部扩散速度的影响因素见图 8-5。吸附速度主要取决于外部扩散速度和孔隙扩散速度。吸附剂颗粒越小,孔隙扩散速度越快。

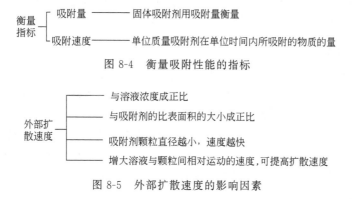

图 8-4　衡量吸附性能的指标

图 8-5　外部扩散速度的影响因素

8.3.1　吸附剂结构

(1) 比表面积

单位质量吸附剂的表面积称为比表面积。吸附剂的粒径越小,或是微孔越发达,其比表面积越大。吸附剂的比表面积越大,则吸附能力越强。

(2) 孔结构

吸附剂的孔结构如图 8-6 所示。吸附剂内孔的大小和分布对吸附性能影响很大。孔径太大,比表面积小,吸附能力差;孔径太小,则不利于吸附质扩散,并对直径较大的分子起屏蔽作用。

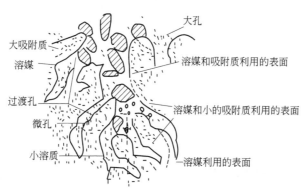

图 8-6　吸附剂的孔结构

通常将半径大于 $0.1\mu m$ 的孔称为大孔,$2\times10^{-3}\sim0.1\mu m$ 的孔称为过渡孔,而小于 $2\times10^{-3}\mu m$ 的孔称为微孔。大部分吸附表面积由微孔提供。采用不同的原料和活化工艺制备的吸附剂其孔径分布是不同的。再生情况也影响孔的结构。分子筛因其孔径分布十分均匀,而对某些特定大小的分子具有很高的选择吸附性。

（3）表面化学性质

吸附剂在制造过程中会形成一定量的不均匀表面氧化物，其成分和数量随原料和活化工艺的不同而异。一般把表面氧化物分成酸性的和碱性的两大类。经常指的酸性氧化物基团有：羧基、酚羟基、醌型羰基、正内酯基、荧光型内酯基、羧酸酐基及环式过氧基等。酸性氧化物在低温（＜500℃）活化时形成。对于碱性氧化物的说法尚有分歧。碱性氧化物在高温（800～1000℃）活化时形成，在溶液中吸附酸性物质。

表面氧化物成为选择性的吸附中心，使吸附剂只有类似化学吸附的能力，一般说来，有助于对极性分子的吸附，削弱对非极性分子的吸附。

8.3.2　吸附质的性质

对于一定的吸附剂，由于吸附质性质的差异，吸附效果也不一样。通常有机物在水中的溶解度随着链长的增长而减小，而活性炭的吸附容量却随着有机物在水中溶解度的减小而增加，也即吸附量随有机物分子量的增大而增加。

用活性炭处理废水时，其对芳香族化合物的吸附效果较脂肪族化合物好，不饱和链有机物较饱和链有机物好，非极性或极性小的吸附质较极性强的吸附质好。应当指出，实际体系的吸附质往往不是单一的，它们之间可以互相促进、干扰或互不相干。

8.3.3　操作条件

吸附是放热过程，低温有利于吸附，升温有利于脱附。溶液的 pH 值影响溶质的存在状态（分子、离子、络合物），也影响吸附剂表面的电荷特性和化学特性，进而影响吸附效果。在吸附操作中，应保证吸附剂与吸附质有足够的接触时间。另外，吸附剂的脱附再生、溶液的组成和浓度及其他因素也影响吸附效果。

① 废水的 pH 值　废水的 pH 值影响吸附剂及吸附质的性质。

② 共存物质　物理吸附时吸附剂可吸附多种吸附质。一般多种吸附质共存时，吸附剂对某种吸附质的吸附能力比只含该种吸附质时的吸附能力差。

③ 温度　因为物理吸附过程是放热过程，温度升高吸附量减少，反之吸附量增加。

④ 接触时间　在进行吸附时，应保证吸附质与吸附剂有一定的接触时间，使吸附接近平衡，充分利用吸附剂的吸附能力。

8.4

吸附动力学

8.4.1　水膜内的物质迁移速度

根据 Fick 定律，水膜内的传质速度 N_A 由下式结出：

$$N_A = \frac{D}{\delta}(c - c_i) = k_f(c - c_i) \tag{8-5}$$

式中　D——溶质在水膜中的扩散系数，m^2/L；

δ——水膜厚度，m；

k_f——水膜传质系数，m/L；

c——水中溶质的浓度，kg/m^3；

c_i——颗粒表面的溶质浓度，kg/m^3。

固定床填充层单位容积的吸附速度为：

$$\rho_b \frac{dq}{dt} = k_f a_v (c - c_i) \tag{8-6}$$

式中 ρ_b——填充层的表观密度，kg/m^3；

a_v——填充层单位容积的颗粒外表面积，m^2/m^3。

关于传质系数 k_f，曾提出了各种实验公式，如 Carberry 公式为：

$$\frac{k_f}{u/\varepsilon} \left(\frac{\mu}{\rho D} \right)^{\frac{2}{3}} = 0.15 \left(\frac{d_p u \rho}{\mu \varepsilon} \right)^{0.5} \tag{8-7}$$

式中 u——空塔水流速度，m/h；

ε——填充层的孔隙率；

μ——水溶液的动力黏滞系数，$kgf/(m \cdot h)$；

ρ——水溶液密度，kg/m^3；

d_p——吸附剂粒径，m。

8.4.2 内孔扩散速度

多孔性物质内部的扩散现象极为复杂，受到细孔扩散和细孔壁表面扩散两方面的影响，但类似于分子扩散，均以扩散物质的浓度梯度作为推动力。其中物质通过细孔内液相向颗粒内部扩散的速度为：

$$N_p = -D_p \frac{\partial c}{\partial r} \tag{8-8}$$

式中 N_p——细孔内的扩散速度，$kg/(m^2 \cdot h)$；

D_p——细孔内有效扩散系数，m^2/h；

c——细孔内溶液浓度，kg/m^3；

r——扩散方向的距离，m。

细孔壁上的表面扩散以吸附量（q）梯度为推动力，沿表面从吸附量大处向小处做二维移动。表面扩散系数与吸附质分子的大小、温度、吸附质与吸附剂之间的结合能有关。其速度为：

$$N_s = -\rho_a D_s \frac{dq}{dr} \tag{8-9}$$

式中 N_s——表面扩散系数，$kg/(m^2 \cdot h)$；

ρ_a——吸附剂的表观密度，kg/m^3；

D_s——表面扩散系数，m^2/h。

颗粒内总扩散速度为式(8-8)与式(8-9)之和，即：

$$N = N_p + N_s = -\left(D_p \frac{dc}{dr} + \rho_a D_s \frac{dq}{dr} \right) \tag{8-10}$$

假定在细孔内某一位置处表面吸附量与溶液浓度之间呈平衡状态，则有：

$$\frac{dq}{dr} = \frac{dq}{dc} \times \frac{dc}{dr} \tag{8-11}$$

将上式代入式(8-10)中得：

$$N=-\left(D_p+\rho_a D_s \frac{dq}{dc}\right)\frac{dc}{dr}=-D_i \frac{dc}{dr} \tag{8-12}$$

式中　D_i——以溶液浓度为基准的颗粒内有效扩散系数，m^2/h。

在溶质浓度很高，吸附前后浓度变化不大的条件下，Boyd 导出以下近似式估计颗粒内有效扩散系数和吸附速度：

$$\frac{q_i}{q_e}=\frac{6}{r_0}\sqrt{\frac{D_i t}{\pi}} \tag{8-13}$$

8.4.3　吸附速度的测定

吸附速度的测定装置如图 8-7 所示。将 200 目以下的一定量的吸附剂加入反应瓶 A 中，

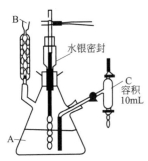

图 8-7　吸附速度测定装置

一边搅拌一边从 B 处注入被吸附溶液，经过一段时间接触后，每隔一定时间取一次悬浮液倒入 C 内，使吸附剂与溶液立即分离，测定液相溶质浓度，求出吸附量和去除率，从而确定吸附速度。

【例 2】　吸附等温线、吸附动力学和吸附热力学的研究

以水溶性活性艳蓝 KN-R（分子式：$C_{22}H_{16}N_2Na_2O_{11}S_3$；分子量：626）染料为研究对象，对其进行吸附脱色试验，探讨 NaY 分子筛、MCM-48 分子筛和 NaY/MCM-48 复合分子筛的投加量，振荡时间，pH 值，温度，染料浓度等因素对活性艳蓝降解率的影响。用 7221 分光光度计对溶液在 590nm 下测定吸附前后的吸光度，活性艳蓝溶液的标准曲线方程为 $A=0.0135C-0.0079$，$R^2=0.9996$。根据公式(8-14)计算活性艳蓝的吸附效果：

$$R=(A_0-A)\times100\%/A_0 \tag{8-14}$$

式中　R——吸附率，%；

　　　A_0——初始活性艳蓝的吸光度；

　　　A——吸附后活性艳蓝的吸光度。

在不同温度下，将 100mg/L 的活性艳蓝溶液分别稀释至 20mg/L、30mg/L、40mg/L、50mg/L、60mg/L，各 100mL，调节 pH 值为 4，加入 0.03g 不同类型的分子筛，盖上锥形瓶瓶盖，放入水浴振荡器上振荡，滤膜过滤后，用紫外分光光度计测定吸光度，计算出活性艳蓝的剩余浓度，再根据公式(8-15)计算吸附量：

$$q=V(C_0-C_e)/m \tag{8-15}$$

式中　q——吸附量，mg/g；

　　　V——溶液体积，L；

　　　C_0——初始活性艳蓝溶液的浓度，mg/L；

　　　C_e——平衡活性艳蓝溶液的浓度，mg/L；

　　　m——分子筛的质量，g。

用于计算吸附等温线，研究吸附动力学和热力学。

(1) 分子筛投加量对吸附效果的影响

从图 8-8 中可以看出：在 100mL 15mg/L 活性艳蓝溶液中，刚开始随着分子筛投加量的增加，脱色率将增大，当加到一定量时脱色率就会随投加量的增加而降低。吸光度随着分子筛投加量的增加而降低，当加到一定量时会随着投加量的增加而增大，复合分子筛的吸附效果较好些。因为 NaY 分子筛的有效孔径为 0.74nm，而水溶性活性艳蓝 KN-R 的分子量为

626，分子直径也较大，只能在表面发生物理吸附，不能进入吸附剂的孔道中，吸附能力小，脱色效果比较差；MCM-48 介孔分子筛具有特殊的三维孔道体系，含有两条相互独立的三维孔道系统，比表面积也大，活性艳蓝 KN-R 分子除在 MCM-48 表面吸附外，可能会进入介孔分子筛孔道中，因此，其对活性艳蓝 KN-R 的吸附脱色效果要比 NaY 分子筛好；而 NaY/MCM-48 复合分子筛兼顾了微孔分子筛和介孔分子筛的比表面积大、稳定性好和孔容大的优点，吸附性能较佳。随着投加量增加，吸附面积增大，吸附能力增强。随着吸附进行，吸附量增加趋势比较平缓。吸附剂表面达到吸附饱和后，阻止更多的活性艳蓝染料分子被吸附进入孔道。复合分子筛 NaY/MCM-48 最佳投加量为 0.4g/L。复合分子筛 NaY/MCM-48 投加量增大时，脱色率增大，但投加量多于最佳投加量后，脱色率有所下降。造成这一现象的原因可能是投加量过大时，溶液的浊度增大，从而导致吸光度变大，吸附效果较差。

（2）pH 值对吸附效果的影响

从图 8-9 中可以看出：当活性艳蓝溶液 pH 值在 3～6 之间时，复合分子筛脱色率相对较高。在 100mL 15mg/L 活性艳蓝 KN-R 溶液中，刚开始随着 pH 值的增加，脱色率将增大，当 pH 值增加到一定值时脱色率会随着 pH 值的增加而降低。吸光度随着分子筛 pH 值的增加而降低，当 pH 值增加到一定值时会随着 pH 值的增加而增大。pH＝4 时，NaY/MCM-48 复合分子筛的吸附效果最好，对活性艳蓝 KN-R 的脱色率达到 96%。

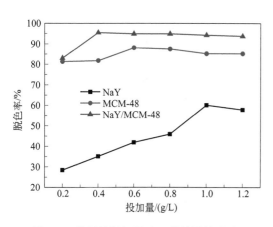

图 8-8　分子筛投加量对吸附效果的影响　　　图 8-9　pH 值对吸附效果的影响

（3）振荡时间对吸附效果的影响

从图 8-10 中可以看出：振荡时间对吸附效果的影响比较明显，随着时间的增长，脱色率随之增大，振荡 80min 后复合分子筛和 MCM-48 分子筛的吸附效果基本保持不变，而 NaY 分子筛将略有下降，这说明在 80min 左右时分子筛对染料废水的吸附达到了饱和。但当振荡时间达到一定时，随着时间的增加脱色率有所减小，原因在于随着振荡时间的增加，孔道吸附达到饱和，继续振荡可能会使吸附于表面的染料分子脱落，影响吸光度。

（4）染料浓度对吸附效果的影响

从图 8-11 中可以看出：刚开始时脱色率会随着活性艳蓝浓度的增加而增加；当活性艳蓝浓度大于 15mg/L 后，NaY 分子筛对其处理效果将下降；当活性艳蓝浓度大于 20mg/L 后，复合分子筛 NaY/MCM-48 和 MCM-48 处理活性艳蓝染料废水有多余，多余的分子筛可能会使溶液变得浑浊，所以吸光度相对而言较低，可以说明活性艳蓝浓度对于分子筛脱色率而言，其对吸光度干扰性较大。

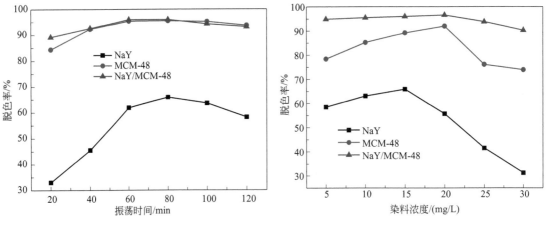

图 8-10 振荡时间对吸附效果的影响　　　　图 8-11 染料浓度对吸附效果的影响

（5）温度对吸附效果的影响

从图 8-12 中可以看出：刚开始时脱色率会随温度的升高而增大；当温度到达 65℃后，NaY 分子筛对其处理效果将下降；当温度到达 50℃后，复合分子筛 NaY/MCM-48 和 MCM-48 处理活性艳蓝染料废水的效果将下降，所以吸光度将增加。从图中看曲线下滑比较平缓，可以说明温度对于分子筛脱色率而言，影响较小。

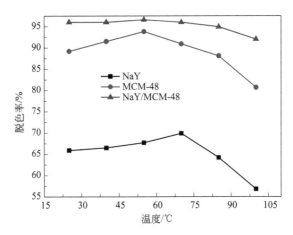

图 8-12 温度对吸附效果的影响

（6）吸附等温线

在不同温度下，将 100mg/L 的活性艳蓝溶液分别稀释至 10mg/L、20mg/L、30mg/L、40mg/L、50mg/L，各 100mL，调节 pH 值为 7，加入 0.03g NaY、0.06g MCM-48、0.08g NaY/MCM-48 分子筛，盖上锥形瓶瓶盖，放入康氏振荡器振荡，滤膜过滤，用紫外分光光度计测定吸光度。然后将实验数据分别用 Langmuir 和 Freundlich 等温吸附方程进行拟合，拟合方程分别见式(8-16) 和式(8-17)。

$$\frac{1}{q_e} = \frac{1}{X_m} + \frac{1}{X_m a_L C_e} \tag{8-16}$$

$$\ln C_e = \ln K_F + \frac{1}{n} \ln C_e \tag{8-17}$$

式中　X_m——吸附质的最大吸附量，mg/g；

q_e——平衡吸附量，mg/g；

C_e——吸附平衡浓度，mg/L；

K_F，n——Freundlich 常数（通常 K_F 可用来表示吸附能力的相对大小，K_F 越大，吸附能力越大；n 与吸附推动力的强弱相关，n 值越大，吸附强度越大）；

a_L——Langmuir 常数。

三种分子筛的 Langmuir 和 Freundlich 等温吸附方程参数见表 8-1。

由表 8-1 可知，Langmuir 和 Freundlich 等温吸附方程都可以较好地描述分子筛对染料的吸附效果。其中 NaY 分子筛与 MCM-48 分子筛的 Freundlich 等温吸附方程的指数 n 均大于 1 时，吸附效果用 F 型等温方程描述更好，说明 NaY 分子筛与 MCM-48 分子筛对活性艳蓝的吸附属于优惠吸附。而 NaY/MCM-48 分子筛用 L 型等温方程描述更好。K_F 可作为评价吸附容量的依据，本研究的 K_F 值说明了分子筛对活性艳兰染料有较高的吸附容量。此外，随着温度升高，K_F 值减小，吸附量也随之减小，表明在一定的温度范围内降低温度有利于吸附。

表 8-1 三种分子筛的 Langmuir 和 Freundlich 等温吸附方程参数

分子筛种类	温度/K	Freundlich			Langmuir		
		K_F	n	R^2	X_m	a_L	R^2
NaY	298.15	17.6767	2.0534	0.9959	79.37	0.2395	0.9822
	308.15	15.111	1.9331	0.9904	81.3	0.1822	0.9764
	318.15	11.6225	1.7934	0.9827	81.3	0.122	0.9849
MCM-48	298.15	13.3721	2.0259	0.9783	54.64	0.304	0.9611
	308.15	11.471	1.9212	0.9757	52.63	0.256	0.9534
	318.15	10.4136	2.0747	0.9834	50	0.2132	0.9403
NaY/MCM-48	308.15	9.8901	1.2845	0.9796	158.73	0.0594	0.9961
	318.15	6.5313	1.088	0.9796	714.28	0.0085	0.9943
	298.15	3.4674	0.9166	0.9754	102.0408	0.0319	0.9779

(7) 吸附动力学

吸附动力学一级模型可以用 Lagergren 方程描述：

$$\lg(q_e - q_t) = \lg q_e - k_1 t / 2.303 \tag{8-18}$$

式中 k_1——一级吸附动力学速率常数，min^{-1}；

q_e——平衡吸附量，mg/g；

q_t——t 时的吸附量，mg/g；

t——吸附时间，min。

用式(8-18) 对不同温度下分子筛对活性艳蓝的吸附数据作 $\lg(q_e - q_t)$（纵坐标）-t（横坐标）曲线图（图略）。吸附动力学二级模型可以用 McKay 方程描述：

$$t/q_t = 1/(k_2 q_e) + t/q_e \tag{8-19}$$

式中 k_2——二级吸附动力学速率常数，g/(mg·min)。

用式(8-19) 对不同温度下分子筛对活性艳蓝的吸附数据作 t/q_t-t 曲线图（图略）。

三种分子筛动力学一、二级方程参数见表 8-2。

根据表 8-2 可以分别得到 NaY、MCM-48 和 NaY/MCM-48 的动力学一级和二级拟合方程及相关系数，见表 8-3。由表 8-3 可知三种分子筛动力学一级方程都不能对其进行拟合，而应采用动力学二级方程拟合。

表 8-2 三种分子筛动力学一、二级方程参数

分子筛种类	方程式	时间/min				
		30	60	90	120	150
NaY	一级:$\lg(q_e-q_t)$	0.2718	0.0969	−0.2041	0	−0.6882
	二级:t/q	3.274	6.128	8.642	10.87	13.984
MCM-48	一级:$\lg(q_e-q_t)$	0.143	−0.0132	−0.3768	0	−0.8539
	二级:t/q	5.03	9.39	12.96	16.31	20.766
NaY/MCM-48	一级:$\lg(q_e-q_t)$	−0.0796	−0.284	−0.5052	0	−0.9788
	二级:t/q	5.8766	11.0752	16	20.2105	25.718

表 8-3 三种分子筛动力学一、二级拟合方程和相关系数

分子筛种类		拟合方程	相关系数 R^2
NaY	一级	$\lg(q_e-q_t)=-0.0067t+0.5084$	0.7482
MCM-48		$\lg(q_e-q_t)=-0.0066t+0.3740$	0.6041
NaY/MCM-48		$\lg(q_e-q_t)=-0.0056t+0.6848$	0.3714
NaY	二级	$t/q=0.0872t+0.7310$	0.9975
MCM-48		$t/q=0.1280t+1.3736$	0.9975
NaY/MCM-48		$t/q=0.1627t+1.1306$	0.9986

(8) 吸附热力学

吸附液相与固相建立平衡时，平衡常数 $K=q_e/C_e$，$\Delta G=-RT\ln K[R=8.314\mathrm{J}/(\mathrm{mol}\cdot\mathrm{K})]$，用 F 型等温方程描述时 $\Delta G=-nRT$，用 L 型等温方程描述时 $\Delta G=-RT\ln a_L$，即可算得 ΔG。

根据 Clapeyron-Clausius 方程，任意选取出 1 个平衡吸附量 q_e，根据 Freundlich 方程算出各温度下的 C_e 值，即可求出吸附焓变 ΔH。吸附过程的焓变 ΔH 根据式(8-20) 计算：

$$\ln K=-\Delta H/(RT)+\ln C_e \tag{8-20}$$

以 $\ln K$ 对 $1/T$ 作吸附热力学图（图略），NaY、MCM-48 和 NaY/MCM-48 的吸附热力学一、二级拟合方程和相关系数见表 8-4。

表 8-4 三种分子筛的吸附热力学一、二级拟合方程和相关系数

分子筛名称	热力学拟合方程	相关系数 R^2
NaY	$\ln K=3497.7/T-8.8064$	0.9975
MCM-48	$\ln K=4384.9/T-12.166$	0.9985
NaY/MCM-48	$\ln K=7871.1/T-23.261$	0.9980

由表 8-4 中三个方程可得：NaY 吸附，$\Delta H=-2.908\times10^4\mathrm{J/mol}$；MCM-48 吸附，$\Delta H=-3.646\times10^4\mathrm{J/mol}$；NaY/MCM-48 吸附，$\Delta H=-6.544\times10^4\mathrm{J/mol}$。吸附过程的熵变用 "$\Delta S=(\Delta H-\Delta G)/T$" 算，结果见表 8-5。

由热力学数据计算结果（表 8-5）可知，三种材料吸附时，ΔH 均为负值，表明三种材料对活性艳蓝废水的吸附都是放热过程，且可以看出 NaY/MCM-48 复合材料对活性艳蓝废水的吸附放热量明显大于 NaY、MCM-48 单种材料对活性艳蓝废水的吸附放热量，且只有

NaY/MCM-48 复合吸附时满足 $\Delta H < -42kJ/mol$，说明 NaY/MCM-48 复合吸附时以物理吸附为主，而 NaY、MCM-48 单种材料吸附都有一定的化学变化。在所研究的范围内三种材料的吸附都满足 $\Delta H < 0$、$\Delta G < 0$、$\Delta S < 0$，$\Delta S < 0$ 是由于吸附粒子后分子筛中无更多水分子解吸，NaY/MCM-48 复合吸附的 ΔG 最小。据以上变化可知 NaY/MCM-48 复合吸附过程放热最多，且 ΔG 最小，热稳定性也更好，在较低温度下即可自发进行，吸附效果明显优于 NaY、MCM-48 单种材料的吸附。

表 8-5　三种分子筛热力学计算结果

吸附种类	ΔH /$(10^4 J/mol)$	$\Delta G/(J/mol)$			$\Delta S/[J/(mol \cdot K)]$		
		298.15K	308.15K	318.15K	298.15K	308.15K	318.15K
NaY	−2.908	−5090	−4953	−4744	−80.46	−78.30	−76.49
MCM-48	−3.646	−5022	−4922	−5488	−105.44	−102.35	−97.35
NaY/MCM-48	−6.544	−6999	−12215	−9113	−196.01	−172.72	−177.05

因此，NaY、MCM-48 和 NaY/MCM-48 三种分子筛对活性艳蓝的吸附可用 Langmuir 和 Freundlich 等温吸附方程描述，其中 NaY、MCM-48 这两种分子筛的 Freundlich 等温吸附方程具有更好的相关性，而 NaY/MCM-48 分子筛的 Langmuir 等温吸附方程具有更好的相关性。分别采用拟一级 $\lg(q_e - q_t) = \lg q_e - k_1 t/2.303$ 和拟二级 $t/q_t = 1/(k_2 q_e^2) + t/q_e$ 反应模型考察了三种分子筛对活性艳蓝的吸附动力学，拟二级反应模型与实验数据之间有更好的相关性，吸附热力学可以用 $\ln K = -\Delta H/(RT) + \ln C$ 这个方程来进行拟合，具有较好的相关性。

8.5
吸附剂

工业吸附剂必须满足下列要求：①吸附能力强；②吸附选择性好；③吸附平衡浓度低；④容易再生和再利用；⑤机械强度好；⑥化学性质稳定；⑦来源广；⑧价廉。

一般工业吸附剂难以同时满足这八个方面的要求，因此，应根据不同的场合选用。

目前在废水处理中应用的吸附剂有：活性炭、活化煤、白土、硅藻土、活性氧化铝、焦炭、树脂吸附剂、炉渣、木屑、煤灰、腐殖酸系吸附剂等。

（1）活性炭

活性炭是一种非极性吸附剂。外观为暗黑色，有粒状和粉状两种，目前工业上大量采用的是粒状活性炭。活性炭主要成分除碳以外，还含有少量的氧、氢、硫等元素，以及水分、灰分。它具有良好的吸附性能和稳定的化学性质，可以耐强酸、强碱，能经受水浸、高温、高压作用，不易破碎。

活性炭具有巨大的比表面积和特别发达的微孔。通常活性炭的比表面积高达 $500 \sim 1700 m^2/g$，这是活性炭吸附能力强、吸附容量大的主要原因。

活性炭的吸附以物理吸附为主，但由于表面氧化物的存在，也进行一些化学选择性吸附。如果在活性炭中掺入一些具有催化作用的金属离子可以改善处理效果。

（2）树脂吸附剂

树脂吸附剂也叫作吸附树脂，是一种新型有机吸附剂。具有立体网状结构，呈多孔海绵状。加热不熔化，可在 $150℃$ 下使用，不溶于一般溶剂及酸、碱，比表面积可达 $800 m^2/g$。

常见产品有美国 Amberlite XAD 系列、日本 HP 系列。国内一些单位也研制了性能优良的大孔吸附树脂。

树脂吸附剂的结构容易人为控制，因而它具有适应性大、应用范围广、吸附选择性特殊、稳定性高等优点，并且再生简单，多数为溶剂再生。树脂吸附剂最适宜于吸附处理废水中微溶于水，极易溶于甲醇、丙酮等有机溶剂，分子量略大或极性的有机物，如用于脱酚、除油、脱色等。树脂的吸附能力一般随吸附质亲油性的增强而增大。

（3）腐殖酸系吸附剂

腐殖酸类物质可用于处理工业废水，尤其是重金属废水及放射性废水，除去其中的离子。一般认为腐殖酸是一组芳香结构的、性质相似的酸性物质的复合混合物，腐殖酸对阳离子的吸附，既有化学吸附，又有物理吸附。

用作吸附剂的腐殖酸类物质有两大类：一类是天然的富含腐殖酸的风化煤、泥煤、褐煤等，直接作吸附剂用或经简单处理后作吸附剂用；另一类是把富含腐殖酸的物质用适当的黏结剂做成腐殖酸系树脂，造粒成型，以使用于管式或塔式吸附装置。腐殖酸类物质吸附重金属离子后，容易脱附再生，常用的再生剂有 $1\sim2mol/L$ 的 H_2SO_4、HCl、NaCl、$CaCl_2$ 等。

8.6

吸附工艺与设备

8.6.1 吸附操作方式

吸附操作方式见图 8-13。

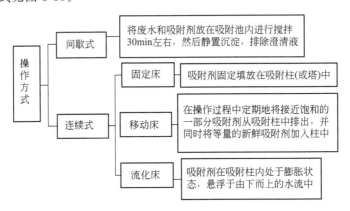

图 8-13 吸附操作方式

一般的固定床吸附柱中，吸附柱的总厚度为 $3\sim5m$，分成几个柱串联工作，每个柱厚度为 $1\sim2m$。过滤速度在 $4\sim15m/h$ 之间，接触时间一般不大于 $30\sim60min$。为防止吸附剂层的堵塞，含悬浮物的废水一般应先经过砂滤，再进行吸附处理。

8.6.2 间歇吸附

间歇吸附反应池有两种类型：一种是搅拌池型，即在整个池内进行快速搅拌，使吸附剂与原水充分混合；另一种是泥渣接触型，池型与操作和循环澄清池相同。运行时池内可保持较高浓度的吸附剂，对原水浓度和流量变化的缓冲作用大，不需要频繁地调整吸附剂的投量，并能得到稳定的处理效果。当用于废水深度处理时，泥渣接触型的吸附量比搅拌池型增加30%。为防止粉状吸附剂随处理水流失，固液分离时常加高分子絮凝剂。

（1）多级平流吸附

如图8-14所示，原水经过 n 级搅拌反应池得到吸附处理，而且各池都补充新吸附剂。当废水量小时可在一个池中完成多级平流吸附。

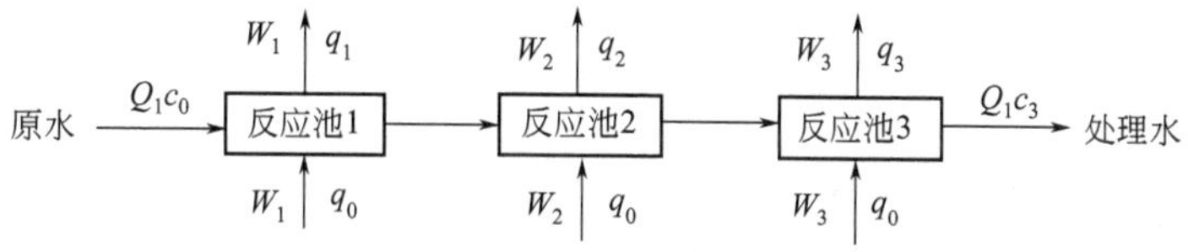

图8-14 多级平流吸附示意图

第 i 级的物料衡算式：

$$W_i(q_i - q_0) = Q(c_{i-1} - c_i) \tag{8-21}$$

式中　W_i——供应第 i 级的吸附剂量，kg/h；

　　　Q——废水流量，m^3/h；

q_0，q_i——新吸附剂和离开第 i 级吸附剂的吸附量，kg/kg；

c_{i-1}，c_i——第 i 级进水和出水浓度，kg/m^3。

若 $q_0 = 0$，则式（8-21）变为：

$$W_i q_i = Q(c_{i-1} - c_i) \tag{8-22}$$

若已知吸附平衡关系 $q_i = f(c_i)$，则可与式（8-22）联立，逐级计算出最小吸附剂投加量 W_i。按图8-14，由式（8-22）得：

$$c_1 = c_0 - q_1\left(\frac{W_1}{Q}\right) \tag{8-23}$$

$$c_2 = c_1 - q_2\frac{W_2}{Q} = c_0 - q_1\frac{W_1}{Q} - q_2\frac{W_2}{Q} \tag{8-24}$$

同理，经 n 级吸附后：

$$c_n = c_{n-1} - q_n\frac{W_n}{Q} \tag{8-25}$$

各级吸附剂投加量相同时，即 $W_1 = W_2 = \cdots = W_n = W$，则：

$$c_2 = c_0 - \frac{W}{Q}(q_1 + q_2) \tag{8-26}$$

$$c_n = c_0 - \frac{W}{Q}\sum_{i=1}^{n} q_i \tag{8-27}$$

若令 q_m 为各级吸附量的平均值，则：

$$c_n = c_0 - \frac{W}{Q}nq_m \tag{8-28}$$

由此可得将 c_0 降至 c_n 所需的吸附级数 n 和吸附剂总量 G：

$$n = \frac{Q(c_0 - c_n)}{Wq_m} \tag{8-29}$$

$$G = nW = \frac{Q(c_0 - c_n)}{q_m} \tag{8-30}$$

（2）多级逆流吸附

由吸附平衡关系知，吸附剂的吸附量与溶质浓度呈平衡，溶质浓度越高，平衡吸附量就越大。因此，为了使出水中的杂质最少，应使新鲜吸附剂与之接触；为了充分利用吸附剂的吸附能力，又应使接近饱和的吸附剂与高浓度进水接触。利用这一原理的吸附操作即是多级逆流吸附，如图 8-15 所示。

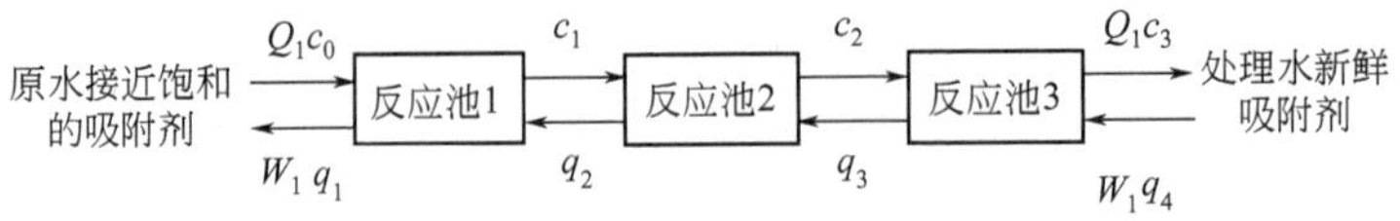

图 8-15　多级逆流吸附示意图

经 n 级逆流吸附的总物料衡算式为：

$$W(q_1 - q_{n+1}) = Q(c_0 - c_n) \tag{8-31}$$

对二级逆流吸附，设各级吸附等温式可用 Freundlich 式表示，即 $q_i = Kc_1^{1/n}$；且 $q_3 = 0$，则可推得：

$$\frac{c_0}{c_2} - 1 = \left(\frac{c_1}{c_2}\right)^{1/n} \left(\frac{c_1}{c_2} - 1\right) \tag{8-32}$$

对 n 级逆流吸附，则有以下近似公式：

$$c_n = c_0 \frac{K'\dfrac{W}{Q} - 1}{\left(K'\dfrac{W}{Q}\right)^{n+1} - 1} \tag{8-33}$$

$$n = \frac{\lg\left[c_0\left(K'\dfrac{W}{Q} - 1\right) + c_n\right] - \lg\left(c_n K'\dfrac{W}{Q}\right)}{\lg\left(K'\dfrac{W}{Q}\right)} \tag{8-34}$$

式中　K'——逆吸附常数，$kg \cdot h/m^3$。

(3) 穿透曲线及其相关概念

① 吸附带　指正在发生吸附作用的那段填充层，在吸附带下部的填充层几乎没有发生吸附作用，而在吸附带上部的填充层已达到饱和状态，不再起吸附作用。

② 穿透曲线　以吸附时间或吸附柱出水总体积为横坐标，以出水吸附质浓度为纵坐标所绘制出的曲线。

③ 穿透点　当出水吸附质浓度 c_a 为 $(0.05 \sim 0.10)c_0$ 时所对应的出水总体积或吸附时间的穿透曲线上的那一点。

④ 吸附终点　出水浓度 c_b 为 $(0.90 \sim 0.95)c_0$ 时所对应的出水总体积的穿透曲线上的那一点叫吸附终点。

⑤ 吸附带长度 δ　从 t_a 到 t_b 的 Δt 时间内，吸附带所移动的距离。

穿透曲线见图 8-16。

当废水连续通过吸附剂层时，运行初期出水中溶质几乎为零。随着时间的推移，上层吸附剂达到饱和，床层中发挥吸附作用的区域向下移动。吸附区前面的床层尚未起作用。出水中溶质浓度仍然很低。当吸附区前沿下移至吸附剂层底端时，出水浓度开始超过规定值。以后出水浓度迅速增加，当吸附区后端面下移到床层底端时，整个床层接近饱和，出水浓度接近进水浓度。

8.6.3　固定床吸附

在废水处理中常用固定床吸附装置（图 8-17），其构造与快滤池大致相同。吸附剂填充在装

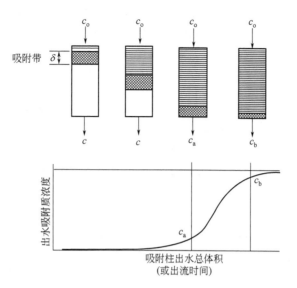

图 8-16　穿透曲线

置内，吸附时固定不动，水流穿过吸附剂层。根据水流方向可分为升流式和降流式两种。

降流式固定床吸附出水水质好，但水头损失较大，特别在处理含悬浮物较多的污水时，需定期进行反冲洗，有时还需在吸附剂层上部设表面冲洗设备。

8.6.4　移动床吸附

原水由下而上流过吸附层，吸附剂由上而下间歇或连续移动。间歇移动床处理规模大时，每天从塔底定时卸吸附剂 1～2 次，每次卸吸附剂量为塔内总吸附剂量的 5%～10%。移动床吸附塔的构造见图 8-18。

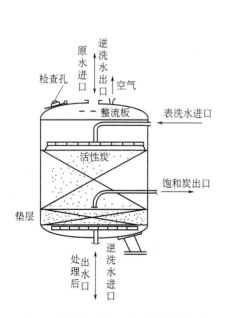

图 8-17　沉降式固定床吸附塔的构造

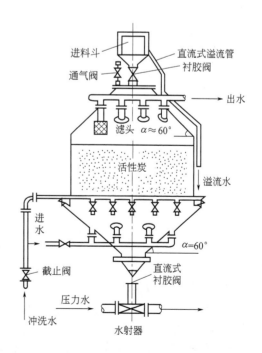

图 8-18　移动床吸附塔的构造

移动床较固定床能充分利用床层吸附容量，出水水质良好，且水头损失较小。由于原水从塔底进入，水中夹带的悬浮物随饱和吸附剂排出，因而不需要反冲洗设备，对原水预处理要求较低，操作管理方便。目前在较大规模的废水处理时多采用这种操作方式。

8.6.5　流化床吸附

原水由底部升流式通过床层，吸附剂由上向下移动。由于吸附剂保持流化状态，与水的接触面积增大，因此设备小而生产能力大，基建费用低。

流化床操作控制要求高，为防止吸附剂全塔混层，以充分利用吸附容量并保证处理效果，塔内吸附剂采用分层流化形式。所需层数根据吸附剂的静活性、原水水质水量等决定。

8.7
吸附剂再生

（1）吸附剂再生的方法

吸附剂在达到吸附饱和后，必须进行脱附再生，才能重复使用。脱附是吸附的逆过程，即在吸附剂结构不变或者变化极小的情况下，用某种方法将吸附质从吸附剂孔隙中除去，恢复它的吸附能力。通过再生使用，可以降低处理成本，减少废渣排放，同时回收吸附质。吸附剂的再生方法有加热再生、药剂再生、化学再生、湿式氧化再生、生物再生等。

① 加热再生法　在高温条件下，提高了吸附质分子的能量，使其易于从吸附剂的活性点脱离，而吸附的有机物则在高温下氧化和分解，成为气态逸出或断裂成低分子。

② 化学再生法　通过化学反应，使吸附质转化为易溶于水的物质而解析下来。常用的有机溶剂有苯、丙酮、甲醇、乙醇、异丙醇、卤代烷等。无机酸、碱也是很好的再生剂。例如，吸附了苯酚的活性炭，可用氢氧化钠溶液浸泡，使形成酚钠盐而解析。

吸附剂再生方法的比较如表 8-6 所示。在选择再生方法时，主要考虑三方面的因素：①吸附质的理化性质；②吸附机理；③吸附质的回收价值。

表 8-6　吸附剂再生方法的比较

种类		处理温度	主要条件
加热再生	加热脱附 高温加热再生 （炭化再生）	100～200℃ 750～950℃ （400～500℃）	水蒸气、惰性气体 水蒸气、燃烧气体 （CO₂）
药剂再生	无机药剂 有机药剂（萃取）	常温～80℃ 常温～80℃	HCl、H₂SO₄、NaOH、氧化剂 有机溶剂（苯、丙酮、甲醇等）
	生物再生 湿式氧化再生 电解氧化再生	常温 180～220℃、加压 常温	好氧菌、厌氧菌 O₂、空气、氧化剂 O₂

（2）吸附再生法工艺流程

吸附再生法又称接触稳定法，其主要特点是将活性污泥对有机污染物降解的吸附与代谢两个过程分别在各自的反应器中进行，其工艺流程见图 8-19。

该法的特点是污水和活性污泥在吸附池内吸附时间较短（30～60min），吸附池容积很小，而进入再生池的是高浓度的回流污泥，因此再生池的容积也较小；当吸附池的污泥遭到

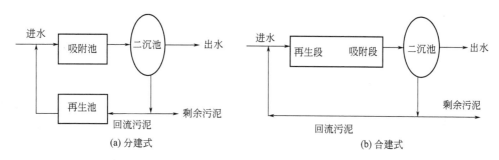

图 8-19 吸附再生法工艺流程图

破坏时，可由再生池内的污泥予以补救，因而具有一定的耐冲击负荷能力。由于吸附接触时间短，限制了有机物的降解和氨氮的硝化，处理效果低于传统活性污泥法，且不适用于处理含溶解性有机污染物较多的污水。

思 考 题

1. 活性炭等温吸附试验的结果可以说明哪些问题？

2. 活性炭柱的接触时间和泄漏时间指什么？两者有什么关系？

3. 吸附区高度对活性炭柱有何影响？如何由泄漏曲线估计该区的高度？

4. 什么叫生物活性炭法？有什么特点？

5. 目前应用最广的除氟方法是什么？原理如何？影响吸附效果的因素有哪些？

6. 某工厂为单班生产制。工业废水量为 $Q=50\text{m}^3/\text{h}$。此废水经生物处理后出水中的 COD_{Cr} 浓度为 $C_0=50\text{mg/L}$，为将其回用而需进行活性炭吸附处理。要求活性炭处理出水的 COD_{Cr} 浓度为 $C_e=10\text{mg/L}$。该废水由活性炭吸附静态实验得到 Freundlich 吸附等温式为 $X/M=0.002C^{1.39}$，粉炭再生后的 $(X/M)_0=0.01\text{mg COD}_{\text{Cr}}/\text{mg}$ 炭，活性炭吸附平衡时间为 2h。采用逆流吸附操作工艺处理。试计算达到上述处理要求所需的日投炭量。

7. 某纺织厂在合成高聚合物后，洗涤水采用活性炭吸附处理。处理水量（Q）为 $150\text{m}^3/\text{h}$，原水平均 COD_{Cr} 为 90mg/L，出水 COD_{Cr} 要求小于 30mg/L。试根据下列设计参数计算活性炭吸附塔的基本尺寸。

（1）该活性炭的吸附量 $q=0.12\text{g COD/g}$ 炭。

（2）废水在塔中的下降流速 $V_2=6\text{m/h}$。

（3）接触时间 $t=40\text{min}$。

（4）炭层密度 $\rho=0.43\text{t/m}^3$。

第9章

离子交换

9.1

概述

9.1.1 树脂的定义和分类

树脂为半固态、固态或假固态的不定形有机物质，一般是高分子物质，透明或不透明。无固定熔点，有软化点和熔融范围，在应力作用下有流动趋向。受热变软并渐渐熔化，熔化时发黏，不导电，大多不溶于水，可溶于有机溶剂如乙醇、乙醚等。根据来源可分为天然树脂、合成树脂、人造树脂，根据受热后的性能变化可分为热定型树脂、热固性树脂，此外还可根据溶解度分为水溶性树脂、醇溶性树脂、油溶性树脂。

用化学合成法将高分子共聚物制成的有机单体颗粒的离子交换剂，称为离子交换树脂。离子交换树脂是由交联的结构骨架、以化学键结合在骨架上的固定离子基团和以离子键为固定基团以相反符号电荷结合的可交换离子。离子交换树脂分类如下。

（1）按功能分类

① 强酸性树脂　其交换基团如磺酸基—SO_3H。

② 强碱性树脂　其交换基团如季胺基（Ⅰ）型—$CH_2N(CH_3)_3OH$、季胺基（Ⅱ）型—$CH_2N(CH_3)_2C_2H_4OH$。

③ 弱酸性树脂　其交换基团如伯胺基—CH_2NH_2、仲胺基—CH_2NHR（R 为烃基）、叔氨基—CH_2NR_2。

④ 氧化还原树脂　其交换基团如—CH_2SH、$Ar(OH)$。

⑤ 两性树脂　其交换基团如—NR_2、—$COOH$。

⑥ CH_2COOH 螯合树脂　其交换基团如—CH_2—NCH_2COOH。

（2）按结构分类

离子交换树脂按结构可分为凝胶型树脂和大孔型树脂。

（3）按聚合物的单体分类

离子交换树脂按聚合物的单体可分为苯乙烯类、丙烯酸类、酚醛类、环氧类、乙烯基吡啶类、脲醛类和氯乙烯类等。

（4）按用途分类

离子交换树脂按用途可分为工业级树脂、食品级树脂、分析级树脂、核子级树脂、双层床用树脂、高流速混床用树脂、移动床用树脂和覆盖过滤器用树脂等类。

有些树在受伤的时候，会分泌出一种厚厚的，有点黏黏的物质，有时还是固体的，这个就是树脂（resins）。天然树脂是有很高的理疗价值的，但是在使用的时候相当困难，因为它们非常厚而且很黏。所以在芳香疗法中，都会利用溶剂或者酒精把天然树脂加工成可以使用的液态树脂。

树脂不仅能保护和封闭树自身的创伤，还有许多其他妙用。比如说作香料，用作药材以及加工涂料等。树脂在医药中更是一宝，它能调和五脏，除去腹中的疾病。

树脂有天然树脂和合成树脂之分。天然树脂是指由自然界中动植物分泌物所得的无定形有机物质，如松香、琥珀、虫胶等。合成树脂是指由简单有机物经化学合成或某些天然产物经化学反应而得到的树脂产物。

9.1.2　离子交换树脂

离子交换树脂是人工合成的高分子聚合物，由树脂本体（又称母体或骨架）和活性基团两个部分组成。离子交换树脂分类见图 9-1。

$$
\text{按结构分类}
\begin{cases}
\text{凝胶型树脂} \\
\text{大孔型树脂} \\
\text{多孔凝胶型树脂} \\
\text{巨孔型(MR型)树脂} \\
\text{高巨孔型(超MR型)树脂}
\end{cases}
\qquad
\text{按活性基团分类}
\begin{cases}
\text{含有酸性基团的阴离子交换树脂} \\
\text{含有碱性基团的阳离子交换树脂} \\
\text{含有羧酸基团等的螯合树脂} \\
\text{含有氧化还原基团的氧化还原树脂} \\
\text{两性树脂}
\end{cases}
$$

图 9-1　离子交换树脂分类

离子交换实质：不溶性离子化合物（离子交换剂）上的可交换离子与溶液中的其他同性离子的交换反应，是一种特殊的吸附过程，通常是可逆化学吸附。

离子交换是可逆反应，其反应式可表达为：

$$RH + M^+ \rightleftharpoons RM + H^+ \tag{9-1}$$

$$\underset{\text{交换树脂}}{RH} + \underset{\text{交换离子}}{M^+} \rightleftharpoons \underset{\text{饱和树脂}}{RM} + H^+$$

在平衡状态下，树脂中及溶液中的反应物浓度符合下列关系式：

$$\frac{[RM][H^+]}{[RH][M^+]} = K \tag{9-2}$$

K 值的大小能定量地反映离子交换剂对某两种固定离子选择性的大小。

9.2

唐南理论

唐南理论把离子交换树脂看作是一种具有弹性的凝胶，它能吸收水分而溶胀。溶胀后的离子交换树脂颗粒内部的溶液可以看作是一种浓的电解质溶液。树脂颗粒和外部溶液之间的界面可以看作是一种半透膜，膜的一侧是树脂相，另一侧为外部溶液。树脂内的活泼基团上电离出来的离子和外部溶液中的离子一样，可以通过半透膜往来扩散；树脂网状结构骨架上的固定离子，以 R^- 表示，当然是不能扩散的。

唐南理论认为质量作用定律也适用于离子交换过程，如果将 H^+ 型的阳离子交换树脂浸入溶液中，于是可得：

$$[H^+]_内 \cdot [Cl^-]_内 = [H^+]_外 \cdot [Cl^-]_外 \tag{9-3}$$

式中　$[Cl^-]_内$，$[H^+]_内$——树脂相中 Cl^- 和 H^+ 的浓度；

$[H^+]_外$，$[Cl^-]_外$——外部溶液中 H^+ 和 Cl^- 的浓度。

由于膜的两侧电荷必须呈中性，即：

$$[H^+]_外 = [Cl^-]_外 \quad [H^+]_内 = [Cl^-]_内 + [R^-] \tag{9-4}$$

因此：

$$[Cl^-]_外^2 = [Cl^-]_内 ([Cl^-]_内 + [R^-]) \tag{9-5}$$

由于膜内有较多的固定离子存在，因此：

$$[Cl^-]_外 \gg [Cl^-]_内, \quad [H^+]_内 \gg [H^+]_外 \tag{9-6}$$

即阳离子可以进入阳离子交换树脂中进行交换，阴离子则不能，这就是唐南原则。

根据唐南原则阴离子交换树脂也只能交换阴离子，而不能交换阳离子。

9.3
离子交换平衡

如果把树脂浸入含有不同离子的溶液中，例如将树脂 R-A 浸入含有 B^+ 的溶液中，则 B^+ 将透过半透膜进入树脂相，与树脂上的 A^+ 发生交换，树脂相中的 A^+ 则透过半透膜进入外部溶液，即：

$$A^+_内 + B^+_外 \Longleftrightarrow A^+_外 + B^+_内 \tag{9-7}$$

得平衡常数：

$$E_A^B = \frac{[A^+_外][B^+_内]}{[A^+_内][B^+_外]} \tag{9-8}$$

如果 $E_A^B > 1$，表示 B^+ 比较牢固地结合在树脂上；如果 $E_A^B < 1$，则表示 A^+ 比较牢固地结合在树脂上。E_A^B 的数值说明了离子交换树脂对于 A^+、B^+ 两种不同离子的选择性，因此称为选择系数。若推广到一般情况，以 p、q 分别代表离子的价数，则得：

$$E_A^B = \frac{[A^{p+}_外]^q[B^{q+}_内]^p}{[A^{p+}_内]^q[B^{q+}_外]^p} \tag{9-9}$$

可见同一种离子交换树脂对各种不同的离子的选择系数是不同的，也就是说不同离子的交换亲和力不同，或者说，离子交换具有一定的选择性（注：以上各式严格来讲应用活度代替浓度）。

9.4
离子交换树脂的性能指标

(1) 有效 pH 值范围
不同类型离子交换树脂的有效 pH 值范围见表 9-1。

表 9-1　不同类型离子交换树脂的有效 pH 值范围

离子交换树脂的类型	强酸性离子交换树脂	弱酸性离子交换树脂	强碱性离子交换树脂	弱碱性离子交换树脂
有效 pH 值范围	1～14	5～14	1～12	0～7

（2）交换容量

交换容量可定量地表示树脂交换能力的大小，单位为 mol/kg（干树脂）或 mol/L（湿树脂）。交换容量分全交换容量和工作交换容量，见图 9-2。

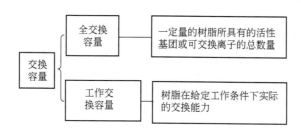

图 9-2　交换容量分类

（3）交联度

树脂的交联度小，对水的溶胀性好，则交联网孔大，交换速度快，但树脂的强度低。反之，当树脂的交联度高时，其交联网孔小，树脂的强度高，但对水的溶胀性差，交换速度慢。

交联度较高的树脂，孔隙率较低，密度较大，离子扩散速度较慢，对半径较大的离子和水合离子的交换量较小，浸泡在水中时，水化度较低，形变较小，也就比较稳定，不易破碎。

水处理中化学法使用的苯乙烯系树脂，其交联度一般在 4%～14%之间，树脂交联度在7%左右时性能比较理想。

（4）交换势

交换势大，交换离子越容易取代树脂上的可交换离子，也就表明交换离子与树脂之间的亲和力越大。

（5）密度

为使用方便，离子交换树脂的密度有下述两种表示方法：

① 湿真密度　湿真密度是指离子交换树脂在水中充分膨胀后的真密度。这里的"颗粒体积"不包括树脂颗粒间的孔隙。湿真密度同反洗分层情况和树脂沉降性能有关。其相对密度值一般在 1.04～1.30 之间，其中阳离子交换树脂一般为 1.24～1.29，阴离子交换树脂一般为1.06～1.11。

② 湿视密度　湿视密度又称"湿堆密度"，指离子交换树脂在水中充分膨胀后的堆积密度。这里的"堆体积"包括离子交换树脂颗粒间的孔隙。湿视密度常用来计算交换床需要装树脂的量。一般来讲，阳离子交换树脂的湿视密度为 0.65～0.85，阴离子交换树脂的则为0.60～0.80。

（6）使用时对温度的要求

离子交换树脂有一定的耐热性。当使用温度超过其所能承受的温度极限时，树脂易因热分解而遭到破坏。通常，阳离子交换树脂可耐温 80～100℃，弱碱性阴离子交换树脂能耐温 100℃，强碱性阴离子交换树脂能耐温 60℃。当用于除硅时最适宜的温度在 40℃以下。

（7）溶胀性

当将干离子交换树脂浸入水中时，其体积常常要变大，这种现象称为离子交换树脂的"溶胀"。影响离子交换树脂"溶胀"的因素有：

① 交联度　高交联度树脂的"溶胀"能力较低。

② 活性基团　活性基团越易电离，树脂的溶胀度就越大。如强酸性、强碱性的交换容量大的树脂，溶胀率也大。

③ 电解质浓度　溶液中电解质浓度越大，树脂内外溶液的渗透压差反而越小，树脂的溶胀性就越小。所以对于"失水"的树脂，应先将其浸泡在饱和食盐水中，使树脂缓慢膨胀，使其不易破碎，就是基于上述原理。

通常，强酸性阳离子交换树脂由 Na 型变为 H 型，强碱性阴离子交换树脂由 Cl 型变为 OH 型，体积约增加 5％。

9.5
离子交换选择性

影响离子交换选择性的因素很多，目前较令人满意的是 Eisenman 理论，现在从最简单的碱金属的交换选择性入手来进行讨论。由实验可知，对同一种阳离子交换树脂各种阳离子的平衡系数按下列顺序增加：

$$Li^+ < Na^+ < K^+ < Rb^+ < Cs^+$$

但是在含有—COOH 基团的弱酸性阳离子交换树脂上，上述离子交换亲和力的顺序刚好与此相反。一方面，由于离子半径最小的 Li^+，静电场力最强，因此它吸引水分子形成水合离子的现象最显著，所形成的水合离子的半径最大，于是水合了的 Li^+ 静电场引力最弱。而 Cs^+ 离子裸半径最大，静电场引力最弱，于是水合的 Cs^+ 半径就最小，水合了的 Cs^+ 静电场引力就最强。另一方面，离子交换树脂上的活性基团，在电离以后也存在着静电引力。但是不同的活性基团，静电场的强弱不同，—COO^- 与—SO_3^- 比较，前者强，后者弱。

对于具有弱静电引力的强酸性阳离子交换树脂：它和水合 Cs^+ 间的引力最大，交换亲和力最大；它和水合 Li^+ 间的引力最小，交换亲和力最小。因而碱金属离子的交换亲和力顺序是：

$$Li^+ < Na^+ < K^+ < Rb^+ < Cs^+$$

对于弱酸性阳离子交换树脂，例如含有—COO^- 的树脂，由于它具有较强的静电引力场，它将和水分子竞争阳离子，结果它从水合分子中夺取出阳离子来与之结合。这时离子裸半径最小的结合能最大，离子交换亲和力最大，离子裸半径最大的交换亲和力最小。此时亲和力的顺序是：

$$Cs^+ < Rb^+ < K^+ < Na^+ < Li^+$$

9.6

离子交换动力学

一个离子交换过程一般用一个反应式表示，如：

$$RH + Na^+ \rightleftharpoons RNa + H^+ \tag{9-10}$$

但实际上包括五个步骤：

① 溶液中的 Na^+ 扩散到达树脂颗粒表面。此过程又叫膜扩散或外扩散。

② Na^+ 扩散透过树脂表面的半透膜进入树脂颗粒内部的网状结构中，这一过程称颗粒扩散或内扩散。

③ Na^+ 和 H^+ 之间发生交换反应。

④ 被交换下来的 H^+ 扩散通过树脂内部及其表面的半透膜即经内扩散离开树脂相。

⑤ 离开树脂相后的 H^+ 必须扩散经过树脂表面一薄层静止不动的溶液薄膜，即经外扩散后进入溶液主体。

由于外部溶液和树脂内部都必须保持电中性，因此进入树脂与离开树脂的速度必定相等，所以这五个步骤实质上可以看作是三个步骤，即膜扩散、颗粒扩散和交换反应。

这三个步骤中，交换反应进行得较快，而膜扩散和颗粒扩散进行得较慢，故整个交换过程的速率就由膜扩散和颗粒扩散的速率所决定。

对于溶胀了的树脂：在很稀（$\leqslant 0.01mol/L$）的外部溶液中，膜扩散比颗粒扩散更慢，此时扩散速率取决于膜扩散速率；在溶液较浓（$\geqslant 0.01mol/L$）时，颗粒扩散比膜扩散更慢，此时扩散速率取决于颗粒扩散速率；浓度介于两者间时，颗粒扩散速率和膜扩散速率差不多，交换速率由它们一起控制。此外，膜扩散和颗粒扩散的速率与树脂颗粒温度等都有一定关系，这里就不多加讨论了。

9.7

离子交换的工艺和设备

离子交换装置主要指进行离子交换的反应器，也将装有交换剂的交换器称为床。离子交换装置的种类很多，常见的有顺流再生离子交换器、逆流再生离子交换器、分流再生离子交换器、浮床式离子交换器、双层床和双室床等。离子交换装置分类见图 9-3。

图 9-3　离子交换装置分类

9.7.1 顺流再生离子交换器

顺流再生离子交换器是离子交换装置中应用最早的床型，这种设备运行时，水流自上而下通过树脂层，再生时，再生液也是自上而下通过树脂层，即水和再生液的流向相同。

（1）交换器的结构

交换器的主体是一个密封的圆柱形压力容器，器体上设有人孔、树脂装卸孔和用来观察树脂状态的窥视孔。体内设有进水装置、排水装置和再生液分配装置。交换器中装有一定高度的树脂，树脂层上面留有一定的反洗空间。其结构如图9-4所示。

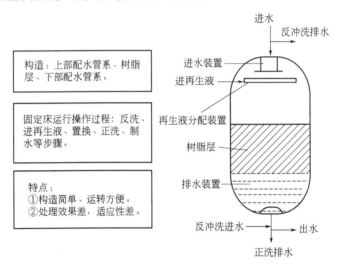

图 9-4 顺流再生离子交换器结构

① 进水装置　一个作用是均匀分布进水于交换器的过水断面上，所以也称布水装置。它的另一个作用是均匀收集反洗排水。由于这种设备运行时树脂层上方有较厚的水垫层，因此对进水装置要求不高。

② 排水装置　作用是均匀收集处理好的水，也起均匀分配反洗进水的作用，所以也称配水装置。一般对排水装置集水的均匀性要求较高。常用的排水装置有穹形孔板石英砂垫层式、多孔板加水帽式等。

③ 再生液分配装置　保证再生液均匀地分布在树脂层面上，避免再生液直接冲击树脂层面导致树脂凹凸不平，从而使水流在交换器断面上均匀分布。

（2）交换器的运行

顺流再生离子交换器的运行通常分为五步，从交换器失效后算起为反洗、进再生液、置换、正洗和制水。这五个步骤组成交换器的一个运行循环，称运行周期。

① 反洗　交换器中的树脂失效后，在进再生液之前，常先用水自下而上进行短时间强烈的反冲洗。反洗的目的是：松动树脂层以及清除树脂层中的悬浮物、碎粒。反洗水的水质应不污染树脂。对于阳离子交换器可用清水，阴离子交换器可用阳离子交换器的出水，或者采用该交换器上次再生时收集起来的正洗水。反洗也可以根据具体情况在运行几个周期后定期进行。这是因为有时在交换器中悬浮物的累积并不快，而且树脂层并不是一下子压得很实，所以有时没必要每次再生前都进行反洗。

② 进再生液　进再生液前，先将交换器内的水放至树脂层表面以上约 100～200mm 处，

然后用一定浓度的再生液以一定流速自上而下流过树脂层。再生是离子交换器运行操作中很重要的一环。影响再生效果的因素很多，如再生剂的种类、纯度、用量、浓度、流速、温度等。

③ 置换 再生操作结束后，在树脂层上部的空间以及树脂层中间留存着尚未利用的再生液，为了进一步发挥这部分再生液的作用，在停止输送再生液后仍利用再生液管道，继续以同样的流速输入清水或软化水。将这部分再生液逐渐排挤出去，这一操作称为置换。置换时间一般为 12～25min。

④ 正洗 置换结束后，为了清除交换器内残留的再生液和置换出的离子，应用运行时的进水自上而下清洗树脂层。正洗一直进行到出水水质合格为止。正洗水量一般为树脂层体积的 3～10 倍，因设备和树脂不同而有所差异。

⑤ 制水 正洗合格后即可投入正常运行阶段，即制水阶段，一级阳离子交换器运行的流速一般控制在 20～30m/h。此流速与进水水质、交换剂的性质有关，如进水中离子浓度越大，则流速应控制得越小。每台离子交换器的最优运行条件可通过调整试验来确定。

9.7.2 逆流再生离子交换器

为了克服顺流再生中出水端树脂再生度低的缺点，广泛采用对流再生工艺，即运行时水流方向与再生时再生液流动方向相反的水处理工艺。习惯上将运行时水自上而下，再生时再生液自下而上的对流水处理工艺称为逆流再生工艺，采用逆流再生工艺的装置称为逆流再生离子交换器；将运行时水由下向上流动，再生时再生液由上向下流动的对流水处理工艺称为浮动床水处理工艺。逆流再生离子交换器见图 9-5。

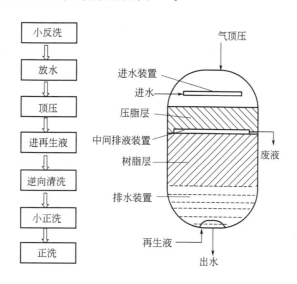

图 9-5 逆流再生离子交换器

由于逆流再生工艺中再生液及置换水都是自下而上流动的，如果不采取措施，流速稍大时，就会发生与反洗那样使树脂层扰动的现象，有利于再生的层态会因此而被打乱，这种现象通常称为乱层。若再生后期发生乱层，则会将上层再生差的树脂或多或少地翻到底部，这样就必然失去逆流再生工艺的特点。因此，在采用逆流再生工艺时，必须从设备结构和运行操作方面采取措施，以防发生乱层现象。

9.7.3　分流再生离子交换器

（1）交换器结构

分流再生离子交换器的结构与逆流再生离子交换器基本相似，只是将中间排液装置设置在树脂层表面下约 400～600mm 处，不设压脂层。

（2）工作过程

交换器失效后，先进行上部反洗，水由中间排液装置进入，由交换器顶部排出，使中间排液管以上的树脂层得以反洗。然后进行再生，再生液分两段，小部分自上部、大部分自下部同时进入交换器，废液均从中间排液装置排出。置换的流程与进再生液相同。在这种交换器中，下部树脂层为对流再生，上部树脂层为顺流再生。

9.7.4　浮床式离子交换器

采用浮动床水处理工艺运行的设备称为浮床式离子交换器，也简称浮动床或浮床。浮动床的运行是在整个树脂层被托起（称成床）的状态下进行的，离子交换反应是在水向上流动的过程中完成的。树脂失效后，停止进水，使整个树脂层下落（称落床），于是可进行自上而下的再生。浮床式离子交换器结构如图 9-6 所示。

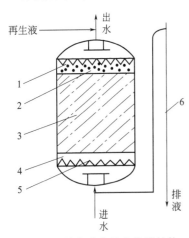

图 9-6　浮床式离子交换器结构
1—顶部出水装置；2—惰性树脂；
3—树脂层；4—水垫层；5—下部
进水装置；6—倒 U 形排液管

9.7.5　双层床和双室床

如果在逆流再生固定床中装入强型树脂和弱型树脂两种树脂（保留压脂层），由于两种树脂的密度不同，反洗后可以形成明显的分层，弱型树脂在上面，强型树脂在下面，即形成双层床。双层床的结构、运行操作与逆流再生固定床完全相同。双层床充分发挥强型树脂、弱型树脂各自的长处而克服其不足，优点是：再生剂利用率高，制水成本低；树脂的工作交换容量大，周期制水量大；抗有机污染能力强。缺点是阻力大，运行时水头损失大，反洗难度大。

如果在两层树脂之间加上多孔隔板，弱型树脂位于上室，强型树脂位于下室（树脂顶部设有一层惰性树脂），双层床就演变为双室床。双室床相当于两级（强型树脂和弱型树脂）逆流再生固定床的串联，优点是对树脂密度无特殊要求，无需顶压再生，操作简单。缺点是再生时强型树脂易乱层；因各室树脂填充较满，需要进行体外清洗，树脂移进移出，不仅操作复杂，且易导致树脂破碎。

9.8
离子交换法运行管理的注意事项

（1）悬浮物和油脂

由于废水中的 SS（悬浮固体）会堵塞树脂孔隙，油脂会将树脂颗粒包裹起来，影响离子交换的正常进行，因此必须对进水进行充分的预处理，降低其中悬浮物和油脂类物质含量，预处理可以使用过滤、气浮、澄清等方法。

（2）有机物

某些高分子有机物与树脂活性基团的固定离子结合力很大，一旦结合就很难进行再生，进而影响树脂的再生率和交换能力，例如废水中含有高分子有机酸时，高分子有机酸与强碱性季氨基的结合力就很大，很难洗脱下来。处理含有此类物质的废水时可选用低交联度的树脂，或者对废水进行预处理，将高分子有机物从水中去除。

（3）高价金属离子

Fe^{3+}、Cr^{3+}、Al^{3+} 等高价金属离子容易被树脂吸附，而且再生时难以洗脱，引起树脂中毒，使树脂的交换能力降低。树脂高铁中毒后，颜色会变深，此时可用高浓度酸长时间浸泡再生。

（4）pH 值

强酸性或强碱性离子交换树脂的活性基团电离能力强，交换能力基本上与废水的 pH 值无关，但弱酸性树脂和弱碱性树脂则分别需要在碱性条件和酸性条件下，才能发挥出较大的交换能力。因此，针对不同酸、碱废水，应该选用不同的交换树脂；对于已经选定的交换树脂，可根据处理废水中离子的性质和树脂的特性，对废水进行 pH 值调整。

（5）水温

在一定范围内，水温升高可以加速离子交换的过程，但水温超过树脂的允许使用温度范围后，会导致树脂交换基团的分解和破坏。因此，如果待处理废水的温度过高，必须进行降温处理。

（6）氧化剂

Cl_2、O_2、$Cr_2O_7^{2-}$ 等强氧化剂会引起树脂的氧化分解，导致活性基团的交换能力丧失和树脂固体母体的老化，影响树脂的正常使用。因此，在处理含有强氧化剂的废水时，一定要选用化学稳定性较好、交联度大的树脂，或加入适量的还原剂消除氧化剂的影响。

（7）电解质

交换树脂在高电解质浓度的情况下，由于渗透压的作用会导致树脂出现破碎现象，当处理含盐量浓度较高的废水时，应当选用交联度较大的树脂。

9.9
离子交换法在废水处理中的应用

（1）化肥废水处理

化肥厂废水含有大量的 NH_4^+ 和其他的含氮化合物，用生化法进行硝化-反硝化去除 NH_4^+ 是非常有效的，但 NH_4^+ 的硝化作用需时长，脱硝阶段又需补加碳化物源，因此限制了此种方法在化肥厂废水处理中的应用。离子交换对硝酸铵化肥厂废水处理是有效的。Leavic 等研究指出：当 NH_4^+ 浓度低于 325mg/L，NO_3^- 浓度低于 176mg/L 时，通过强酸性阳离子交换树脂去除铵离子，然后再用弱碱性阴离子交换树脂去除硝酸盐。阳离子交换树脂用 56% 的 H_2SO_4 再生，阴离子交换树脂用 16% 的 NaOH 再生，两种再生流出液经混合、中和后，送入蒸发器浓缩，与生产的液体肥料混合，出水 NH_4^+ 为 8.7mg/L，NO_3^- 为 7.0mg/L。

在云南云天化集团硝铵废水的处理中，采用了离子交换法。硝铵氨氮废水是氮肥装置的主要生产废水，其废水流量小（$4m^3/h$），浓度高（浓度最高时，氨氮 11.14g/L，其中游离氨 1.72g/L，硝酸根 34.22g/L），该废水排放不但会造成严重的环境污染，而且会造成企业有效资源的浪费，带来较大的经济损失。云天化集团比较了国外较成熟的废水治理技术（如生化法、汽提法、膜分离法、离子交换法以及氧化还原法）后，选择了离子交换法，它不但能有效治理污染物使出水达标排放，具备环保效益，而且它能回收、提浓再生产品硝酸铵而具备经济效益。其工作原理如下：

$$RH + NH_4^+ \longrightarrow RNH_4 + H^+ （运行）\tag{9-11}$$

$$ROH + NO_3^- \longrightarrow RNO_3 + OH^- （运行）\tag{9-12}$$

$$RNH_4 + HNO_3 \longrightarrow RH + NH_4NO_3 （再生）\tag{9-13}$$

$$RNO_3 + NH_4OH \longrightarrow ROH + NH_4NO_3 （再生）\tag{9-14}$$

（2）苯酚废水处理

许多工业废水，每升废水中都含有数千毫克的苯酚，这不仅存在污染问题，而且在经济上使一种有价值的原料也损失了。离子交换既从这种废水里除掉了苯酚，又可以以可用的形式加以回收。苯酚是一种弱酸，可用阴离子树脂作为吸附树脂。强碱性离子交换树脂对酚的吸附性能好，但难以再生，所以含酚废水的处理一般采用弱碱性树脂。通过几种树脂对含酚废水的吸附，确定大孔性树脂对酚的吸附性能较好。大孔性树脂本身是苯乙烯骨架，与苯酚的结构相似，具有较好的亲和能力。而且确定了吸附苯酚的最佳工艺条件，如溶液的浓度和 pH 值，酚吸附得较佳的均是偏酸性环境，溶液的浓度越高，树脂对酚的吸附效果越好。离子交换树脂的解吸，有效的溶剂是甲醇和丙酮，或者是稀的碱性溶液。其工作原理如下：

$$\tag{9-15}$$

（3）含铬废水处理

含铬废水是电镀工业中数量最多的一种工业废水，镀铬中所使用的铬酸，在镀件上沉积的只占 10%，其余的都通过不同途径排入废水中，因此，对含铬废水如不加处理，不仅是资源的极大浪费，而且也将对环境造成污染，严重危害人体健康。目前，我国电镀含铬废水的处理方法主要采用还原沉淀法、反渗透法、电解法、铁氧化法、离子交换法等。离子交换法处理含铬废水有许多优点，该法不仅不会产生"二次污染"，而且排出的废水经治理后可以循环利用，并可实现铬酸的回收利用。离子交换不需改变铬的氧化态就能直接从溶液中除去铬酸盐。六价铬以阳离子（CrO_4^{2-}）形式存在，可被氢氧型或盐的强碱性离子交换剂去除：

$$2ROH + CrO_4^{2-} \longrightarrow R_2CrO_4 + 2OH^-\tag{9-16}$$

$$2RCl + CrO_4^{2-} \longrightarrow R_2CrO_4 + 2Cl^-\tag{9-17}$$

由上式可见，一个铬原子需要占据交换剂的两个活性中心，因此假如六价铬以重铬酸根离子（$Cr_2O_7^{2-}$）形式被交换，则交换剂的理论交换容量是铬酸根离子的 2 倍：

$$2RCl + Cr_2O_7^{2-} \longrightarrow R_2Cr_2O_7 + 2Cl^-\tag{9-18}$$

加酸可使铬酸盐转变为重铬酸盐：

$$CrO_4^{2-} \underset{OH^-}{\overset{H^+}{\rightleftharpoons}} Cr_2O_7^{2-}\tag{9-19}$$

进入离子交换柱之前，冷却塔排出液要酸化，使 pH 值达到 4～5，以充分完成上述反应。

强碱性交换树脂用苛性钠和盐的混合液进行再生，其中苛性钠使重铬酸盐转化为容易再生的铬酸盐，铬酸盐可被过量的氯离子淋洗下来。

交换树脂也能单独用 NaOH 再生。但是交换树脂以 OH 型进行操作循环时，交换树脂内部有形成金属沉淀物的危险。另外，只用 NaCl 不可能使交换树脂完全再生，尤其当交换树脂被很牢固吸着的重铬酸盐所吸附时，更是如此。由于 NaCl 对铬酸盐离子的再生效果差，所以从碱性交换树脂上淋洗铬酸盐时，有拖尾的趋势。因此，除非使用高效的再生剂树脂除去足够的铬酸盐，否则就可能出现：随着每一交换周期的进行，交换容量将逐渐下降。

在实验中发现当酸性（pH≤3）含铬废水通过 OH 型阴离子交换树脂时，Cr^{6+} 与阴离子交换树脂上的 OH^- 发生交换：

$$2ROH + H_2Cr_2O_7 \longrightarrow R_2Cr_2O_7 + 2H_2O \tag{9-20}$$

把已达到交换平衡的交换树脂用 NaOH 进行再生，Cr^{6+} 以铬酸钠的形式回收，其反应如下：

$$R_2Cr_2O_7 + 2NaOH \longrightarrow R_2CrO_4 + Na_2CrO_4 + H_2O \tag{9-21}$$

$$R_2CrO_4 + 2NaOH \longrightarrow 2ROH + Na_2CrO_4 \tag{9-22}$$

铬酸钠可以通过一个 H 型阳离子交换柱转换为铬酸：

$$2RH + Na_2CrO_4 \longrightarrow 2RNa + H_2CrO_4 \tag{9-23}$$

碱液用量尽可能少，再生后阴离子交换柱用水洗涤至中性备用。再生液再通过一个 H 型阳离子交换柱进行脱钠就可得到铬酸溶液，收集于回收瓶中。

(4) 废水中提取金属

离子交换技术可用于去除日常给水中的有毒和可能有毒的物质，而且可以认为它在一定程度上可应用于脱除、浓缩和固定所有那些被确认为有毒的和不需要的金属离子，它在金属加工工业方面有 3 个优点：①可回收金属；②所用设备不大，可大大地减小废物体积；③回收的水可再利用。

镀铜废水一般为电镀业中漂洗槽产生的漂洗废水，其中铜离子浓度较高，必须进行净化处理方可排入天然水体或循环使用。在镀铜废水中主要含有 $[Cu(NH_3)_4]^{2+}$ 络离子，呈强碱性，必须用酸破坏其碱性条件，使络离子转化为铜离子，才能进入阳柱被交换。确定破络 pH 值 4～5，其反应方程式如下：

$$2RCOOH + Cu^{2+} + NH_3 + NH_4OH \longrightarrow (RCOO)_2Cu + 2H^+ + NH_3 + NH_4OH \tag{9-24}$$

废水通过 H 型树脂，用 H 型树脂交换过程中产生的 H^+ 可抵消因 NH_4OH、NH_3 的累积增加而导致的交换液 pH 值的升高，以防止正在被交换的 Cu^{2+} 与 NH_4^+ 重新络合及生成 $Cu(OH)_2$ 沉淀。再生液用 0.5～1.0mol/L 的 H_2SO_4 溶液再生，或者可利用三乙醇胺顺流再生。采用双柱串联运行方式，提高树脂的工作容量并使出水水质达标。

EDTA（乙二胺四乙酸）体系镀铜已成为取代氰化镀铜及焦磷酸盐镀铜的新工艺，这在避免对操作人员及环境造成危害的同时，也带来大量的 Cu-EDTA 络合废水。铜络阴离子主要以 CuY^{2-} 形式存在，游离的 EDTA 主要以 Y^{4-} 和 CuY^{2-} 的形式存在。该废水流经阴离子交换树脂时，可发生如下反应：

$$4RCl + Y^{4-} \longrightarrow R_4Y + 4Cl^- \tag{9-25}$$

$$3RCl + HY^{3-} \longrightarrow R_3HY + 3Cl^- \tag{9-26}$$

$$2RCl + CuY^{2-} \longrightarrow R_2CuY + 2Cl^- \tag{9-27}$$

$$2R_2CuY + Y^{4-} \longrightarrow R_4Y + 2CuY^{2-} \tag{9-28}$$

$$3R_2CuY + 2HY^{3-} \longrightarrow 2R_3HY + 3CuY^{2-} \tag{9-29}$$

树脂通过 10% 的 NaCl 再生，再生过程的反应为式(9-25)～式(9-27)的逆反应。再生液中 Cu^{2+} 和游离 EDTA 浓度的峰值不同时出现，由此可预测，Cu-EDTA 络合废水流经树脂床层越高，再生液中 Cu^{2+} 和游离 EDTA 浓度的峰值出现的位置相距越远，因此可采用多柱串联的方法，将 Cu^{2+} 和游离 EDTA 部分富集分离。

(5) 渔业方面的应用

离子交换也用于渔业，其中水是循环利用的。由于氨对大多数鱼类有毒害作用，为了维持鱼类的正常生活，要求完全除去氨。但是渔业需要水的温度比较低，大约 10℃，这一温度使许多生物方法不太适用，一般生物处理废水的温度要求在 20～30℃，因此选择离子交换法去除水中的氨是最佳的方法。

离子交换法是一种较为有效的方法，已有不少经验可以借鉴，正如任何一项有用的治理技术总是有其适用范围的，当然离子交换法也有不足，如一次投资高，操作要求严，管理必须跟得上，有的还存在再生废水问题、树脂中毒和老化问题等，但是，有的问题已有相应的解决办法。例如，一般污水处理厂的排水中有机物和氨氮的含量还比较高，必须经过深度处理才能达到要求，可用活性炭吸附大部分有机物和氨氮中的大部分有机胺，再用大孔离子交换树脂吸附剩余有机物和氨氮中的剩余有机胺、无机胺是切实可行的办法。因此最大限度地发挥离子交换处理低浓度废水的优点，是目前离子交换法处理废水的课题。

目前国内外都在研究金属氢氧化物沉淀-离子交换吸附法与活性炭-离子交换吸附法。研究者认为，以两者结合的方法进行废水处理，有望成为最经济合理的方案。离子交换法在废水处理方面的某些应用见表 9-2。

表 9-2　离子交换法在废水处理方面的某些应用

废水种类	有害离子	树脂类型	废水出路	再生剂	再生液出路
电镀铬废水	CrO_4^{2-}	大孔型阴离子交换树脂	循环使用	食盐或烧碱	用氢型阳离子交换树脂除钠后回用于生产
电镀废水	Cr^{3+}，Cu^{2+}	氢型强酸性阳离子交换树脂	循环使用	18%～20% 硫酸	蒸发浓缩后回用
含汞废水	Hg^{2+}，$HgCl_x^{(x-2)-}$	氯型强碱性大孔阴离子交换树脂	中和后排放	盐酸	回收汞
黏胶纤维废水	Zn^{2+}	强酸性阳离子交换树脂	中和后排放	硫酸	回用于生产
氯苯酚废水	氯苯酚	弱碱性大孔型离子交换树脂	排放 2% NaOH	甲醇	回收酚或甲醇

【例 1】　水质资料如下：CO_2 30mg/L，HCO_3^- 3.6mmol/L，Ca^{2+} 1.4mmol/L，SO_4^{2-} 0.55mmol/L，Mg^{2+} 0.9mmol/L，Cl^- 0.3mmol/L，$Na^+ + K^+$ 0.4mmol/L。试计算经 RH 柱软化后产生的 CO_2 和 $H_2SO_4 + HCl$ 各为多少（单位为 mg/L）？

解：水中 $Ca(HCO_3)_2$ 1.4mmol/L，$Mg(HCO_3)_2$ 0.4mmol/L，$Mg(SO_4^{2-} + Cl^-)$ 0.5mmol/L，反应产生的 CO_2 为 3.6mmol/L=158.4mg/L

$$总 CO_2 = 30 + 158.4 = 188.4 \text{（mg/L）}$$

$$(H_2SO_4 + HCl) = Mg(SO_4^{2-} + Cl^-) = 0.5 \text{mmol/L}$$

【例 2】　硬水中 $[Ca^{2+}] = 1.4$mmol/L；$[Mg^{2+}] = 0.9$mmol/L，水量 $Q = 100$m³/d，经 NaR 树脂软化后，含盐量如何变化？每日变化量为多少？

解：(1) 因 1 个 Ca^{2+}、Mg^{2+} 经 RNa 后分别换下 2 个 Na^+，故盐量会增加。

(2) Ca^{2+} 换下的 $Na^+ = 2Ca^{2+} = 2 \times 1.4 = 2.8$（mmol/L）

故净增量为 $2.8 \times 23 - 1.4 \times 40 = 8.4$ （mg/L）

Mg^{2+} 换下的 $Na^+ = 2Mg^{2+} = 2 \times 0.9 = 1.8$ （mmol/L）

故净增量为 $1.8 \times 23 - 0.9 \times 24 = 19.8$ （mg/L）

合计　$19.8 + 8.4 = 28.2 (mg/L) = 28.2$ （g/m³）

每日净增量为 $100 \times 28.2 = 2820 (g/d) = 2.82$ （kg/d）

【例3】 某厂软化水量为 $60 m^3/d$。对原水的水质分析资料表明：原水中的 $[HCO_3^-] = 4.0mg/L$，$[SO_4^{2-}] = 0.7mg/L$，$[Cl^-] = 0.30mg/L$。软化处理后要求 $[HCO_3^-] = 0.3mg/L$。拟采用 H-Na 并联软化工艺系统。试分别计算经 RH 和 RNa 的软化水量及软化过程中产生 CO_2 量。

解：（1）经 RH 和 RNa 交换柱的软化水量计算

因为 $Q_总 = 60m^3/h$，$A_原 = 4mg/L$，强酸根 $S = 0.7 + 0.3 = 1.0$ （mg/L），$A_混 = 0.3mg/L$

所以经 RH 软化的水量为：$Q_H = Q(A_原 - A_混)/(A_原 + S) \times 100\% = 60 \times (4 - 0.3)/(4 + 1) \times 100\% = 60 \times 74\% = 44.4$ （m³/h）

经 RNa 软化的水量为：$Q_{Na} = Q - Q_H = 60 - 44.4 = 15.6$ （m³/h）

（2）CO_2 产量的计算

① RH 柱中产生的 CO_2 量：$44.4 \times 4 \times 44 = 7814$ （g/h）

② RH 与 RNa 出水混合后产生的 CO_2 量：$44 \times (15.6 \times 4 - 60 \times 0.3) = 1954$ （g/h）

③ CO_2 的总产量：$7814 + 1954 = 9768 (g/h) \approx 9.8$ （kg/h）

思　考　题

1. 与顺流再生相比，逆流再生为何能使离子交换出水水质显著提高？实现逆流再生的关键是什么？

2. 试分析 H-Na 串联离子交换系统流量分配的计算方法完全相同于 H-Na 并联系统。

3. 为什么说，在 $H_t > H_c$ 的条件下，经 H 离子交换（到硬度开始漏泄）的周期出水平均强酸酸度在数值上与原水 H_n 相当？此时 H-Na 离子交换系统的 Q_H 和 Q_{Na} 表达式为何？若原水碱度大于硬度，情况又如何？

4. 在一级复床除盐系统中如何从水质变化情况来判断强碱阴床和强酸阳床即将失效？

5. 试说明离子交换混合工作原理，其除盐效果好的原因何在？离子交换树脂的选用与哪些因素有关？

6. 在离子交换除盐系统中，阳床、阴床、混合床和除二氧化碳器的前后位置如何考虑？试说明理由。

7. 某电镀厂镀铬工艺产生废水 $500m^3/h$，废水中的铬平均含量为 $65mg/L$，含铜 $20mg/L$，含锌 $10mg/L$，含镍 $15mg/L$，拟采用离子交换法回收六价铬。试设计双阴柱全饱和离子交换处理工艺。

第10章
化学与物理化学法

10.1
中和法

酸和碱反应生成盐和水的反应称为中和反应。

10.1.1 酸碱污水的产生

① 酸性污水　化工厂、化纤厂、电镀厂、金属加工厂等的酸性污水，pH＝1～4，腐蚀性强，改变了水体的 pH 值，影响水生植物。

② 碱性污水　印染厂、造纸厂、炼油厂的碱性污水，pH＝10～14，腐蚀危害小于酸性水，影响水生植物。

酸碱污水在浓度高（3%～5%以上）时，应考虑回收和综合利用，制造硫酸亚铁、硫酸铁，在浓度不高时方可采用处理的方法。

10.1.2 中和剂

① 酸性污水的中和剂　苏打（Na_2CO_3）和苛性钠（$NaOH$）组成均匀，易于贮存，反应迅速，易溶于水，但价格较高。石灰 [$Ca(OH)_2$] 来源广泛，价格便宜，但产生杂质多，浮渣多，难处理，一般用于水量较小的水厂。石灰石（$CaCO_3$）、白云石（$CaCO_3$＋$MgCO_3$）是开发的石料，在产地价格便宜，可以作为一种中和材料，主要用于滤床。

② 碱性污水的中和剂　硫酸、盐酸、烟道气（含 CO_2、SO_2）。

10.1.3 中和方法分类

(1) 酸碱污水相互中和法

电镀厂的酸性污水和印染厂的碱性污水相互混合，达到中和目的。根据化学反应等当量原理，$Q_1C_1＝Q_2C_2$，计算污水中酸碱的含量及污水量，使酸碱污水等当量混合，达到等当量中和并使混合水略偏碱性。

(2) 药剂中和法

以碱性物质、酸性物质为中和剂处理。常采用石灰处理酸性污水，石灰还是混凝剂，可凝聚水中的杂质，对于含杂质多的酸性污水有利。当污水中含有重金属离子时，加入石灰，碱性增大，使水中重金属离子积大于溶度积，产生沉淀。

投加方式：干投、湿投。

药剂中和在混合池中进行，其后需设沉淀池和污泥干化设施，污水在混合反应池内的停留时间是 5min（在给水反应池内的停留时间是 8～10min），在沉淀池内的停留时间是 1～2h，污泥体积是污水体积的 2%～5%，污泥需脱水干化。干投法是用机械将药剂粉碎，直径＜0.5mm，然后直接投入水中。湿投法是将药剂溶解成液体，用计量设备控制投加量，可节省药剂。

(3) 过滤中和法（多用于原料所在地）

使污水流经具有中和能力的滤池，中和药剂为石灰石、白云石、大理石等，产生中和作用。

石灰石与硫酸反应

$$CaCO_3 + H_2SO_4 \longrightarrow CaSO_4 \downarrow + H_2O + CO_2 \uparrow \tag{10-1}$$

白云石与硫酸反应

$$CaMg(CO_3)_2 + 2H_2SO_4 \longrightarrow CaSO_4 + MgSO_4 \downarrow + 2CO_2 \uparrow + 2H_2O \tag{10-2}$$

白云石中含有 $MgCO_3$，可生成溶解度较大的 $MgSO_4$，不会造成反应中滤池的堵塞，产生的 $CaSO_4$ 是石灰石中和产生的 50%，影响小一些，可以适当提高进水硫酸浓度。

(4) 碱性污水中和处理（烟道气中和）

常用于酸性污水中和，或者采用投酸中和或烟道气中和碱性污水。碱性污水中和处理需具备采用方法要求的条件。投加酸中和方法简单，但是费用过高。用烟道气中和方便实用。烟道气中含有 CO_2 和 SO_2，溶于水中形成 H_2CO_3 和 H_2SO_4，使碱性污水被中和。烟道气中和的方法有：①将碱性污水作为湿法除尘的喷淋水；②将烟道气通入碱性污水中。

【例 1】　含盐酸废水量 $Q = 1000m^3/d$，盐酸浓度 7g/L，用石灰石进行中和处理，石灰石有效成分 40%，求石灰石用量（每天）。

解： [HCl]＝7g/L＝0.19mol/L

对应的 $[CaCO_3]$＝1/2[HCl]＝0.095mol/L＝9.5g/L

实际石灰石量　9.5/40%＝23.75(g/L)＝23.75(kg/m^3)

每日用量　1000×23.75＝23.75(t)

【例 2】　某化工厂每天排放含硫酸 7000mg/L 的酸性废水 800m^3。场内软水站用石灰乳软化河水，每天生产软水 2000m^3，河水的重碳酸盐硬度为 2.27mg/L。试考虑该废水的中和处理问题。

解：（1）软化过程中所产生的碱渣（$CaCO_3$）量计算

根据反应可知，每中和一份河水中的重碳酸盐硬度可产生 1.24 份的碱渣（$CaCO_3$），同时单位体积河水中的重碳酸盐含量为 2.27×81＝184（g）

$$Ca(OH)_2 + Ca(HCO_3)_2 \longrightarrow 2CaCO_3 \downarrow + 2H_2O$$

则每天可产生的碱渣量为：

$$184×1.24×2000 = 456（kg/d）$$

（2）碱渣中和废酸后剩余的废酸量

① 原废水每天排出的酸总量　800×7000/1000＝5600（kg/d）

② 碱渣中和掉的酸量　456/1.02≈447（kg/d）

③ 碱渣中和后剩余的酸量　5600−447＝5153（kg/d）

（3）所需中和石灰用量计算

采用投药中和法处理剩余的酸量，石灰中 CaO 的有效含量为 70%，有效 $CaCO_3$ 含量为

15%，其余为无效成分。

设 CaO 理论用量为 x，则有：

$$0.7x \times \frac{98}{56} + 0.15x \times \frac{98}{100} = \frac{5153}{1000}$$

$$x \approx 3.75 \ (t/d)$$

实际需石灰量为：$1.1 \times 3.75 = 4.13$（t/d）

（4）中和所产生的硫酸钙量计算

$$5153/1000 \times 136/98 = 7.15 \ (t/d)$$

折合成石膏（$CaSO_4 \cdot 2H_2O$）量为：$7.15 \times 172/136 = 9.04$（t/d）

石灰中惰性杂质的含量为 15%，则沉渣中的杂质量为：$4.13 \times 15\% = 0.62$（t/d）

每天的沉渣总量为：$9.04 + 0.62 = 9.66$（t/d）

（5）有关石灰乳乳液槽和混合槽的设计可参见有关设计手册。

【例 3】 已知某厂的酸性废水量为 $Q = 300 \mathrm{m}^3/\mathrm{h}$，含硫酸浓度为 $C_s = 2000 \mathrm{mg/L}$。拟采用石灰石滤料等速升流式膨胀滤池进行中和处理。试进行该工艺的设计计算。

解：（1）滤柱直径 D

设工作滤柱数 $n = 2$，另设 1 柱备用，总计 3 个滤柱。采用滤速 $v = 65 \mathrm{m/h}$（一般为 60~70 m/h），则滤池的直径 D 为：

$$D = [4Q/(\pi n v)]^{1/2} = [4 \times 300/(3.14 \times 2 \times 65)]^{1/2} = 1.7(\mathrm{m})(<2.0\mathrm{m})$$

（2）每柱每次填装滤料量 W

所装石灰石高度 $h = 2.0\mathrm{m}$，体积为 V，石灰石的密度为 $\rho = 2.65 \mathrm{g/cm}^3$，则填装量为：

$$W = \rho V = \pi D^2 h \rho / 4 = 3.14 \times 1.7^2 \times 2.0 \times 2.65/4 = 12000 \ (\mathrm{kg/d})$$

（3）每天石灰石需要量 G

因为石灰石中和硫酸的药剂比耗量 $a_s = 1.02$，所以石灰石的理论用量为：

$$G = QC_s a_s = 300 \times 2000 \times 1.02/1000 \times 24 = 14688 \ (\mathrm{kg/d})$$

假定实际用量为理论用量的 1.3 倍，则实际用量 G_s 为：

$$G_s = 1.3G = 1.3 \times 14688 = 19094 \ (\mathrm{kg/d})$$

每个柱每天实际用量 $G_{so} = 19094/2 = 9547$（kg/d）

（4）滤料的理论工作周期 T

$$T = W/G_{so} = 12000/9547 = 1.26 \ (\mathrm{d})$$

（5）滤池的总高度 H

设滤池底部布水层高 0.2m，卵石承托层厚为 0.2m，滤料层膨胀后的高度为 2.0m，滤料层以上清水层高度为 0.5m，超高为 0.5m，则：

$$H = 0.5 + 0.5 + 2.0 + 0.2 + 0.2 = 3.4 \ (\mathrm{m})$$

10.2
化学沉淀法

用易溶的化学药剂（沉淀剂）使溶液中某种粒子以它的一种难溶盐或氢氧化物的形式从溶液中析出，在化学上称沉淀法。废水处理中，常用化学沉淀法去除废水中有害离子，如阳离子 Hg^{2+}、Cd^{2+}、Pb^{2+}、Cu^{2+}、Zn^{2+}、Cr^{2+}，阴离子 SO_4^{2-}、PO_4^{3-}、CrO_4^{2-}。

原理：根据化学沉淀的必要条件，一定温度下，难溶盐 $M_m N_n$ 在饱和溶液中，沉淀和溶解反应如下（m、n 分别表示离子 M^{n+}、N^{m-} 的系数）：

$$mM^{n+} + nN^{m-} \Longrightarrow M_m N_n \tag{10-3}$$

根据质量作用原理，溶度积常数可表示为 $K_{M_m N_n}$。

溶度积常数 $K_{M_m N_n}$ 的影响因素：

① 同名离子效应　当沉淀溶解平衡后，如果向溶液中加入含有某一离子的试剂，则沉淀溶解度减小，反应向沉淀方向移动。

② 盐效应　在有强电解质存在的状况下，溶解度随强电解质浓度的增大而增大，反应向溶解方向转移。

③ 酸效应　溶液的 pH 值可影响沉淀物的溶解度，称为酸效应。

④ 络合效应　若溶液中存在可能与离子生成可溶性络合物的络合剂，则反应向相反方向进行，沉淀溶解，甚至不发生沉淀。

应用：如果污水中含有大量的 M^{n+}，要降低其浓度，可向污水中投入化学物质，提高污水中 N^{m-} 浓度，使离子积大于溶度积 K，结果 $M_m N_n$ 从污水中沉淀析出，降低 M^{n+} 浓度。

【例 4】　用 $Ca(OH)_2$ 处理含 Cd^{2+} 废水，欲将 Cd^{2+} 浓度降至 $0.1mg/L$，需保证 pH 值为多少？此时 Ca^{2+} 浓度为多少？[Cd 的原子量 112；$K_{Cd(OH)_2} = 2.2 \times 10^{-14}$]

解：(1) $[Cd]^{2+} = 0.1mg/L = 8.9 \times 10^{-4} mol/L$

$$lg(8.9 \times 10^{-4}) = 14 \times 2 - 2 \times pH + lg(2.2 \times 10^{-14})$$
$$pH = 8.7$$

(2) pH = 8.7　$[H^+] = 10^{-8.7} mol/L$

因 $[OH^-][H^+] = 10^{-14}$，故 $[OH^-] = 10^{-5.3} mol/L$

$$Ca^{2+} + 2OH^- \Longrightarrow Ca(OH)_2$$
$$[Ca^{2+}] = 1/2[OH^-] = 1/2 \times 10^{-5.3} = 2.5 \times 10^{-6} \ (mol/L)$$

【例 5】　已知 $Zn(OH)_2$ 的容度积为 $K_s = 7.1 \times 10^{-18}$，$pK_s = 17.15$。求 pH = 9.2 时的可溶 Zn^{2+} 浓度 $[Zn^{2+}]$。

解：$[Zn^{2+}] = K_s/[OH^-]^2$

式中　$[Zn^{2+}]$——在任一 pH 值条件下，溶液中可以存在的金属离子的浓度，mol/L；

$[OH^-]$——同一溶液中的 OH^- 浓度。

在 pH = 9.2 的溶液中，$[OH^-] = 10^{-4.8}$，故

$$[Zn^{2+}] = 7.1 \times 10^{-18}/(10^{-4.8})^2 = 2.8 \times 10^{-8} \ (mol/L)$$

10.3

氧化还原法

10.3.1　氧化剂

氧化剂是一种能氧化其他物质而本身被还原的物质。产生活性物种的方法有投加氧化剂、催化剂以及引入物理场等，AOPs（高级氧化技术）的总体发展方向是合理利用各自的优势，对多种技术手段进行耦合，例如光 Fenton、电 Fenton、湿式催化氧化等。针对需要完善的具体技术，例如：在臭氧催化氧化、光催化氧化技术中，不断寻找高效、易回收的高

效催化剂；在 Fenton 体系中，致力于药剂的替换和减量等。尽管经历了相当长时间的发展，AOPs 仍然存在诸多尚未解决的问题，例如：在复杂的机理层面上，尤其是催化氧化方面，一些活性物种的产生机理还存在争议，对许多污染物的降解历程还不明晰；技术层面的集成化与产业化有待形成，例如，臭氧发生器的低产率、热损失、高能耗问题等，超临界水氧化反应器材料抗腐蚀以及盐沉积问题等，光催化氧化的量子效率在反应器上的表达问题等，工艺和材料成为技术产业化的瓶颈。

非金属单质氧化剂，如 F_2、O_2、Cl_2、Br_2、I_2、N_2、S 等；金属的阳离子氧化剂，如 Fe^{3+}、Ag^+、Cu^{2+} 等；弱氧化性酸，如盐酸、稀硫酸等；强氧化性酸，如浓 H_2SO_4、浓 HNO_3、稀 HNO_3、$HClO$、$KMnO_4$、$K_2Cr_2O_7$、KNO_3、Na_2O_2、MnO_2 等。既可作氧化剂又可作还原剂，例如 Na_2O_2、H_2O_2、S、Fe^{2+}、SO_2 等，但它们以一种性质为主，Na_2O_2、H_2O_2、S 主要作氧化剂，Fe^{2+}、SO_2 主要作还原剂。

10.3.2 臭氧氧化法

(1) 氧化无机物

臭氧能将水中的二价铁、锰氧化成三价铁及高价锰，使溶解性的铁、锰变成固态物质，以便通过沉淀和过滤除去。

(2) 氧化有机物

臭氧能氧化许多有机物，如蛋白质、氨基酸、有机胺、链型不饱和化合物、芳香族物质、木质素、腐殖质等。目前在水处理中，采用 COD_{Cr} 和 BOD_5 作为测定这些有机物的指标。臭氧在氧化这些有机物的过程中，将生成一系列中间产物，这些中间产物的 COD_{Cr} 和 BOD_5 值有的比原反应物更高。

(3) 消毒

臭氧是非常有效的消毒剂。各种常用消毒剂的效果按以下顺序排列：

$$O_3 > ClO_2 > HOCl > OCl^- > NHCl_2 > NH_2Cl$$

臭氧杀菌效果好、速度快，而且对消灭病毒也很有效。臭氧消毒的效果主要取决于接触设备出口处的剩余量和接触时间，其受 pH 值、水温及水中氨量的影响较小。但也有一定的选择性，如绿霉菌、青霉菌等对臭氧具有抗药性，需较长时间才能杀死它们。

(4) 臭氧氧化工艺的其他应用

臭氧可以用来对汽车制造厂综合废水（一级处理后的出水）进行深度处理，且处理效果明显；臭氧对印染废水的 COD_{Cr} 去除率不高，而对色度的去除效果显著，与传统的氯气氧化、吸附、混凝等脱色方法相比，用臭氧脱色有脱色程度高、无二次污染等优点。

10.3.3 高级氧化法

高级氧化技术（advanced oxidation processes，AOPs）因其具有氧化能力强、反应速率快、可提高废水的可生化性、二次污染少以及使用范围广等特点，在环境领域备受关注，已成功应用于废水中有毒有害、难降解污染物的去除。

高级氧化技术又称深度氧化技术，其基础在于运用电、光辐照、催化剂，有时还与氧化剂结合，在反应中产生活性极强的自由基（如 $HO\cdot$），再通过自由基与有机化合物之间的加和、取代、电子转移、断键等，使水体中的大分子难降解有机物氧化降解成低毒或无毒的小分子物质，甚至直接降解为 CO_2 和 H_2O，接近完全矿化。目前的高级氧化技术主要包括化学氧化法、电化学催化氧化法、湿式氧化法、超声波氧化法、超临界水氧化法和光催化氧化法等。

10.3.3.1　化学氧化法

化学氧化技术常用于生物处理的前处理。一般是在催化剂作用下，用化学氧化剂去处理有机废水以提高其可生化性，或直接氧化降解废水中有机物使之稳定化。

(1) Fenton 试剂氧化法

该技术起源于 19 世纪 90 年代中期，由法国科学家 H. J. Fenton 提出，在酸性条件下，H_2O_2 在 Fe^{2+} 的催化作用下可有效地将酒石酸氧化，并应用于苹果酸的氧化。长期以来，人们默认的 Fenton 主要原理是利用亚铁离子作为过氧化氢的催化剂，反应产生羟基自由基的方程式为 $Fe^{2+} + H_2O_2 \longrightarrow Fe^{3+} + OH^- + \cdot OH$，且反应大都在酸性条件下进行。

目前，Fenton 法和臭氧氧化法因技术成熟、经济性优异，应用较为广泛。但随着对光催化、电化学、物理氧化研究的不断深入以及配套材料、反应器的逐步成熟，这些技术会慢慢地得到应用并形成各自的工业装备及应用体系。

① 基本原理　在废水处理中，Fenton 试剂对污染物的去除机理可分为自由基氧化机理和混凝机理。Fenton 法机理示意见图 10-1。

$$Fe^{2+} + H_2O_2 + H^+ \longrightarrow Fe(OH)_2^{2+} + H^+ \longrightarrow Fe^{3+} + \cdot OH + H_2O \qquad k = 63 L/(mol/s) \tag{10-4}$$

$$\cdot OH + RH \longrightarrow R \cdot + H_2O \qquad k = 10^7 \sim 10^9 L/(mol \cdot s) \tag{10-5}$$

$$R \cdot + O_2 \longrightarrow ROO \cdot \longrightarrow CO_2 + H_2O \tag{10-6}$$

$$Fe^{3+} + H_2O_2 \longrightarrow Fe^{2+} + HO_2 \cdot + H^+ \qquad k = 0.002 \sim 0.01 L/(mol \cdot s) \tag{10-7}$$

$$Fe^{3+} + HO_2 \cdot \longrightarrow Fe^{2+} + O_2 + H^+ \qquad k = 2 \times 10^3 L/(mol \cdot s) \tag{10-8}$$

$$Fe^{3+} + R \cdot \longrightarrow Fe^{2+} + R^+ \tag{10-9}$$

$$R \cdot + H_2O_2 \longrightarrow \cdot OH + ROH \tag{10-10}$$

$$\cdot OH + Fe^{2+} \longrightarrow Fe^{3+} + OH^- \qquad k = 3.2 \times 10^8 L/(mol \cdot s) \tag{10-11}$$

$$\cdot OH + H_2O_2 \longrightarrow HO_2 \cdot + H_2O \qquad k = 2.7 \times 10^7 L/(mol \cdot s) \tag{10-12}$$

$$\cdot OH + HO_2 \cdot \longrightarrow O_2 + H_2O \qquad k = 1 \times 10^{10} L/(mol \cdot s) \tag{10-13}$$

$$\cdot OH + \cdot OH \longrightarrow H_2O_2 \qquad k = 4.2 \times 10^9 L/(mol \cdot s) \tag{10-14}$$

$$2[Fe(H_2O)_5OH]^{2+} \Longleftrightarrow [Fe_2(H_2O)_8(OH)_2]^{4+} + 2H_2O \tag{10-15}$$

$$[Fe_2(H_2O)_8(OH)_2]^{4+} + H_2O \Longleftrightarrow [Fe_2(H_2O)_7(OH)_3]^{3+} + H_3O^+ \tag{10-16}$$

$$[Fe_2(H_2O)_7(OH)_3]^{3+} + [Fe(H_2O)_5OH]^{2+} \Longleftrightarrow [Fe_3(H_2O)_7(OH)_4]^{5+} + 5H_2O \tag{10-17}$$

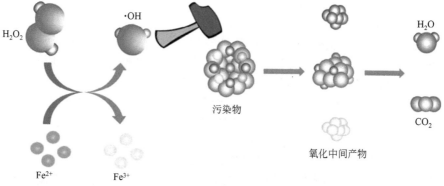

图 10-1　Fenton 法机理示意

② 影响因素　Fenton 氧化技术的处理效果主要受温度、pH 值、无机阴离子、亚铁盐及过氧化氢浓度的影响。温度：一般在 30℃左右较为合适。pH 值：一般控制在 2~4，最佳 pH 值在 3 左右。体系中的无机阴离子对 Fenton 过程的影响机理主要分为两个方面：SO_4^{2-} 等无机阴离子可能会与 Fe^{2+}、Fe^{3+} 产生络合，使之不能有效地催化 H_2O_2 分解为·OH；Cl^- 等阴离子是·OH 的淬灭剂，参与争夺·OH 生成氧化活性更低的·Cl，不利于污染物的分解。亚铁盐和过氧化氢的浓度及比例会影响·OH 的产量。

③ 技术优缺点　Fenton 氧化技术兼具凝聚作用，无须外界额外提供能量，操作简便，可控性强，具有经济性。但传统 Fenton 法的·OH 产生速率不高，体系中存在大量的竞争反应；该技术需要在酸性条件下进行，出水需要调至中性，导致消耗大量药剂，增加处理费用，同时产生大量铁泥，增大了出水 COD、色度，并增加了造成二次污染的风险；运输和储存过氧化氢需要较高的费用，存在安全风险。

④ 技术的发展　针对传统 Fenton 法的缺陷，把紫外线、电场、臭氧、超声波等引入Fenton 体系，研究其他可能替代 Fe^{2+} 的过渡金属，如铈、钴、锰、铜等。目前，Fenton 的前沿技术主要包括光 Fenton 氧化技术、电 Fenton 氧化技术、超声 Fenton 氧化技术及无铁Fenton 氧化技术。

a. 光 Fenton 氧化技术。光辐射可提高·OH 的生成速率，加快污染物降解速率。除Fenton 反应过程之外，光 Fenton 氧化机理认为：在 $\lambda < 300nm$ 的光照条件下，H_2O_2 将发生光解产生·OH，该反应可提高 H_2O_2 的利用率；Fe^{3+} 的络合物在紫外线或近紫外线照射下发生光还原，产生 Fe^{2+} 和·OH，其光量子产率与照射波长有关，该反应不但可提高·OH 的产量，还将加快体系中 Fe^{3+} 和 Fe^{2+} 的循环，减少亚铁盐的投加量。此外，紫外线或可见光辐射还可以诱导某些污染物或其与 Fe^{3+} 的络合物发生光降解。光 Fenton 机理示意见图 10-2。

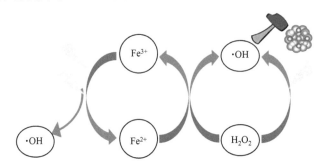

图 10-2　光 Fenton 机理示意

在实际工程应用中，光 Fenton 法比传统 Fenton 法更高效，比电 Fenton 法更节能，对有机物的降解速率比非均相光催化反应高 3~5 倍。但该技术仍面临着一些问题，例如：由于紫外线仅占太阳光总能量的 4% 左右，对太阳光的利用率不高；由于 Fe^{3+} 与有机物的络合物不易吸收光子，故只适宜处理中低浓度废水。因此，研究光活性高的物种，如 Fe^{3+} 和草酸络合物、Fe^{3+} 和柠檬酸络合物等，或联合电化学、超声波等，结合新型反应器以提高光 Fenton 技术对光能的利用率，可以提高其降解污染物的能力。

b. 电 Fenton（EF）氧化技术。利用电化学方法产生 H_2O_2，加速还原 Fe^{3+} 来强化Fenton 氧化。其特点是在阳极产生 ROS（活性氧）或直接氧化污染物；在供氧、酸性介质条件下，于阴极原位产生 H_2O_2，并将 Fe^{3+} 还原为 Fe^{2+}。

目前 EF 法种类繁多，归纳起来可以划分为 4 类：

ⅰ. "EF-H_2O_2" 法（即阴极电 Fenton 法）　该方法是将 O_2 喷射到石墨、网状玻璃炭或者炭-聚四氟乙烯等阴极上，失去 2 个电子而产生 H_2O_2，与溶液中已有的 Fe^{2+} 组成

Fe^{2+}/H_2O_2 组合体系。

ⅱ．"EF-Fe$_{ox}$"法（即牺牲阳极法）　是通过阳极氧化产生 Fe^{2+} 与外加的 H_2O_2 构成 Fenton 试剂。

ⅲ．Fenton 铁泥循环系统（FSR）　FSR 法是 Fe^{3+} 通过阴极被还原为 Fe^{2+}，提高了 H_2O_2 的利用率和·OH 的产率，该法包含一个 Fenton 反应器和一个将氧化铁污泥转化成 Fe^{2+} 的电池，可以加速 Fe^{3+} 向 Fe^{2+} 的转化，提高·OH 的产率，但 pH 值必须小于 1。EF-Fe$_{re}$法是 FSR 法的改进，去掉了 Fenton 反应器，直接在电池装置中发生 Fenton 反应，其 pH 值操作范围（小于 2.5）和电流效率均大于 FSR 法。

ⅳ．"EF-H_2O_2-Fe$_{re}$"法　此法中 Fe^{2+} 与 H_2O_2 同时由阴、阳两极产生，因此降低了出水色度和处理成本，在处理效率和效果上明显优于 Fenton 法，由于 Fe^{2+} 与 H_2O_2 是逐渐被生成的，故·OH 的生成速率得到了有效的控制，避免了无效反应的发生，提高了·OH 的利用率。

电 Fenton 机理示意见图 10-3。

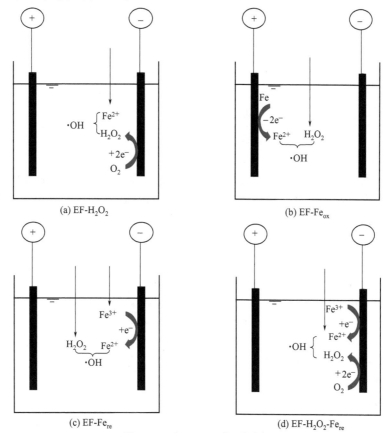

图 10-3　电 Fenton 机理示意

相较于传统 Fenton 技术，电 Fenton 技术的优势在于利用电能和氧气原位产生 H_2O_2，避免了 H_2O_2 的运输与储存，同时，可在阴极将 Fe^{3+} 还原为 Fe^{2+}，节省亚铁盐的投加量，而向阴极曝氧气或空气也能起到搅拌作用。另外，除了自由基氧化之外，还存在阳极氧化、电吸附、电絮凝等，协同作用的存在显著提高了系统去除有机物的能力。但是，电 Fenton 技术仍存在着一些缺陷，例如：受制于气体在电解液中的传质，H_2O_2 的生成速率低；受制于竞争反应；对 pH 值要求苛刻等。针对这些缺陷，应着重研究大表面积且能高效电催化氧气原位产生 H_2O_2 的新型电极材料，如多孔石墨、活性炭纤维等。另外，关注如何扩大电

Fenton 法的适用 pH 值范围，比如通过络合剂对 Fenton 试剂进行改性。

c. 超声 Fenton 氧化技术。将超声波（$20\sim1700\text{kHz}$）与 Fenton 氧化结合，可加快 H_2O_2 分解为 ·OH 的速率。此外，超声波的空化作用对污染物有一定的降解作用，且能促进体系介质的混合与传质。超声 Fenton 技术可应用于处理诸多难生物降解污染物，如有机染料、药物等。

d. 无铁 Fenton 氧化技术。制约传统 Fenton 法发展的因素之一是酸性介质条件，该因素也被视为其突破点之一。目前，满足该条件的元素有铈、铬、钴、铜、锰、钌、铝等。这些元素可在中性甚至碱性条件下催化 H_2O_2 分解为 ·OH。几种金属的无铁 Fenton 机理示意见图 10-4。

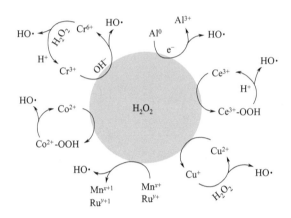

图 10-4　几种金属的无铁 Fenton 机理示意

金属溶出和毒性是制约一些元素如铬、铜等作为 Fenton 催化剂而大规模应用的重要因素，锰氧化物由于具有高丰度且对环境无害而受到关注。因此，发展稳定难溶出、高催化活性的非均相金属催化剂，是建立环境可持续的无铁 Fenton 系统的重点。

（2）臭氧氧化法

臭氧氧化体系具有较高的氧化还原电位，能够氧化废水中的大部分有机污染物，被广泛应用于工业废水处理中。臭氧能氧化水中许多有机物，但臭氧与有机物的反应是有选择性的，而且不能将有机物彻底分解为 CO_2 和 H_2O，臭氧氧化后的产物往往为羧酸类有机物。且臭氧的化学性质极不稳定，尤其在非纯水中，氧化分解速率以分钟计。在废水处理中，臭氧氧化通常不作为一个单独的处理单元，通常会加入一些强化手段，如光催化臭氧化、碱催化臭氧化和多相催化臭氧化等。此外，臭氧-氧化与其他技术联用也是研究的重点，如臭氧-超声波法、臭氧-生物活性炭吸附法等。

有文献报道，将臭氧氧化与活性炭吸附相结合可使废水中的芳烃质量浓度降到 $0.002\mu\text{g/L}$。用臭氧氧化法去除工业循环水中的表面活性剂可有效增加城市污水处理场的净化度、提高排水的水质，于秀娟等人利用臭氧-生物活性炭工艺去除水中的有机微污染物也取得了较好的效果。由于臭氧在水中的溶解度较低，如何更有效地把臭氧溶于水中已成为该技术研究的热点。

① 基本原理　臭氧氧化过程可分为直接氧化和间接氧化。由臭氧的电子结构可知，臭氧既可作为亲电试剂，也可作为亲核试剂，臭氧两端的氧原子还可发生环加成反应。因此，臭氧直接氧化的机理可分为亲电反应（臭氧进攻电子云密度高的基团）、亲核反应（臭氧中的氧原子破坏碳氢键）以及臭氧加成反应（臭氧因其偶极结构而加成在有机物的不饱和键上）。可见，臭氧直接氧化存在选择性。面对饱和脂肪族等有机物，臭氧难以直接将其氧化，

并且臭氧性质不稳定，会自行分解并释放出热量。

因此，希望臭氧氧化以更高效的间接氧化形式进行。臭氧间接氧化是指在水溶液中，O_3 与 OH^- 等作用产生 $\cdot OH$，再通过 $\cdot OH$ 对污染物进行氧化。目前，关于臭氧在水体中的链式分解的解释主要有 TFG 机理（碱性）和 SBH 机理（弱酸性或中性）。二者之间的差别在于链引发的方式不同，SBH 模式是单电子转移过程，TFG 模式是两电子转移过程。

$$O_3 + OH^- \longrightarrow O_2 + HO_2^- \qquad k = 120\,L/(mol \cdot s) \tag{10-18}$$

$$O_3 + HO_2^- \longrightarrow O_3^- \cdot + HO_2 \cdot \qquad k = 1.5 \times 10^6\,L/(mol \cdot s) \tag{10-19}$$

$$HO_2 \cdot \longrightarrow H^+ + O_2^- \cdot \tag{10-20}$$

$$O_3 + O_2^- \cdot \longrightarrow O_3^- \cdot + O_2 \qquad k = (1.6 \pm 0.2) \times 10^9\,L/(mol \cdot s) \tag{10-21}$$

$$O_3^- \cdot + H_2O \longrightarrow OH^- + \cdot OH + O_2 \qquad k = 15\,L/(mol \cdot s) \tag{10-22}$$

$$O_3^- \cdot + OH^- \longrightarrow O_2^- \cdot + HO_2 \cdot \qquad k = 140\,L/(mol \cdot s) \tag{10-23}$$

$$O_3^- \cdot + H^+ \underset{b}{\overset{a}{\rightleftharpoons}} HO_3 \cdot \qquad k_a = 5.2 \times 10^{10}\,L/(mol \cdot s), \quad k_b = 3.7 \times 10^4\,L/(mol \cdot s) \tag{10-24}$$

$$HO_3 \cdot \longrightarrow \cdot OH + O_2 \qquad k = 1.1 \times 10^8\,L/(mol \cdot s) \tag{10-25}$$

② 影响因素　臭氧氧化法主要受 pH 值、温度、臭氧投加量及投加方式、淬灭剂等影响。pH 影响臭氧与污染物反应的机制及反应动力学。温度影响臭氧在水体中的溶解度、稳定性及反应速率。臭氧的投加量直接影响污染物的降解效果。不同投加方式影响臭氧与水体之间的传质，进而影响臭氧氧化效率。常见的臭氧投加方式有预臭氧投加、中间臭氧投加等。介质中的臭氧或自由基淬灭剂会与污染物降解形成竞争，降低氧化效率。常见的淬灭剂有 CO_3^{2-}、HCO_3^-、Cl^- 等。在实际应用中，可以通过加强预处理降低淬灭剂的含量。

③ 技术优缺点　臭氧氧化法的独特优势在于兼具消毒、脱色除臭的效果，可通过破坏致病菌的代谢酶、遗传物质或细胞膜的通透性等将微生物杀灭，其杀菌能力优于氯消毒。此外，臭氧能破坏碳氮双键、偶氮等发色和助色基团，还能氧化氨、硫化氢、甲硫醇等恶臭气体；无二次污染，剩余臭氧会自行分解并增加水体中的溶解氧；臭氧曝气有一定的搅拌作用，能起到均匀物料、强化传质的效果。该技术面临的困境主要体现在臭氧产量低且利用率低、臭氧化副产物、设备腐蚀等方面。

④ 技术的发展　结合物理场、投加均相或非均相催化剂等方式可强化臭氧催化分解有机物。其中，物理场如电场、超声、光辐射、微波等，向臭氧分子提供能量，使其激发分解为自由基。还可通过投加非均相或均相催化剂催化臭氧分解。催化剂种类繁多，根据其在水相中的溶解性，可分为均相催化剂和非均相催化剂。

a. 均相臭氧催化氧化法。应用于均相臭氧催化的催化剂主要是一些过渡金属，如 Cu^{2+}、Zn^{2+}、Fe^{2+}、Mn^{2+}、Ni^{2+}、Co^{2+} 等，这些催化剂的性质决定了催化反应途径和效率。均相臭氧催化氧化的机理主要有两类：一类是金属离子直接催化臭氧分解，通过一系列电子转移过程产生 $\cdot OH$；另一类是金属离子与有机物或者臭氧进行配位反应进而促进臭氧和有机物的反应。

与其他臭氧氧化法类似，均相臭氧催化的反应路径及氧化效率与介质的 pH、臭氧的浓度、催化剂的投加量有关。一般而言，均相催化反应的效率高于非均相催化反应，但由于均相催化剂主要以离子形态存在，回收难度大，需不断补充，一些催化剂流失可能带来新的环境风险。

b. 非均相臭氧催化氧化法。根据性质不同，非均相臭氧催化剂包括金属氧化物（CuO、Fe_2O_3、MnO_2、Al_2O_3 等）、碳基材料（CNTs、石墨烯等）、矿物质、黏土、蜂窝陶瓷及以上材料的相互耦合体。目前，非均相臭氧催化机理可分为自由基介导机理和非自由基介导机理，前者又可细分为自由基机理、氧空位机理、表面氧自由基机理等，后者主要指络合机理。

自由基机理认为，臭氧与氧化物表面羟基发生吸附分解产生 $\cdot O_2^-$ 和 $HO_2 \cdot$，并通过电子转移生成 $\cdot OH$ 氧化有机分子，CeO_2、Al_2O_3 等遵循该机理。氧空位机理认为，金属氧化物表面存在许多晶格缺陷，这些缺陷可能影响臭氧的分解路径，其中，磁性多孔尖晶石结构 $MeFe_2O_4$ 含有大量氧空位（Me 为金属元素，有 Ni、Mn、Co 等）。表面氧自由基机理认为，对于 n 型氧化物，O_3 在其表面吸附会生成氧自由基。络合机理认为，因过渡金属具有空的 d 轨道，而大部分有机物含有苯环、双键等电子云密度高的官能团，二者间易于形成金属有机配合物，臭氧与配合物反应而实现有机分子的氧化。经典的臭氧分子在催化剂表面的分解机理见图 10-5。

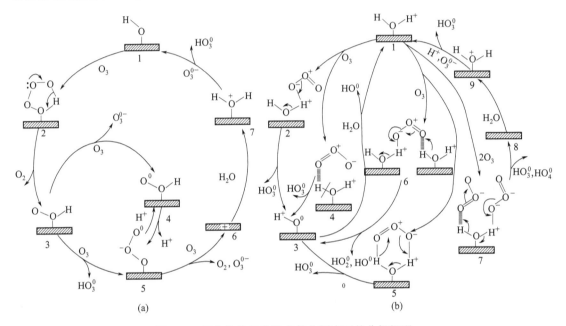

图 10-5　经典的臭氧分子在催化剂表面的分解机理
（图中 1~9 代表催化剂）

可见，非均相臭氧催化剂表面的活性位点为 Lewis 位点和表面含氧官能团，如表面羟基。可控性地调节这两种催化位点被认为是臭氧催化剂研究的前沿方向之一。在实际工程中，非均相臭氧催化法表现出非凡的应用潜力。

非均相臭氧催化技术受催化剂及其表面性质、pH 值、有机分子的性质等因素的影响。催化剂性质如晶胞大小、比表面积、表面活性位点的数量、零电点等，主要受制备方法及条件的影响。pH 值影响着非均相催化反应的路径。相较于均相臭氧催化剂，非均相臭氧催化剂具有容易回收、可重复利用、成本较低、改良空间大等优点，在去除难生物降解的有机污染物方面极具应用潜力。

臭氧氧化技术的发展方向是增强臭氧的传质并提高利用率以及提高臭氧转化为 $\cdot OH$ 的效率。宏观上，体现为新型臭氧反应器和催化剂的研发。新型反应器的开发主要围绕着臭氧的原位产生、气体的均匀分布、臭氧梯级利用及微气泡应用。催化剂的研发集中在金属氧化物、分子筛或碳基材料的掺杂以及催化材料的形貌调控等方面，如在沸石上负载铈、铁、锰等氧化物，将金属掺杂于碳纳米管中，用金属氧化物修饰另一种金属氧化物等。

10.3.3.2　电化学催化氧化法

该技术起源于 20 世纪 40 年代，有应用范围广、降解效率高、能量要求简单、利于实现自动化操作、应用方式灵活多样等优点。电化学催化氧化法既可作为难降解废水的前处理措施来提高其可生物降解性能，又可作为难降解酚类废水的深度处理技术，在优化的 pH 值、温度和电流强度条件下，苯酚几乎可以被完全分解。

针对高浓度、难降解、有毒有害的含酚废水，传统生物法和物化法已经失去了其优势，化学氧化法又因昂贵的费用阻碍了其推广应用，电化学催化氧化法越来越受到人们的青睐，但其自身也存在一些问题，如电耗、电极材料多为贵金属、成本较高及存在阳极腐蚀、指导其推广应用的微观动力学和热力学研究尚不完善等。

（1）基本原理

电化学氧化是指利用电极作用氧化污染物，直接或间接产生 $\cdot OH$、$\cdot O_2^-$ 等活性自由基降解污染物。其机制主要可分为阳极直接氧化和间接自由基氧化。前者是指吸附在阳极的有机分子因失电子而被氧化，但降解能力有限；后者是指通过电极反应产生 $\cdot OH$、$\cdot O_2^-$ 等自由基或 O_3、H_2O_2 等氧化剂进而生成自由基氧化有机分子。在水相中，水分子在阳极表面被氧化成吸附态的 $\cdot OH$，将有机分子矿化，也可能分解产生 O_2、H_2O_2 等。此外，还可能使阳极材料进一步转化为更高的氧化态 MO，虽然氧化能力低于 $\cdot OH$，但仍可一定程度地氧化有机分子，如式(10-26)～式(10-31) 所示。

$$M+H_2O \longrightarrow M(\cdot OH)+H^+ +e^- \tag{10-26}$$

$$M(\cdot OH)+R \longrightarrow M+xCO_2+yH_2O+H^+ +e^- \tag{10-27}$$

$$2M(\cdot OH) \longrightarrow 2M+H_2O_2 \tag{10-28}$$

$$2M(\cdot OH) \longrightarrow 2M+O_2+2H^+ +2e^- \tag{10-29}$$

$$M(\cdot OH) \longrightarrow MO+H^+ +e^- \tag{10-30}$$

$$MO+R \longrightarrow M+RO \tag{10-31}$$

（2）影响因素

电化学氧化过程主要受电极材料、操作条件、介质条件等影响。电极材料的性质从催化活性、反应速率、竞争反应等方面直接影响污染物降解，电极材料的选择可能造成反应速率发生数量级的变化。另外，选择析氧电位较高的电极材料可避免发生析氧反应。关键的操作条件包含电流密度、电极间距。介质条件如电解质浓度、pH 值、其他离子等均会对电化学氧化过程产生影响。

（3）技术优缺点

电化学氧化法的优势在于可回收浓度较高、有价值的金属，既避免二次污染，又能带来经济效益。此外，污染物降解途径多样，兼具杀菌、电吸附等作用，且反应器占地面积小、操作简单、反应条件温和、可控性好，可根据有机负荷随时调节电流、电压等操作条件以满足工艺需求。

然而，该技术的突破口在于解决电极污染、电极寿命、反应器设计、设备投资及运行成本等问题。在实际应用中，电极易受污染，导致活性降低，需要定期清洗、维护。若采用可溶性电极，使用寿命短、难回收、易对环境造成二次污染且电流效率低。在工程应用方面，缺乏传质均匀、运行稳定的大型电化学反应器，而且电极材料昂贵，耗电量高，大部分为 $10 \sim 60 kW \cdot h/m^3$。

（4）技术的发展

根据该技术所面临的问题，可耦合 Fenton 试剂、光照、超声等手段，以提高其氧化能力及处理范围。在机理方面，探讨不同类型污染物的降解机理，以针对特定、高毒害且难降解的废水设计专属的电极或反应器。主要的技术瓶颈在于电流效率低及电极寿命短，突破口在于电极材料、反应器的研发。常见的电极有形稳性电极（DSA）、硼掺杂金刚石电极（BDD）等。

10.3.3.3　湿式氧化法

湿式氧化，又称湿式燃烧，是处理高浓度有机废水的一种行之有效的方法，其基本原理是在高温高压的条件下通入空气，使废水中的有机污染物被氧化，按处理过程有无催化剂可将其分为湿式空气氧化法和湿式空气催化氧化法两类。

（1）湿式空气氧化法

最早研制开发湿式空气氧化（wet air oxidation，WAO）法并实现工业化的是美国的Zimpro公司，该公司已将WAO工艺应用于烯烃生产废洗涤液、丙烯腈生产废水及农药生产废水等有毒有害工业废水的处理。

湿式空气氧化（WAO）是在150～320℃、0.5～20MPa下，以氧气或空气作为氧化剂将有机分子矿化或分解为可生物降解的形态。其过程主要包含氧传质及化学反应，而化学反应过程普遍认为是自由基反应作为主导，分为引发阶段、传递阶段及淬灭阶段。在引发阶段，高温下 O_2 和有机分子发生夺氢反应产生 $R \cdot$ 和 $HO_2 \cdot$。还有观点认为，O_2 在高温高压下分解为 $O \cdot$，结合水分子产生 $\cdot OH$，也是一条重要途径，如式(10-32)～式(10-35)所示。自由基传递阶段极其复杂，主要的降解反应如式(10-33)、式(10-35)～式(10-37)所示。当然，由于存在自由基之间的淬灭反应，故自由基传递不会无止境地发生，主要的终止反应如式(10-38)～式(10-40)所示。

$$RH + O_2 \longrightarrow R \cdot + HO_2 \cdot \tag{10-32}$$

$$RH + HO_2 \cdot \longrightarrow R \cdot + H_2O_2 \tag{10-33}$$

$$O_2 \longrightarrow 2O \cdot \tag{10-34}$$

$$O \cdot + H_2O \longrightarrow 2 \cdot OH \tag{10-35}$$

$$ROO \cdot + RH \longrightarrow R \cdot + ROOH \tag{10-36}$$

$$H_2O_2 + RH \longrightarrow R \cdot H_2O + \cdot OH \tag{10-37}$$

$$R \cdot + R \cdot \longrightarrow R-R \tag{10-38}$$

$$ROO \cdot + R \cdot \longrightarrow ROOR \tag{10-39}$$

$$ROO \cdot + ROO \cdot \longrightarrow ROH + R_1COR_2 + O_2 \tag{10-40}$$

WAO法主要受温度、压力、氧化剂量、污染物性质及反应时间等影响。

该技术具有降解效率高、反应时间短、无需特殊氧化剂的优势。大多数WAO工艺可在水力停留时间为0.5～1h内，将高浓度废水的COD降解80%以上，并大大提高废水的可生化性。由于采用 O_2 或空气中的氧气作为氧化剂，故对环境友好且廉价易得。但是该技术要求高温高压，且中间产物大都为小分子有机酸，易腐蚀设备，对设备材料要求苛刻，投资费用很高。因为需要高温高压，故该技术仅适用于处理小流量高浓度的废水，难以实现放大。

基于上述问题，发展了湿式过氧氧化技术、催化湿式氧化技术、超临界水氧化技术。湿式过氧氧化技术是通过投加氧化电位更高的氧化剂来提高氧化效率，如 H_2O_2、O_3 等。催化湿式氧化技术则是通过投加 Cu^{2+}、Fe^{2+}、Co^{2+}、CuO、CeO_2 等催化剂以降低反应所需温度及压力，提高氧化效率。

（2）湿式空气催化氧化法

湿式空气催化氧化（catalytic wet air oxidation，CWAO）法是在传统的湿式氧化处理工艺中加入适宜的催化剂使氧化反应能在更温和的条件下和更短的时间内完成。从而可降低反应的温度和压力，提高氧化分解能力，加快反应速率，缩短停留时间，也因此可减轻设备腐蚀程度、降低运行费用。湿式空气催化氧化法的关键是高活性易回收的催化剂。CWAO

的催化剂一般分为金属盐、氧化物和复合氧化物三类，按催化剂在体系中存在的形式，又可将湿式空气催化氧化法分为均相湿式催化氧化法和非均相湿式催化氧化法。

① 均相湿式催化氧化法　在均相湿式催化氧化法中，由于催化剂（多为金属离子）是可溶性的过渡金属盐类，这些盐类以离子形式存在于废水中，在离子或分子的水平上通过引发氧化剂的自由基反应并不断地再生而对水中有机物的氧化反应起催化作用。在均相湿式催化氧化法中由于催化剂在分子或离子水平上独立起作用，因而分子活性高，使得氧化效果较好。但由于均相湿式催化氧化法中的催化剂是以离子形式存在，较难从废水中回收和再利用，且易造成二次污染。

② 非均相湿式催化氧化法　非均相湿式催化氧化法是向反应体系中加入不溶性的固体催化剂，其催化作用是在催化剂表面进行的，催化剂的比表面积的大小对有机物的降解速率影响很大。由于固体催化剂的组成种类及废水性质的不同，湿式催化氧化的效果也不同。在多相湿式催化氧化法中，由于固体催化剂不溶解、不流失，活化再生及回收都较容易，因此其应用前景十分广阔。

10.3.3.4　超声波氧化法

声化学的发展使人们越来越关注其在水及废水处理中的应用。超声波氧化（ultrasonic oxidation）的动力来源是声空化，当足够强度的超声波（15kHz～20MHz）通过水溶液时：在声波负压半周期，声压幅值超过液体内部静压，液体中的空化核迅速膨胀；在声波正压半周期，气泡又因绝热压缩而破裂，持续时间约 $0.1\mu s$，破裂瞬间产生约 5000K 和 100MPa 的局部高温高压环境，并产生速率为 110m/s 的强冲击微射流。

超声波氧化采用的设备是磁电式或压电式超声波换能器，通过电磁换能产生超声波。实验室内使用较多的是辐射板式超声波仪、探头式反应器以及平行板近场型声处理器（NAP）等。超声波氧化反应条件温和，通常在常温下进行，对设备要求低，是应用前景广阔的无公害绿色化处理技术。

高级氧化过程主要有常温常压下的催化氧化和高温高压下的湿式催化氧化、光催化氧化等。通过催化途径产生氧化能力极强的·OH。·OH 氧化电位为 2.80V，仅次于氟的 2.87V，故它在降解废水时具有以下特点：

① ·OH 是高级氧化过程的中间产物，作为引发剂诱发后面的链反应发生，对难降解的物质的开环、断键，将难降解的污染物变成低分子或易生物降解的物质特别适用；

② ·OH 几乎无选择性地与废水中的任何污染物反应，直接将其氧化为 CO_2、水或盐，不会产生二次污染；

③ 它是一种物理-化学处理过程，很容易控制，以满足各种处理要求；

④ 反应条件温和，是一种高效节能型的废水处理技术。

10.4

光催化氧化

10.4.1　光催化氧化概述

环境催化是当今催化领域的热点问题。1972 年 Fujishima 和 Honda 发现在 TiO_2 电极上光催化分解水为 H_2 和 O_2，揭示了太阳能的利用途径；1973 年东京大学 Fujishima 等提出

了将 TiO_2 光催化剂应用于环境净化的建议，从而推动了光催化环境净化的研究。1976 年 Carey 等首先采用 TiO_2 光催化降解联苯和氯代联苯以来，光催化氧化技术的研究热点就转到了以 TiO_2 为催化剂的光催化氧化降解有机污染物这一方向上来。到 1997 年，日本推出了基于光催化技术的室内空气净化技术，也称为光催化技术或光触媒技术。

由于光催化氧化技术设备结构简单、反应条件温和、操作条件容易控制、氧化能力强、无二次污染，加之 TiO_2 化学稳定性高、无毒、价廉，故 TiO_2 光催化氧化技术是一项具有广泛应用前景的新型水处理技术。光催化技术在环境方面的应用主要包括空气净化、水的净化、抗菌净化以及除臭、防污、抗菌、防霉、防雾等方面，比如无菌病房等。

纳米光催化剂的自身特点：①省能源［仅需低功率的 UV（紫外线）光源］；②杀菌能力强和广谱（无菌车间）；③彻底净化有毒有机物（使污染物彻底分解为 CO_2 和 H_2O）；④效率高，寿命长（可以循环使用）；⑤维护简单、运行费用低；⑥无污染，无毒，卫生安全。

光催化技术是一种高级氧化技术，与普通氧化过程利用热作为能量不同，光催化氧化以光作为能量的来源。锐钛型 TiO_2 光催化剂存在不同能带［即导带（CB）和价带（VB）］，两带之间存在 3.2eV 的能量间隔，在波长小于 400nm 的光照射下，价带中的电子被激发到导带形成空穴 (h^+)-电子对 (e^-)。在电场的作用下电子与空穴发生分离，迁移到粒子表面的不同位置。热力学理论表明：分布在表面的空穴将吸附在 TiO_2 表面的 H_2O 和 OH^- 氧化成·OH 自由基，而 TiO_2 表面高活性的电子 e^- 则可以使空气中的 O_2 或水体中的金属离子还原。·OH 自由基的氧化能力是水体中存在的氧化剂中最强的，其能量相当于 15000K 的高温，可以将有机化合物中化学键打断，将有机毒物彻底分解为 CO_2 和 H_2O。TiO_2 的光催化反应过程见图 10-6。

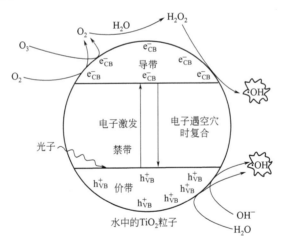

图 10-6　TiO_2 的光催化反应过程

光催化氧化法是一种新型的水污染治理技术，利用紫外线照射半导体催化剂（如 TiO_2），在水中产生羟基自由基，氧化水中的污染物。与传统的处理方法，如吸附法、混凝法、活性污泥法等相比较，光催化氧化降解水中有机污染物具有能耗低、操作简便、反应条件温和、可减少二次污染等突出优点，因而日益受人们重视。

光催化氧化技术使用的催化剂有 TiO_2、ZnO、WO_3、CdS、ZnS、SnO_2 和 Fe_3O_4 等。大量实验证明，TiO_2 光催化反应对于工业废水具有很强的处理能力。

10.4.2　光催化反应机理

光降解可分为直接光解和间接光解。直接光解指在光的作用下，有机物吸收光能发生分解或达到激发态与其他物质发生反应。间接光解指介质中某些物质吸收光能后达到激发态，诱导有机分子发生反应。间接光解还分为非催化过程和催化过程。前者多采用氧化剂如 H_2O_2、O_3 等，在紫外线照射下产生活性物种降解污染物；后者则是光催化氧化过程，是指在光照下，通过加入催化剂，使催化剂受到激发产生电子-空穴对，吸附在其上的氧分子、水分子在电子-空穴对作用下生成·OH 等活性物种。光催化氧化法还可分为均相光催化和非均相光催化。均相光催化反应主要以 Fe^{2+} 或 Fe^{3+}、H_2O_2 为介质，通过光 Fenton 反应生成·OH 等活性物种。非均相光催化反应则是采用 TiO_2、ZnO、WO_3、Fe_2O_3 等半导体材料通过光催化作用降解有机污染物。以研究最为广泛的 TiO_2 为例，当照射光子能量等于或超过其禁带宽度（3.2eV）时，光激发电子由价带进入导带，产生强氧化性的空穴，可夺取表面羟基、水分子或有机分子的电子，使之被活化或氧化。此外，具有强还原性的电子可结合表面吸附的 O_2 生成·O_2^-，结合电子、H^+ 原位生成 H_2O_2，电子还可与 H_2O_2 作用直接生成·OH，如式(10-41)～式(10-46) 所示。但是，若催化剂表面没有电子和空穴捕获剂，则电子和空穴将在几纳秒内复合而释放出热量，如式(10-47) 所示。光催化半导体电子空穴分离示意见图 10-7。

$$TiO_2 + h\nu \longrightarrow e_{CB}^- + h_{VB}^+ \tag{10-41}$$

$$h_{VB}^+ + OH^- \longrightarrow \cdot OH \tag{10-42}$$

$$h_{VB}^+ + H_2O \longrightarrow H_2O^+ \longrightarrow H^+ + \cdot OH \tag{10-43}$$

$$e_{CB}^- + O_2 \longrightarrow O_2^- \cdot \tag{10-44}$$

$$e_{CB}^- + O_2^- \cdot + 2H^+ \longrightarrow H_2O_2 \tag{10-45}$$

$$e_{CB}^- + H_2O_2 \longrightarrow \cdot OH + OH^- \tag{10-46}$$

$$h_{VB}^+ + e_{CB}^- \longrightarrow 热量 \tag{10-47}$$

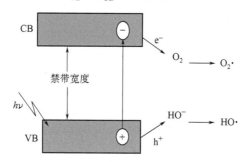

图 10-7　光催化半导体电子空穴分离示意

10.4.3　光催化氧化影响因素

影响光催化过程的因素主要有光照强度、pH、催化剂性质及用量、盐分等。从光催化原理可知，光子能量需要等于或大于半导体的禁带宽度，电子才可激发跃迁至导带。另外，光强还可能影响降解速率。于催化剂而言，pH 值将影响半导体带边电位的移动，增大 pH 值有利于增强导带电子的还原能力。催化剂晶型、晶格、晶面及其颗粒大小等因素对光催化均有影响。催化剂用量存在最佳范围。盐分对光催化反应的影响跟盐的种类及反应条件有关，影响机制主要是在催化剂表面与有机分子、水分子或 OH^- 等发生竞争性吸附甚至是竞争性反应，如 Cl^-、HCO_3^-、Fe^{2+}、Mn^{2+} 等均可能产生影响。

10.4.4　光催化氧化技术特点及发展

相较于其他方法，非均相光催化氧化法的优势在于：能有效地吸收部分太阳光，可利用太阳光作为辅助光源，减少光能输入，且催化剂自身具有高化学稳定性、廉价、无毒等特点；反应条件温和，无需高温、高压。此外，光催化设备结构简单、容易操作。

光催化氧化技术的特点：

① 设备结构简单，反应条件温和，操作条件容易控制；

② 氧化还原性强，COD 去除率高，无二次污染；

③ 可利用太阳光；

④ TiO_2 化学稳定性高、无毒、价廉；

⑤ 提高活性的途径——贵金属沉积、超声光催化、Fenton 光催化等。

但该技术仍未实现大规模工业化应用，主要受制于太阳能利用率低、光催化效率低、透光性影响、催化剂流失等问题。低反应速率、电子-空穴对的高复合率导致光催化效率低也是阻碍其工业化的重要原因。当有机物浓度过高时，因废水透光性下降，导致光催化效率降低。另外，该技术也面临着催化剂的回收问题，减少催化剂的流失，可减缓对环境的二次污染，并减少催化剂的投加量而带来经济效益，因而催化剂固定化技术得到发展及重视，可将 TiO_2 制成膜负载于空心球、沙子、玻璃等载体上，以减少催化剂流失。

目前，光催化的发展方向在于开发新型的光催化反应器和研发新型半导体光催化剂。在催化剂方面，通过掺杂金属（Ag、Pt、Au 等）、半导体金属氧化物（Fe_2O_3、CdS 等）、无机原子（N、C、S 等）等方式，以拓宽催化剂的吸收光谱至可见光范围，减缓电子-空穴对复合。在反应器设计方面：光源分为紫外光源和可见光源，可见光源较为节能，但光能利用率普遍不高，故现阶段一般采用氙灯、汞灯等紫外光源；光照方式分为聚光型及非聚光型；催化剂的负载方式有悬浮型和固定型；反应器的形状主要有平板式、箱式、管式等。目前，光催化反应器正朝着高效、大型、透光良好、操作简单、经济投资及运行的方向发展。

10.4.5 光催化氧化的应用

（1）无机污染物废水处理

无机污染物废水处理过程中发生的反应如下。

$$Cr_2O_7^{2-} + 8H^+ + 6e^- \longrightarrow Cr_2O_3 + 4H_2O \tag{10-48}$$

$$Hg^{2+} + 2e^- \longrightarrow Hg \tag{10-49}$$

$$Pb^{2+} + 2H_2O + 2h^+ \longrightarrow PbO_2 + 4H^+ \tag{10-50}$$

$$Mn^{2+} + 2H_2O + 2h^+ \longrightarrow MnO_2 + 4H^+ \tag{10-51}$$

$$2Co^{2+} + 3H_2O + 2h^+ \longrightarrow Co_2O_3 + 6H^+ \tag{10-52}$$

（2）有机污染物废水处理

光催化氧化处理有机污染物废水所需催化剂、光源及产物见表 10-1。

表 10-1　光催化氧化处理有机污染物废水所需催化剂、光源及产物

有机污染物		催化剂	光源	产物
烃类	脂肪烃、芳香烃	TiO_2	紫外灯	CO_2、H_2O
卤代化合物	卤代烷烃、卤代烯烃、卤代脂肪酸、卤代芳香化合物、CDD、DCDD	TiO_2、Fe_2O_3、TiO_2、ZnO、CdS、Pt/TiO_2	紫外灯	HCl、H_2O
羧酸	乙酸、丙酸、丁酸、戊酸、乳酸	TiO_2、CdS、ZnO、Fe_2O_3、WO_3、Pt/TiO_2	紫外灯、氙灯	CO_2、H_2O、烷烃、醇、酮、酸
表面活性剂	DBS、SDS、BS	TiO_2	日光灯	CO_2、HCl、SO_3^{2-}
农药废水	Atrazine、DDT、敌敌畏、敌百虫、有机磷农药	TiO_2、Pt/TiO_2	紫外灯	

有机污染物		催化剂	光源	产物
染料	酸性红 G、直接耐酸大红 4BS、活性艳红 X-3B、酸性艳蓝 G、卡普隆 5GS、阳离子艳红 5GN、直接耐晒翠蓝 RGL、甲基蓝、罗丹明 B、染料中间体 H 酸、中性黑、一品红	TiO_2	紫外灯、日光灯	CO_2、H_2O、无机离子、中间产物

注：CDD 为氯代二苯并-对-二噁英；DCDD 为二氯二苯并二噁英；DBS 为十二烷基苯磺酸钠；SDS 为十二烷基硫酸钠；BS 为十二烷基二甲基氨基己酸钠；DDT 为滴滴涕，双对氯苯基三氯乙烷。

10.4.6　TiO_2 光催化剂的制备方法

（1）物理法

物理法是最早采用的纳米材料制备方法，其产品纯度高，但缺点是采用的是高能耗方式，包括气相蒸发沉积法和蒸发-凝聚法两种方法在内。

① 气相蒸发沉积法　将金属 Ti 放入钨舟中，在 $200 \sim 1000Pa$ 的 He 气下加热蒸发，收集凝固的细小颗粒到液氮冷却套管上，然后注入 5000Pa 的纯氧，使颗粒迅速完全氧化成 TiO_2 粉体。

② 蒸发-凝聚法　将平均粒径为 $3\mu m$ 的工业 TiO_2 轴向注入功率为 60kW 的高频 Ar-O_2 混合等离子炉中，在大约 10000K 的高温下，粗粒子的 TiO_2 气化蒸发，进入冷凝膨胀罐中降压，急速降温，得到粒径 $10 \sim 50nm$ 的 TiO_2。

（2）化学法

化学法可以分为液相化学反应法、气相化学反应法和固相化学反应法。化学法制造的纳米粉体的特点是产量大，粒子直径可控，也可以得到纳米管和纳米晶须，并且该方法可以便捷地对粒子表面进行修饰，使粒子尺寸细小且均匀，性能更加稳定。

① 液相化学反应法　在均相溶液中，分离溶质和溶剂，溶质形成形状大小一定的颗粒，加热分解后得到纳米颗粒。该方法制备 TiO_2 又分为 4 种方法：溶胶-凝胶法、水解法、沉淀法、微乳法等。

a. 溶胶-凝胶法。以钛醇盐为原料、无水乙醇为溶剂，与水反应，经过水解与缩聚过程而逐渐凝胶化，再干燥、烧结处理得到产品。得到的产品特点是纯度高，颗粒细，尺寸均匀。

b. 水解法。以 $TiCl_4$ 为原料，在冰水浴中强力搅拌，将一定量的 $TiCl_4$ 滴入蒸馏水中，然后把溶有硫酸铵和浓盐酸的水溶液加入前溶液中搅拌，并且温度控制在 15℃。随后升温至 95℃，并保温 1h，加入浓氨水，pH 值大约为 6，冷却至室温，陈化 12h 后过滤，先用蒸馏水洗去 Cl^-，后用酒精再洗涤三次，过滤，将沉淀真空干燥，得到粉体。该方法得到的产品晶粒大小均匀。

c. 沉淀法。向金属盐溶液中加入沉淀剂，通过反应使沉淀剂在整个溶液中缓慢地析出，进而使金属离子共沉淀下来，再经过过滤、洗涤、干燥、焙烧得到纳米固体。赵旭等采用均相沉淀法，以尿素作为沉淀剂，控制反应液中钛离子的浓度、稀硫酸及表面活性剂十二烷基苯磺酸钠的用量，制备得到 TiO_2 粒子。

d. 微乳法。利用两种互不相溶的溶剂在表面活性剂的作用下形成一种均匀的乳液，从乳液中析出固相制备纳米材料。

② 气相化学反应法　包括气相热解法、气相水解法。

a. 气相热解法。在真空或惰性气体下，将反应区域加热到所需温度，然后导入气体反应物或反应物溶液，在高温下挥发并且热分解，生成氧化物。1992 年，日本采用该方法以钛氯化物为原料制备得到四方晶须系纳米 TiO_2 粉末。

b. 气相水解法。以 N_2、He 或空气作为载体，把钛醇盐蒸气和水蒸气分别导入反应器的反应区，以反应温度来调节并控制纳米 TiO_2 的粒径和形状。该工艺具有操作温度较低，耗能小，对材质纯度要求不高，易实现连续化生产的特点。

③ 固相化学反应法　即固体间发生化学反应生成新固体产物的过程。固相反应有不同的分类方式，按反应机理不同，分为扩散控制过程、化学反应速率控制过程、晶核成核速率控制过程和升华控制过程等；按反应物状态不同，可分为纯固相反应、气固相反应（有气体参与的反应）、液固相反应（有液体参与的反应）及气液固相反应（有气体和液体参与的三相反应）；按反应性质不同，分为氧化反应、还原反应、加成反应、置换反应和分解反应。

固相反应的一般工序：先按规定的组成称量，用水作为分散剂混合，为达到目的，需在球磨机内用玛瑙球将两相进行混合，混合均匀后用压滤机脱水，在电炉上焙烧，加热至粉末状时，固相反应以外的现象也在同时进行，如颗粒增长、烧结，且这两种现象同时在原料和反应物间出现。固相反应在室温下进行得比较慢，为了提高反应速率，需要加热至1000～1500℃，因此热力学和动力学在固相反应中都有很重要的意义。

固相反应的原料和产物都是固体。原料以几微米或更粗的颗粒状态相互接触、混合。固相反应分为产物成核和生长两部分。通常，产物和原料的结构有很大不同，成核是困难的。因为在成核的过程中，原料的晶格结构和原子排列必须作出很大的调整，甚至重新排列。显然，这种调整和重排要消耗很多能量，因而只能在高温下发生。如果产物和某一原料在原子排列和键长两方面都很接近，只需进行简单的结构调整就可以使产物成核，成核就比较容易发生。

(3) 综合法

综合法包括激光 CVD 法、等离子 CVD 法等。

① 激光 CVD 法　是美国 Haggery 在 20 世纪 80 年代提出的，目前 J. David Casey 用该方法制备出颗粒粒径小、不团聚、粒径分布窄的超细粉体。集合了物理法和化学法的优点。

② 等离子 CVD 法　利用等离子体产生的超高温激发气体发生反应，同时利用等离子体高温区与周围环境巨大的温度梯度，通过急冷作用得到纳米颗粒。该方法的特点是：a. 不引入杂质，纯度较高；b. 所处空间大，气体流速慢，所以物质可以充分加热和反应。

10.4.7　光催化剂的改性

目前很多学者致力于对 TiO_2 进行改性研究，在 TiO_2 粉体的基础上进行负载金属离子或活性炭，进而提高其催化活性。

(1) 载银光催化剂 Ag-TiO₂ 的制备及催化降解性能

在常温下，控制溶液的 pH 值，将一定量的 TiO_2 与 0.1mol/L $AgNO_3$ 溶液混合，强力搅拌。反应一段时间后加入 0.1mol/L Na_2CO_3 溶液，所制得的混合物在紫外灯辐射下进行化学反应，直至完全。以蒸馏水洗涤，静置后除去上层清液，下层为目标产物 Ag-TiO₂。用产物 Ag-TiO₂ 和原料 TiO_2 对亚甲基蓝进行催化，得出结论：$AgNO_3$ 溶液与 Na_2CO_3 溶液的体积比为 2:1 时，所制得的 Ag-TiO₂ 光催化活性最高，是原料 TiO_2 的近 8 倍。

(2) TiO₂/C 的制备及催化降解性能

把 TiO_2 镶嵌到活性炭上，制备 TiO₂/C 光催化剂。将 0.61mol 钛酸四丁酯溶解到 200mL 异丙醇中，搅拌 30min 混合均匀，添加 2%～10% 的活性炭，制成溶胶，在真空干燥箱中 120℃ 下烘干 24h 后再在管式加热炉中以 5℃/min 的升温速率升至 700℃ 并炭化 2h，自然冷却到室温即可。用甲基橙检验其催化活性，发现其降解效率、使用次数均优于原料 TiO_2。

（3）掺杂过渡金属离子的 TiO_2 复合纳米粒子光催化剂

采用热水法先制备 TiO_2 纳米粒子，后同法制备掺杂过渡金属离子的 TiO_2 复合纳米粒子。以下为王艳芹等制备掺杂过渡金属离子的 TiO_2 复合纳米粒子光催化剂的具体过程：制备 TiO_2 纳米粒子，配制一定浓度的 $TiCl_4$ 原料液，用 10mol/L KOH 调节介质的 pH＝1.8（反应液的总体积为 50mL，总浓度为 0.5mol/L），将反应液转移至小型压力釜中（带电磁搅拌），于 170～180℃下反应 2h，冷却至室温放置 24h，过滤，用醋酸-醋酸铵缓冲溶液洗涤，再用乙醇洗涤制得的 TiO_2 纳米粒子。同法制备过渡金属离子的 TiO_2 复合纳米粒子，在 $TiCl_4$ 原料液中加入一定浓度的过渡金属离子（ Fe^{3+} 、 Cr^{3+} 、 Ni^{2+} 、 Co^{2+} 、 Zn^{2+} 、 Cd^{2+} ），使过渡金属离子的初始化比例达到 0.5％。把制得的 TiO_2 复合纳米粒子于 400℃下热处理 30min 后便可以用于光催化的降解反应。

（4）镧掺杂 TiO_2

通过对稀土镧掺杂 TiO_2 不同掺杂量、不同煅烧温度和煅烧时间的样品进行研究，研究显示：在相变以前，经过较高的煅烧温度和较长的煅烧时间处理的样品比纯 TiO_2 活性高。分析认为是镧进入 TiO_2 晶格导致晶格膨胀，使得镧掺杂 TiO_2 活性提高。以下是制备镧掺杂 TiO_2 的实验步骤：将分别含有质量分数（下同）为 0.2％、0.5％、0.8％、1.2％ La_2O_3（分析纯）的 TiO_2 粉末分散于去离子水中形成悬浮液，80℃下搅拌直到水分蒸发完全，在 110℃下干燥至恒重，经过筛选后得到样品。将得到的实验样品与 X-3B 活性艳红染料混合后，置于石英反应管中进行光催化反应。用分光光度计检测反应液的吸光度以衡量催化剂的活性，得到以下结论：在较低煅烧温度下，掺杂镧的二氧化钛样品的光活性弱于纯的二氧化钛，但在相变之前，在较高的煅烧温度和较长的煅烧时间下，掺杂镧的二氧化钛样品的光活性优于纯的二氧化钛。在掺杂量＜0.8％时，掺杂量越大，煅烧温度越高，时间越长，进入晶格的镧就会越多，晶格能越大，其样品的光活性越好。

10.4.8　光催化研究实验体系的搭建

光催化是目前非常热门的一个研究方向，简单来说就是研究一种高效的光催化剂，这种光催化剂能够在光照的条件下，降解水体中的污染物（有机污染物或重金属离子），析出氢气、氧气，还原二氧化碳，处理有毒气体甲醛等。

光催化实验看似简单，但其中仍然需要注意许多事项，所用的设备都是成套购买，但价格相对较高。而自己搭建一套光催化水处理装置，就可完成较为完善的光催化反应和评价。

10.4.8.1　需要准备的材料

（1）光源

① 氙灯（模拟太阳光）　利用氙气放电而发光的电光源。这种灯的特点是：

a. 辐射光谱能量分布与日光相接近（以此来模拟真实的太阳光）。

b. 连续光谱部分的光谱分布几乎与灯输入功率变化无关，在寿命期内光谱能量分布也几乎不变（光谱稳定性好，各个波长的光的占比不会随时间变化）。

c. 灯的光、电参数一致性好，工作状态受外界条件变化的影响小（输出功率稳定，长时间用，光照强度不会改变）。

d. 灯一经点燃，几乎是瞬时即可达到稳定的光输出；灯灭后，可瞬时再点燃（操作方便，想开就开想关就关）。

e. 灯的光效较高，电位梯度较小（较为节能，但肯定没法与 LED 灯比）。

总的来说就是，用氙灯可以稳定地模拟真实的太阳光，而我们的目的就是做出在真实太阳光下进行水处理的光催化剂，因此氙灯是我们达到这个目的首选。

② 汞灯（模拟紫外线）　利用汞蒸气放电发光，也被称为高压汞灯，具体分类不再探讨。但值得一提的是，选择汞灯作为光源的情况是当想单纯利用紫外线来进行光催化降解时，因为有些催化剂只有紫外线响应，没有可见光响应，而紫外线的能量密度较高，故降解效率是远高于可见光的，因此如果是用于工业上大型污水处理的话，那就得用紫外线作为光源来进行催化处理。

③ LED 灯（单色光和其他用途）　用的人比较少，因为效率不如汞灯，光谱也与真实太阳光出入较大，作为模拟太阳光就比不上氙灯，唯一的优点就是节能。但可以尝试用一些固定波长的 LED 灯来进行光催化降解，以此来讨论不同的波长对光催化性能的影响。

（2）光功率计

光功率计就是测量入射光能量的仪器，也叫光辐射计，一般都是测某一波长范围的总能量（单位是 W/cm²，不是 lx）。各种氙灯光源光功率的单位是 mW 或 W；光功率密度的单位是 mW/cm² 或 W/m²。在光催化及光电研究中，光功率密度的概念甚至比光功率更加重要。因为当提及光功率密度时，必然要考虑样品的受光面积，例如 CEL-HXF300/HXUV300 在单滤光片下距离出光口 10cm 的能量密度为 2000mW/cm²，在双滤光片下距离出光口 10cm 的能量密度为 1300mW/cm²，在双滤光片下距离出光口 50cm 的能量密度为 400mW/cm²，距出光口 10cm 的主光斑直径为 3cm，距出光口 50cm 的主光斑直径为 5cm。只有这样总入射能量及光量子数的计算才有意义。

（3）滤光片

滤光片可以过滤某一波长以上的光或者某一波长以下的光，例如我们常用的搭配就是氙灯加上 400nm 的滤光片，滤掉紫外线，观察可见光的光催化性能。

（4）光催化反应器（冷凝套杯）

光催化实验是需要专门的杯子作为反应器的，也就是冷凝套杯，这种杯子能在杯子外侧通入冷凝水，以此来保持光催化过程中的反应温度，主要是为了防止温度过高，把污水蒸干了，水分的蒸发会使得污水浓度变高，最终使测出来的浓度数据飘忽不定。

（5）遮光罩（摄影灯罩）

整个反应必须在遮光罩里进行，避免外界光对反应的影响，也能保护实验人员不受光源的伤害。装置示意图见图 10-8。

如果所用的是氙灯，由于功率输出较为稳定，开灯时将光功率计探头放在与降解污水时水面等高度处，直接读取功率即可，后续可不用连续读数。

10.4.8.2　实验方法

（1）具体步骤

① 往反应器里加入一定浓度的模拟污水（一般都是染料溶液），取样待用。

② 再加入一定量的催化剂（一般都是粉末）。

③ 避光条件下，磁力搅拌半小时（达到吸附平衡，如果材料没那么快平衡，那就多避光搅拌一段时间，也可以测一下具体达到吸附平衡的时间——避光下每隔一段时间取一次样，测浓度，直到浓度不再变化，但是大部分材料五六分钟就平衡了）。

④ 吸附平衡后，打开光源，将光打到污水和催化剂的混合液上，开启冷凝水，盖上滤光片，开始计时，每隔 20min 取一次样（如果降解效果比较好，比如 1h 就降解完，可以

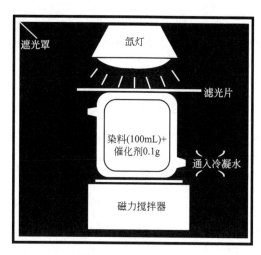

图 10-8　装置示意图

10min 取一次样；如果降解效果不好，三四个小时才降解完，可以 30min 取一次样。原则是得保证从降解开始到降解结束，至少五个点，这样作图时要好看一些）。

（2）注意事项

① 测浓度的时候一般都要求用纯溶液，因此需要进行催化剂分离，可以选择两种方式：离心和过滤。离心就用高速离心机，然后小心地取上清液出来即可；若没有离心机，那就买一些过滤头和注射器，用注射器取样后再套上水系滤头，推出滤液即可，但过滤的时候务必一定要先滤三遍后再进行过滤取样（因为滤头也会吸附一定的染料，因此先让其吸附饱和，不然滤过的液体浓度会低于真实的浓度）。

② 染料初始浓度一般选择为 10×10^{-6}，催化剂的质量和污水体积之比选择 1g/1000mL，也就是如果污水有 1000mL，催化剂就加 1g，这是大部分研究所用的投料比。因为如果浓度过高，会大于仪器检测上限，导致测不准（当然测的时候可以稀释，但是有些麻烦，而且引入了误差）。投料比其实也不一定必须是 1∶1000，这个投加量与催化剂的吸附能力大小相关，如果吸附能力强，那投料可以少一些，不然染料都被吸附得差不多了，还做什么降解，并且不同的光催化剂做横向性能对比时，吸附的差异也会造成在降解开始时染料的浓度差异（初始浓度对降解是有一定影响的）。所以，若是吸附性能很强，那么加量一定要控制不要太多，但过少又会使反应时间延长，实验效率降低，因此，在 0.1g/1000mL 的基础上略微变动。

10.4.8.3　降解数据处理

做完降解实验，会有以下数据需要测：初始染料浓度（未加催化剂之前的），降解 0min 时的浓度（加完催化剂搅拌吸附的），以及每隔一段时间所取样品的浓度。然后参考表 10-2 的格式进行计算，得出各个取样点的 C/C_0 和 $\ln(C/C_0)$，其中 C_0 就是 0min 时的浓度（吸附率＝C/C_0）。

表 10-2　光催化实验数据记录

样品	0min	20min	40min	60min	80min	100min	120min
浓度/(mg/L)	10	5	4	3	2	1	0.1
C/C_0	1	0.5	0.4	0.3	0.2	0.1	0.01
$\ln(C/C_0)$	0	0.693	0.916	1.203	1.6094	2.302	4.60

　　然后作图，按照横坐标为时间、纵坐标为降解率（C/C_0）进行作图，这个图就是降解动力学图。还要计算出反应速率常数，怎么算呢？也是横坐标为时间，纵坐标变为 $\ln(C/C_0)$，然后直线拟合，拟合出的斜率就是一级反应速率常数了，光催化降解一般都是一级反应（单位是 $\mathrm{min^{-1}}$ 或 $\mathrm{h^{-1}}$）。光催化性能降解图见图 10-9。

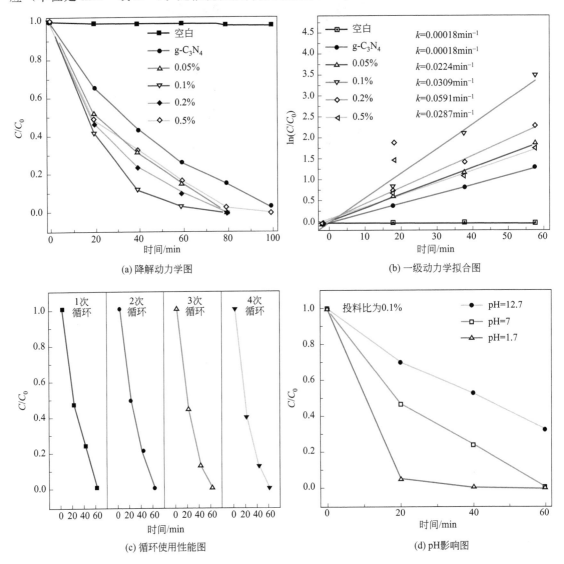

图 10-9　光催化性能降解图

10.4.8.4　表征

　　光催化材料的表征手段有很多种，所以在材料性能确实有提升以后就可以开始着手进行表征了。这里列举一些最基本的表征手段。

　　① X 射线衍射（XRD）：用于晶体结构的分析。

　　② 扫描电镜（SEM）：用来观察材料表面的微观形貌。

　　③ 透射电镜（TEM）：用来观察材料的立体结构。

　　④ 元素分析（EDS）：这个是在做扫描或透射的时候一起做的（需要加钱），可以知道材料表面的元素分布。

⑤ 比表面积测试（BET）：用来测试材料的比表面积，比表面积越大，性能越好。

⑥ 紫外可见漫反射（DRS）：用来测材料在各个波长的光吸收性能，俗称固体紫外。

⑦ 红外光谱、拉曼光谱：用于化学结构的分析。

⑧ 固体荧光（PL）：这个也是光催化剂必备的光电测试之一，大部分观点认为固体荧光强度越低，说明光生载流子分离越好（也有强度越高，性能越好的，例如某些缺陷类材料）。

⑨ 光电流测试：利用电化学工作站，测量光照时产生的电流［图 10-10（a）］，该实验有专门的实验方法。

⑩ 化学阻抗谱［图 10-10（b）］。

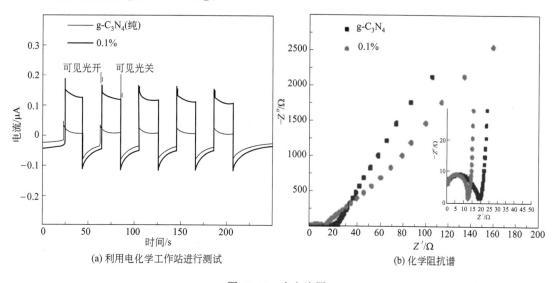

(a) 利用电化学工作站进行测试　　(b) 化学阻抗谱

图 10-10　光电流图

还有其他表征手段，根据需要证明的结论不同而做出选择。

10.4.8.5　辅助实验

（1）循环评价实验

就是观察催化剂的可重复使用性能，一般分为两种：一种是降解完后分离出催化剂，然后再投入新的污水中；另一种是降解完后不分离出催化剂，直接往催化剂处理过的水中再加入高浓度污染物。

（2）自由基捕获实验

用于判断降解过程中具体是哪些中间活性物质在起作用，一般论文里都认为降解的主要活性物质有三种，分别是超氧自由基、羟基自由基、空穴，可以在降解的过程中分别加入对苯醌（BQ，超氧自由基淬灭剂）、异丙醇（IPA，羟基自由基淬灭剂）、乙二胺四乙酸二钠（EDTA-2Na，空穴淬灭剂）。加入淬灭剂后，若对比未加淬灭剂只加催化剂的空白组，降解率有所下降，那就说明该淬灭剂对应的中间物质起到了作用。对比结果见图 10-11。

加入三种淬灭剂后，通过降解率的下降来判断出具有哪些中间物质，若三个都下降了，那就是三种都有，但不是说活性物质只有羟基自由基、超氧自由基、空穴三种，而是这三种是主要的活性物质，而且大部分研究里都是探讨这三种。

（3）pH 的影响

pH 会影响材料的表面电荷（可以通过 Zeta 电位测出），从而使材料的吸附性能改变，

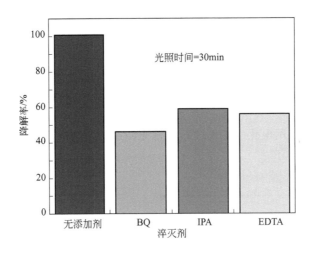

图 10-11 不同自由基捕获实验对比结果

从而改变光催化性能，而且有些物质在不同 pH 下的降解难易程度也会不一样。

10.4.9 实例：白色和黑色纳米二氧化钛性能对比分析

物性：亦称钛白粉。为细小微粒，直径在 100nm 以下，产品外观为白色疏松粉末。纳米二氧化钛主要有两种结晶形态，即锐钛型和金红石型，金红石型二氧化钛比锐钛型二氧化钛稳定。

功能：杀菌功能；防紫外线功能；光催化功能；防雾自清洁等。在日光或灯光中紫外线的作用下，TiO_2 被激活并生成具有高催化活性的游离基，能产生很强的光氧化及还原能力。

10.4.9.1 黑、白二氧化钛光催化活性的对比实验

实验测定方法：监控其对亚甲基蓝溶液在 660nm 处的光吸收变化。

① 取 0.15mg 的黑色二氧化钛纳米晶体加入 8.0mL 具有氧气条件且光密度为 1.0 的亚甲基蓝溶液中，观察光催化降解时间，实验结果见图 10-12。由图可以看出，无序的黑色二氧化钛纳米晶体光催化降解在 8min 内完成，而未经修饰的白色二氧化钛纳米晶体花了近 1h。

② 黑色二氧化钛纳米晶体光催化活性循环测试。

注：每一次循环测试实验完成后，加入一定量的亚甲基蓝化合物，保证溶液光密度为 1.0。

结果：循环八次后黑色无序纳米二氧化钛的光催化活性并没有降低，见图 10-13。

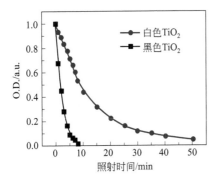

图 10-12 实验结果（一）

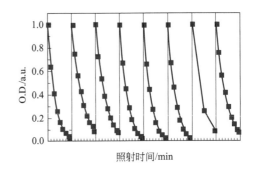

图 10-13 实验结果（二）

③ 二氧化钛光催化产氢的活性和稳定性。

条件：放置在水-甲醇溶液比例为 1∶1 的耐热玻璃容器中，最初的 15 天，每天将样品照射 5h，第二天测试之前将其储存在黑暗中。周期为 22 天。

结果：0.02g 无序的黑色二氧化钛晶体每小时产生 0.02mmol 的氢气，转化效率达到了 24％，比大多数半导体多出两个数量级，见图 10-14。

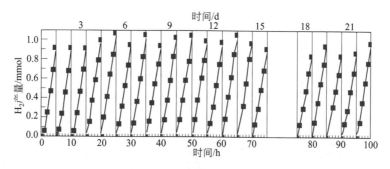

图 10-14　实验结果（三）

④ 实验：测试 13 天后，加入 30mL 的纯水以补偿损失的量，由于 16、17 天将样品存储于黑暗中没有测量，进行额外两天的测试。

结果：观察到与前期相似的氢气释放率。整个测试周期中，无序的黑色二氧化钛表现出持续高的生产氢气的能力，而在相同的实验条件下白色二氧化钛组未检测到氢气。

10.4.9.2　结果分析

（1）二氧化钛光催化活性分析

光催化过程的有效性在很大程度上是通过半导体吸收可见光和红外线的能力，以及其对光生电子和空穴的快速组合的抑制能力表现的。纳米二氧化钛具有可以促进表面反应速率的大的比表面积，是理想的宽带隙半导体光催化剂。

提高二氧化钛光催化活性的方法：①使用掺杂物如氮，优点为表现出对太阳辐射最大的光响应，缺点为在可见光和红外线吸收方面仍然存在不足。②通过掺入掺杂剂来控制形成的纳米二氧化钛表面层的无序性。

其最简单的形式中包含两种物象：①结晶的二氧化钛量子点或纳米晶体作为核心；②掺杂引起的高度无序的表面层，见图 10-15。

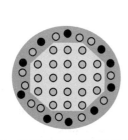

图 10-15　掺杂引起的高度无序的表面层

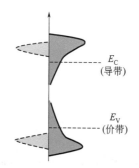

图 10-16　中间能隙状态的能量分布

二氧化钛掺杂后的优点：①可以俘获额外的载流子，防止它们快速重组，提高了电子转移速度和光的吸收速度，从而提高了光催化反应效率；②产生的扩展的能量状态与掺杂剂结合后成为光激发和弛豫中心。大量半导体晶格紊乱可能会产生与晶体中单一缺陷不同的中间能隙态的能量分布。如代替形成的导带边缘附近的离散的失主态，这些中间能隙状态可以形成延伸到与所述导带边缘重叠的连续（常称为带尾态），同样大量的无序态可能会导致带尾态与价带的合并，见图 10-16。

为了更好地提高二氧化钛的光催化活性，即为了在掺入更多杂质的同时在纳米二氧化钛中引入紊乱，生成了直径只有几纳米的多孔网络状的二氧化钛纳米晶体，这种材料氢化后在纳米晶体表面生成无序层，这种晶体吸收的波长从开始的紫外区转移到氢化后的近红外区，并且伴有剧烈的颜色变化，大幅度提升了太阳能驱动的光催化活性。经过无序设计的黑色 TiO_2 晶体与未经修饰的白色 TiO_2 晶体的 TEM 比较，见图 10-17。

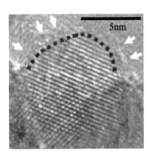

图 10-17　两种二氧化钛纳米晶体的 TEM 比较

（2）二氧化钛氢化前后的结构分析（HRTEM）

由图 10-17 可知：①氢化后有良好的晶格特征方向，晶体表面变得无序；②单个纳米晶体的直径约为 8nm；③纯的二氧化钛纳米晶体是高度结晶的。

（3）二氧化钛纳米晶体的 XRD 分析

结果见图 10-18，结晶度极高（与 HRTEM 观察一致）。

（4）加氢后拉曼光谱对比

见图 10-19，6 个拉曼活性模式，频率分别为 $144cm^{-1}$、$197cm^{-1}$、$399cm^{-1}$、$515cm^{-1}$、$519cm^{-1}$、$639cm^{-1}$ 处未经修饰的白色二氧化钛表现出典型的锐钛矿型拉曼光谱；而黑色的二氧化钛晶体则在 $246.9cm^{-1}$、$294.2cm^{-1}$、$352.9cm^{-1}$、$690.1cm^{-1}$、$765.5cm^{-1}$、$849.1cm^{-1}$、$938.3cm^{-1}$、出现了新的峰位，并且不能与二氧化钛三个多晶型的任何相匹配，表明加氢后结构发生了变化，导致了无序，从而激活晶体的边缘区。

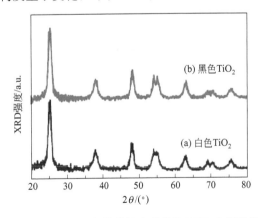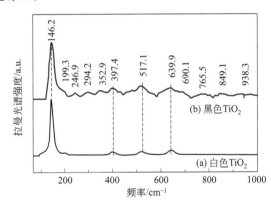

图 10-18　两种二氧化钛纳米晶体的 XRD 分析结果　　　图 10-19　加氢后拉曼光谱对比

（5）两种二氧化钛 XPS（X 射线光电子能谱）对比

见图 10-20，测试结果：Ti 的 2P XPS 图谱在白色二氧化钛晶体和黑色二氧化钛晶体上几乎相同，表明 Ti 原子氢化后具有相似的键合环境。但是两种晶体的 O 的 1s 的 XPS 光谱却表现出了极大的差异。白色的二氧化钛中 O1s 为 530.0eV 处单一峰，黑色的二氧化钛则分为 530.0eV 和 530.9eV 两处峰。其中 530.9eV 的峰应该是 Ti—OH 键的原因。

（6）两种二氧化钛晶体反射和吸收谱分析

见图 10-21，分析：未被修饰的白色二氧化钛晶体的带隙大约为 3.30eV，稍大于锐钛矿型，而黑色氢化后的二氧化钛的吸收位置被降低至 1.0eV。突然变化的反射和吸收谱大约在 1.54eV（806.8nm），表明黑色二氧化钛晶体的光学能带由于带内的转换而大大地缩小。

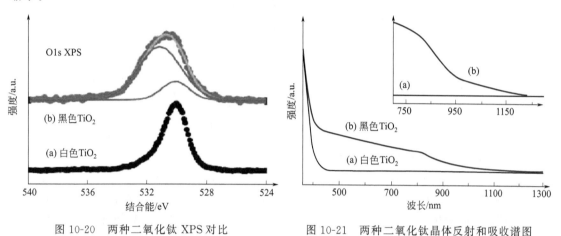

图 10-20　两种二氧化钛 XPS 对比　　　　图 10-21　两种二氧化钛晶体反射和吸收谱图

（7）两种二氧化钛晶体价带 XPS 和能带密度图

见图 10-22，图谱分析：白色的二氧化钛晶体大约在 1.26eV 处具有最大的边缘，显示出典型的二氧化钛价带密度特点，而对于黑色的二氧化钛晶体，价带最大的能量出现蓝移，约为 -0.92eV，与光测量的结果结合显示出窄的带隙。黑色的二氧化钛晶体导带的能带密度没有实质性改变。也有可能是由导带尾态引起的无序导致了导带最小值的下降。

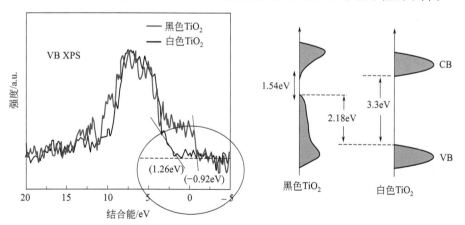

图 10-22　两种二氧化钛晶体价带 XPS 和能带密度图

（8）二氧化钛晶体对比

氢化后的二氧化钛晶体锐钛矿晶格紊乱时，伴随着能带的降低产生了中间能态，无序的二氧化钛模型中，一个 H 原子与 O 原子结合而另一个 H 原子则与 Ti 原子结合，其中电子能带结构与价带 XPS 的测量一致。无序的二氧化钛晶体的超晶格模型与大容量锐钛矿二氧化钛晶格模型对比图见图 10-23。

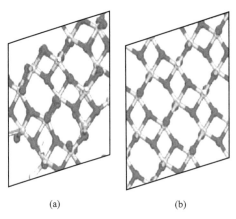

(a)　　　　　　　　(b)

图 10-23　无序的二氧化钛晶体的超晶格模型（a）与
大容量锐钛矿二氧化钛晶格模型（b）对比

(9) 两种二氧化钛能带密度分析

见图 10-24，在无序的二氧化钛晶体中存在着两组中间能级（中心在 1.8eV 和 3.0eV 附近），费米能级定位略低于 2.0eV，这两组中间能级差距的本质通过计算出的部分能级密度表现出来，较高的中间能级（约 3.0eV）仅仅源于 Ti 的 3d 轨道，较低的中间能级（约 1.8eV）源于 O 的 2p 轨道和 Ti 的 3d 轨道，并且主要来源于价带，这是由氢导致无序的回稳造成的。耦合到 Ti 原子上的氢的 1s 轨道对于任何一种状态都不会有贡献，表明晶格紊乱在中间能隙占有一定的地位，氢可以通过钝化其悬空键来稳定晶格的无序。

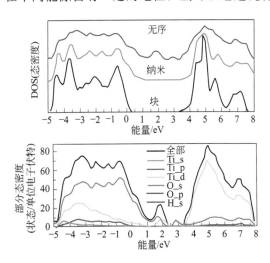

图 10-24　两种二氧化钛能带密度分析

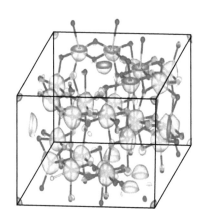

图 10-25　无序二氧化钛晶体三维电荷密度分布

(10) 无序二氧化钛晶体三维电荷密度分布

见图 10-25，无序的二氧化钛晶体中间电子态的三维电荷密度分布与低能量的中间能隙相关的在各个状态附近的 O 或 Ti 原子的分布，它们的分布是无序对整体影响的指示。因为较低的能量中间态是由于 O 的 2p 轨道与 Ti 原子的 3d 轨道的杂化，中间能带与导带尾带之间的光跃迁使得电荷从 O 的 2p 轨道转移到 Ti 的 3d 轨道，这与 TiO_2 在价带与导带之间的跃迁相似。光激发电子和空穴的存在能够阻止导带电子和价带空穴的快速重组，这也被估计为是无序的二氧化钛晶体在光催化作用时捕获红外光子比锐钛矿的 TiO_2 捕获的紫外光子更多的原因。

10.5
萃取法

10.5.1　概述

向废水中投加一种与水互不相溶但能良好溶解污染物的溶剂，使大部分污染物转移到溶剂相，然后分离废水和溶剂，即可使废水得到净化。若再将溶剂与其中的污染物分离，即可使溶剂再生，而分离的污染物可回收利用，这种分离工艺称为萃取。萃取过程达到平衡时，污染物在萃取相中的浓度 c_s 与在萃余相中的浓度 c_e 之比称为分配系数 E_x，即：

$$E_x = c_s / c_e \qquad (10\text{-}53)$$

实验表明，分配系数不是常数，因物质、温度和浓度的变化而异。对实际废水处理，分配定律具有如下曲线形式（其中 n 为受温度等影响的一个系数，不等于1）：

$$E_x = c_s / c_e^n \qquad (10\text{-}54)$$

液-液萃取过程的推动力是实际浓度与平衡浓度之差。要提高萃取速度和设备生产能力，其途径如下：

① 增大两相接触界面积　通常使萃取剂以小液滴的形式分散到废水中去，传质表面积将会增大。可以通过搅拌或脉冲装置来达到适当分散的目的。

② 增大传质系数　在萃取设备中，通过分散相的液滴反复地破碎和聚集，或强化液相的湍动程度，使传质系数增大。但是应预先除去表面活性物质和某些固体杂质。

③ 增大传质推动力　采用逆流操作，整个萃取系统可维持较大的推动力，既能提高萃取相中的溶质浓度，又可降低萃余相中的溶质浓度。

萃取法目前仅适用于为数不多的几种有机废水和个别重金属废水的处理。

10.5.2　萃取剂

(1) 萃取剂的选择

萃取的效果和所需的费用主要取决于所用的萃取剂。选择萃取剂时主要考虑以下几点：

① 萃取能力大，即分配系数要大。

② 分离性能好，萃取过程中不乳化、不随水流失，要求黏度小，与废水密度差大，表面张力适中。

③ 化学稳定性好，难燃爆，毒性小，腐蚀性低，闪点高，凝固点低，蒸气压小，便于室温下贮存和使用。

④ 来源较广，价格便宜。

⑤ 容易再生和回收溶质。将萃取相分离，可同时回收溶剂和溶质，具有重大的经济意义。

(2) 萃取剂再生的方法

① 物理法（蒸馏或蒸发）　当萃取相中各组分沸点相差较大时，最宜采用蒸馏法分离。

根据分离目的，可采用简单蒸馏或精馏，设备以浮阀塔效果较好。

② 化学法　投加某种化学药剂使其与溶质形成不溶于溶剂的盐类。例如，碱液反萃取萃取相中的酚，形成酚钠盐结晶析出，从而达到分离的目的。设备有离心萃取机和板式塔。

10.5.3　萃取工艺

萃取工艺包括混合、分离和回收三个主要工序。常用的连续逆流萃取设备有填料塔、筛板塔、脉冲塔、转盘塔和离心萃取机。常见的萃取工艺见图 10-26。

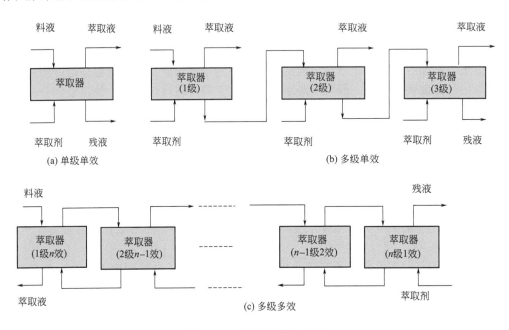

图 10-26　常见的萃取工艺

10.5.4　萃取法应用举例

(1) 萃取法处理含酚废水

焦化厂、煤气厂、石油化工厂排出的废水中常含有较高浓度的酸（1000～3000mg/L）。为了回收酚，常用萃取法处理这类废水。某焦化厂废水采用新的萃取脱酚溶剂进行工艺流程的开发优化，煤气化废水萃取脱酚流程见图 10-27。溶剂萃取脱酚流程主要由 3 个主要部分组成：萃取塔、溶剂回收塔和溶剂汽提塔。废水经酸水汽提之后，进入萃取塔塔顶。新鲜萃取剂及从溶剂中回收的萃取剂经溶剂储存罐进入萃取塔塔底。废水和萃取剂逆向混合萃取后，萃取相从塔顶流出进入溶剂回收塔，萃余相从塔底流出进入溶剂汽提塔。在溶剂汽提塔中，萃取溶剂和水形成共沸物从塔顶排出，经冷凝器冷凝后进入油水分离罐；剩余的废水进入生化处理工序。在溶剂回收塔中，萃取相中的萃取剂从塔顶排出，进入溶剂储存罐循环使用；粗酚产品经塔底流出。至此，完成了废水、萃取剂、粗酚的分离。

(2) 萃取法处理含重金属废水

某铜矿矿石场废水中含铜 0.3～1.5g/L，含铁 4.5～5.4g/L，含砷 10～300mg/L，pH＝0.1～3。该废水用 N-510 作复合萃取剂，用萃取器进行六级逆流萃取，含铜的萃取剂用 H_2SO_4 进行反萃取，再生后重复使用。

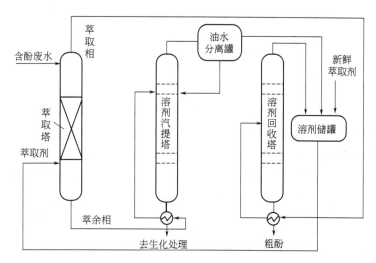

图 10-27　煤气化废水萃取脱酚流程

10.6
超临界处理技术

10.6.1　概述

　　任何一种物质都存在三种相态——气相、液相、固相。三相呈平衡态（共存）的点叫三相点。液、气两相呈平衡状态的点叫临界点。在临界点时的温度和压力称为临界温度和临界压力。不同的物质其临界点所要求的压力和温度各不相同。超临界流体（supercritical fluid，SCF）是指温度在临界温度（T_c）以上、压力在临界压力（p_v）以上的流体。高于临界温度和临界压力而接近临界点的状态称为超临界状态。这种流体（SCF）兼有气液两重性的特点，它既有与气体相当的高渗透能力和低的黏度，又兼有与液体相近的密度和对许多物质优良的溶解能力。超临界流体与气体和液体的性能比较见表 10-3。

表 10-3　超临界流体与气体和液体的性能比较

项目	相密度/(g/mL)	扩散系数/(cm²/s)	黏度/[g/(cm·s)]
气体(G)	10^{-3}	10^{-1}	10^{-4}
超临界流体(SCF)	$0.3 \sim 0.9$	$10^{-4} \sim 10^{-3}$	$10^{-4} \sim 10^{-3}$
液体(L)	1	10^{-5}	10^{-2}

　　当水处于其临界点（374℃，22.1MPa）以上的高温高压状态时被称为超临界水（supercritical water，SCW），在此条件下水具有许多独特的性质。如烃类等非极性有机物与极性有机物一样可完全与超临界水互溶，氧气、氮气、一氧化碳、二氧化碳等气体也都能以任意比例溶于超临界水中，无机物尤其是盐类在超临界水中的溶解度很小。超临界水还具有很好的传质、传热性质。这些特性使得超临界水成为一种优良的反应介质。

　　着眼于环保领域应用的超临界水氧化反应（supercritical water oxidation，SCWO）是目前研究最多的一类反应过程。SCWO 是指有机废物和空气、氧气等氧化剂在超临界水中进行氧化反应而将有机废物去除。由于 SCWO 是在高温高压下进行的均相反应，反应速率很快（可小于 1min），处理彻底，有机物被完全氧化成二氧化碳、水、氮气以及盐类等无毒的小分子化合物，不造成二次污染，且无机盐可从水中分离出来，处理后的废水可完全回收利用。另外，当有机物含量超过 2% 时，SCWO 过程可以形成自热而不需额外供给热量。这些特性使 SCWO 与生化处理法、湿式空气氧化法（wet air oxidation，WAO）、燃烧法等传统的废水处理技术相比具有独特的优势，对于传统方法难以处理的废水体系，SCWO 已成为一种具有很大潜在优势的环保新技术。SCWO 主要是自由基反应过程，其自由基反应与WAO 相似，也有观点认为 SCWO 有别于 WAO，因为超临界温度高于部分有机物的燃点而导致氧化燃烧，发出明亮火焰。

该技术的优势在于反应速率快、停留时间短、氧化效率极高、无二次污染。一般在 1～10min 内可将有机物矿化、令重金属氧化固定，矿化率高达 99.99%，由于降解彻底，流出物无须进一步处理即可填埋，且出水可回用。此外，当有机物含量高于 2% 时，可利用反应热实现热量自补偿而无须外加热量。当前，阻碍该项技术大规模工业化的问题是盐沉积、设备腐蚀、传热等问题。由于超临界水接近非极性，无机盐溶解度小，故进水及反应产生的盐分容易析出，造成堵塞，可通过对进水脱盐等预处理措施、反应器的结构优化改善盐沉积的问题，如逆流式反应器、离心式反应器、液化固体流化床等。体系中高温高压、高浓度氧气、酸性物质、盐分会对反应器造成严重的化学腐蚀，足够强度且耐腐蚀的材料或适宜的催化剂是目前超临界水技术需要突破的关键点。

10.6.2　超临界原理

所谓超临界，是指流体物质的一种特殊状态。当把处于气液平衡的流体升温升压时，热膨胀引起液体密度减小，而压力的升高又使气液两相的相界面消失，成为均相体系，这就是临界点。当流体的温度、压力分别高于临界温度和临界压力时就称为处于超临界状态。超临界流体具有类似气体的良好流动性，但密度又远大于气体，因此具有许多独特的理化性质。

由于超临界水对有机物和氧气均是极好的溶剂，因此有机物的氧化可以在富氧的均一相中进行，反应不存在因需要相间转移而产生的限制。同时，400～600℃ 的高反应温度也使反应速率加快，在几秒的反应时间内，即可达到 99% 以上的破坏率。有机物在超临界水中进行的氧化反应，可以简单表示为：酸＋NaOH $\longrightarrow$ 无机物。超临界水氧化反应完全彻底：有机碳转化为 CO_2，氢转化为 H_2O，卤素原子转化为卤离子，硫和磷分别转化为硫酸盐和磷酸盐，氮转化为硝酸根和亚硝酸根离子或氮气。而且超临界水氧化反应在某种程度上和简单的燃烧过程相似，在氧化过程中释放出大量的热量。

为了进一步加快反应速率、减少反应时间和降低反应温度，使超临界水氧化技术能充分发挥出自身的优势，对催化超临界水氧化技术处理废水的研究正在日益兴起。

10.6.3　超临界流体特点

超临界水有许多特殊的性质：

① 超临界水的密度可从类似于蒸汽的密度值连续地变到类似于液体的密度值，特别是临界点附近，密度对温度和压力的变化十分敏感。

② 氢键度（X，表征形成氢键的相对强度）与温度的关系式：$X = (-8.68 \times 10^{-4})T/K + 0.851$。该式表征了氢键对温度的依赖性，适用范围为 280～800K(7～527℃)。在 298～773K 范围内，温度和 X 大致呈线性减小关系。

③ 即使在中等温度和密度条件下，超临界水的离子积也比标准状态下水的离子积高出

几个数量级。

④ 超临界水的低黏度使超临界水分子和溶质分子具有较高的分子迁移率，溶质分子很容易在超临界水中扩散，从而使超临界水成为一种很好的反应媒介。

⑤ 水的相对介电常数随密度的增大而增大，随温度的升高而减小，但温度的影响更为突出。在低密度的超临界高温区域内，相对介电常数降低了一个数量级，这时的超临界水类似于非极性的有机溶剂。根据相似相溶原理，在临界温度以上，几乎全部有机物都能溶解。相反，无机物在超临界水中的溶解度急剧下降，呈盐类析出或以浓缩盐水的形式存在。某些物质的沸点和临界点数据见表 10-4。

表 10-4　某些物质的沸点和临界点数据

物质	沸点/℃	临界点数据		
		临界温度 T_c/℃	临界压力 P_c/MPa	临界密度 ρ/(g/cm³)
二氧化碳	−78.5	31.06	7.39	0.448
水	100	374.2	22.00	0.344
乙烷	−88.0	32.4	4.89	0.203
乙烯	−103.7	9.5	5.07	0.20
丙烷	−44.5	97	4.26	0.220
丙烯	−47.7	92	4.67	0.23
n-丁烷	−0.5	152.0	3.80	0.228
n-戊烷	36.5	196.6	3.37	0.232
n-己烷	69.0	234.2	2.97	0.234
甲醇	64.7	240.5	7.99	0.272
乙醇	78.2	243.4	6.38	0.276
异丙醇	82.5	235.3	4.76	0.27
苯	80.1	288.9	4.89	0.302
甲苯	110.6	318	4.11	0.29
氨	−33.4	132.3	11.28	0.24
甲烷	−164.0	−83.0	4.6	0.16

10.6.4　超临界流体处理的应用

（1）超临界水氧化

有机物和氧化剂在超临界水介质中发生快速氧化反应来彻底去除有机物的新型氧化处理技术，对大多数有机废水、废物能达到 99.9% 以上的处理效率，产生的气体、液体或固体能直接排放。

就目前已有的研究报道来看，利用 SCWO 处理各种废水和过量活性污泥已取得成功，国外已有工业化的装置出现。但在此过程中发现，SCWO 苛刻的反应条件（$T \geqslant 500$℃，$p \geqslant 25$MPa）对金属具有较强的腐蚀性，对设备材质有较高的要求。另外，对某些化学性质稳定的化合物，所需的反应时间还较长，对反应条件要求较高。为了加快反应速率、减少反应时间、降低反应温度、优化反应网络，使 SCWO 能充分发挥出自身的优势，许多研究者将催化剂引入 SCWO 以期达到这一目的。目前，对催化超临界水氧化法处理废水的研究正日益兴起，是 SCWO 研究的一个重要发展方向。

（2）超临界流体萃取

在超临界状态下，超临界流体具有很好的流动性和渗透性，将超临界流体与待分离的物质接触，使其有选择性地把按极性大小、沸点高低或分子量大小排列的成分依次萃取出来。

10.6.5　超临界流体处理实例

德国科学家最近在对大西洋底一处高温热液喷口进行考察时发现，这个喷口附近的水温最高竟然达到 464℃，这不仅是迄今为止人们在自然界发现的温度最高的液体，也是第一次观察到自然状态下处于超临界状态的水。

据报道，这个热液喷口位于大西洋中部山脊（Mid-Atlantic Ridge），最早是由德国不来梅雅各布大学（Jacobs University in Bremen）的地球化学家安德里亚（Andrea Koschinsky）教授和她的研究小组于 2005 年发现的，他们在接下来的几年里对这个热液喷口进行了长期的跟踪研究。

安德里亚介绍说，海底热液喷口又称"海底黑烟囱"，它是由海底地壳扩张分离运动形成的。地壳扩张分离，海水渗进地下遭遇炽热的岩浆形成热液，热液携带矿物质从排放口返回大海。海底热液排出后遇到冰冷的海水，导致热液中溶解的硫化物遇冷凝固。凝固的矿物质在热液出口周围不断堆积，最终形成了巨大的"烟囱"。2005 年，他们对这个热液喷口周围液体的温度进行测量时，发现即使它的最低温度也有 407℃，最高更是达到了惊人的464℃。这是迄今为止科学家们在地球上发现的温度最高的水，更让人惊奇的是这些水竟然处于超临界状态。安德里亚对这一发现非常兴奋，她说："它确实是水，但不是普通的水。这是人类第一次在自然状态下观察到超临界状态水的存在，以前人们只能在实验室通过技术来达到水的超临界状态。"

未来的高级氧化法在寻求更多的新原理及其耦合以及更广泛的应用领域。前者包括生物氧化与还原、催化氧化、化学氧化与还原、电化学氧化、空化与超声波、电子束伽马辐照、液电等离子体、非热等离子体、TiO_2 光催化还原、光化学降解、亚临界与超临界等；后者涉及水、废水、地下水、自来水的净化与消毒处理，市政污水、医院废水、垃圾渗滤液、污泥沉淀与脱水，土壤修复过程中新兴污染物的转化等。此外，模型、材料、测量/监控、反应器和工程工艺等方向的新开发将成为 AOPs 技术发展的动力，与生物技术、膜技术等的结合，可以满足日益严格的环保法规与公众健康的要求，成为一些领域传统处理技术的替代技术。

思　考　题

1. 什么叫折点加氯？出现折点的原因是什么？折点加氯有何利弊？

2. 什么叫余氯？余氯的作用是什么？

3. 简述臭氧消毒和紫外线消毒的原理和生产方法。

4. 某化工厂每天排放含硫酸 7000mg/L 的酸性废水 800m³。场内软水站用石灰乳软化河水，每天生产软水 2000m³，河水的重碳酸盐硬度为 2.27mg/L。试考虑该废水的中和处理问题。

5. 已知某厂的酸性废水量为 $Q=300$m³/h，含硫酸浓度为 $C_s=2000$mg/L。拟采用石灰石滤料等速升流式膨胀滤池进行中和处理，试进行该工艺的设计计算。

6. 已知 $Zn(OH)_2$ 的容度积为 $K_s=7.1\times10^{-18}$，$pK_s=17.15$。求 pH=9.2 时的可溶 Zn^{2+} 浓度 $[Zn^{2+}]$。

7. 氧化钛的常见晶相结构有哪几种？哪种光催化活性最高？哪种最适合做颜料？哪种带隙最宽？

8. 举例说明提高二氧化钛光催化剂光催化效率的改性方法，提高可见光区光催化活性的方法，提高光量子效率的方法。

9. 分别阐述过渡金属铁和非金属氮共掺杂可以提高可见光区域和紫外线区域光催化活性的原理。并以氮和铁掺杂为例说明。

10. 分别简述氮和 La^{3+} 在氮和 La^{3+} 共掺杂的纳米 TiO_2 光催化剂中的作用。

11. 简述 TiO_2 薄膜光致超亲水性机理及影响因素。制备 TiO_2 薄膜有哪些化学方法？测定薄膜特性有哪些方法？

12. 制备二氧化钛的湿化学方法主要有哪些？直接合成纳米 TiO_2 很容易得到锐钛矿相，为了制备纯的金红石相 TiO_2，工业上采取何种方法来实现？

13. 纳米二氧化钛光催化剂的化学制备技术包括哪些？为了获得好的分散性和晶型，合成过程中还要结合哪些技术？

14. 现在正在试验一化工污水的处理，主要处理难度是：可生化性差；易变色（比起染料废水变色的程度更严重）；该废水具有很强的腐蚀性，其 pH 值在 2 左右；生化后的 COD 时高时低，主要的污染物也是带苯环的物质。应该采用什么样的工艺？

第11章

水处理反应器

11.1

物料衡算与质量传递

11.1.1　物料衡算方程

设在反应器内某一指定部位，任选某一组分 i，可写出如下物料平衡式：

$$单位时间变化量＝单位时间输入量－单位时间输出量＋单位时间反应量 \tag{11-1}$$

当变化量为零时，称为稳态，即：

$$单位时间输入量－单位时间输出量＋单位时间反应量＝0 \tag{11-2}$$

11.1.2　质量传递

质量传递机理可分：主流传递；分子扩散传递；紊流扩散传递。

（1）主流传递

物质随水流主体而移动，称主流传递。它与液体中物质浓度分布无关，而与流速有关。传递速度与流速相等，方向与水流方向一致。

（2）分子扩散传递

$$J＝-D_{B}\frac{\mathrm{d}C_{i}}{\mathrm{d}x} \tag{11-3}$$

式中　J——物质扩散通量，$\mathrm{mol/(m^2 \cdot s)}$ 或 $\mathrm{g/(m^2 \cdot s)}$；

D_{B}——分子扩散系数，$\mathrm{m^2/s}$；

C_{i}——组分 i 的浓度，$\mathrm{mol/m^3}$ 或 $\mathrm{g/m^3}$；

x——浓度梯度方向的坐标。

（3）紊流扩散传递

紊流扩散通量可写成类似于分子扩散通量的方程式：

$$J_{c}＝-D_{c}\frac{\mathrm{d}C_{i}}{\mathrm{d}x} \tag{11-4}$$

式中　D_{c}——紊流扩散系数。

11.2

理想反应器模型

理想反应器分类见图 11-1，有完全混合间歇式反应器（CMB 型）、完全混合连续式反应器（CSTR 型）、推流式反应器（PF 型）等三种。

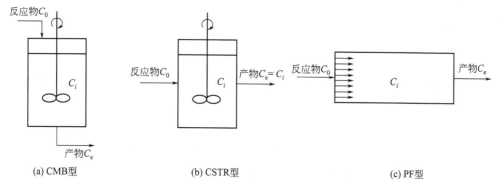

(a) CMB型 (b) CSTR型 (c) PF型

图 11-1 理想反应器分类

11.2.1 完全混合间歇式反应器（CMB 型）

物料衡算式为：

$$\frac{\mathrm{d}C_i}{\mathrm{d}t} = r(C_i) \tag{11-5}$$

式中 C_i ——反应物的浓度，mol/L；

t ——反应时间，s；

$r(C_i)$ ——速率常数，mol/(L·s)。

$t=0$，$C_i=C_0$；$t=t$，$C=C_i$。对上式积分得：

$$t = \int_{C_0}^{C_i} \frac{\mathrm{d}C_i}{r(C_i)} \tag{11-6}$$

设为一级反应，$r(C_i)=-kC_i$，则：

$$t = \int_{C_0}^{C_i} \frac{\mathrm{d}C_i}{-kC_i} = \frac{1}{k} \ln \frac{C_0}{C_i} \tag{11-7}$$

式中 k ——反应速率常数，其单位取决于反应的总级数。对零级反应，单位为 mol/(L·s)；对一级反应，单位为 s^{-1}；对二级反应，单位为 L/(mol·s)；对 n 级反应，单位为 $L^{n-1}/(mol^{n-1} \cdot s)$。

设为二级反应，$r(C_i)=-kC_i^2$，则：

$$t = \int_{C_0}^{C_i} \frac{\mathrm{d}C_i}{-kC_i^2} = \frac{1}{k} \left(\frac{1}{C_i} - \frac{1}{C_0} \right) \tag{11-8}$$

11.2.2 完全混合连续式反应器（CSTR 型）

物料衡算式为：

$$V = \frac{\mathrm{d}C_i}{\mathrm{d}t} = QC_0 - QC_i + Vr(C_i) \tag{11-9}$$

式中　V——水的流速，m/s；

　　　Q——进水量，m^3/s。

　　按稳态考虑，即：

$$QC_0 - QC_i + Vr(C_i) = 0 \tag{11-10}$$

于是，设为一级反应，$r(C_i) = -kC_i$，则：

$$QC_0 - QC_i - VkC_i = 0$$

因 $\dfrac{\mathrm{d}C_i}{\mathrm{d}t} \ll 0$，故

$$\bar{t} = \frac{1}{k}\left(\frac{C_0}{C_i} - 1\right) \tag{11-11}$$

11.2.3　推流式反应器（PF 型）

　　现取长为 $\mathrm{d}x$ 的微元体积，列物料平衡式：

$$w\,\mathrm{d}x\,\frac{\mathrm{d}C_i}{\mathrm{d}t} = wvC_i - wv(C_i + \mathrm{d}C_i) + r(C_i)w\,\mathrm{d}x$$

式中　v——取微元体积中的反应物速率，m/s；

　　　w——取微元宽度，m；

　　　$\mathrm{d}x$——取微元长度，m。

　　稳态时，$\dfrac{\mathrm{d}C_i}{\mathrm{d}t} = 0$，则：

$$v\,\frac{\mathrm{d}C_i}{\mathrm{d}x} = r(C_i) \tag{11-12}$$

$x = 0$，$C_i = C_0$；$x = t$，$C = C_i$。对上式积分得：

$$t = \frac{x}{v} = \int_{C_0}^{C_i} \frac{\mathrm{d}C_i}{r(C_i)} \tag{11-13}$$

11.3

非理想反应器

　　PF 型反应器和 CSTR 型反应器是两种极端的、假想的流型。图 11-2 和图 11-3 表示两种理想反应器内物料自进口端至出口端的浓度分布。PF 型反应器的进口端是在高浓度 C_0 下进行反应，只是出口端才在低浓度 C_e 下进行反应。而 CSTR 型始终在低浓度 C_e 下进行反应，故 CSTR 型反应器的生产能力低于 PF 型。CSTR 型反应器中存在返混，即停留时间不同的物料之间混合。

　　纵向分散模型（PFD 型）见图 11-4，其基本设想是在推流型基础上加上一个纵向混合。纵向混合可以用纵向分散系数 D_1 来表征它的特性：

$$J_1 = -D_1\,\frac{\mathrm{d}C_i}{\mathrm{d}x} \tag{11-14}$$

　　取出一个微元长度，列物料衡算式。

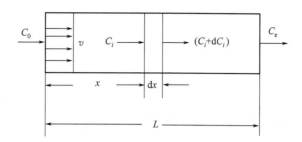

图 11-2　推流式反应器内物料变化

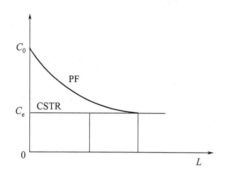

图 11-3　理想反应器中浓度分布

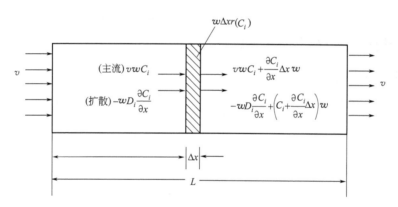

图 11-4　纵向分散模型（PFD 型）

输入量：
$$vwC_i + w\left(-D_1\,\frac{\partial C_i}{\partial x}\right)$$

输出量：
$$vw\left(C_i + \frac{\partial C_i}{\partial x}\Delta x\right) + w\left[-D_1\,\frac{\partial}{\partial x}\left(C_i + \frac{\partial C_i}{\partial x}\Delta x\right)\right]$$

反应量：
$$w\Delta x\, r(C_i)$$

物料变化量：
$$w\Delta x\,\frac{\partial C_i}{\partial t}$$

则：
$$\frac{\partial C_i}{\partial t} = D_1\,\frac{\partial^2 C_i}{\partial x^2} - v\,\frac{\partial C_i}{\partial x} + r(C_i) \tag{11-15}$$

稳态时，$\dfrac{\partial C_i}{\partial t} = 0$ 故：

$$v \frac{\partial C_i}{\partial x} = D_1 \frac{\partial^2 C_i}{\partial x^2} + r(C_i) \tag{11-16}$$

11.4
反应器理论在水处理中的应用

11.4.1　水处理中常见的反应器

水处理中常见的反应器（反应设施）见表 11-1。

表 11-1　水处理中常见的反应器（反应设施）

反应器(反应设施)	期望的反应器设计	反应器(反应设施)	期望的反应器设计
快速混合器	完全混合	软化设备	完全混合
絮凝器	局部完全混合的活塞流	加氯设备	活塞流
沉淀池	活塞流	污泥反应器	局部完全混合的活塞流
砂滤池	活塞流	生物滤池	活塞流
吸附池	活塞流	化学澄清池	完全混合
离子交换反应器	活塞流	活性污泥反应池	完全混合及活塞流

11.4.2　计算化学反应的转化率

（1）转化率概述

经过一定的反应时间以后，已反应的反应物分子数与起始的反应物分子数之比即转化率。如果反应前后总体积没有变化，其转化率可以用反应物浓度的变化来计算，即：

$$x_A = \frac{(c_{A_0} - c_A)V}{c_{A_0}V} = \frac{c_{A_0} - c_A}{c_{A_0}} \tag{11-17}$$

式中　x_A——转化率；

　　　V——反应前后的总体积；

　　　c_{A_0}——$t=0$ 时 A 的浓度；

　　　c_A——$t=t$ 时 A 的浓度。

（2）一般反应器的转化率计算

化学反应的转化率与反应时间有很大的关系，因为反应时间的长短直接影响反应物的量。

一般反应器中的物料的停留时间不均匀一致。设停留时间为 t 的那部分物料的转化率是 $x(t)$，而物料在此反应器里的转化率应是个平均值，即 $\overline{x} = \int_0^\infty x(t)\frac{dN}{N}$，因为 $\frac{dN}{N} = E(t)dt$，所以：

$$\overline{x} = \int_0^\infty x(t)E(t)dt \tag{11-18}$$

11.4.3　反应动力学试验与计算实例

【例 1】　在使用纳米零价铁（Agar-Fe^0）进行 Cr(Ⅵ) 的去除研究中，pH 值是一个非常重要的影响因素。Cr(VI) 的去除试验是在 500mL 的具塞磨口锥形瓶中进行的。将 200mL 不同初始浓度的 Cr(VI) 溶液加入锥形瓶中，调 pH 值，然后加入不同质量的纳米零价铁样品，在常温、常压下，将锥形瓶放入搅拌器中搅拌。根据设定时间取样，通过 $0.45\mu m$ 滤膜过滤后，采用中华人民共和国国家标准 GB 7467—87 所示的水质六价铬的测定——二苯碳酰二肼分光光度法测定水样中 Cr(VI) 的浓度，实验所测 Cr(VI) 标准曲线 $A = 0.4865C - 0.0349$（A 为吸光度，C 为浓度），相关系数 $R^2 = 0.9982$。

为了研究 Agar-Fe^0 还原去除溶液中 Cr(VI) 时，溶液 pH 值对反应的影响，控制初始 Cr(VI) 浓度为 20mg/L，Agar-Fe^0 的投加量为 0.75g/L，调节溶液的 pH 值分别为 3、5、7、9 和 11，常温下于磁力搅拌器中搅拌反应，比较反应效果。不同 pH 值下 Cr(VI) 的去除率结果见表 11-2。

表 11-2　不同 pH 值下 Cr(VI) 的去除率结果

反应时间 /min	不同 pH 值下 Cr(VI) 的去除率/%				
	3	5	7	9	11
0	0	0	0	0	0
5	75.14	70.5	26.2323	22.702	14.13
15	82.21	76.75	31.275	30.771	24.215
30	90	77.25	58.506	32.788	26.737
60	100	83.45	61.027	37.831	27.221
120	100	87.75	63.549	43.378	28.754
180	100	89.65	64.557	45.395	30.771
240	100	98.8	64.557	45.899	30.771
300	100	100	64.053	45.899	30.771
360	100	100	67.079	45.899	30.771

图 11-5 为在不同 pH 值条件下 Cr(VI) 的去除率随时间的变化。当 pH 值为 3、5、7、9 和 11 时，体系中 Cr(VI) 的去除率分别为 100%、100%、67.08%、45.89% 和 30.77%。随着 pH 值的升高，Agar-Fe^0 对 Cr(VI) 的去除率逐渐降低，结果同前人的研究相一致。实验表明酸性条件更有利于纳米零价铁对 Cr(VI) 的去除，这是因为，增大 H$^+$ 浓度将使得反应向有利于 Cr(VI) 还原的方向进行，促进了 Cr(VI) 的还原，而在碱性条件下，纳米铁表面易氧化生成氢氧化铁或碳酸铁钝化层，使纳米铁的反应活性降低，从而对还原不利。另外，当不同浓度 Cr(VI) 在不同的介质中时，溶液中 Cr(VI) 的存在形式各不相同，有 CrO_4^{2-}、$HCrO_4^-$、H_2CrO_4、$HCr_2O_7^-$ 和 $Cr_2O_7^{2-}$ 等。在低 pH 值时，Cr(VI) 主要以 $HCrO_4^-$ 形式存在于溶液中，随着 pH 值的升高，$HCrO_4^-$ 会随之转化为 CrO_4^{2-} 和 $Cr_2O_7^{2-}$。酸性条件会使零价铁表面的质子化加剧，使带正电荷的纳米零价铁表面对带负电的 Cr(VI) 基团产生强烈的吸引作用。

纳米零价铁在溶液中，首先同水和溶解氧发生反应，然后与 Cr(VI) 进行反应，反应过程如下：

$$2Fe^0 + 4H^+ + O_2 \longrightarrow 2Fe^{2+} + 2H_2O \tag{11-19}$$

$$Fe^0 + 2H_2O \longrightarrow Fe^{2+} + H_2 + 2OH^- \tag{11-20}$$

当在酸性条件下时，反应过程如下：

$$Fe^{2+} + H_2CrO_4 + H^+ \longrightarrow Fe^{3+} + H_3CrO_4 \tag{11-21}$$

$$Fe^{2+}+H_3CrO_4+H^+\longrightarrow Fe^{3+}+H_4CrO_4 \tag{11-22}$$

$$Fe^{2+}+H_4CrO_4+H^+\longrightarrow Fe^{3+}+Cr(OH)_3+H_2O \tag{11-23}$$

总反应过程可用下式表示：

$$2CrO_4^{2-}+3Fe^0+10H^+\longrightarrow 2Cr(OH)_3+3Fe^{2+}+2H_2O \tag{11-24}$$

B. M. Weckhuysen 等研究发现，当 pH 值大于 8 时，溶液中仅有 CrO_4^{2-} 存在，不利于反应的进行。

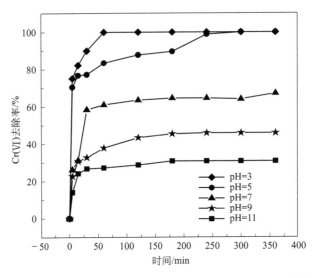

图 11-5　不同 pH 值条件下 Cr(Ⅵ) 的去除率随时间的变化

（1）反应动力学计算

Agar-Fe^0 与水中 Cr(Ⅵ) 的反应属于非均相反应，反应过程可用 Langmuir-Hinshelwood 动力学模型来描述：

$$v=-\frac{\mathrm{d}C}{\mathrm{d}t}=\frac{KbC}{1+bC} \tag{11-25}$$

式中　K——固体表面的反应速率常数；

　　　b——与固体的吸附热和温度有关的常数。

当反应物浓度很低时，$bC\ll1$，式(11-25) 可写成：

$$v=-\frac{\mathrm{d}C}{\mathrm{d}t}=KbC=kC \tag{11-26}$$

式(11-26) 中，$k=Kb$，此时，反应简化为一级反应。对式(11-26) 积分得：

$$\ln\left(\frac{C}{C_0}\right)=k_{\mathrm{obs}}t \tag{11-27}$$

即 $\ln(C/C_0)$ 与时间 t 呈线性关系，斜率 k_{obs} 即为表观反应速率常数。

（2）初始 pH 值对反应速率的影响

当 Cr(Ⅵ) 的初始浓度为 20mg/L，Agar-Fe^0 的投加量为 0.75g/L 时，对于不同的初始 pH 值，其反应动力学拟合曲线如图 11-6 所示。

从表 11-3 中可看出，R^2（相关系数）值分别为 0.9812、0.9634、0.9821、0.9272、0.9831，说明 $\ln(C/C_0)$ 与 t 呈现出良好的线性相关性。另外，表观反应速率常数随着初始 pH 值的升高而下降。当初始 pH 值为 3、5、7、9 和 11 时，k_{obs} 值分别为 0.9178h^{-1}、0.2136h^{-1}、0.1984h^{-1}、0.1038h^{-1} 和 0.0249h^{-1}。当 pH 值较低时，表观反应速率常数有

了更为明显的升高，这是由于六价铬的还原主要是 Fe^0 起作用，当 Fe^0 腐蚀时产生的 H 原子和 $Fe(II)$ 与 $Cr(VI)$ 发生还原反应。在低 pH 值条件下，Fe^0 腐蚀会产生更多的 H 原子和 $Fe(II)$，有助于 $Cr(VI)$ 还原反应的进行。因此，在 pH 值较小的条件下反应速率较高。然而，在碱性条件下，Fe^0 的表面被氧化物以及氢氧化物薄膜覆盖，减少了 Fe^0 和 $Cr(VI)$ 反应、吸附的活性反应场所，因此相应的吸附量和反应速率常数也减小。

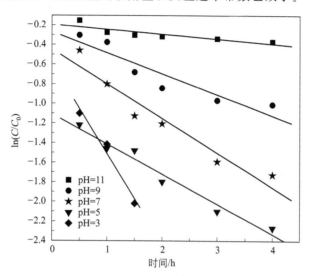

图 11-6　不同初始 pH 值下 Agar-Fe^0 去除 $Cr(VI)$ 的反应动力学拟合曲线

表 11-3　不同初始 pH 值下 Agar-Fe^0 与 $Cr(VI)$ 反应的表观反应速率常数和相关系数

初始 pH 值	k_{obs}/h^{-1}	R^2
3	0.9178	0.9812
5	0.2136	0.9634
7	0.1984	0.9821
9	0.1038	0.9272
11	0.0249	0.9831

思 考 题

1. 何谓"反应器"？反应器原理用于水处理有何作用和特点？
2. 反应动力学主要讨论什么问题？写出几种典型反应的动力学方程和相应的 C-t 曲线。
3. 试举出 3 种质量传递机理的实例。
4. 3 种理想反应器的假定条件是什么？研究理想反应器对水处理设备的设计和操作有何作用？
5. 为什么串联的 CSTR 型反应器比同容积的单个 CSTR 型反应器效果好？
6. 混合与返混在概念上有何区别？返混是如何造成的？
7. PF 型反应器和 CMB 型反应器为什么效果相同？试比较两者优缺点。
8. 3 种理想反应器的容积或物料停留时间如何求得？试写出不同反应级数下 3 种理想反应器内物料平均停留时间的公式。

第三篇　生物化学处理

第12章

废水生化处理理论基础

12.1

废水处理微生物基础

12.1.1 微生物的新陈代谢

① 分解代谢　高能化合物分解为低能化合物，物质由繁到简并逐级释放能量的过程叫分解代谢或异化作用。

② 合成代谢　微生物从外界获得能量，将低能化合物合成生物体的过程叫合成代谢，或称同化作用。

微生物的新陈代谢体系见图 12-1。

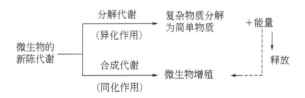

图 12-1　微生物的新陈代谢体系

12.1.2 微生物生长的营养及影响因素

(1) 微生物生长的营养

营养物对微生物的作用是：①提供合成细胞物质时所需要的物质；②作为产能反应的反应物，为细胞增长的生物合成反应提供能源；③充当产能反应所释放电子的受氢体。所以微生物所需要的营养物质必须包括组成细胞的各种元素和产生能量的物质。

对好氧生物处理，$BOD_5 : N : P = 100 : 5 : 1$，碳源以 BOD_5 值表示，N 以 $NH_3\text{-}N$ 计，P 以 PO_4^{3-} 中的 P 计；对厌氧消化处理，C/N 值在 （1～20）：1 的范围内时，消化效率最佳。

(2) 微生物生长的影响因素

① 反应温度　微生物可分为高温性（嗜热菌）、中温性、常温性和低温性（嗜冷菌）四

类，如表 12-1 所示。

表 12-1　各类微生物生长的温度范围

类别	最低温度/℃	最适温度/℃	最高温度/℃	类别	最低温度/℃	最适温度/℃	最高温度/℃
高温性	30	50～60	70～80	常温性	5	10～30	40
中温性	10	30～40	50	低温性	0	5～10	30

② pH 值　一般好氧生物处理 pH 值可在 6.5～8.5 之间变化；厌氧生物处理要求较严格，pH 值在 6.7～7.4 之间。因此，当排出废水 pH 值变化较大时，应设置调节池。

③ 溶解氧　好氧微生物在降解有机物的代谢过程中以分子氧作为受氢体，如果分子氧不足，降解过程会因为没有受氢体而不能进行，微生物的正常生长规律就会受到影响，甚至被破坏。

厌氧微生物对氧气很敏感，当有氧存在时，会形成 H_2O_2 积累，对微生物细胞产生毒害作用，使其无法生长。

④ 有毒物质　有毒物质对微生物的毒害作用，主要表现在使细菌细胞的正常结构遭到破坏以及使菌体内的酶变质，并失去活性。有毒物质可分为：a. 重金属离子（铅、铜、铬、砷、铜、铁、锌等）；b. 有机物类（酚、甲醛、甲醇、苯、氯苯等）；c. 无机物类（硫化物、氰化钾、氯化钠、硫酸根、硝酸根等）。

12.2
酶及酶反应

12.2.1　酶及其特点

酶是由活细胞产生的能在生物体内和体外起催化作用的催化剂。酶有单成分酶和双成分酶之分。单成分酶完全由蛋白质组成。双成分酶由蛋白质和活性原子基团相结合而成，蛋白质部分为主酶，活性原子基团一般是非蛋白质部分，此部分若与蛋白质部分结合较紧密时称之为辅基，结合不牢固时称之为辅酶。

酶所具有的独特性能：①催化效率高；②专属性；③对环境条件极为敏感。

12.2.2　酶促反应速率

12.2.2.1　单底物、单产物反应

酶促反应速率一般在规定的反应条件下，用单位时间内底物的消耗量和产物的生成量来表示。反应速率取其初速率，即底物的消耗量很小（一般在 5% 以内）时的反应速率。底物浓度远远大于酶浓度，在其他因素不变的情况下，底物

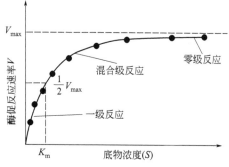

图 12-2　酶促反应速率与底物浓度的关系

浓度对反应速率的影响呈矩形双曲线关系。酶促反应速率与底物浓度的关系见图 12-2。废水生物处理有害物质允许浓度见表 12-2。

表 12-2　废水生物处理有害物质允许浓度

毒物名称	允许浓度/(mg/L)	毒物名称	允许浓度/(mg/L)
亚砷酸盐	5	CN^-	5～20
砷酸盐	20	氰化钾	8～9
铅	1	硫酸根	5000
镉	1～5	硝酸根	5000
三价铬	10	苯	100
六价铬	2～5	酚	100
铜	5～10	氯苯	100
锌	5～20	甲醛	100～130
铁	100	甲醇	200
硫化物(以 S 计)	10～20	吡啶	400
氰化物	10000	溴酚	30～50

12.2.2.2　米氏方程

当底物浓度较低时，酶促反应速率与底物浓度成正比，反应为一级反应。随着底物浓度的增高，反应速率不再成正比例加快，反应为混合级反应。当底物浓度高达一定程度时，反应速率不再增加，达最大速率，反应为零级反应。

酶促反应分两步进行，首先酶与底物形成中间络合物（中间产物），这个反应是可逆反应，然后结合物再分解为产物和游离态酶。反应过程可用下式表示：

$$E(酶)+S(底物) \Longleftrightarrow ES(中间产物) \longrightarrow P(分解产物)+E(酶)$$

米凯利斯-门坦（Michaelis-Menten）提出了表示整个反应过程中底物浓度与酶促反应速率之间的关系式，称为米凯利斯-门坦方程式，简称米氏方程，即：

$$V=V_{max}\frac{S}{K_m+S} \tag{12-1}$$

式中　V——比增长速率，s^{-1}，或 min^{-1}，或 h^{-1}；

V_{max}——V 在限制增长的底物达到饱和浓度时的最大值，s^{-1}，或 min^{-1}，或 h^{-1}；

S——底物浓度，g/mL；

K_m——饱和常数，即 $V=V_{max}/2$ 时的底物浓度，g/mL。

12.2.2.3　关于米氏方程的几点说明

(1) 米氏常数的意义

① K_m 值是酶的特征常数之一，只与酶的性质有关。

② 如果一种酶有几种底物，则对每一种底物各有一个 K_m 值。

③ 同一种酶有几种底物相应有几个 K_m 值，其中 K_m 值最小的底物称为该酶的最适底物或天然底物。

$\frac{1}{K_m}$ 值的大小可近似反映酶对底物的亲和力的大小。因为 $\frac{1}{K_m}$ 值愈大，K_m 值愈小，酶促反应速率达到 V_m 所需的底物浓度就愈小，表明酶对底物的亲和力愈大。显然，最适底物与酶的亲和力最大，不需很高的底物浓度，就可较易地达到 V_m。

(2) K_m 与 V_{max} 的测定

K_m 和 V_{max} 可通过 Lineweaver-Burk 的作图法——双倒数作图法求得，见图 12-3。

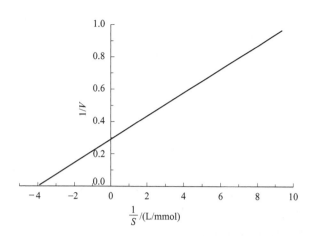

图 12-3　Lineweaver-Burk 的作图法——双倒数作图法

12.2.3　酶制剂

科研人员对酶制剂用于废水生物处理进行了大量研究，并得以应用。如日本研究将具有分解氰能力的产减杆菌和无色杆菌制成氰分解酶，使氰分解成氨和碳酸，对处理电镀含氰废水和丙烯腈废水很有效；利用脂肪酸、蛋白酶、淀粉酶、纤维素酶等混合酶处理生活污水等。目前科研人员还正在寻找能分解有机汞、多氯联苯、塑料和环状有机化合物的酶。

固相酶用于废水处理，主要是将固相酶置于反应器内，作为滤床，让废水通过滤床，污染物质被滤料上的酶催化分解。

12.2.4　适应酶

微生物具有变异的特性，即遗传的变异性。人们根据这一特点，人为地改变微生物的环境条件，使微生物在受到各种物理、化学等因素的影响后，发生变异，并在机体内产生适应新环境的酶，即适应酶。人们就利用这个特性为生产服务。如活性污泥的培养驯化就是利用了这一特性，即在活性污泥的培养驯化过程中，不适应废水的微生物逐渐死亡，适应该废水的微生物逐渐增加，并在该种废水的诱发下，在微生物的细胞内产生适应酶。

12.3
微生物的生长规律和生长动力学

12.3.1　微生物的生长规律

微生物按生长速度不同，其生长曲线可划分为四个生长时期：适应期、对数期、稳定期和衰亡期。

12.3.2　微生物的生长动力学

(1) 微生物的增长速度

莫诺特（Monod）方程描述限制微生物生长的营养物的剩余浓度与微生物比增长速率之

间的关系为：

$$\mu = \mu_{max} \frac{S}{K_s + S}$$ (12-2)

式中　μ——微生物比增长速率，s^{-1}，或 min^{-1}，或 h^{-1}；

　　　μ_{max}——微生物最大比增长速率，s^{-1}，或 min^{-1}，或 h^{-1}；

　　　S——溶液中限制微生物生长的底物浓度，mg/L；

　　　K_s——饱和常数，即当 $\mu = \frac{\mu_{max}}{2}$ 时的底物浓度，故又称半速度常数，mg/mL。

式(12-1) 与式(12-2) 类似。区别在于，米氏方程式(12-1) 表达的是酶促反应速率与底物浓度之间的关系，是一个生化反应速率表达式，而式(12-2) 是纯种微生物群体的集群增长速率，可以进一步用来表示活性污泥的增殖。

(2) 微生物增长速度与底物利用速度

微生物的增长速度与底物的利用速度有一个比例关系：

$$\left(\frac{dx}{dt}\right)_T = Y \left(\frac{dS}{dt}\right)_u \quad 或 \quad \mu = q$$ (12-3)

式中　Y——微生物产率系数；

　　　$\left(\frac{dx}{dt}\right)_T$——微生物总增长速度；

　　　$\left(\frac{dS}{dt}\right)_u$——底物利用速度。

将式(12-2) 代入式(12-3)，可得：

$$q = q_{max} \frac{S}{K_s + S}$$ (12-4)

式中　q_{max}——最大比底物利用速度；

　　　q——比底物利用速度。

12.4
废水可生化性及其评价方法

12.4.1　废水可生化性

废水可生化性的实质是废水中所含的污染物通过微生物的生命活动来改变污染物的化学结构，从而所能达到的改变污染物的化学性能和物理性能的程度。研究污染物可生化性的目的在于了解污染物质的分子结构能否在生物作用下分解为环境所允许的结构形态，以及是否有足够快的分解速度。所以对废水进行可生化性研究只研究可否采用生物处理方法，并不研究分解成什么产物，即使有机污染物被生物污泥吸附而去除也是可以的。因为在停留时间较短的处理设备中，某些物质来不及被分解，允许其随污泥进入消化池逐步分解。事实上，生物处理并不要求将有机物全部分解成 CO_2、H_2O 和硝酸盐等，而只要求将水中污染物去除到环境所允许的程度。

多年来，国内外在各类有机物生物分解性能的研究方面积累了大量的资料，以化工废水中常见的有机物为例，各类物质的可生物降解性及特殊例外见表 12-3。

表 12-3　各类物质的可生物降解性及特殊例外

类别	可生物降解性特征	特殊例外
碳水化合物	易于分解，大部分化合物的 $BOD_5/COD>50\%$	纤维系、木质素、甲基纤维素、α-纤维素生物降解性较差
烃类化合物	对生物氧化有阻抗，环烃比脂烃更甚。实际上，大部分烃类化合物不易被分解，小部分如苯、甲基、乙基苯以及丁苯异戊二烯，经驯化后，可被分解，大部分化合物的 $BOD_5/COD\leqslant20\%\sim25\%$	松节油、苯乙烯较易被分解
醇类化合物	能够被分解，主要取决于驯化程度、大部分化合物的 $BOD_5/COD>40\%$	特丁醇、戊醇、季戊四醇表现高度的阻抗性
酚类化合物	能够被分解。需短时间的驯化，一元酚、二元酚、甲酚及许多酚都能够被分解，大部分酚类化合物的 $BOD_5/COD>40\%$	2,4,5-三氯苯酚、硝基酚具有较高的阻抗，较难分解
醛类化合物	能够被分解，大多数化合物的 $BOD_5/COD>40\%$	丙烯醛、三聚丙烯醛需长期驯化，苯醛、3-羟基丁醛在高浓度时表现高度阻抗
醚类化合物	对生物降解的阻抗性较大，比酚、醛、醇类物质难于降解。有一些化合物经长期驯化后可以分解	乙醚、乙二醚不能被分解
酮类化合物	可生化性较醇、醛、酚差，但较醚为好，有一部分酮类化合物经长期驯化后能够被分解	
氨基酸	生物降解性能良好，BOD_5/COD 可大于 50%	胱氨酸、酪氨酸需较长时间驯化才能被分解
含氮化合物	苯胺类化合物经长期驯化可被分解，硝基化合物中的一部分经驯化后可降解。胺类大部分能够被降解	二乙基替苯胺、异丙胺、二甲苯胺实际上不能降解
氰或腈	经驯化后容易被降解	
乙烯类	生物降解性能良好	巴豆醛在高浓度时可被降解。在低浓度时产生有阻抗作用的有机物
表面活性剂类	直链烷基、芳基硫化物经长期驯化后能够被降解，"特型"化合物则难以降解。高分子量的聚乙氧酯和酰胺类更为稳定，难以生物降解	
含氯化合物	氧乙基类(醚链)对降解作用有阻抗，其高分子化合物阻抗性更大	
卤素有机物	大部分化合物不能被降解	氯丁二烯、二氯乙酸、二氯苯醋酸钠、二氯环己烷、氯乙醇等可被降解

由表 12-3 可以看出，在分析污染物的可生化性时，还应注意以下几点。

① 一些有机物在低浓度时毒性较小，可以被微生物所降解。但在浓度较高时，则表现出对微生物的强烈毒性，常见的酚、氰、苯等物质即是如此。如酚浓度在 1% 时是一种良好的杀菌剂，但在 300mg/L 以下时，则可被经过驯化的微生物所降解。

② 废水中常含有多种污染物，这些污染物在废水中混合后可能出现复合、聚合等现象，从而增大其抗降解性。有毒物质之间的混合往往会增大毒性作用，因此，对水质成分复杂的废水不能简单地以某种化合物的存在来判断废水生化处理的难易程度。

③ 所接种的微生物的种属是极为重要的影响因素。不同的微生物具有不同的酶诱导特性，在底物的诱导下，一些微生物可能产生相应的诱导酶，而有些微生物则不能，从而对底物的降解能力也就不同。目前废水处理技术已发展到采用特效菌种和变异菌处理有毒废水的阶段，对有毒物质的降解效率有了很大的提高。现已发现镰刀霉、诺卡氏菌等具有分解氰与腈的能力；假单孢菌如食酚极毛杆菌、解酚极毛杆菌、小球菌等具有很强的降解酚的能力。在厌氧发酵过程中，假单孢菌的一些种以及黄杆菌都具有很强的产酸能力，甲烷叠球菌等具有很高的产气能力。

目前，国内外的生物处理系统大多采用混合菌种，通过废水的驯化进行自然的诱导和筛选，驯化程度的好坏对底物降解效率有很大影响，如处理含酚废水，在驯化良好时，酚的接受浓度可由几十毫克每升提高到 $500 \sim 600 mg/L$。

④ pH 值、水温、溶解氧、重金属离子等环境因素对微生物的生长繁殖及污染物的存在形式有影响，因此，这些环境因素也间接地影响废水中有机污染物的可降解程度。

由于废水中污染物的种类繁多，相互间的影响错综复杂，所以一般应通过实验来评价废水的可生化性，判断采用生化处理的可能性和合理性。

12.4.2 废水可生化性的评价方法

(1) BOD_5/COD 值法

用 BOD_5/COD 值评价废水的可生化性是实际应用中广泛采用的一种最为简易的方法。在一般情况下，BOD_5/COD 值愈大，说明废水可生物处理性愈好。表 12-4 中所列为 BOD_5/COD 值与废水可生化性的评价参考数据。

表 12-4　BOD_5/COD 值与废水可生化性的评价参考数据

BOD_5/COD	>0.45	0.3~0.45	0.2~0.3	<0.2
可生化	好	较好	较难	不宜

在使用此法时，应注意以下几个问题。

① 某些废水中含有的悬浮性有机固体容易在 COD 的测定中被重铬酸钾氧化，并以 COD 的形式表现出来。但在 BOD 反应瓶中受物理形态限制，BOD 数值较低，致使 BOD_5/COD 值减小，而实际上悬浮有机固体可通过生物絮凝作用去除，继之可经胞外酶水解后进入细胞内被氧化，其 BOD_5/COD 值虽小，可生物处理性却不差。

② COD 测定值中包含了废水中某些无机还原性物质（如硫化物、亚硫酸盐、亚硝酸盐、亚铁离子等）所消耗的氧量，BOD_5 测定值中也包括硫化物、亚硫酸盐、亚铁离子等所消耗的氧量。但由于 COD 与 BOD_5 测定方法不同，这些无机还原性物质在测定时的终态浓度及状态都不尽相同，亦即在两种测定方法中所消耗的氧量不同，从而直接影响 BOD_5 和 COD 测定值及其比值。

③ 重铬酸钾在酸性条件下的氧化能力很强，在大多数情况下，COD 值可近似代表废水中全部有机物的含量。但有些化合物如吡啶不被重铬酸钾氧化，不能以 COD 的形式表现出需氧量，但却可能在微生物作用下被氧化以 BOD_5 的形式表现出需氧量，因此对 BOD_5/COD 值产生很大影响。

综上所述，废水的 BOD_5/COD 值不可能直接等于可生物降解的有机物占全部有机物的百分数，所以用 BOD_5/COD 值来评价废水的生物处理可行性尽管方便，但比较粗糙，欲做出准确的结论，还应辅以生物处理的模型实验。

(2) BOD_5/TOD 值法

对于同一废水或同种化合物，COD 值一般总是小于或等于 TOD（总需氧量）值，不同化合物的 COD/TOD 值变化很大，如吡啶为 2%，甲苯为 45%，甲醇为 100%，因此，以 TOD 代表废水中的总有机物含量要比 COD 准确，即用 BOD_5/TOD 值来评价废水的可生化性能得到更好的相关性。TOD 的代谢模式见图 12-4。BOD_5/TOD 值与废水可生化性的评价参考数据见表 12-5。通常，废水的 TOD 由两部分组成，其一是可生物降解的 TOD（以 TOD_B 表示），其二是不可生物降解的 TOD（以 TOD_{NB} 表示），即：

$$TOD = TOD_B + TOD_{NB}$$

$$(12-5)$$

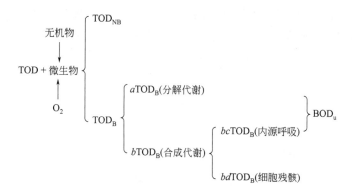

图 12-4　TOD 的代谢模式

表 12-5　BOD_5/TOD 值与废水可生化性的评价参考数据

BOD_5/TOD 值	>0.4	0.2~0.4	<0.2
废水可生化性	易生化	可生化	难生化

在微生物的代谢作用下，TOD_B 中的一部分氧化分解为 CO_2 和 H_2O，一部分合成为新的细胞物质。合成的细胞物质将在内源呼吸过程中被分解，并有一些细胞残骸最终要剩下来。根据图 12-4，可建立如下关系式：

$$BOD_u = a\,TOD_B + bc\,TOD_B \tag{12-6}$$

将式(12-6) 代入式(12-5)并整理得：

$$TOD = \frac{BOD_u}{a+bc} + TOD_{NB} \tag{12-7}$$

在碳化阶段，BOD 反应接近一级反应动力学过程，其 BOD_5 与 BOD_u 的关系为 $BOD_5 = BOD_u \times (1-10^{-5K})$，将此式代入式(12-7)中，整理得：

$$TOD = m\,BOD_5 + TOD_{NB} \tag{12-8}$$

$$m = \frac{1}{(a+bc)(1-10^{-5K})}$$

式(12-8) 揭示了废水中的 BOD_5 与 TOD 的内在联系。整理可得：

$$\frac{BOD_5}{TOD} = \frac{1}{m} \times \frac{TOD_B}{TOD} \tag{12-9}$$

式(12-9) 可作为评价废水可生化性的基本公式。式中包含两个因素：其一反映有机物的可生物降解程度（TOD_B/TOD）；其二反映有机物的生物降解速度。二者之积（$\frac{1}{m} \times \frac{TOD_B}{TOD}$）则表示有机物的可生化性。采用 BOD_5/TOD 值评价废水可生化性时，有些研究者推荐采用表 12-5 所列标准。

有的研究者对几种化学物质用未经驯化的微生物接种，测定逐日 BOD_t 和 TOD，再以 BOD_t/TOD 值与测定时间 t 作图，得图 12-5 所示的四种形式的关系曲线。

Ⅰ型（乙醇）所示为生化性良好，宜用生化法处理。

Ⅱ型表示乙腈虽然对微生物无毒害作用，但其生物降解性能较差，这样的污染物需经过一段时间的微生物驯化，才能确定是否可用生化法处理。

Ⅲ型所示乙醚的生物降解性能更差，而且还有一定的抑制作用，这样的污染物需经过更长时间的微生物驯化，才能做出判断。

Ⅳ型所示吡啶对微生物只有强抑制作用，在不驯化条件下难以生物分解。在测定 BOD$_5$ 时是否采用驯化菌种对 BOD$_5$/TOD 值及评价结论影响很大。例如，以不同的微生物接种，吡啶表现出不同的 BOD$_5$/TOD 图。接种不同微生物吡啶的 BOD$_5$/TOD 值与 t 的关系曲线见图 12-6，从而得到不同的结论。因此，为使研究工作以后的生产条件相近，在测定废水或有机化合物的 BOD$_5$ 时，必须接入驯化菌种。

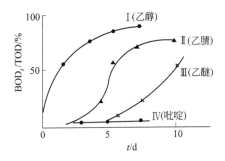

图 12-5　几种物质的 BOD$_t$/TOD 值
与 t 的关系曲线

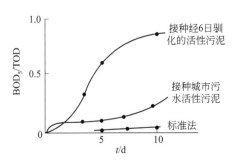

图 12-6　接种不同微生物吡啶
的 BOD$_5$/TOD 值与 t 的关系曲线

（3）耗氧速率法

表示耗氧速率（或耗氧量）随时间而变化的曲线，称为耗氧曲线。投加底物的耗氧曲线称为底物（基质）耗氧曲线；处于内源呼吸期的污泥耗氧曲线称为内源呼吸曲线。在微生物的生化活性、温度、pH 值等条件确定的情况下，耗氧速率将随可生物降解有机物浓度的提高而提高，因此，可用耗氧速率来评价废水的可生化性。耗氧曲线的特征与废水中有机污染物的性质有关。图 12-7 所示为几种典型的微生物呼吸耗氧曲线。

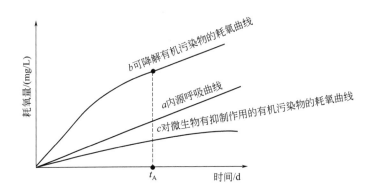

图 12-7　几种典型的微生物呼吸耗氧曲线

a 为内源呼吸曲线，若废水中有机污染物的耗氧曲线与内源呼吸曲线重合，说明有机污染物不能被微生物所分解，但对微生物也无抑制作用。

b 为可降解有机污染物的耗氧曲线，此曲线应始终在内源呼吸曲线的上方。起始时，微生物代谢速度快，耗氧速度也大，随着有机物浓度的减小，耗氧速度下降，耗氧曲线与内源呼吸曲线平行。

c 为对微生物有抑制作用的有机污染物的耗氧曲线。该曲线离横坐标愈近，离内源呼吸曲线愈远，说明废水中对微生物有抑制作用的物质的毒性愈强。

在图 12-7 微生物呼吸耗氧曲线中，与 b 类耗氧曲线相应的废水是可生物处理的，在某一时间内，b 与 a 之间的间距愈大，说明废水中的有机污染物愈易于生物降解。曲线 b 上微生物进入内源呼吸期的时间 t_A，可以认为是微生物氧化分解废水中可生物降解有机物所需的时间。在 t_A 时间内，有机物的耗氧量与内源呼吸耗氧量之差，就是氧化分解废水中有机污染物所需的氧量。根据图示结果及 COD 测定值、混合液悬浮固体 MLSS（或混合液挥发性悬浮固体 MLVSS）测定值，可以计算出废水中有机物的氧化百分率，计算式如下：

$$E = \frac{(O_1 - O_2) \times \text{MLSS}}{\text{COD}} \times 100\% \tag{12-10}$$

式中　E——有机物氧化分解百分率；

$\quad\ O_1$——有机物耗氧量，mg/L；

$\quad\ O_2$——内源呼吸耗氧量，mg/L；

MLSS——混合液悬浮固体浓度，mg/L。

显然，t_A 越小，$(O_1 - O_2)$ 越大或 E 越大，废水的可生化性就越好。

另一种做法是用相对耗氧速度 R（%）来评价废水的可生化性，计算公式如下：

$$R = \frac{V_a}{V_b} \times 100\% \tag{12-11}$$

式中　V_a——投加有机物的耗氧速度，$\text{mgO}_2/(\text{g MLSS·h})$；

$\quad\ V_b$——内源呼吸耗氧速度，$\text{mgO}_2/(\text{g MLSS·h})$。

V_a 与 V_b 一般应采用同一测定时间的平均值。图 12-8 所示是不同有机污染物可能出现的四种相对耗氧速度曲线。

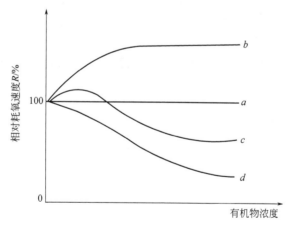

图 12-8　不同有机污染物可能出现的四种相对耗氧速度曲线

曲线 a 相应的有机污染物不能被微生物分解，对微生物的活性亦无抑制作用。

曲线 b 相应的有机污染物是可生物降解的物质。

曲线 c 相应的有机污染物在一定浓度范围内可以生物降解，超过这一浓度范围时，则对微生物产生抑制作用。

曲线 d 相应的有机污染物不可生物降解，且对微生物具有毒害抑制作用。一些重金属离子也有与此相同的作用。

由于影响有机污染物耗氧速度的因素很多，所以用耗氧曲线定量评价有机物的可生化性时，需对活性污泥的来源、驯化程度、浓度、有机物浓度、反应温度等条件作出严格的规定。测定耗氧量及耗氧速度的方法较多，如华氏呼吸仪测定法、曝气式呼吸仪测定法、双瓶呼吸计测定法、溶解氧测定仪测定法等。

(4) 摇床试验与模型试验

① 摇床试验 又称振荡培养法，是一种间歇投配连续运行的生物处理装置。摇床试验是在培养瓶中加入驯化活性污泥、待测物质及无机营养盐溶液，在摇床上振摇，培养瓶中的混合液在摇床振荡过程中不断更新液面，使大气中的氧不断溶解于混合液中，以供微生物代谢有机物之用，经过一定时间间隔后，对混合液进行过滤或离心分离，然后测定清液的 COD 或 BOD，以考察待测物质的去除效果。

摇床上可同时放置多个培养瓶，因此摇床试验可一次进行多种条件的试验，对于选择最佳操作条件非常有利。

② 模型试验 是指采用生化处理的模型装置考察废水的可生化性。模型装置通常可分为间歇流反应器和连续流反应器两种。

间歇流反应器模型试验是在间歇投配驯化活性污泥、待测物质及无机营养盐溶液的条件下连续曝气充氧来完成的。在选定的时间间隔内取样分析 COD 或 BOD 等水质指标，从而确定待测物质的去除率及去除速率。

连续流反应器是指连续进水、出水，连续回流污泥和排除剩余污泥的反应器。用这种反应器研究废水的可生化性时，要求在一定时间内进水水质稳定，通过测定进、出水的 COD 等指标来确定废水中有机物的去除速率及去除率。连续流反应器的形式多种多样，这种试验是对连续流污水或废水处理厂的模拟，试验时可阶段性地逐渐增加待测物质的浓度，这对于确定待测物质的生物处理极限浓度很有意义。如果对某种废水缺乏应有的处理经验时，这种试验完全可以为设计研究人员合理选择处理工艺参数提供有效的帮助。

采用模型试验确定废水或有机物的可生化性的优点是成熟和可靠，同时可进行生化处理条件的探索，求出废水的合理稀释度、废水处理时间及其他设计与运行参数。缺点是耗费的人力物力较大，需时较长。

除上述各种方法外，还有动力学常数法、彼特（P. Pitter）标准测定法、脱氢酶活性法等方法用于研究废水的可生化性。

12.5
废水生化处理方法总论

12.5.1 生化处理方法分类

生化处理方法主要可分为好氧处理和厌氧处理两种类型，详细分类见图 12-9。

好氧处理与厌氧处理的主要区别如下。

① 起作用的微生物不同 好氧处理是由好氧微生物和兼性微生物起作用，而厌氧处理是厌氧菌和兼性菌起作用。

② 产物不同 好氧处理中有机物被转化为 CO_2、H_2O、NH_3 或 NO_2^-、SO_4^{2-} 等。厌氧处理中有机物被转化为 CH_4、NH_3 等。

③ 反应速率不同 好氧处理有机物转化速率快，处理设备内停留时间短，设备体积小。厌氧处理有机物转化速率慢，需要时间长，设备体积庞大。

④ 对环境要求条件不同 好氧处理要求充分供氧。厌氧处理要求绝对厌氧的环境，对环境条件要求甚严。

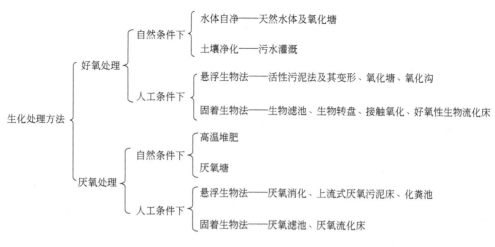

图 12-9　生化处理方法分类

12.5.2　生化处理方法的发展沿革

（1）好氧生化法的发展沿革

① 活性污泥法的发展沿革　活性污泥法于 1914 年首先在英国被应用。近 20 多年来，随着对其生物反应和净化机理的广泛深入研究，以及该法在生产应用技术上的不断改进和完善，使它得到了迅速发展，相继出现了多种工艺流程和工艺方法，使得该法的应用范围逐渐扩大，处理效果不断提高，工艺设计和运行管理更加科学化。目前，活性污泥法已成为城市污水、有机工业废水的有效处理方法和污水生物处理的主流方法。

② 生物膜法的发展沿革　第一个生物膜法处理设施于 1893 年在英国试验成功，1900 年后开始付诸污水处理实践，并迅速在欧美得到广泛应用。20 世纪 50 年代，在德国建造了塔式生物滤池，这种滤池高度大，具有通风良好、净化效能高、占地面积小等优点。

生物转盘出现于 20 世纪 60 年代。由于它净化功能好、效果稳定、能耗低，因此在国际上得到了广泛应用。70 年代初期出现了生物流化床，具有 BOD 容积负荷大、处理效率高、占地面积小、投资省等特点，生物活性炭法是近年来发展起来的，已在世界上许多国家采用。近年来出现的生物接触氧化法、投料活性污泥法，均是兼有活性污泥法和生物膜法特点的生物处理法。

（2）厌氧生化法的发展沿革

厌氧生物处理法，是在无氧的条件下由兼性厌氧菌和专性厌氧菌来降解有机污染物的处理方法，该法的应用已有一百多年历史。

从 20 世纪 70 年代起，其理论研究和实际应用都取得了很大的进展。近年来，一些新的厌氧处理工艺或设备，如上流式厌氧污泥床、上流式厌氧滤池、厌氧接触法、厌氧流化床及两相厌氧消化工艺等相继出现，使厌氧生物处理法所具有的能耗小并可回收能源，剩余污泥量少，生成的污泥稳定、易处理，对高浓度有机污水处理效率高等优点，得到充分的体现。

（3）好氧法与厌氧法的组合工艺

20 世纪 60 年代以来，生物脱氮除磷工艺受到重视，先后开发了厌氧-好氧（A1-O）和缺氧-好氧（A2-O）组合工艺，在去除有机物的同时，前者可去除废水中的磷，后者可脱除废水中的氮。继而又将上述两工艺优化组合，构成可以同时脱氮除磷并处理有机物的 A1-A2-O 流程（或称 A²/O）。

思　考　题

1. 为什么说"BOD_5/COD 在 0.35 以上就不必水解酸化"？

2. 医药废水处理都会有水解酸化的过程，没有的话会影响后面接触氧化的处理效果，其实没必要，请说明具体理由。

3. 试推导米氏方程。

4. 有一工业废水，浓度很高。因为废水中没有菌种，化验 BOD 时需要接种，接种后化验出来的结果比 COD 还要高，结果是 COD 90000mg/L，BOD 100000mg/L，试分析是何原因。

5. 同一废水的 BOD 低于 COD，但有实验验证有两类工业废水的 BOD 会比 COD 高：一类是氨氮浓度比较高的废水，因为这里面有硝化细菌、反硝化细菌，这两类细菌作用消耗氧导致 BOD 比 COD 高；另一类含吡啶的废水，因为吡啶不能化学开环（所以不表现出 COD），但是吡啶可以生物开环，所以 BOD 比 COD 高（注：吡啶的化学开环是氧化开环，吡啶的生物开环是还原开环）。请解释说明。

6. 制药废水处理系统，白天运行，晚上停运，白天处理后的出水较好，可是经过一晚上的停运静止后，第二天早上发现二沉池的水变得像牛奶一样，请问这是什么原因？

7. 某处理后污水的 COD 猛增，且居高不下，会有什么原因呢？（说明：我厂是普通的炼油厂，以前出水 COD 都在 80mg/L 左右，目前却一下子增到 1000mg/L 左右，且持续了 20 天，而且活性污泥的沉降性很差）

8. 某城市海拔 3650 多米，最低气温零下 14℃，空气稀薄，气温低，日温差大，这地方的生活污水用什么工艺处理好？

9. 因为酶促反应的效率远远高于无机的化学反应，BOD/COD 可能大于 1，你认为呢？

10. 现在调试污水处理厂，设计进水 BOD 160mg/L，实际只有 40mg/L 左右，污泥培养快一个月了，可从接种的 250mg/L 才长到了 600mg/L 左右。目前进水 1000m³/h，已达到处理装置最大负荷，如何处理？

11. BOD 与 COD 的关系是 COD 大于 BOD，COD－BOD 约等于不可生化有机物量，对吗？

第13章
活性污泥法

水的生物处理的方法很多。根据微生物与氧的关系可分为好氧处理和厌氧处理。根据微生物在构筑物中处于悬浮状态还是固着状态，可分为活性污泥法和生物膜法。活性污泥和生物膜是净化污水的工作主体。

13.1
活性污泥法概述

13.1.1 活性污泥法发展历史

1912 年，美国的 Lawlence 研究所开始进行活性污泥实验。1914 年，活性污泥法诞生。1917 年，在英国的曼彻斯特和美国的休斯敦分别建造了活性污泥法污水处理厂，并开始投入运行。此后，高负荷活性污泥法、延时曝气法、氧化沟等方法相继问世并得到发展。

13.1.2 活性污泥法的基本流程

向生活污水中注入空气进行曝气，并持续一段时间以后，污水中即生成一种絮凝体。这种絮凝体主要是由大量繁殖的微生物群体所构成，它有巨大的表面积和很强的吸附性能，称为活性污泥。活性污泥法在曝气过程中，对有机物的去除分两个阶段，即吸附阶段和稳定阶段。

13.1.3 活性污泥的性能及其评价指标

13.1.3.1 活性污泥中的微生物

（1）活性污泥的组成和性质

活性污泥是由多种多样的好氧微生物和兼性厌氧微生物（兼有少量厌氧微生物）与污水中的有机固体物和无机固体物混凝交织在一起所形成的絮状体。

① 组成：微生物（好氧、兼性及少量厌氧）＋固体杂质（有机和无机）。

② 性质：絮状，大小为 0.02～0.2mm，比表面积为 20～100cm^2/mL。

③ 颜色：生活污水一般为黄褐色，工业污水则与水质有关。

④ 含水率在 99%，相对密度 1.002～1.006，具有沉降性能。

⑤ pH 值在 6～7，弱酸性，具有一定的缓冲能力。

（2）活性污泥的存在状态

在完全混合式曝气池中，活性污泥以悬浮状态存在，均匀分布；在推流式曝气池内，活性污泥的存在状态随推流方向而有变化。

（3）活性污泥中的微生物群落

活性污泥的结构和功能的中心是菌胶团。在其上面生长有其他微生物，如酵母菌、霉菌、放线菌、藻类、原生动物及微型后生动物等。

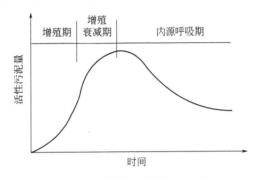

图 13-1　活性污泥的增长规律

（4）活性污泥中微生物的浓度和数量

常用 MLSS（混合液悬浮固体）或 MLVSS（混合液挥发性悬浮固体）来表示活性污泥中微生物的浓度。一般城市污水处理中，MLSS 在 $2000\sim3000mg/L$，工业废水在 $3000mg/L$ 左右，高浓度工业废水在 $3000\sim5000mg/L$。$1mL$ 好氧活性污泥中的细菌数为 $10^7\sim10^8$ 个。

13.1.3.2　活性污泥净化废水的作用机理

（1）活性污泥的增长规律

活性污泥的增长规律见图 13-1。

（2）有机物量、活性污泥（微生物）量及耗氧量关系

有机物量、活性污泥（微生物）量及耗氧量关系见图 13-2。

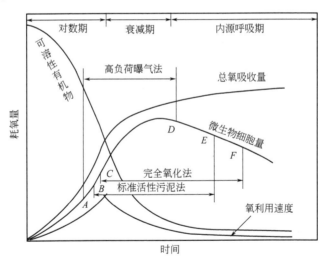

图 13-2　有机物量、活性污泥（微生物）量及耗氧量关系

（3）有机物的降解与微生物的增殖

活性污泥（微生物）每日在曝气池内的增殖量可用下式表示：

$$\Delta X=aQS_r-bVX\qquad(kg/d)\qquad(13-1)$$

式中　Q——处理废水量，m^3/d；

　　　S_r——去除 BOD_5 量，kg/m^3；

　　　V——曝气池容积，m^3；

　　　a——污泥增长系数，$kg\ VSS/kg\ BOD_5$；

　　　b——污泥自身氧化率，$kg\ VSS/kg\ VSS$；

X——活性污泥量，kg/m^3。

（4）有机物的降解与需氧

曝气池的耗氧包括两部分：一部分氧化有机物（异化分解）以取得能量；另一部分转化为新的原生质（同化合成）和贮藏物质。

$$R_0 = a'QS_r + b'VX \qquad (13-2)$$

式中　a'——转化 1kg BOD 的平均需氧量，kg/kg；

$\quad\quad b'$——微生物（以 VSS 计）自身氧化的需氧量，$kg/(kg \cdot d)$。

$$\frac{R_0}{VX} = a'\frac{QS_r}{VX} + b'$$

$$\frac{R_0}{QS_r} = a' + b'\frac{VX}{QS_r}$$

图解法求 a'、b'

式中　$R_0/(VX)$——氧的比耗速度，即每公斤活性污泥（以 VSS 计）平均每天的耗氧量，$kg/(kg \cdot d)$，常用 K_r 表示；

$\quad\quad R_0/(QS_r)$——比需氧量，即去除 1kg BOD 的需氧量，kg/kg。

13.1.3.3　菌胶团的作用

菌胶团的作用主要表现在几个方面，即对有机物进行吸附和氧化分解，为原生动物和微型后生动物提供良好的生存环境和附着场所以及具有指示作用。

13.1.3.4　原生动物及微型后生动物的作用

原生动物和微型后生动物在污水生物处理和水体污染及自净中起到三方面的作用，即指示作用、净化作用以及促进絮凝和沉淀作用。

13.1.4　曝气方法和曝气池的构造

13.1.4.1　曝气的理论基础——双膜理论、浅层理论、表面更新理论

① 气-液界面存在着两层膜——气膜和液膜。
② 这两层膜使气体分子从一相进入另一相时受到阻力。
③ 当气体分子从气相向液相传递时，若气体的溶解度低，则阻力主要来自液膜。

13.1.4.2　氧传递过程的基本方程

$$\frac{dC}{dt} = K_{La}(C_s - C) \qquad (13-3)$$

式中　$\dfrac{dC}{dt}$——单位体积清水中氧的转移速率，$mg/(L \cdot h)$；

$\quad\quad K_{La}$——清水中氧的总转移系数，h^{-1}；

$\quad\quad C_s$——清水中氧的饱和溶解度，mg/L；

$\quad\quad C$——清水中氧的实际溶解度，mg/L。

13.1.4.3　影响氧转移的因素

① 污水水质。
② 水温　水温对 K_{La} 的影响关系式为：

$$K_{La(T)} = K_{La(20)} \times 1.024^{(T-20)} \qquad (13-4)$$

式中　$K_{La(T)}$——水温为 T 时氧的总转移系数；

$\quad\quad K_{La(20)}$——水温为 20℃ 时氧的总转移系数；

　　　　T——设计温度，℃；

　　　1.024——温度系数。

　　③ 氧分压　氧转移除了受到污水中溶解盐类及温度的影响外，还受到氧分压或气压的影响（C_s），气压降低，C_s 值也随之下降，反之则提高。因此，在气压不是 $1.013 \times 10^5 \, \text{Pa}$ 的地区，C_s 值应乘以压力修正系数 p：

$$p = \text{所在地区实际气压(Pa)}/1.013 \times 10^5$$

　　④ 曝气装置的安装深度。

13.1.4.4　曝气方法和设备

　　曝气方法主要包括两大类，即鼓风曝气（图 13-3）和机械曝气（装置见图 13-4）。

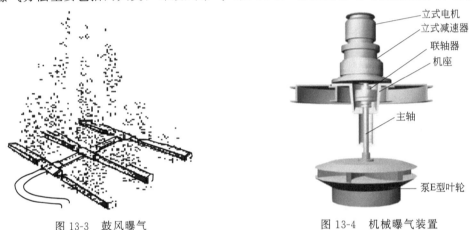

图 13-3　鼓风曝气　　　　　　　　图 13-4　机械曝气装置

（1）鼓风曝气

鼓风曝气是传统的曝气方法，它由鼓风机、空气扩散装置和风管组成。

① 扩散装置的分类

a. 小气泡扩散装置：扩散板、扩散管或扩散盘等；

b. 中气泡扩散装置：穿孔管等；

c. 大气泡扩散装置：曝气竖管等。

② 剪切扩散装置的分类

a. 水力剪切扩散装置：倒盆式、撞击式和射流式等；

b. 机械剪切扩散装置：涡轮式等。

（2）机械曝气

机械曝气设备的样式较多，大致可归纳为叶轮和转刷两大类。

常用的表面曝气叶轮有泵型、倒伞型和平板型。

机械曝气装置按传动轴的安装方向可分为竖轴式和卧轴式两种。

（3）表示曝气设备技术性能的主要指标

① 动力效率（EP）：每消耗 1kW·h 电能转移到清水中的氧量，以 kg O₂/(kW·h) 计；

② 氧的利用率（EA）：通过鼓风曝气转移到清水中的氧量占总供氧量的百分比，%；

③ 充氧能力（EL）：通过机械曝气装置，在单位时间内转移到清水中的氧量，以 kg O₂/h计。

（4）对曝气设备的要求

① 搅拌均匀；

② 构造简单，性能稳定，故障少；

③ 不产生噪声及其他公害；

④ 对某些工业废水耐腐蚀性强；

⑤ 能耗少；

⑥ 价格低。

（5）曝气池的类型与构造

曝气池根据混合液流型可分为推流式、完全混合式和循环混合式三种；根据平面形状可分为长方廊道形、圆形或方形、环形跑道形三种；根据采用的曝气方法可分为鼓风曝气式、机械曝气式以及两者联合使用的联合式三种；根据曝气池与二次沉淀池的关系可分为分建式和合建式两种。

① 推流式曝气池　推流式曝气池为长方廊道形池子，常采用鼓风曝气，扩散装置排放在池子的一侧，这样布置可使水流在池中呈螺旋状前进，增加气泡和水的接触时间。

曝气池的数目随污水厂大小和流量而定，在结构上可以分成若干单元，每个单元包括几个池子，每个池子常由一至四个折流的廊道组成。为了使水流更好地旋转前进，宽深比不大于 2，常在 1.5～2 之间。池深常在 3～5m。曝气池进水口一般淹没在水面以下，以免污水进入曝气池后沿水面扩散，造成短流，影响处理效果。

② 完全混合式曝气池　完全混合式曝气池常采用叶轮供氧，多以圆形、方形或多边形池子作单元，主要是因为需要和叶轮所能作用的范围相适应。完全混合法基本流程见图 13-5。改变叶轮的直径可以适应不同直径（边长）、不同深度的池子的需要。长方形曝气池可以分成一系列相互衔接的方形单元，每个单元设置一个叶轮。使用完全混合式曝气池时，为了节约占地面积，常常是把曝气池和沉淀池合建。

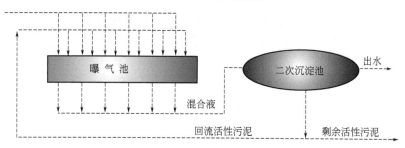

图 13-5　完全混合法基本流程

③ 循环混合式曝气池　循环混合式曝气池多采用转刷供氧，其平面形状如环形跑道。循环混合式曝气池也称氧化渠或氧化沟，是一种简易的活性污泥系统，属于延时曝气法。

13.1.5　活性污泥法的运行方式

按运行方式分类，活性污泥法包括：普通活性污泥法、渐减曝气活性污泥法、阶段曝气活性污泥法、吸附再生活性污泥法、完全混合活性污泥法、延时曝气活性污泥法、高负荷活性污泥法、纯氧曝气活性污泥法、深井曝气活性污泥法等。

（1）普通活性污泥法

优点：曝气时间长，吸附量大，去除率高达 90%～95%。污泥颗粒大，易沉降。污泥量少，剩余污泥量占不到回流污泥量的 10%。

缺点：不适用于水质变化大的水处理，长廊式供氧利用率低，能耗较高。处理时间长，曝气 4～8h。

（2）渐减曝气活性污泥法

普通活性污泥法的需氧率沿池长降低，而供氧沿池长均匀分布，造成浪费，改变为沿池长渐减供氧，以达到供氧与需氧均衡。针对普通活性污泥法池首 BOD 负荷高，池尾低，改变为沿池长分级注水、多点进水，也称逐步曝气法。

优点：有机负荷分配均匀，需氧量均匀；活性污泥浓度不均匀；在相同的 BOD 负荷条件下，逐步曝气法的 BOD 容积负荷可明显增大，去除一定量的 BOD，曝气池容积仅为普通活性污泥法的一半，减少占地面积。

缺点：工艺复杂，运行管理要求高；渐减曝气或多点进水使管线、阀门增多。

（3）阶段曝气活性污泥法

阶段曝气活性污泥法也称多点进水或分段进水活性污泥法。

（4）吸附再生活性污泥法

优点：有利于提高活性污泥吸附氧化有机物的能力；有利于活性污泥的活化；调节平衡能力强，回流比大，约 50%～100%。

缺点：吸附时间短，处理效率低，仅 85%～90%；污泥回流量多，增加回流污泥泵的容量。

（5）完全混合活性污泥法

优点：原污水在水质、水量方面的变化对活性污泥的影响较小，各部位的水质、微生物数量和组成几乎一致，因此可通过对 F/M（即污泥负荷，F 指有机物的量，M 指活性污泥的量）值的调整，将整个曝气池的工况控制在最佳条件。

缺点：连续进出水时可能产生短流，出水水质不及推流式，活性污泥较易产生膨胀现象。

（6）延时曝气活性污泥法

延时曝气活性污泥法的特征是曝气时间很长，一般为 24h 左右，微生物生长处于内源代谢阶段，污水中的有机物几乎完全被氧化，出水水质较好。剩余污泥量少，甚至可以长期不排泥，且剩余污泥的稳定性很好，不必进行厌氧消化。

（7）高负荷活性污泥法

高负荷活性污泥法又称短时曝气活性污泥法，本工艺的特点是 BOD 负荷高，曝气时间短，处理效率低，一般 BOD 去除率为 70%～75%，因此称之为不完全处理活性污泥法。

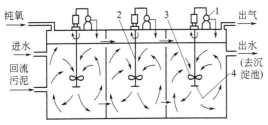

图 13-6　三级封闭式纯氧曝气池构造
1—泵；2—搅拌器；3—螺旋桨；4—平板

（8）纯氧曝气活性污泥法

纯氧曝气可大大提高氧的转移效率，氧的转移率可提高到 80%～90%，而一般的鼓风曝气仅为 10% 左右；可使曝气池内活性污泥浓度高达 4000～7000mg/L，能大大提高曝气池的容积负荷；剩余污泥产量少，SVI（污泥体积指数）值也低，无污泥膨胀之虑。三级封闭式纯氧曝气池构造见图 13-6。

（9）深井曝气活性污泥法

深井曝气活性污泥法系统见图 13-7。

工艺流程：一般平面呈圆形，直径约为 1～6m，深度一般为 50～150m。

特点：氧转移率高，约为常规法的 10 倍以上；动力效率高，占地少，易于维护运行；耐冲击负荷，产泥量少；一般可以不建初次沉淀池；受地质条件的限制。

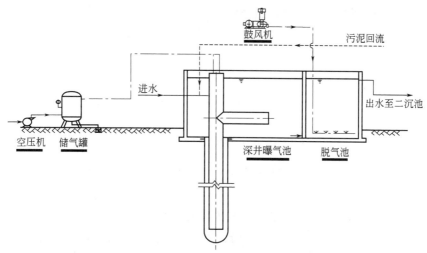

图 13-7 深井曝气活性污泥法系统

13.1.6 活性污泥丝状膨胀及其控制对策

用活性污泥法处理废水，曝气池中的活性污泥，正常情况下是由许多具有絮凝作用的絮凝细菌——菌胶团细菌占优势，辅以少量的丝状细菌，大量钟虫类的固着型纤毛虫、旋转虫等组成。由于某些环境条件的变化，污泥会发生膨胀现象（可分为由丝状细菌引起的丝状膨胀污泥和由非丝状细菌引起的菌胶团膨胀污泥，而又以丝状膨胀污泥较为普遍），此时，二沉池中泥水分离困难，池面飘泥严重，造成出水水质极差。

（1）活性污泥丝状膨胀的致因微生物

由丝状细菌极度生长引起的活性污泥膨胀称为活性污泥丝状膨胀。活性污泥丝状膨胀的致因微生物种类很多，常见的有：诺卡氏菌属、浮游球衣菌、微丝菌属、发硫菌属、贝日阿托氏菌属等。

（2）活性污泥丝状膨胀的成因

活性污泥丝状膨胀的成因有环境因素和微生物因素。主导因素是丝状微生物过度生长，环境因素促进丝状微生物过度生长，包括温度、溶解氧、可溶性有机物及其种类、有机物浓度（或有机负荷）等。此外，pH 值的变化也可能会引起活性污泥丝状膨胀。总之，引起活性污泥丝状膨胀的原因是比较复杂的，要具体问题具体分析，然后采取相应的措施予以控制。

（3）控制活性污泥丝状膨胀的对策

解决活性污泥丝状膨胀的问题，从根本上说是要控制引起丝状微生物过度生长的具体环境因子，即控制溶解氧、控制有机负荷以及改革工艺。

13.2
脱氮、除磷活性污泥法工艺及设计

13.2.1 氮的去除

氮在水中的存在形态与分类见图 13-8。

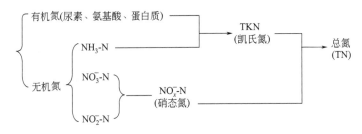

图 13-8　氮在水中的存在形态与分类

水中的氮以有机氮、氨氮、亚硝酸盐氮和硝酸盐氮四种形式存在。

13.2.1.1　化学法除氮

废水中，NH_3 与 NH_4^+ 以如下的平衡状态共存：$NH_3+H_2O \rightleftharpoons NH_4^++OH^-$。这一平衡受 pH 的影响，pH 值为 10.5～11.5 时，因废水中的氮呈饱和状态而逸出，所以吹脱法常需加石灰。吹脱过程包括将废水的 pH 值提高至 10.5～11.5，然后曝气，这一过程在吹脱塔中进行。

13.2.1.2　折点加氯法除氮

含氨氮的水中加氯时，有下列反应：

$$Cl_2+H_2O \rightleftharpoons HOCl+H^++Cl^- \tag{13-5}$$

$$NH_4^++HOCl \rightleftharpoons NH_2Cl+H^++H_2O \tag{13-6}$$

$$NH_4^++2HOCl \rightleftharpoons NHCl_2+H^++2H_2O \tag{13-7}$$

$$NH_4^++3HOCl \rightleftharpoons NCl_3+H^++3H_2O \tag{13-8}$$

$$2NH_4^++3HOCl \rightleftharpoons N_2\uparrow+5H^++3Cl^-+3H_2O \tag{13-9}$$

通过适当的控制，可完全去除水中的氨氮。为减少氯的投加量，常与生物硝化联用，先硝化再除残留的微量氨氮。典型加氯曲线见图 13-9。

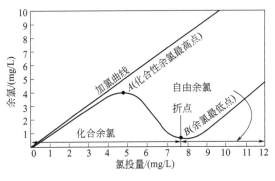

图 13-9　典型加氯曲线

13.2.1.3　生物法脱氮

（1）生物脱氮机理

同化作用去除的氮量依运行条件和水质而定，如果微生物细胞中氮含量以 12.5% 计算，同化氮去除占原污水 BOD 的 2%～5%，氮去除率在 8%～20%。生物脱氮是在微生物的作用下，将有机氮和氨态氮转化为 N_2 和 N_xO 的过程，包括硝化和反硝化两个过程，见图 13-10。

① 氨化反应　新鲜污水中，含氮化合物主要是以有机氮，如蛋白质、尿素、胺类化合物、硝基化合物以及氨基酸等形式存在的，此外也含有少数的氨态氮如 NH_3 及 NH_4^+ 等。

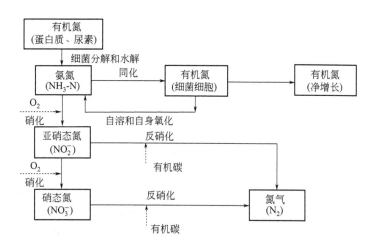

图 13-10 生物脱氮机理图

微生物分解有机氮化合物产生氨的过程称为氨化作用，很多细菌、真菌和放线菌都能分解蛋白质及其含氮衍生物，其中分解能力强并释放出氨的微生物称为氨化微生物，在氨化微生物的作用下，有机氮化合物分解、转化为氨态氮。以氨基酸为例：

$$RCHNH_2COOH + H_2O \longrightarrow RCOH_2COOH + NH_3 \tag{13-10}$$

$$RCHNH_2COOH + O_2 \longrightarrow RCOOH + CO_2 + NH_3 \tag{13-11}$$

② 硝化反应　硝化反应是在好氧条件下，将 NH_4^+ 转化为 NO_2^- 和 NO_3^- 的过程。硝化细菌是化能自养菌，生长率低，对环境条件变化较为敏感。温度、溶解氧、污泥龄、pH、有机负荷等都会对它产生影响。

$$2NH_4^+ + 3O_2 \xrightarrow{\text{亚硝酸菌}} 2NO_2^- + 4H^+ + 2H_2O \tag{13-12}$$

$$2NO_2^- + O_2 \xrightarrow{\text{硝酸菌}} 2NO_3^- \tag{13-13}$$

总反应式为：

$$NH_4^+ + 2O_2 \xrightarrow{\text{硝化细菌}} NO_3^- + 2H^+ + H_2O \tag{13-14}$$

③ 反硝化反应　反硝化反应是指在无氧的条件下，反硝化菌将硝酸盐氮（NO_3^-）和亚硝酸盐氮（NO_2^-）还原为氮气的过程。反硝化菌属异养兼性厌氧菌，在有氧存在时，它会以 O_2 为电子进行呼吸，而在无氧而有 NO_3^- 或 NO_2^- 存在时，则以 NO_3^- 或 NO_2^- 为电子受体，以有机碳为电子供体和营养源进行反硝化反应。

$$NH_4^+ \xrightarrow{-2e^-} NH_2OH(\text{羟胺}) \xrightarrow{-2e^-} NOH(\text{硝酰胺}) \xrightarrow{-2e^-} NO_2^- \xrightarrow{-2e^-} NO_3^-$$

$$\tag{13-15}$$

$$6NO_3^- + 2CH_3OH \xrightarrow{\text{硝酸还原菌}} 6NO_2^- + 2CO_2 + 4H_2O \tag{13-16}$$

$$6NO_2^- + 3CH_3OH \xrightarrow{\text{亚硝酸还原菌}} 3N_2 + 3CO_2 + 3H_2O + 6OH^- \tag{13-17}$$

由以上过程可知，约 96％的 NO_3^--N 经异化过程还原，4％经同化过程合成微生物。

（2）硝化过程的影响因素

① 好氧环境条件，并保持一定的碱度。硝化菌为了获得足够的能量用于生长，必须氧化大量的 NH_3 和 NO_2^-，氧是硝化反应的电子受体，反应器内溶解氧含量的高低，必将影响硝化反应的进程。在硝化反应的曝气池内，溶解氧含量不得低于 1mg/L，多数学者建议溶解氧应保持在 $1.2 \sim 2.0$mg/L。在硝化反应过程中，释放 H^+，使 pH 值下降，硝化菌对

pH 的变化十分敏感，为保持适宜的 pH，应当在污水中保持足够的碱度，以调节 pH 的变化，1g 氨态氮（以 N 计）完全硝化，需碱度（以 $CaCO_3$ 计）7.14g。对硝化菌适宜的 pH 值为 8.0～8.4。

② 混合液中有机物含量不应过高。硝化菌是自养菌，有机基质浓度并不是它的增殖限制因素，若 BOD 值过高，将使增殖速度较快的异养型细菌迅速增殖，从而使硝化菌不能成为优势种属。

③ 硝化反应的温度是 20～30℃，15℃以下时硝化反应速度下降，5℃时完全停止。

④ 硝化菌在反应器内的停留时间，即生物固体平均停留时间（污泥龄）SRT，必须大于其最小的世代时间，否则将使硝化菌从系统中流失殆尽。一般认为硝化菌最小世代时间在适宜的温度条件下为 3d。SRT 值与温度密切相关，温度低，SRT 取值应相应明显提高。

⑤ 除有毒有害物质及重金属外，对硝化反应产生抑制作用的物质还有高浓度的 NH_4^+-N、高浓度的 NO_x-N、高浓度的有机基质、部分有机物以及络合阳离子等。

（3）反硝化过程的影响因素

① 碳源　能为反硝化菌所利用的碳源较多，从污水生物脱氮考虑，可有下列三类：一是原污水中所含碳源，对于城市污水，当原污水 $BOD_5/TKN>3～5$ 时，即可认为碳源充足；二是外加碳源，多采用甲醇（CH_3OH），因为甲醇被分解后的产物为 CO_2 和 H_2O，不留任何难降解的中间产物；三是微生物体内的碳源，即利用微生物组织进行内源反硝化。

BOD_5/TN（即 C/N）值是判别能否有效脱氮的重要指标。从理论上讲，C/N≥2.86 就能进行脱氮，但一般认为，C/N≥3.5 才能进行有效脱氮。

② pH　对于反硝化反应，最适宜的 pH 值是 6.5～7.5。pH 值高于 8 或低于 6，反硝化速率将大为下降。

③ 溶解氧浓度　反硝化菌属异养兼性厌氧菌，在无分子氧但存在硝酸根离子和亚硝酸根离子的条件下，它们能够利用这些离子中的氧进行呼吸，使硝酸盐还原。另外，反硝化菌体内的某些酶系统组分，只有在有氧条件下才能够合成。这样，反硝化反应宜于在缺氧、好氧交替的条件下进行，溶解氧应控制在 0.5mg/L 以下。

④ 温度　反硝化反应的最适宜温度是 20～40℃，低于 15℃反硝化反应速率最低。为了保持一定的反硝化速率，在冬季低温季节，可采用如下措施：提高生物固体平均停留时间；降低负荷率；提高污水的水力停留时间。

在反硝化反应中，最大的问题是污水中可用于反硝化的有机碳的多少及其可生化程度。

（4）常见生物脱氮工艺

① 三段生物脱氮工艺　即将有机物氧化段、硝化段以及反硝化段独立开来，每一部分都有其自己的沉淀池和各自独立的污泥回流系统。Barth 三段生物脱氮工艺见图 13-11。

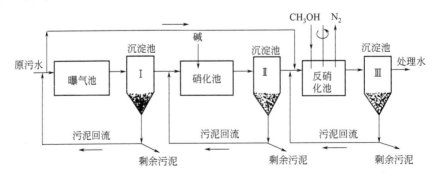

图 13-11　Barth 三段生物脱氮工艺

② Bardenpho 生物脱氮工艺　设立两个缺氧段，第一段利用原水中的有机物为碳源和第一好氧池中回流的含有硝态氮的混合液进行反硝化反应。为进一步提高脱氮效率，废水进入第二段反硝化反应器，利用内源呼吸碳源进行反硝化。曝气池用于吹脱废水中的氮气，提高污泥的沉降性能，防止在二沉池发生污泥上浮现象。Bardenpho 生物脱氮工艺见图 13-12。

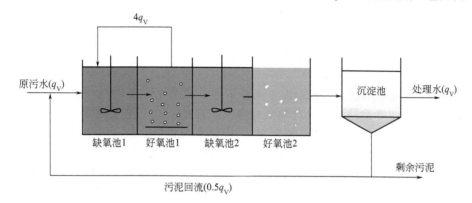

图 13-12　Bardenpho 生物脱氮工艺

③ 缺氧-好氧生物脱氮工艺　将反硝化段设置在系统的前面，又称前置式反硝化生物脱氮系统。反硝化反应以水中的有机物为碳源，曝气池中含有大量硝酸盐的回流混合液，在缺氧池中进行反硝化脱氮。

（5）最前沿的生物脱氮工艺

传统的生物脱氮工艺的基本原理是在二级生物处理过程中，先将有机氮转化为氨氮，再通过硝化菌和反硝化菌的作用将氨氮转化为亚硝态氮和硝态氮，最终通过反硝化作用将硝态氮转化为氮气完成脱氮。

因为硝化与反硝化反应的进行存在相互制约的关系，在有机物大量存在的情况下，自养硝化菌对氧气和营养物的竞争力不如好氧异养菌，无法占据主导地位，而反硝化需要有机物作为电子供体，但是硝化过程去除了大量的有机物，导致反硝化过程中碳源缺乏，所以为平衡两单元的不同需求，发展出多种生物脱氮方法相结合的工艺。传统的生物脱氮工艺主要依靠调整工艺流程来缓解硝化菌反应环境和反硝化菌反应环境之间存在的矛盾。如果硝化反应阶段在前，则需要外加电子供体例如甲醇等物质，提高了运行费用；如果硝化反应阶段在后，则需要将硝化废水回流，容易产生污泥上浮现象并且需要提高回流比以获得更高的去除率。这个矛盾在处理氨氮浓度较低的市政废水中尚不明显，但在处理垃圾渗滤液、畜牧废水等高浓度氨氮废水时，极大地限制了系统脱氮效率。近年来通过理论研究和实践创新，人们发现了一些与传统生物脱氮理论相反的生物脱氮方法，如 SND 工艺、SHARON 工艺、ANAMMOX 工艺、SHARON-ANAMMOX 组合工艺、OLAND 工艺、CANON 工艺。

① 同步硝化反硝化（SND）工艺　根据传统生物脱氮理论，脱氮途径一般包括硝化和反硝化两个阶段，硝化和反硝化两个过程需要在两个隔离的反应器中进行，或者是在时间或空间上造成交替缺氧和好氧环境的同一个反应器中进行。实际上，早期，在一些没有明显的缺氧及厌氧段的活性污泥工艺中，人们就曾多次观察到氮的非同化损失现象，在曝气系统中也曾多次观察到氮的消失。在这些处理系统中，硝化和反硝化反应往往发生在同样的处理条件及同一处理空间内，因此，这些现象被称为同步硝化/反硝化（SND）。对于各种处理工艺中出现的 SND 现象已有大量的报道，包括生物转盘、连续流反应器以及序批式 SBR 反应器等。与传统硝化-反硝化处理工艺比较：SND 能有效地保持反应器中 pH 稳定，减少或取消碱度的投加；减少传统反应器的容积，节省基建费用；对于仅由一个反应池组成的序批

式反应器来讲，SND 能够降低实现硝化-反硝化所需的时间；曝气量的节省，能够进一步降低能耗。因此 SND 系统提供了今后降低投资并简化生物除氮技术的可能性。

② 短程硝化脱氮（SHARON）工艺　SHARON 工艺即短程硝化脱氮工艺，是荷兰 Delft 技术大学于 1997 年提出开发的新型生物脱氮工艺。基本原理是在同一个反应器内，在有氧的条件下，自养型亚硝酸菌将 NH_3-N 转化为 NO_2^-，然后在缺氧条件下，异养型反硝化菌以有机物为电子供体，以 NO_2^- 为电子受体，将 NO_2^- 转化为 N_2。其理论基础是亚硝酸型硝化反硝化技术，生化反应可用下式表示：

$$NH_4^+ + 0.75O_2 + HCO_3^- \longrightarrow 0.5NH_4^+ + 0.5NO_2^- + CO_2 + 1.5H_2O \tag{13-18}$$

该工艺的关键是如何将氨氧控制在亚硝酸阶段，并持久维持较高浓度的亚硝酸盐积累。该工艺使用无需污泥停留的全混合厌氧反应器（CSTR），在较短的 HRT（水力停留时间）和 30～40℃ 的条件下，通过"洗泥"的方式进行种群筛选，产生大量的亚硝酸菌。SHARON 工艺适用于高浓度氨（500mg/L）废水的处理，尤其适用于具有脱氨要求的预处理或旁路处理。该工艺与传统工艺相比可节省供氧量 25%，可节省反硝化碳源 40%。

③ 厌氧氨氧化（ANAMMOX）工艺　ANAMMOX 工艺是荷兰 Delft 大学于 1990 年提出的一种新型脱氮工艺。在厌氧条件下，微生物以 NH_3-N 为电子供体，以 NO_2^- 为电子受体，把 NH_3-N、NO_2^- 转化为 N_2。其生化反应可由下式表示：

$$NH_4^+ + NO_2^- \longrightarrow N_2 + 2H_2O \tag{13-19}$$

厌氧氨氧化过程中起作用的微生物是 ANAMMOX 菌。该菌是专性厌氧化学无机自养细菌，生长十分缓慢，在实验室条件下世代期为 2～3 周。厌氧氨氧化过程的生物产量很低，相应污泥产量也很低。ANAMMOX 工艺的影响因素主要集中在系统环境对 ANAMMOX 菌的抑制方面。主要影响因素包括反应器的生物量、基质浓度、pH 值、温度、水力停留时间和固体停留时间等。该工艺相比传统的脱氮过程，耗氧下降 62.5%，不需要外加碳源，节约成本，不需调节 pH 值，降低运行费用。但是也存在不足：工艺还没有实现实用化和长期稳定运行，ANAMMOX 菌生长缓慢，启动时间长，为保持反应器内足够多的生物量，需要有效地截留污泥等。

目前该工艺在处理市政污泥领域已日趋成熟，位于荷兰鹿特丹 Dokhaven 污水厂的世界上首个生产性规模的 ANAMMOX 装置容积氮去除速率（NRR）更是高达 9.5kg N/(m³·d)。此外，ANAMMOX 工艺在发酵工业废水、垃圾渗滤液、养殖废水等高氨氮废水处理领域的推广也逐步开展，在世界各地的工程化应用也呈星火燎原之势。

④ 短程硝化脱氮-厌氧氨氧化（SHARON-ANAMMOX）组合工艺　SHARON 工艺可以通过控制温度、水力停留时间、pH 等条件，使氨氧化控制在亚硝化阶段。目前，尽管 SHARON 工艺以好氧、厌氧的间歇运行方式处理富氨废水取得了较好的效果，但由于在反硝化期需要消耗有机碳源，并且出水浓度相对较高，因此目前很多研究改为以 SHARON 工艺作为硝化反应工艺，而以 ANAMMOX 工艺作为反硝化反应工艺进行组合工艺的研究。通常情况下 SHARON 工艺可以控制部分硝化，使出水中的 NH_3-N 与 NO_2^- 比例为 1:1，从而可以作为 ANAMMOX 工艺的进水，组成一个新型的生物脱氮工艺，其反应如下式所示：

$$0.5NH_4^+ + 0.75O_2 \longrightarrow H^+ + 0.5NO_2^- + 0.5H_2O \tag{13-20}$$

$$0.5NH_4^+ + 0.5NO_2^- \longrightarrow 0.5N_2 + H_2O \tag{13-21}$$

$$NH_4^+ + 0.75O_2 \longrightarrow 0.5N_2 + H^+ + 1.5H_2O \tag{13-22}$$

SHARON-ANAMMOX 的组合工艺具有耗氧量少、污泥产量少、不需外加碳源等优点，是迄今为止最简洁的生物脱氮工艺，具有很好的应用前景。

⑤ 限制自养硝化反硝化（OLAND）工艺　根据短程硝化脱氮-厌氧氨氧化脱氮技术原理，比利时 Gent 大学微生物生态实验室开发出 OLAND（限制自养硝化反硝化）工艺，具有耗氧量少、污泥产量少、不需外加碳源等优点。OLAND 工艺是限氧亚硝化与厌氧氨氧化相耦联的一种新颖的生物脱氮反应工艺，该工艺分两步进行：第一步是在限氧条件下将废水中的部分氨氮氧化为亚硝酸盐氮；第二步是在厌氧条件下亚硝酸盐氮与剩余氨氮发生厌氧氨氧化反应（ANAMMOX），从而去除含氮污染物。其机理是由亚硝化细菌对亚硝酸盐氮催化进行歧化反应。总反应式为：

$$NH_4^+ + 0.75O_2 \longrightarrow 0.5N_2 + H^+ + 1.5H_2O \qquad (13-23)$$

该工艺的核心技术是在限氧亚硝化阶段通过严格控制溶解氧水平，将近 50% 的 $NH_3\text{-}N$ 转化为 NO_2^-，实现硝化阶段稳定的出水比例（$NH_3\text{-}N：NO_2^- = 1：1$），从而为厌氧氨氧化阶段提供理想的进水，提高整个工艺的脱氮效率。与传统工艺相比，OLAND 工艺可以节省62.5% 的耗氧量，不需要加入外加有机碳源，产生的污泥量也很少，可有效降低运行成本。与 SHARON-ANAMMOX 组合工艺相比，可节省 37.5% 的能耗，在较低温度（22~30℃）下仍可获得较好的脱氮效果。在两阶段悬浮式生物膜脱氮系统中，内浸式生物膜的加入克服了 SHARON-ANAMMOX 组合工艺中生物量流失的缺点，避免了硝化阶段的微生物对厌氧氨氧化阶段微生物的影响，使反应过程更加容易控制，增加了脱氮反应过程的稳定性。OLAND 工艺在混合菌群连续运行的条件下尚难以对氧和污泥的 pH 值进行良好的控制，若工艺运行过程中可以通过化学计量方法合理地控制氧的供给则可有效地控制在亚硝化阶段。同时，该工艺仅在生物膜系统中获得了良好的效果，在悬浮系统中低氧条件下活性污泥的沉降性、污泥膨胀以及同步硝化反硝化等问题仍有待于进一步研究与完善。在实际应用中，由于厌氧氨氧化阶段的生物量生长非常缓慢，同 SHARON-ANAMMOX 组合工艺一样仍然存在着启动时间长（≥100d）的问题。

⑥ 单级全程自养脱氮（CANON）工艺　1999 年 K. A. THIRD 等首先提出，CANON 是一种基于亚硝酸氮的单级全程自养脱氮工艺，其理论基础是在一体化反应器体系内同时实现半短程硝化与厌氧氨氧化反应。在生物膜表面或颗粒污泥表面，由于处于低溶解氧环境，部分氨氮在氨氧化菌的作用下被氧化成亚硝酸盐氮；在生物膜内部或颗粒污泥内部，由于处于厌氧环境，产生的亚硝酸盐氮和剩余氨氮在厌氧氨氧化菌的作用下反应生成氮气，并产生很少量的硝酸盐氮，从而实现氨氮从废水中的去除。该工艺去除氨氮的影响因素有温度、DO（溶解氧）、pH 值、水中游离氨（FA）、有机物、重金属离子、重金属沉淀物等。CANON 工艺虽然革新了传统生物脱氮的思路，但要实现大规模工程化还存在一些局限性。首先，启动周期长。厌氧氨氧化反应阶段的功能菌增殖缓慢，世代时间为 7~14d，是反硝化菌的几十倍，因此富集培养困难，世界上第一台生产性装置启动时间长达 3.5 年。其次，温度要求高。现已报道的 CANON 工艺基本都是在 30℃ 以上运行，并不是所有废水都能达到该标准，若加热势必会使能耗增加，运行易失稳，由于亚硝酸盐积累而进行排泥，结果降低了反应器的生物质浓度，造成系统失稳。最后，还会排放温室气体 N_2O。CANON 工艺是迄今为止更为新型的生物脱氮方法，与传统的生物脱氮工艺相比较有明显的优势，因而有广阔的应用前景。CANON 已逐步向实际工程推进，但作为一项新型脱氮工艺，其还存在一些问题尚需改进与解决。

13.2.2　磷的去除

磷也是有机物中的一种主要元素，是仅次于氮的微生物生长的重要元素。磷主要来自人体排泄物、合成洗涤剂、牲畜饲养场及含磷工业废水。主要危害表现为促进藻类等浮游生物的繁殖，破坏水体耗氧和复氧平衡，从而使水质迅速恶化，危害水产资源。一般城市污水水质与排放要求见表 13-1。

表 13-1　一般城市污水水质与排放要求

项目	进水水质/(mg/L)	国家排放标准/(mg/L)	
		一级 A	一级 B
COD$_{Cr}$	250～300	50	60
BOD$_5$	50～100	10	20
SS	150～200	10	20
TKN(NH$_3$-N)	35(25)	5(8)	8(15)
TP	5	1	1.5

常常通过以下方式去除磷以达到排放标准：

① 常规活性污泥法的微生物同化和吸附；

② 生物强化除磷；

③ 投加化学药剂除磷。

对于常规活性污泥法的微生物同化和吸附，普通活性污泥法剩余污泥中磷含量约占微生物干重的 1.5%～2.0%，通过同化作用可去除磷 12%～20%。

13.2.2.1　生物强化除磷工艺

生物强化除磷工艺可以使系统排除的剩余污泥中磷含量仅占干重的 5%～6%。如果还不能满足排放标准，就必须借助化学法除磷。利用好氧微生物中聚磷菌在好氧条件下对污水中溶解性磷酸盐的过量吸收作用，然后沉淀分离而除磷。

厌氧环境中污水中的有机物在厌氧发酵产酸菌的作用下转化为乙酸苷，而活性污泥中的聚磷菌在厌氧的不利状态下，将体内积聚的聚磷分解，分解产生的能量一部分供聚磷菌生存，另一部分供聚磷菌主动吸收乙酸苷转化为 PHB（聚 β-羟基丁酸）的形态储藏于体内。聚磷分解形成的无机磷释放回污水中，这就是厌氧释磷。

好氧环境中，聚磷菌将储存于体内的 PHB 进行好氧分解并释放出大量能量供聚磷菌增殖等生理活动用，部分供其主动吸收污水中的磷酸盐，以聚磷的形式积聚于体内用，这就是好氧吸磷。

剩余污泥中包含过量吸收磷的聚磷菌，也就是从污水中去除的含磷物质。普通活性污泥法通过同化作用除磷率可以达到 12%～20%。而具生物除磷功能的处理系统排放的剩余污泥中含磷量可达到仅占干重的 5%～6%，去除率基本可满足排放要求。

13.2.2.2　生物除磷机理

生物除磷机理见图 13-13。

13.2.2.3　生物除磷影响因素

(1) 厌氧环境条件

① 氧化还原电位（ORP）　Barnard、Shapiro 等研究发现，在序批式试验中，反硝化完成后，ORP 突然下降，随后开始放磷，放磷时 ORP 一般小于 100mV。

② 溶解氧浓度　厌氧区如存在溶解氧，兼性厌氧菌就不会启动其发酵代谢机制，不会产生脂肪酸，也不会诱导放磷，好氧呼吸会消耗易降解有机质。

③ NO$_x^-$ 浓度　产酸菌利用 NO$_x^-$ 作为电子受体，抑制厌氧发酵过程，反硝化时消耗易生物降解有机质。

(2) 有机物浓度及可利用性

碳源的性质对吸放磷过程及其速率影响极大，传统水质指标很难反映有机物组成和性质，ASM 模型（活性污泥模型）对其进一步划分为：

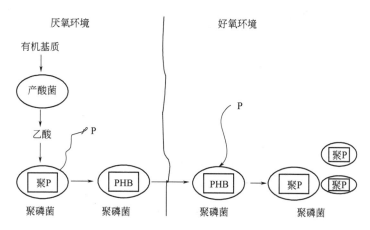

图 13-13　生物除磷机理

① 1987 年发展的 ASM1：$COD_{tot} = S_S + S_I + X_S + X_I$。

② 1995 年发展的 ASM2：溶解性与颗粒性，$S_A + S_F + S_I + X_S + X_I$。

上述两式中，S 表示溶解性组分，X 表示颗粒性组分；下标 S 表示溶解性，I 表示惰性，A 表示发酵产物，F 表示可发酵的易生物降解物质。

BOD_5/TP 值也是鉴别能否生物除磷的主要指标。生物除磷是活性污泥中除磷菌在厌氧条件下分解细胞内的聚磷酸盐，同时产生 ATP（三磷酸腺苷），并利用 ATP 将废水中的脂肪酸等有机物摄入细胞，以 PHB（聚 β-羟基丁酸）及糖原等有机颗粒的形式贮存于细胞内，同时随着聚磷酸盐的分解，释放磷。一旦进入好氧环境，除磷菌又可利用聚 β-羟基丁酸氧化分解所释放的能量来超量摄取废水中的磷，并把所摄取的磷合成聚磷酸盐而贮存于细胞内，经沉淀分离，把富含磷的剩余污泥排出系统，达到生物除磷的目的。进水中的 BOD_5 是作为营养物供除磷菌活动的基质，故 BOD_5/TP 是衡量能否达到除磷目的的重要指标，一般认为该值要大于 20，比值越大，生物除磷效果越明显。

（3）污泥龄

污泥龄影响着污泥排放量及污泥含磷量，污泥龄越长，污泥含磷量越低，去除单位质量的磷需同时耗用更多的 BOD。

Rensink 和 Ermel 研究了污泥龄对除磷的影响，结果表明：SRT＝30d 时，除磷效果 40％；SRT＝17d 时，除磷效果 50％；SRT＝5d 时，除磷效果 87％。同时脱氮除磷系统应处理好污泥龄的矛盾。

（4）pH

与常规生物处理相同，生物除磷系统合适的 pH 为中性和微碱性，不合适时应调节。

（5）温度

在适宜温度范围内，温度越高释磷速度越快；温度低时应适当延长厌氧区的停留时间或投加外源 VFA（挥发性脂肪酸）。

（6）其他

影响系统除磷效果的还有污泥沉降性能和剩余污泥处置方法等。

13.2.3　生物除磷及生物脱氮除磷工艺

（1）A/O 生物除磷工艺

A/O 生物除磷工艺是由厌氧池和好氧池组成的同时去除污水中有机污染物及磷的处理

系统。Phostrip 去除磷工艺流程见图 13-14。

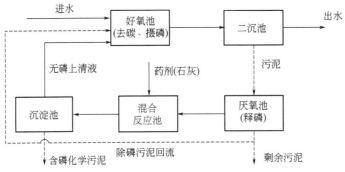

图 13-14　Phostrip 去除磷工艺流程

(2) A²/O 工艺

A²/O 工艺流程见图 13-15。

图 13-15　A²/O 工艺流程

(3) 改进的 Bardenpho 工艺

改进的 Bardenpho 工艺流程见图 13-16。

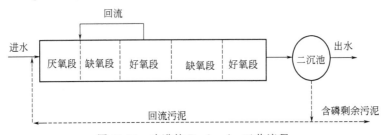

图 13-16　改进的 Bardenpho 工艺流程

(4) UCT 工艺

UCT（the University of Cape Town）工艺是南非开普敦大学提出的一种脱氮除磷工艺，是一种改进的 A²/O 工艺。此工艺中，厌氧池进行磷的释放和氨化，缺氧池进行反硝化脱氮，好氧池用来去除 BOD、吸收磷以及硝化。由于 A²/O 工艺中回流污泥的 $NO_3^- $-N 回流至厌氧段，干扰了聚磷菌细胞体内磷的厌氧释放，降低了磷的去除率，使脱氮除磷效果难以进一步提高，在这种情况下，UCT 工艺产生了。UCT 工艺将回流污泥首先回流至缺氧段，回流污泥带回的 $NO_3^- $-N 在缺氧段被反硝化脱氮，然后将缺氧段出流混合液部分再回流至厌氧段。由于缺氧池的反硝化作用使得缺氧混合液回流带入厌氧池的硝酸盐浓度很低，污泥回流中有一定浓度的硝酸盐，但其回流至缺氧池而非厌氧池，这样就避免了 $NO_3^- $-N 对厌氧段聚磷菌释磷的干扰，使厌氧池的功能得到充分发挥，既提高了磷的去除率，又对脱氮没有影响，该工艺对氮和磷的去除率都大于 70%。

UCT 工艺减小了厌氧反应器的硝酸盐负荷，提高了除磷能力，达到脱氮除磷目的。但由于增加了回流系统，操作运行复杂，运行费用相应提高。UCT 工艺流程见图 13-17。

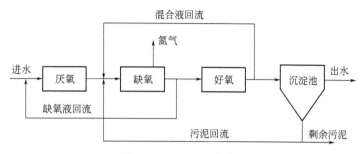

图 13-17　UCT 工艺流程

影响生物除磷的因素比较多，就目前对两种 UCT 工艺影响条件的分析来看，主要为以下因素及控制要求。

① 负荷的影响　进水有机物浓度不够，特别是厌氧进水口挥发性脂肪酸（VFA）偏低，不能达到处理需求，或负荷的冲击过大。一般 F/M 控制在 $0.1\sim0.18kg\ BOD_5/(kg\ MLVSS\cdot d)$ 是比较稳定的。

② 溶解氧的控制　厌氧段的厌氧效果不好即达不到绝对厌氧的效果，应保证溶解氧在 0.2mg/L 以下，甚至 0，同时硝态氮的浓度在 4mg/L 以下（否则必须降低回流比），使磷得到充分释放。或者是好氧段溶解氧不足，好氧吸收磷不充分，出水口溶解氧过低，造成二沉池二次释磷，都会影响到出水 TP 的达标。要求生物池好氧廊道溶解氧为 $0.5\sim3mg/L$，末端控制在 $2\sim4mg/L$。

③ 污水的进水总磷浓度偏高　超过实际设计数值，即进入厌氧段的污水中 BOD_5/TP 小于 20，甚至小于 10，这种情况下，可以做初沉池，提高负荷，或者升级改造进行化学除磷。

④ 进水的 pH 值不稳定　工业酸性废水或其他会突然改变污水系统 pH 值的水源进入，会直接影响总磷在厌氧段的释放。运行管理中要避免 pH 值的冲击，否则除磷能力将大幅度下降，甚至完全丧失，例如进水 pH 值突然降低，会导致细胞结构和功能损坏，细胞内聚磷在酸性条件下被水解，从而导致磷的快速释放，影响除磷效果。

⑤ 泥龄过长　一般控制在 $8\sim20d$，聚磷菌是世代时间为 3d 的微生物，硝化菌为长世代（30d）时间微生物，聚磷菌和硝化菌在泥龄上存在矛盾。若泥龄太长不利于除磷；泥龄太短，硝化菌无法存活。

⑥ 浓缩和脱水的上清液二次释放　在污泥处理过程中停留时间过长，造成磷二次释放到浓缩和脱水的上清液中，上清液随着进水重新进入系统，增大了系统磷的负荷，甚至造成磷在整个系统中反复循环富集，使出水总磷严重不达标。

⑦ 厌氧段停留时间　污水污泥混合液经过 2h 厌氧处理后，磷的释放已甚微，在有效释放过程中，磷的释放量与有机物的转化量之间存在着良好的相关性。在有效释放过程中，磷的厌氧释放可使污泥的好氧吸磷能力大大提高，厌氧段每释放 1mg P，在好氧条件下可吸收 $2.0\sim2.4mg\ P$；厌氧时间加长，无效释放会逐渐增加，平均厌氧释放 1mg P，所产生的好氧吸磷能力将降至 1mg P 以下，甚至达到 0.5mg P。因此，生物除磷并非厌氧时间越长越好。在一般情况下，厌氧区的水力停留时间为 $1\sim1.5h$，即可满足要求。

⑧ 水温的影响　硝化菌对温度的变化很敏感，一般生物池系统温度在 $12\sim35℃$ 之间。生产中冬季由于温度偏低硝化效果受到抑制，只能勉强维持，为保障氨氮出水达标，采用增大泥龄的方法来应付低温对硝化的影响，但对出水 TP 会造成影响，所以冬季要采取提高生

物池污泥浓度和控制泥龄的措施，来平衡硝化和除磷。

⑨ 其他回流系统 外回流一般控制在 $50\%\sim65\%$（依据厌氧段的 NO_3^--N 浓度小于 $4mg/L$），回流过低会造成二沉池内的污泥停留时间过长，在二沉池内形成磷的二次释放。好氧回流控制在 100%，UCT 工艺中要保障缺氧处于最大回流状态，实际控制在 150%。

UCT 工艺的一般设计参数如下。

① 污泥负荷：$0.05\sim0.15kg\ BOD_5/(kg\ MLVSS\cdot d)$。

② 污泥浓度：$2000\sim4000mg/L$。

③ 污泥龄：$10\sim18d$。

④ 污泥回流：$40\%\sim100\%$。

⑤ 好氧池（区）混合液回流：$100\%\sim400\%$。

⑥ 缺氧池混合液回流：$100\%\sim200\%$。

⑦ 停留时间：厌氧池（区）水力停留时间 $1\sim2h$，缺氧池（区）水力停留时间 $2\sim3h$，好氧池（区）水力停留时间 $6\sim14h$。

【例 1】 郑州市马头岗污水处理厂设计

设计水量 $30\times10^4\,m^3/d$，采用 UCT 处理工艺，流程图见图 13-18。

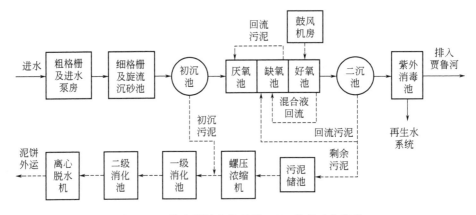

图 13-18 马头岗污水处理厂 UCT 处理工艺流程

考虑到马头岗污水处理厂收水系统内的实际污水量已经接近设计规模，故反应池按 $36\times10^4\ m^3/d$ 规模进行校核设计。全厂设 4 组 UCT 反应池，厌氧池总池容 $36480m^3$，缺氧池总池容 $39600m^3$，好氧池总池容 $153400m^3$（其中机动段为 $28950m^3$），总池容为 $229480m^3$。

设计产泥系数 0.91，缺氧池和好氧池的 MLSS 为 $3g/L$，厌氧池的 MLSS 为 $1.8g/L$，校核流量时泥龄取 12d（不包括厌氧泥龄），其中缺氧泥龄为 2.4d，好氧泥龄为 9.6d。设计水温 $12℃$，有效水深 6m。二沉污泥回流比 $50\%\sim100\%$，缺氧池到厌氧池的回流比为 150%，好氧池到缺氧池的回流比为 150%。全厂剩余污泥量为 $39585kg/d$（$30\times10^4\ m^3/d$ 时），校核流量时为 $47502kg/d$。总供气量为 $110800m^3/h$，校核流量时气水比为 $7.6:1$。

（5）SBR 工艺

SBR（序批式活性污泥法）工艺是将除磷脱氮的各种反应，通过时间顺序上的控制，在同一反应器中完成。

改良式序列间歇反应器（Modified Sequencing Batch Reactor，MSBR）工艺是 20 世纪 80 年代初期发展起来的改良 SBR 工艺，目前主要在北美和南美应用，而在韩国首尔和我国深圳盐田污水处理厂也采用该工艺。MSBR 工艺被认为是目前最新的一体化工艺，它由 A^2/O 系统与常规 SBR 系统串联组成，具有二者的全部优点。因而它同时具有高效去除有机物与氮、磷污染物的功能，出水水质稳定。特别是回流污泥进入厌氧池前增加了一个污泥浓缩区，浓缩后污泥经缺氧区再进入厌氧区，这样就大大减少了回流污泥中进入厌氧区的硝酸盐量，增加了厌氧区的实际停留时间，所以大大提高了除磷的效率。MSBR 与常规 SBR 相比具有以下特点。

① MSBR 系统原污水从连续运行的单元厌氧区进入，而不是从常规 SBR 单元进水，这样将大部分耗氧量从 SBR 池转移到连续运行的 A^2O 系统的主曝气池中，从而将需氧量也转移到主曝气池中，改善了设备的利用率。

② MSBR 系统原污水进入 A^2O 系统，由于生化反应与反应物的浓度有关，所以加速了厌氧反应速率、反硝化速率、BOD_5 降解速率和硝化反应速率，从而改善了系统的整体处理效果，提高了出水水质。

③ MSBR 具有最新的除磷工艺专利，回流污泥经浓缩区和缺氧区再进入厌氧区，大大地减少了带入厌氧区的硝酸盐和溶解氧量，从而比常规 SBR 工艺的除磷效果要好得多。

MSBR 脱氮除磷工艺流程图见图 13-19。MSBR 脱氮除磷平面图见图 13-20。MSBR 脱氮除磷工艺流程操作过程见表 13-2。

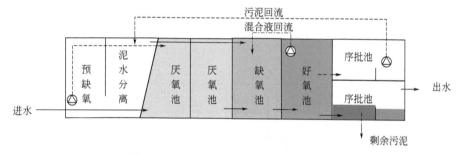

图 13-19 MSBR 脱氮除磷工艺流程图

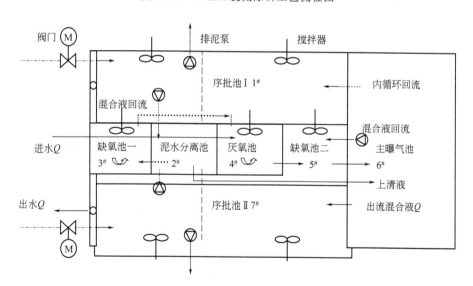

图 13-20 MSBR 脱氮除磷平面图

表 13-2 MSBR 脱氮除磷工艺流程操作过程

时段	单元 1#	单元 2#	单元 3#	单元 4#	单元 5#	单元 6#	单元 7#
时段 1	搅拌	浓缩	搅拌	搅拌	搅拌	曝气	沉淀
时段 2	曝气	浓缩	搅拌	搅拌	搅拌	曝气	沉淀

时段	单元 1#	单元 2#	单元 3#	单元 4#	单元 5#	单元 6#	单元 7#
时段 3	预沉	浓缩	搅拌	搅拌	搅拌	曝气	沉淀
时段 4	沉淀	浓缩	搅拌	搅拌	搅拌	曝气	搅拌
时段 5	沉淀	浓缩	搅拌	搅拌	搅拌	曝气	曝气
时段 6	沉淀	浓缩	搅拌	搅拌	搅拌	曝气	预沉

（6）三沟式氧化沟

① 简介　氧化沟也称氧化渠，又称循环曝气池，是活性污泥法的一种变形，是 20 世纪 50 年代荷兰 Pasveer 首先设计的。最初一般用于处理水量 5000m³/d 以下的城市污水。

三沟式氧化沟（又称 T 型氧化沟）是氧化沟的一种典型构造形式，目前采用的三沟式氧化沟工艺，是丹麦在间歇式运行的氧化沟基础上开创的，它实际上仍是一种连续流活性污泥法，只是将曝气、沉淀工序集于一体，并具有按时间顺序交替轮换运行的特点，其运转周期可根据处理水质的不同进行调整，从而使运行操作更趋于灵活方便。这种工艺流程简单，无需另设一次沉淀池、二次沉淀池和污泥回流装置，使氧化沟工艺的基建投资和运行费用大为降低，并在一定程度上解决了以往氧化沟占地面积大的缺点，我国邯郸市东污水处理厂采用的就是这种工艺。三沟式氧化沟见图 13-21。

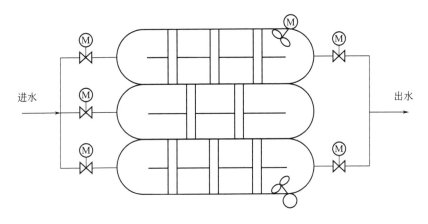

图 13-21　三沟式氧化沟

② 工艺过程　阶段 A：污水经配水井进入沟Ⅰ，沟内转刷以低速运转，转速控制在仅能维持水和污泥混合，并推动水流循环流动，但不足以供给微生物降解有机物所需的氧。此时，沟Ⅰ处于缺氧状态，沟内活性污泥利用水中的有机物作为碳源，活性污泥中的反硝化菌则利用前一段产生的硝酸盐中的氧来降解有机物，释放出氮气，完成反硝化过程。同时沟Ⅰ的出水堰自动升起，污水和污泥混合液进入沟Ⅱ。沟Ⅱ内的转刷以高速运行，保证沟内有足够的溶解氧来降解有机物，并使氨氮转化为硝酸盐氮，完成硝化过程。处理后的污水流入沟Ⅲ，沟Ⅲ中的转刷停止运转，起沉淀池的作用，进行泥水分离，由沟Ⅲ处理后的水经自动降低的出水堰排出。

阶段 B：进水改从处于好氧状态的沟Ⅱ流入，并经沟Ⅲ沉淀后排出。同时沟Ⅰ中的转刷开始高速运转，使其从缺氧状态变为好氧状态，并使阶段 A 进入沟Ⅰ的有机物和氨氮得到好氧处理，待沟内的溶解氧上升到一定值后，该阶段结束。

阶段 C：进水仍然从沟Ⅱ注入，经沟Ⅲ排出，但沟Ⅰ中的转刷停止运转，开始进行泥水分离，待分离完成，该阶段结束。阶段 A、B、C 组成了上半个工作循环。

阶段 D：进水改从沟Ⅲ流入，沟Ⅲ出水堰升高，沟Ⅰ出水堰降低，并开始出水。同时，沟Ⅲ中转刷开始低速运转，使其处于缺氧状态，沟Ⅱ则仍然处于好氧状态，沟Ⅰ起沉淀池作用。阶段 D 与阶段 A 的水淹方向恰好相反，沟Ⅲ起反硝化作用，出水由沟Ⅰ排出。

阶段 E：类似于阶段 B，进水又从沟Ⅱ流入，沟Ⅰ仍然起沉淀池作用，沟Ⅲ中的转刷开始高速运转，并从缺氧状态变为好氧状态。

阶段 F：类似于阶段 C，沟Ⅱ进水，沟Ⅰ沉淀出水。沟Ⅲ中的转刷停止运转，开始泥水分离。至此完成整个循环过程。

三沟式氧化沟工艺过程见图 13-22。

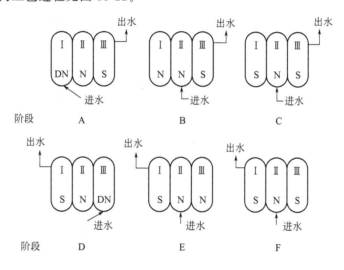

图 13-22　三沟式氧化沟工艺过程
DN—反硝化；N—硝化；S—沉淀

通常一个工作循环需 4～8h，在整个循环过程中，中间的沟始终处于好氧状态，而外侧两沟中的转刷则处于交替运行状态，当转刷低速运转时，进行反硝化过程，转刷高速运转时，进行硝化过程，而转刷停止运转时，氧化沟起沉淀池作用。不难看出，若调整各阶段的运行时间，就可达到不同的处理效果，以适应水质、水量的变化。目前运行的这种工艺，大部分是预先将各阶段的运行时间，根据具体的水质、水量，编入运行管理的计算机程序中，从而使整个管理过程运行灵活、操作方便。

③ 工艺特点

a. 工艺流程较简单，管理方便。三沟式氧化沟按好氧、缺氧、沉淀三种不同的工艺条件运行，所以除有一般氧化沟的抗冲击负荷、不易发生短流等优点外，还不需另建沉淀池，污泥也可不用回流。

b. 曝气设备利用率高。与双沟交替工作式氧化沟相比，在三沟中，中沟一直作为曝气区使用，因而提高了曝气设备的利用率。

c. 自动化程度高。整个工艺输入的运行模式，由 PLC（可编程逻辑控制器）系统自动控制和切换，使整个装置实现了自动化管理。

④ 应用前景　三沟式氧化沟是新一代氧化沟工艺的典型代表，这种氧化沟工艺结合了许多新的污水处理操作方式，如 A/O 法、SBR 法等。通过对生产性三沟式氧化沟的调查研究表明，这种工艺处理效果十分稳定，满足 BOD_5 和悬浮物浓度小于 30mg/L 的频率分别为 92％和 96％。而且，氧化沟排放的剩余污泥可满足 EPA（美国环境保护署）推荐的 B 级污泥病原菌排放标准。其反硝化运行和硝化运行的时间比 TDN/TN 对调节三沟式氧化沟脱氮

效果起着重要的作用，是一个关键的运行参数，针对不同的污水水质，调节 TDN/TN 可达到比较好的氮去除效果。三沟式氧化沟工艺能耗低，运行管理方便，是适合我国中小型城市使用的简便、高效的污水处理技术。

(7) UNITANK 工艺

① 简介 UNITANK（一体化活性污泥法，又称交替生物池）工艺是 1987 年比利时 Seghers Engineering Waternv 开发的专利。它不仅具有其他 SBR 系统的主要特点，还可像传统活性污泥法那样在恒定水位下连续运行。自从 20 世纪 90 年代初 UNITANK 工艺推出后，经过研究和应用，UNITANK 系统已成为一个高效、经济、灵活和成熟的污水处理工艺。目前世界各地已有 600 多项工程成功地应用了此种工艺，处理效果很好。在新加坡、马来西亚、越南等采用该项技术，建成了规模不等的工业废水和城市生活污水处理厂；在中国也有数座规模在 $10 \times 10^4 \, \text{m}^3/\text{d}$ 以上的污水厂，澳门、石家庄等城市的较大型的 UNITANK 工艺污水处理厂已成功运行。

② 工作原理 典型的 UNITANK 工艺是三个水池，三池之间水力连通，每池都设有曝气系统，外侧的两池设有出水堰及污泥排放口，它们交替作为曝气池和沉淀池。污水可以进入三池中的任意一个，连续进水，周期交替运行。在自动控制下使各池处在好氧、缺氧及厌氧状态，以完成有机物和氮磷的去除。UNITANK 工艺见图 13-23。

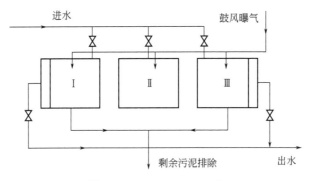

图 13-23 UNITANK 工艺

从以上运行可以看出，Ⅱ池始终作为曝气池，Ⅰ、Ⅲ池既作沉淀池，也作曝气池。各阶段运行全部依靠进出水的自控阀门，故 UNITANK 工艺对自控阀门的要求较高。UNITANK 池两主体运行阶段示意图见图 13-24。

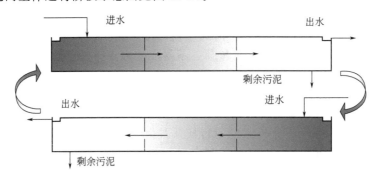

图 13-24 UNITANK 池两主体运行阶段示意图

第一个主体运行阶段包括以下过程：进入 UNITANK 系统的污水，通过进水闸门控制，可分时序分别进入三个矩形池中的任意一池。因左池在上个运行阶段作为沉淀池运行时积累了大量经过再生、具有较高吸附及活性的污泥，污泥浓度较高，因而可以高效降解污水中的有机物。此时混合液同时自左向右通过始终作曝气池使用的中间池，继续曝气，有机物得到进一步降解，同时在推流过程中，左侧池内活性污泥进入中间池，再进入右侧池，使污泥在各池内重新分配。混合液进入作为沉淀池的右池，从右池上部的固定堰溢出，也可在此排放剩余污泥。

第二个主体运行阶段：经过一定时间后，中间池开始进水，右池依然出水，左池停止曝气并开始沉淀，大约持续 30min，然后关闭中间池进水阀，此时进入第二个主体运行阶段。在第二个主体运行阶段，过程改为污水从右侧池进入系统，由右池进水并曝气，混合液通过中间池再进入作为沉淀池的左侧池，水流方向相反，操作过程相同。经过渡段调整后，又重新回到左池进水、右池出水。

③ 应用举例　石家庄高新技术产业开发区污水处理厂日处理污水 1×10^5 t，采用 UNI-TANK TMIM 工艺，占地 7.2hm² （1hm² = 10⁴m²）。这是此工艺在国内（除澳门外）的首次应用。该污水处理厂进水水质指标为：$BOD_5 \leqslant 400$mg/L，$SS \leqslant 400$mg/L，$COD \leqslant 600$mg/L；出水水质指标为：$DOD_5 \leqslant 30$mg/L，$SS \leqslant 30$mg/L，$COD \leqslant 120$mg/L。

该污水处理厂 UNITANK 池共为六个组，每个组由三个正方形反应池组成，单池净尺寸为长×宽×高 = 35m×35m×7m，有效水深 6m。两侧池采用周边堰出水。每组平均设计流量为 0.193m³/s，污泥浓度 4000mg/L，水力停留时间为 31.8h（含沉淀时间），容积负荷为 0.45kg BOD/(m³·d)，污泥浓度 4000mg/L，泥龄为 14d，污泥负荷为 0.113kg BOD/(kg MLSS·d)，沉淀池最大表面负荷为 0.74m³/(m²·h)。

工艺流程如图 13-25 所示。原污水进入格栅间，在此拦截污水中漂浮物，由污水泵提升，经细格栅进一步去除水中杂质，进入沉砂池去除砂粒，然后进入 UNITANK 池，去除 BOD_5 等污染物，混合液经沉淀分离，澄清液进入接触池加氯消毒（季节性）后排入汪洋沟。剩余污泥经污泥泵送至集泥池，由带预浓缩功能的脱水机处理后，泥饼外运。

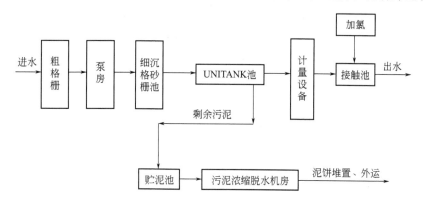

图 13-25　石家庄高新技术产业开发区污水处理 UNITANK 工艺流程

广东大沥污水处理厂一期 UNITANK 工艺流程见图 13-26。实际运行效果见表 13-3。

表 13-3　广东大沥污水处理厂实际运行效果（单位：色度为倍数，其余为 mg/L）

	项目	COD	BOD₅	SS	色度	TP	TN	NH₃-N
进水	平均值	190.3	92.1	226.0	28.3	4.97	21.38	12.70
	波动范围	59~742	21.3~344	20~928	17~60	0.92~13.77	4.93~38.47	1.78~25.22
出水	平均值	13	2.9	7.2	4.0	0.48	10.18	0.90
	波动范围	5~24	1.6~10.1	4.0~24.0	2.0~6.0	0.15~1.19	2.74~18.41	0.04~3.82

注：对 COD、BOD₅、SS、色度、TP、TN 和 NH₃-N 的平均去除率分别为 93.2%、96.8%、96.8%、86.1%、90.3%、52.4% 和 92.9%。

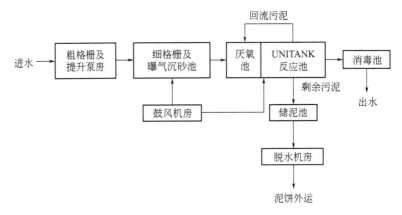

图 13-26 广东大沥污水处理厂一期 UNITANK 工艺流程

13.2.4 主要的脱氮除磷活性污泥法功能表及影响因素

(1) 脱氮除磷工艺及功能表

脱氮除磷工艺及功能表见表 13-4。

表 13-4 脱氮除磷工艺及功能表

BOD$_5$ 的去除量 /(mg/L)	泥龄/d			
	3	6	15	30
	出水 PO$_4^{3-}$-P 浓度/(mg/L)			
100	9.0	9.1	9.4	9.5
300	7.0	7.4	8.1	8.5
500	5.0	5.7	6.8	7.5
1000	0	1.4	3.6	5.1

(2) 脱氮除磷活性污泥法的影响因素

① 环境因素 如温度、pH 值、溶解氧。

生命活动一般都受温度影响，通常温度上升，活性加强。温度影响应在处理设施长期的运行中留心考察。

城市污水的 pH 值通常在 7 左右，适于生物处理，略有波动影响不大，未见因 pH 值波动而运行失败的报道。硝化菌和聚磷菌对 pH 较为敏感，pH 值低于 6.5 时影响严重，处理效率下降。

硝化菌和聚磷菌要求有氧区有丰富的溶解氧，而在缺氧区或无氧区没有溶解氧，回流混合液和回流污泥挟带溶解氧，因而有氧区溶解氧也不宜过高，通常维持在 2mg/L 左右。

② 工艺因素 如泥龄、各反应区的水力停留时间。

生物除磷泥龄越短，污泥含磷量越高，因而希望在高负荷下运行，但除磷的同时又希望脱氮，而硝化只能在泥龄长的低负荷系统中才能进行，因而是有矛盾的。这种矛盾在水温较低时更明显，水温低于 15℃时，硝化效果下降。

③ 污水成分 如 BOD$_5$ 与 N、P 的比值。

通常城市生活污水 BOD$_5$、N、P 的组成，可适应生物脱氮除磷的要求。研究表明，通过缺氧、厌氧和好氧的合理组合，并提高活性污泥的浓度，在水力停留时间接近传统活性污泥法的情况下，出水 COD、BOD_5、SS、NH_3-N 和总磷都能达到排放标准。若 N 或 P 过高，则较难同时达到排放标准。

13.3
城市污水的三级处理

13.3.1　简介

污水三级处理（wastewater tertiary treatment）又称深度处理，是在一、二级处理基础上，用化学处理方法和物理化学处理方法进一步除去污水中其他杂质成分，使出水达到重复利用标准。出水水质好，效果稳定，可除去有害的重金属离子，除磷、氮和脱色效果好，易于实现自动检测和自动控制。

污水三级处理是污水经二级处理后，进一步去除污水中的其他污染成分（如氮、磷、微细悬浮物、微量有机物和无机盐等）的工艺处理过程。

13.3.2　操作方法

三级处理的主要方法有生物脱氮法、凝集沉淀法、砂滤法、硅藻土过滤法、活性炭过滤法、蒸发法、冷冻法、反渗透法、离子交换法和电渗析法等。

根据三级处理出水的具体去向和用途，其处理流程和组成单元有所不同。如果要防止受纳水体富营养化，则采用除磷和除氮的处理单元过程；如果要保护下游饮用水源或浴场不受污染，则应采用除磷、除氮、除毒物、除病原体等处理单元过程；如果直接作为城市饮用以外的生活用水，例如洗衣、清扫、冲洗厕所、喷洒街道和绿化地带等用水，其出水水质要求接近饮用水标准，则要采用更多的处理单元过程。污水的三级处理厂与相应的输配水管道结合起来便形成城市的中水道系统。

13.3.3　处理过程

一级处理是通过机械处理，如格栅、沉淀或气浮，去除污水中所含的石块、砂石和脂肪、油脂等。二级处理是生物处理，污水中的污染物在微生物的作用下被降解和转化为污泥。三级处理是污水的深度处理，它包括营养物的去除和通过加氯、紫外辐射或臭氧技术对污水进行消毒。

（1）除磷

最有效和实用的除磷方法是化学沉淀法，即投加石灰或铝盐、铁盐形成难溶性的磷酸盐沉淀。石灰与废水中的磷酸根离子发生如下反应而形成难溶的羟基磷灰石沉淀：

$$3HPO_4^{2-} + 5Ca^{2+} + 4OH^- \longrightarrow Ca_5(OH)(PO_4)_3 \downarrow + 3H_2O \tag{13-24}$$

为了保证投加石灰的沉淀除磷效果，必须将 pH 值提高到 9.5～11.5。

铝盐和磷酸根反应生成的磷酸铝在 pH 值为 6 时沉淀效果最好，铁盐和磷酸根反应生成的磷酸铁在 pH 值为 4 时沉淀效果最好。为了确定金属盐的准确投加量，须对待处理的污水进行小型试验。

（2）除氮

① 生物硝化-反硝化法　是好氧生物处理过程和厌氧生物处理过程串联工作的方法。污

水中的含氮有机物首先经需氧生物处理转化为硝酸盐，随后再经厌氧生物处理将硝酸盐还原为氮气析出而被去除。有多种处理流程，如三级串联的活性污泥法处理系统，其中第一级用于氧化碳水化合物，第二级用于氧化含氮有机物，而第三级是使第二级产生的硝酸盐在厌氧条件下还原析出氮气。在所有的处理流程中，都是向厌氧系统中投加一些补充的需氧源（如甲醇），以使反硝化所需的反应时间缩短而切合实际。

② 物理-化学法 有三种方法，即吹脱法、折点氯化法和选择性离子交换法。

a. 吹脱法：使污水中的铵离子在高 pH 值的条件下大部分转变成氨气。

$$NH_4^+ + OH^- \longrightarrow NH_3 \uparrow + H_2O \tag{13-25}$$

在温度 25℃和 pH 值为 7、9、11 的条件下，溶液中 NH_4^+ 与 NH_3 的分配比分别为180、1.8 和 0.018，因此吹脱法除氮最适宜的 pH 值在 11 左右。将污水调到这样高的 pH 值以后送入吹脱塔中，自上而下喷洒流动，与向上流动的空气逆流接触而将氨气吹出。吹脱法的除氮效率主要受到温度的影响。气温为 20℃和 10℃时，除氮率分别为 95％和 75％。

b. 折点氯化法：见水的消毒。

c. 选择性离子交换法：是以沸石（特别是斜发沸石）对铵离子比对钙、镁和钠等离子有优先交换吸附的性能为基础来去除氨氮的。将斜发沸石破碎筛分成 20～50 目的颗粒，填装于滤池中。废水大约以每小时 10 倍滤床体积的滤速流经沸石滤池。大约流过 200 倍滤床体积的正常浓度的城市污水以后，滤出水中会出现氨氮。此时便需要用浓食盐水溶液对沸石滤床进行再生。用过的浓食盐溶液可通过吹脱等方法脱氨，然后重复使用。

（3）除有机物

活性炭能有效地除去二级处理出水中的大部分有机污染物。一些三级处理厂的粉末活性炭接触吸附装置（或粒状活性炭过滤吸附装置）去除化学需氧量（COD）和总有机碳（TOC）的代表性的效率为 70％～80％，每公斤活性炭吸附容量为 0.25～0.87kg COD，具体吸附容量是由进水的有机物浓度和所要求的出水有机物浓度决定的。在任何情况下，活性炭的实际吸附容量比按吸附等温线试验测定的吸附容量大得多。这主要是由在活性炭上还有生物吸附和氧化作用所致。

活性炭吸附，主要去除传统活性污泥法出流中的难降解化合物、残留的无机化合物，如氮、硫化物和重金属。该工艺是将活性炭直接加入曝气池中，使生物氧化与物理吸附同时进行。投加粉末活性炭的活性污泥工艺流程见图 13-27。

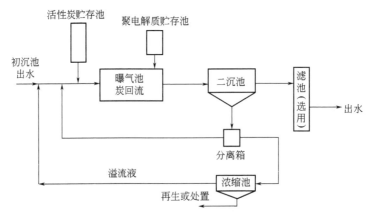

图 13-27 投加粉末活性炭的活性污泥工艺流程

臭氧氧化法和活性炭吸附法配合使用，往往能更有效地去除有机物并可延长活性炭的使用寿命。臭氧能将有机物氧化降解，减轻活性炭的负荷，还能将一些难以生物降解的大分子有机物分解为易于生物降解的小分子有机物，从而便于被活性炭吸附和生物降解。臭氧氧化的废水流经活性炭滤池时因含有较多的氧气而会增强活性炭的生物活性，提高生物氧化能力。

（4）除无机物

有三种可采用的方法，即离子交换、电渗析和反渗透。在污水三级处理中用反渗透法脱除矿物质和有机污染物最受重视。使用高效除盐膜反渗透装置的结果证明，总溶解性固体可去除 $90\% \sim 95\%$，磷酸盐可去除 $95\% \sim 99\%$，氨氮可去除 $80\% \sim 90\%$，硝酸盐氮可去除 $50\% \sim 85\%$，悬浮物可去除 $99\% \sim 100\%$，总有机碳可去除 $90\% \sim 95\%$。可见，反渗透法能有效地去除多种污染物。缺点是设备造价和运转费用都高。另外，反渗透膜容易被污染物堵塞，需要清洗。有些三级处理系统是由超过滤和反渗透串联组成的，前者主要去除有机污染物，而后者去除溶解性无机物。

（5）除病原体

用铝盐和铁盐混凝沉淀，病原体去除率达 99% 以上，经滤池过滤能进一步提高去除率。但是，病原体并未被杀灭，仍在污泥中存活，而用石灰在 pH 值大于或等于 10.5 的条件下混凝沉淀则能杀灭污泥中的病毒。用臭氧杀灭病毒的效果也较好。

废水三级处理厂基建费用和运行费用都很高，约为相同规模二级处理厂的 $2 \sim 3$ 倍，因此其发展和推广应用受到限制，只运用于严重缺水的地区或城市，回收和利用经三级处理后的出水。

思　考　题

1. 回流污泥是从沉淀池底部流回曝气池，但是进入沉淀池的水量是进水量加上回流量，回流的水量还是要在沉淀池重新沉淀，还是要占用表面负荷的，是这样吗？

2. 某工厂生产废水用生物法处理。废水流量为 $Q = 200 \mathrm{m^3/h}$，进水 BOD_5 为 $300 \mathrm{mg/L}$，氨氮（NH_3-N）含量为 $5 \mathrm{mg/L}$。要求 BOD_5 的去除率为 90%，计算所需补充的氮量。

3. 下列条件下，根据污泥负荷法设计完全混合式活性污泥曝气法。（1）大污水量 $Q_{max} = 5000 \mathrm{m^3/d}$；（2）总变化系数 $K_z = 1.4$；（3）曝气池进水 $BOD_5 = 300 \mathrm{mg/L}$；（4）出水总 $BOD_5 = 25 \mathrm{mg/L}$；（5）出水 SS = 20 mg/L；（6）$K_d = 0.1 \mathrm{d^{-1}}$；（7）$X = 3000 \mathrm{mg/L}$（MLVSS/MLSS = 0.8）；（8）SVI = 100。

4. 采用完全混合活性污泥法处理城市污水。其流量为 $Q = 10000 \mathrm{m^3/d}$，进水 $BOD_u = 200 \mathrm{mg/L}$，要求处理出水 $BOD_u \leqslant 6 \mathrm{mg/L}$。有关设计参数已知为：污泥回流比 $R = 0.3$，$K = 0.1 \mathrm{L/(mg \cdot d)}$，$K_d = 0.1 \mathrm{d^{-1}}$，$Y_T = 0.5$，SVI = 96。试计算污泥龄 θ_C、污泥回流浓度 XR 和曝气池所需的容积 V。

5. 某城市计划新建以二级活性污泥法为主体的污水处理厂。其日处理量为 $Q = 10000 \mathrm{m^3/d}$，总变化系数 $K_z = 1.40$。原水 BOD_5 浓度为 $428.5 \mathrm{mg/L}$（初沉池对 BOD_5 的去除率为 30%），要求处理后出水中的 BOD_5 为 $25 \mathrm{mg/L}$，处理出水中的 $SS_e \leqslant 20 \mathrm{mg/L}$。试计算曝气池的主要工艺尺寸和曝气系统。

6. 某废水设计量为 $Q = 50000 \mathrm{m^3/d}$，进入吸附池内的 BOD_5 浓度为 $250 \mathrm{mg/L}$，其中非溶解性部分为 70%。曝气吸附数据为：MLVSS = 2000 mg/L，最佳吸附时间 $t_a = 45 \mathrm{min}$，混合液过滤后的溶解性 BOD_5 为 $30 \mathrm{mg/L}$。设进入再生池的污泥浓度 $XR = 6000 \mathrm{mg\ VSS/L}$。反应动力学常数为：$Y = 0.6$，$K_d = 0.08 \mathrm{d^{-1}}$，污泥龄 $\theta_0 = 10 \mathrm{d}$。问：采用生物吸附活性污泥法运转时的曝气池容积及污泥回流比为多少？

7. 采用空气提升法污泥回流方式进行污泥回流。污泥回流量为 $Q_w = 150 \mathrm{m^3/h}$，污泥提升高度为 $H = 2.0 \mathrm{m}$，空气提升器布气器淹没深度为 $h = 1.5 \mathrm{m}$。设空气提升器的效率为 $E = 50\%$。试计算空气提升器所需的空气量。

8. 已知进入二沉池的混合液流量为 $Q = 500 \text{m}^3/\text{h}$，污泥浓度为 $X_0 = 3000 \text{mg/L}$，经沉淀浓缩后要求达到回流污泥浓度 $X_u = 12000 \text{mg/L}$。对该混合液所做的单个沉淀柱试验所得数据为：起始界面高度 $H_0 = 0.40 \text{m}$，沉淀浓缩至污泥浓度为 X_u 所需的时间为 $t_u = 29 \text{min}$，成层沉降速度为 $V_0 = 0.88 \text{m/h}$。试确定二沉池所需的面积。

9. 已知进入二沉池的混合液流量为 $Q_0 = 1400 \text{m}^3/\text{h}$，混合液浓度 $X_0 = 6200 \text{mg/L}$。活性污泥混合液的多次静态沉降试验结果如下表所列。试计算二沉池的设计表面积及预期的回流污泥浓度。

X_i	2.0	3.0	4.0	5.0	6.0	7.0	8.0	9.0	10.0	15.0	20.0	30.0
v_i	4.27	3.51	2.77	2.13	1.28	0.91	0.67	0.40	0.37	0.15	0.07	0.027

注：X_i 单位为 g SS/L；v_i 单位为 m/h。

10. 某啤酒厂废水拟采用好氧塘进行处理。废水在塘内的停留时间为 1.0 天，氧化塘进水中的 BOD_5 浓度 $S_0 = 2500 \text{mg/L}$，$SS_0 = 500 \text{mg/L}$（不可生物降解），反应速率常数 $K = 40 \text{d}^{-1}$，$a = 0.5$，$b = 0.1 \text{d}^{-1}$。试计算该塘出水中的 BOD_5 和 SS 浓度。

11. 处理造纸废水（麦草制浆），采用卡鲁塞尔氧化沟，但现在氧化沟的污泥沉淀性很不好，SV_{30} 很差，这是何原因造成的？

12. 能否提供一下用 AB 法处理焦化废水较好的具体工艺流程？

13. 污水处理厂的进水水质比较好，COD、氨氮、总磷快达到排放标准了，但是经过 A^2O 工艺处理，结果却高了很多，三项指标都高了，如果不开动机器，也会高起来，这是什么原因？该如何处理？

14. 生化沉淀池漂泥（大量），导致生物滤池堵塞，来不及出水，主要处理的是印染废水，已经发现丝状菌，并开始在曝气池投三氯化铁，这个方法有效吗？曝气池 SV（%）前一段时间基本上在 $50\% \sim 70\%$，现在的范围是 $40\% \sim 50\%$ 左右，可 SVI 始终在 2800 左右，问题是不是很严重？

15. 是不是在低负荷运行的情况下就容易出现污泥膨胀现象？在其他什么情况下也会出现呢？

16. 调试 SBR，处理屠宰场废水，沉淀后上清液中总是有细小的泥粒悬浮，不能沉淀，导致出水 COD、SS 不能达标，水温在 $35 \sim 37 \text{℃}$ 左右，是不是温度太高导致的？应该怎么办？

第14章
生物膜法

14.1

概述

生物膜法是与活性污泥法平行发展的一种污水处理技术方法，其实质是使细菌类微生物和原生动物、后生动物类的微型动物附着在滤料或某些载体上，并在其上形成膜状生物污泥——生物膜。固着于固体表面上的微生物对废水水质、水量的变化有较强的适应性。和活性污泥法相比，生物膜法管理较方便。由于微生物固着于固体表面，即使增殖速度较慢的微生物也能生息，从而构成了稳定的生态系统。

生物膜法的历史及发展：1865年德国科学家发现生物过滤作用；1893年英国将污水喷洒在粗滤料上，作为膜生物反应器的生物滤池问世。20世纪20～30年代建造了许多生物膜反应器；40～50年代出现生物滤池逐渐被活性污泥法取代的趋势；70年代新的反应器以独特的优势受到关注。活性污泥法中的微生物是呈悬浮状态的，属于悬浮生长体系，而生物膜法中的生物呈附着膜状，属于附着生长系统或固定膜工艺。

14.1.1 生物膜法的基本流程

生物膜法的基本流程见图14-1。

14.1.2 生物膜法的基本概念

生物膜法是通过生物膜来处理水的，所以生物膜污水处理的关键就是生物膜的质量。生物膜的形成及其生长是实现污水有效处理的前提。

（1）生物膜

① 生物膜的构造

挂膜：污水流经滤料，污水和细菌附着在滤料表面，有机物被分解形成生物膜并逐渐成熟。

结构：从外面到里面的顺序为污水、流动水层、附着水层、生物膜（分为好氧层和厌氧层）、滤料。

② 生物膜的特性

a. 高度亲水的物质：在污水不断更新的条件下，外侧总是存在附着水层。

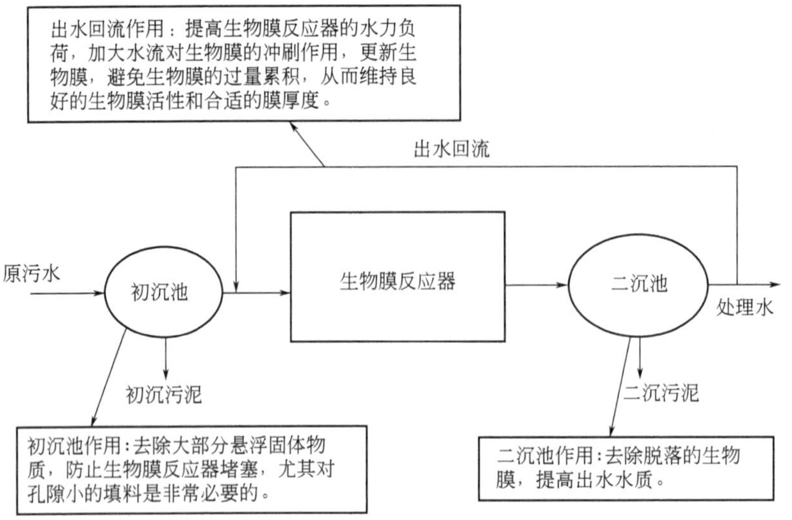

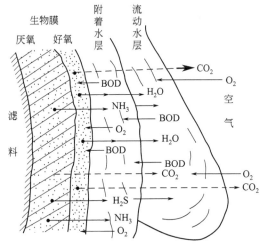

出水回流作用：提高生物膜反应器的水力负荷，加大水流对生物膜的冲刷作用，更新生物膜，避免生物膜的过量累积，从而维持良好的生物膜活性和合适的膜厚度。
出水回流
原污水
初沉池
生物膜反应器
二沉池
处理水
初沉污泥
二沉污泥
初沉池作用：去除大部分悬浮固体物质，防止生物膜反应器堵塞，尤其对孔隙小的填料是非常必要的。
二沉池作用：去除脱落的生物膜，提高出水水质。

图 14-1 生物膜法的基本流程

b. 微生物高度密集的物质：在膜的表面和一定深度的内部生长着微生物和微型物，并形成有机污染物→细菌→原生动物（后生动物）的食物链。

c. 生物膜成熟的标志：真正生态系统组成及对有机物的降解功能都达到了平衡状态。

③ 生物膜的生长阶段　潜伏期、生长期。一般要 20～30 天。

④ 生物膜的形成　当污水均匀地淋洒在介质表面上时，在充分供氧的条件下，介质表面的微生物吸附污水中的有机物，并迅速进行降解，逐渐在介质表面形成黏液状的生长着极多微生物的膜，即称之为生物膜。

生物膜
厌氧
好氧
附着水层
流动水层
滤料
空气
CO_2
O_2
BOD
H_2O
NH_3
BOD
O_2
H_2O
BOD
BOD
CO_2
O_2
CO_2
H_2S
NH_3
O_2

图 14-2 生物滤池滤料上生物膜的结构（剖面图）

随着微生物的不断繁殖增长，生物膜的厚度不断增加，膜的表面吸取营养物料和溶解氧比较容易，微生物生长繁殖迅速，形成了好氧微生物和兼性微生物组成的好氧层（1～2mm）。在其内部由于营养物料和溶解氧的供应条件差，微生物生长繁殖受到限制，好氧微生物难以生活，厌氧微生物恢复了活性，形成了厌氧微生物和兼性微生物组成的厌氧层。厌氧层只有生物膜达到一定厚度后才能出现，而且随着生物膜的增厚和外伸变厚，但是有机物分解主要是在好氧层内进行。生物滤池滤料上生物膜的结构（剖面图）见图 14-2。

(2) 生物膜净化污水的机理及优势

① 生物膜表面积大，能大量吸附水中有机物。

② 有机物降解是在生物膜表层 0.1～2mm 的好氧层内进行的。

③ 多种物质的传递过程。

④ 厌氧层与好氧层的关系：厌氧层与好氧层达到生态平衡。

⑤ 理想生物膜法的状况：减缓老化，避免厌氧层过分生长，加快好氧层更新，不使膜集中脱落。

（3）生物膜中的物质迁移

由于生物膜的吸附作用，在其表面有一层很薄的水层，称为附着水层。附着水层内的有机物大多已被氧化，其浓度比滤池进水的有机物浓度低得多。由于浓度差的作用，有机物会从污水中转移到附着水层中去，进而被生物膜所吸附。空气中的氧也会进入生物膜。在此条件下，微生物对有机物进行氧化分解和同化合成，产生的二氧化碳和其他代谢产物一部分溶入附着水层，一部分到空气中去，污水从而得到净化。

由于生物膜厚度增大，致使其深层因氧不足而发生厌氧分解，蓄积了硫化氢、氨气、有机酸等代谢产物，会减弱生物膜在惰性载体上的固着力，处于这种状态的生物膜为老化生物膜，它不仅容易脱落，净化功能也不好。但供氧充足时，可以加快好氧膜的更新，使生物膜不集中脱落。

（4）生物膜的载体

载体（填料）：为生物膜提供附着生长固定表面的材料。

分类：无机类载体和有机类载体。

① 无机类载体　常用的无机类载体有砂子、碳酸盐类、各种玻璃材料、沸石类、陶瓷材料、碳纤维、矿渣、活性炭、金属等。水处理用滤料见图 14-3。

图 14-3　水处理用滤料

无机类载体具有机械强度较高、化学性质较稳定、比表面积较大的优点。缺点为密度较大，不适宜做流态化运动，使其在悬浮生物膜反应器工艺中的应用受到限制。通常情况下，微生物以附着的形式固定在载体表面从而形成生物膜，特殊情况下，有一些微生物是以包裹附着的形式实现固定化的。

② 有机类载体　有机类载体是生物膜技术发展中应用最广泛的主要载体材料。这类载体主要有 PVC（聚氯乙烯）、PE（聚乙烯）、PS（聚苯乙烯）、PP（聚丙烯）、各类树脂、塑料、软性或半软性纤维等，其比表面积和孔隙率都很大，从而使有机负荷大为提高，也不堵塞，在生产实践中被广为采用。由于它便于沉淀分离，提高了活性污泥处理厂的处理性能。各种有机材料载体的对比见表 14-1。

表 14-1　各种有机材料载体的对比

项目名称	材质	布水布气	挂膜	运输	堵塞	比表面积 /(m²/m³)	孔隙率 /%	成品质量 /(kg/m³)
蜂窝状载体	玻璃钢、塑料	较差	容易	易损坏	较易	100～200	98～99	40～50
质状载体		较好	易	较方便	不易	1000～2500	98～99	
立体波纹载体	硬聚氯乙烯	较差	较易	易损耗	较不易	110～200	90～96	2.6～3.6
半软性载体	变性硬聚氯乙烯塑料	好	较易	方便	不易	87～93	97	0.8～1.0
普通软性载体	化学纤维	较差	易	方便	易结球	1400～2400	＞90	1.5～3.0
新型软性载体	合成纤维	较好	易	方便	不易	8000～9000	＞90	

(5) 选择生物膜载体的基本原则

选择滤料时应该从以下方面考虑：

① 足够的机械强度，以抵抗强烈的水流剪切力的作用；

② 优良的稳定性：生物稳定性、化学稳定性、热力学稳定性；

③ 亲疏水性及良好的表面带电特性：微生物通常带负电荷，载体如果带正电荷，容易结合；

④ 无毒性或抑制性；

⑤ 良好的物理性状；

⑥ 就地取材，价格合理。

在生物膜法中应用的载体应满足如下条件：

① 易流化，但不易流失；

② 易成膜，但无毒害作用；

③ 能提供大的比表面积，以增加生物附着量；

④ 价格低廉，容易取材。

14.1.3　生物膜法的特征

(1) 优缺点

与活性污泥法相比，生物膜法具有以下优点：生物膜体积小、微生物量高、水力停留时间较短、生物相相对稳定、对毒物和冲击负荷抵抗性强、处理效果高、操作方便、剩余污泥少，适用于小型污水处理。

缺点：需要较多的填料和支撑结构，基建投资高；出水常携带较大的脱落的生膜片，大量非活性细小的悬浮物分散在水中使处理水的澄清度降低；活性生物量难控制，在运行方面灵活性差。

(2) 微生物相方面的特征

① 微生物的多样化　生物膜是由细菌、真菌、藻类、原生动物、后生动物以及一些肉眼可见的蠕虫、昆虫的幼虫组成的。生物相是生物膜上生物的种类、数量及其生活状态的概括。细菌、真菌、微型动物、滤池蝇、具有抑制生物膜过速增长的功能线虫等，可以组成较好的生物膜，具有促进其脱落的功能。与活性污泥法的生物相对比：增加了藻类、寡毛类、后生动物、昆虫类等生物，而真菌、肉足虫、纤毛虫、轮虫、线虫的含量都大大增多。

② 生物的食物链长　生物膜上的食物链要长于活性污泥中的，污泥量少于活性污泥系统。

③ 存活世代时间长的微生物，有利于不同功能优势菌种的分段运行。

④ 分多段运行，每段繁衍与本段水质相适应的微生物，有利于提高微生物对污染物的生物降解效率。

(3) 处理工艺方面的特征

① 对水质、水量变动有较强的适应性，一段时间中断进水，对生物膜也不会有致命影响，通水后易恢复。

② 污泥沉淀性能良好，因为污泥相对密度较大。

③ 能够处理低浓度废水。活性污泥法不适合处理低浓度的污水，若 BOD 长期低于 $50\sim60mg/L$，会影响污泥絮体的形成。而生物膜法正常运行时可使 BOD_5 为 $20\sim30mg/L$ 的污水，出水 BOD_5 降低到 $5\sim10mg/L$。

14.1.4　生物膜法的分类

① 润壁型生物膜法；

② 浸没型生物膜法；

③ 流动床型生物膜法。

14.2
生物膜的增长及动力学

14.2.1　生物膜的增长过程

生物膜的增长过程与悬浮微生物的增长过程相似，主要经历了适应期、对数增长期、稳定期及衰减期。又由于生物膜法的具体运行情况，划分成以下六个阶段。

（1）潜伏期或适应期

微生物在经历不可逆附着过程后，开始逐渐适应生存环境，并在载体表面逐渐形成小的、分散的微生物群落。这些初始菌落首先在载体表面不规则处形成。这一阶段的持续时间取决于进水底物浓度以及载体表面特性。在实际生物膜反应器启动时，要控制这一阶段是很困难的。

（2）对数期或动力学增长期

在适应期形成的分散菌落开始迅速增长，逐渐覆盖载体表面。生物膜厚度可以达到几十微米。多聚糖及蛋白质产率增加，大量消耗溶解氧，后期氧成为限制因素。此阶段结束时，生物膜反应器的出水底物浓度基本达到稳定值。这个阶段决定了生物膜反应器内底物的去除效率及生物膜自身增长代谢的功能。

（3）线性增长期

生物膜在载体表面以恒速率增长，出水底物浓度不随生物量的积累而显著变化，其耗氧速率保持不变。生物膜的生物量 M_b 可以表示为：

$$M_b = M_a + M_i \tag{14-1}$$

此阶段生物膜总量的积累主要源于非活性物质（M_i）。此时生物膜活性生物量（M_a）所占比例很小，且随生物膜总量的增长呈下降趋势。原因是：可剩余有效载体表面饱和；禁锢作用明显，有毒或抑制性物质的积累。这个阶段对底物的去除没有明显的贡献，但在流化床反应器内，这个阶段可以改变生物颗粒的体积特性。

（4）减数增长期

由于生存环境质量的改变以及水力学的作用，生物膜增长速率变慢，这一阶段是生物膜在质量和膜厚上达到某一稳定的过渡期。此时生物膜对水力学剪切作用极为敏感，生物膜结构疏松，出水中悬浮物的浓度明显增高。末期，生物膜质量及厚度都趋于稳定，运行系统也接近稳定。

（5）生物膜稳定期

生物膜新生细胞与由各种物理力所造成的生物膜损失达到平衡。此阶段，生物膜相及液相均已达到稳定状态。在生物膜反应器运行中，生物膜稳定期的维持一直被认为是过程稳定性的必要保证，而在三相流化床等生物反应器中，在高底物浓度、高剪切力作用下，这一阶段时间很短，甚至不出现。

（6）脱落期

随着生物膜的成熟，部分生物膜发生脱落。生物膜内微生物自身氧化、内部厌氧层过厚以及生物膜与载体表面间相互作用等因素可加速生物膜脱落。另外，某些物理作用也可以导致生物膜脱落。此阶段，出水悬浮物浓度增高，直接影响出水水质；底物降解过程受到影响，其结果是底物去除率降低。我们在运行生物膜反应器的时候应该尽量避免生物膜同时大量脱落。

以上是生物膜增长规律的分析，可以帮助我们更好地控制生物膜反应器，同时也引出了生物膜法的几个重要参数。

14.2.2　生物膜理论中的几个重要参数

(1) 生物膜的比增长速率

比增长速率是描述生物膜增长繁殖特性的最常用参数之一，它反映了微生物增长的活性。微生物比增长速率的定义式为：

$$\mu = \frac{\dfrac{\mathrm{d}X}{\mathrm{d}t}}{X} \tag{14-2}$$

式中　X——微生物浓度，ML^{-3}；

　　　μ——微生物比增长速率，t^{-1}。

(2) 生物膜最大比增长速率（$\mu_{\max}$）

$$\frac{\mathrm{d}M_\mathrm{b}}{\mathrm{d}t} = \mu_{\max} M_\mathrm{b} \tag{14-3}$$

(3) 生物膜平均比增长速率（$\bar{\mu}$）

$$\bar{\mu} = \frac{\dfrac{M_{\mathrm{bs}} - M_{\mathrm{b0}}}{t}}{M_{\mathrm{bs}}} \tag{14-4}$$

式中　M_{bs}——生物膜稳态时所对应的生物量，ML^{-2}；

　　　M_{b0}——初始生物膜量，ML^{-2}。

(4) 底物去除速率

底物去除速率反映了生物膜群体的活性。底物的去除速率越高，说明生物膜生化反应活性越高。

$$q_{\mathrm{obs}} = \frac{Q(S_0 - S)}{A_0 M_\mathrm{b}} \tag{14-5}$$

式中　q_{obs}——底物比去除速率，t^{-1}；

　　　Q——进水流量，L^3/t；

　　　S_0——进水底物浓度，ML^{-3}；

　　　S——出水底物浓度，ML^{-3}；

　　　A_0——载体表面积，L^2。

14.3

生物滤池

14.3.1　概述

以土壤自净原理为根据，在污水灌溉的实践基础上发展，需要有预处理及二沉池。

① 早期生物滤池（普通生物滤池）：水量负荷低 [$1\sim4\text{m}^3/(\text{m}^2\cdot\text{d})$]，BOD 负荷为 $0.1\sim0.4\text{kg}/(\text{m}^3\cdot\text{d})$。

② 高负荷生物滤池。

③ 塔式生物滤池。

为限制进水 BOD 浓度（<200mg/L），常常采用回流水稀释。水量负荷提高至 $40\text{m}^3/(\text{m}^2\cdot\text{d})$；BOD 负荷上升至 $0.5\sim2.5\text{kg}/(\text{m}^3\cdot\text{d})$。径高比 $(1:6)\sim(1:8)$，$H=26\text{m}$，通风良好，水量 $80\sim200\text{m}^3/(\text{m}^2\cdot\text{d})$，BOD 负荷 $2\sim3\text{kg}/(\text{m}^3\cdot\text{d})$。

14.3.2 生物滤池的原理和影响因素

（1）生物滤池的工作原理

含有污染物的废水从上而下从长有丰富生物膜的滤料的空隙间流过，与生物膜中的微生物充分接触，其中的有机污染物被微生物吸附并进一步降解，使得废水得以净化（图 14-4）。主要的净化功能是依靠滤料表面的生物膜对废水中有机物的吸附氧化作用。

（2）影响生物滤池功能的主要因素

① 滤床的比表面积和孔隙率 滤料表面积愈大，生物膜的量就愈多，净化功能就愈强；孔隙率大，则滤床不易堵塞，通风效果好，可为生物膜的好氧代谢提供足够的氧。滤床的比表面积和孔隙率愈大，传质的界面愈大，促进了水流的紊动，有利于提高净化功能。

② 滤床的高度 在滤床上层，废水中的有机物浓度高，微生物繁殖速度快，生物膜量多且主要以细菌为主，有机污染物的去除速率高；在滤床下层，废水中的有机物量少，生物膜量少，微生物从低级趋向高级，有机物去除速率降低。有机物的去除效果随滤床高度的增加而提高，但去除速率却随高度的增加而降低。

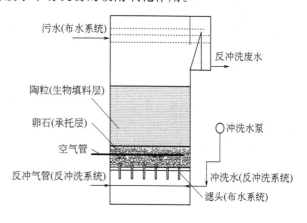

图 14-4 生物滤池

③ 有机负荷与水力负荷 有机负荷即单位时间供给单位体积滤料的有机物量。它实际上表征的是 F/M 值，有机物量不能超过生物膜的分解能力，否则出水水质下降。其单位为 $\text{kg BOD}_5/(\text{m}^3\cdot\text{d})$。水力负荷即单位表面积的滤池或单位体积滤料每日处理的废水量。其表征滤池的接触时间和水流的冲刷时间。水力表面负荷单位为 $\text{m}^3/(\text{m}^2\cdot\text{d})$，或 m/d（同滤速）；水力容积负荷单位为 $\text{m}^3/(\text{m}^3\cdot\text{d})$。

有机负荷较高，生物膜的增长较快，引起滤料堵塞，需要调整水力负荷。水力负荷增加，提高水力冲刷力，维持生物膜的厚度。一般是通过出水回流来解决。

④ 回流 对于高负荷生物滤池与塔式生物滤池，常采用回流的措施。其优点：不论原废水的流量如何波动，滤池可得到连续投配的废水，因而其工作较稳定；可以冲刷去除老化生物膜，降低膜的厚度，并抑制滤池蝇的滋生；均衡滤池负荷，提高滤池的效率；可以稀释和降低有毒有害物质的浓度以及进水有机物浓度。

⑤ 氧 生物滤池一般是通过自然通风来保证供氧的。影响生物滤池自然通风的主要因素有：池内温度与环境气温之差、滤池高度、滤料孔隙率及风力等。滤池堵塞也会影响通风。

14.3.3 普通生物滤池

普通生物滤池又称滴滤池，水力负荷和 BOD 负荷低。

（1）池体

普通生物滤池在平面上多呈方形或矩形，四周围以池壁，池壁起围挡滤料的作用，一般用砖石或混凝土筑造。池壁要能承受滤料的压力，池壁高度一般应高出滤池表面 0.4～0.5m。在寒冷地区，有时需要考虑防冻、取暖或防蝇等措施。

池壁：围护填料，应该能承受压力，分为有孔池壁和无孔池壁。有孔洞的池壁有利于滤料的内部通风，但在冬季易受低气温的影响。

池底：支撑滤料和排除处理后的水，池底四周设置通风口。

（2）滤料

一般为实心拳状滤料，如碎石、卵石、炉渣等。工作层的滤料粒径为 25～40mm，承托层的滤料粒径为 70～100mm。同一层滤料要尽量均匀，以提高孔隙率。滤料的粒径愈小，比表面积就愈大，处理能力愈高。但粒径过小，孔隙率降低，则滤料层易被生物膜堵塞。一般当滤料的孔隙率在 45% 左右时，滤料的比表面积约为 65～100m²/m³。

（3）布水装置

布水装置的目的是将废水均匀地喷洒在滤料上。主要有两种：固定式布水装置和旋转式布水装置。普通生物滤池多采用固定式布水装置；高负荷生物滤池和塔式生物滤池则常用旋转式布水装置。

① 固定式布水装置见图 14-5。

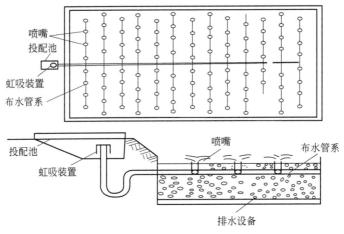

图 14-5 固定式布水装置

② 旋转式布水装置见图 14-6。

（4）排水系统

排水系统处于滤床的底部，其作用是收集、排出处理后的废水和保证良好的通风。

排水系统一般由渗水顶板、集水沟和排水渠所组成。渗水顶板用于支撑滤料，其排水孔的总面积应不小于滤池表面积的 20%；渗水顶板的下底与池底之间的净空高度一般应在 0.6m 以上，以利通风，一般在出水区的四周池壁均匀布置进风孔。

（5）普通生物滤池的设计与计算

① 设计内容 包括滤料选定、容积与滤池结构的工艺设计，布水装置系统的计算与设

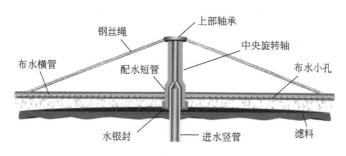

图 14-6　旋转式布水装置

计。其中，滤料容积按负荷率计算，如 BOD 负荷率 $[g\ BOD_5/(m^3 \cdot d)]$、水力负荷率 $[m^3/(m^3\ 滤料 \cdot d)]$。

② 设计参数　工作层填料的粒径为 25～40mm，厚度为 1.3～1.8m；承托层填料的粒径为 70～100mm，厚度为 0.2m。正常气温条件下处理城市废水时，表面水力负荷为 1～3m^3/(m^2 · d)，BOD_5 容积负荷为 0.15～0.30kg BOD_5/(m^3 · d)，BOD_5 的去除率一般为 85%～95%。池壁四周通风口的面积不应小于滤池表面积的 1%。滤池数不应小于 2 座。

③ 设计与计算公式　见表 14-2。

表 14-2　普通生物滤池的设计与计算公式

设计内容	计算公式	参数意义及取值
滤料总体积(V)	$V = QS/L_{VBOD_5}$	V——滤料总体积，m^3； Q——进水平均流量，m^3/d； S——进水 BOD_5 浓度，mg/L； L_{VBOD_5}——容积负荷，一般取 0.15～0.3kg BOD_5/(m^3 · d)
滤床有效面积(F)	$F = V/H$	F——滤床的有效面积，m^2； H——滤料高度，1.5～2.0m；
表面水力负荷校核(q)	$q = Q/F$	Q——表面水力负荷，应为 1～3m^3/(m^2 · d)

14.3.4　高负荷生物滤池

高负荷生物滤池是生物滤池的第二代工艺。

(1) 构造

① 高负荷生物滤池池体：平面上多为圆形，滤料层高一般为 2m。

② 高负荷生物滤池的布水：多使用旋转式布水器。

③ 高负荷生物滤池的滤料：滤料粒径较大，一般为 40～100mm，工作层滤料的粒径一般为 40～70mm，承托层则为 70～100mm，孔隙率较高，可以防止堵塞和提高通风能力。滤料常采用卵石、石英砂、花岗岩等，一般以表面光滑的卵石为好。目前常采用塑料滤料，多用聚氯乙烯、聚苯乙烯、聚丙烯等制成，形状有波纹板式、斜管式和蜂窝式等，特点有质量轻、强度高、耐腐蚀、比表面积和孔隙率较大等。

(2) 适用范围及特点

① 高负荷生物滤池适用于处理浓度和流量变化比较大的水。进水水质要求 BOD_5 <200mg/L，否则原水需稀释。

② 高负荷生物滤池通常采用处理水回流稀释的措施。其效果主要表现在：均化与稳定

进水水质；加大水力负荷，及时地冲刷过厚和老化的生物膜，加速生物膜的更新，抑制厌氧层发育，保持生物膜较高的活性；抑制滤蝇的过度滋生；减少散发的臭气。

③ 高负荷生物滤池的特点：滤料粒径比普通生物滤池大，有较高的孔隙率。主要缺点是造价较高，初期投资较大。

(3) 系统流程

① 单级系统见图 14-7。

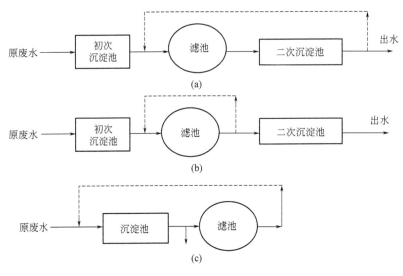

图 14-7　单级系统

② 二级处理系统　两级串联见图 14-8，交替式两级串联见图 14-9。

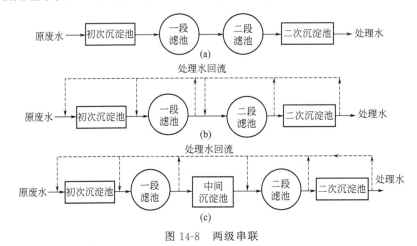

图 14-8　两级串联

(4) 工艺设计与计算

① 工艺计算　滤池池体的工艺计算使用广泛的是负荷率法，按日平均污水量计算，进水 BOD_5 必须低于 200mg/L。常用的负荷率有：BOD 容积负荷率，一般小于 1200g BOD_5/$(m^3 \cdot d)$；BOD 面积负荷率，一般取 1100～2200g BOD_5/$(m^2 \cdot d)$。

② 设计参数　以碎石为滤料时，工作层滤料的粒径应为 40～70mm，厚度不大于1.8m，承托层的粒径为 70～100mm，厚度为 0.2m；当以塑料为滤料时，滤床高度可达 4m。

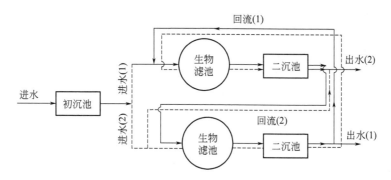

图 14-9　交替式两级串联

正常气温下，处理城市废水时，表面水力负荷为 $10\sim30\text{m}^3/(\text{m}^2 \cdot \text{d})$，$BOD_5$ 容积负荷不大于 $1.2\text{kg } BOD_5/(\text{m}^3 \cdot \text{d})$。单级滤池的 BOD_5 的去除率一般为 $75\%\sim85\%$；两级串联时，BOD_5 的去除率一般为 $90\%\sim95\%$。

进水 BOD_5 大于 200mg/L 时，应采取回流措施；池壁四周通风口的面积不应小于滤池表面积的 2%；滤池数不小于 2 座。

（5）滤池运行技术参数的计算

① S_a 和 n 值的计算

$$S_a = aS_e \tag{14-6}$$

式中　S_a——稀释后进入滤池的 BOD_5 值，mg/L；

　　　S_e——滤池处理后的出水 BOD_5 值，mg/L；

　　　a——系数，按滤层高度和污水冬季平均温度及年平均气温查表选取。

$$n = \frac{S_0 - S_a}{S_a - S_e} \tag{14-7}$$

式中　n——回流稀释倍数；

　　　S_0——原污水的 BOD 值，mg/L。

② 滤料与滤池计算　滤料与滤池计算内容及计算公式见表 14-3。

表 14-3　滤料与滤池计算内容及计算公式

设计内容	计算公式	参数意义及取值
滤料高度（H）		以碎石为滤料时，$H = 0.9\sim2\text{m}$ 用塑料滤料时，$H = 2\sim4\text{m}$
滤料总体积（V）	$V = QS/N_V$ $V = Q(n+1)S_a/N_V$	Q——废水量，m^3/d； S——未经回流稀释时的 BOD_5 浓度，mg/L； N_V——容积负荷，一般不大于 $1.2\text{kg } BOD/(\text{m}^3 \cdot \text{d})$； S_a——稀释后进入滤池的 BOD_5 浓度，mg/L； n——滤池个数
滤池面积（F）	$F = V/H$ $F = Q(n+1)S_a/N_A$ $F = Q(n+1)/N_q$	N_A——面积负荷率，N_A 取 $1100\sim2000\text{g}/(\text{m}^2 \cdot \text{d})$； N_q——表面水力负荷，取 $10\sim30\text{m}^3/(\text{m}^2 \cdot \text{d})$
直径（D）	$D = \sqrt{\dfrac{4F}{n\pi}}$	n——滤池个数
回流比（R）	$R = FN_q/Q - 1$	N_q——表面水力负荷，通常在 $10\sim30\text{m}^3/(\text{m}^2 \cdot \text{d})$ 之间

③ 出水水质与滤池高度和水力负荷之间的关系　高负荷单级生物滤池的出水水质与滤

池高度以及水力负荷之间存在如下关系：

$$C_e/C_i = e^{-KH/q^n} \tag{14-8}$$

式中 C_e——出水 BOD_5 浓度，mg/L；

C_i——进水 BOD_5 浓度，mg/L；

H——滤池高度，m；

q——水力负荷，$m^3/(m^2 \cdot d)$；

K——常数，min^{-1}；

n——常数。

④ 需氧量与供氧量的计算

$$需氧量(O_2) = aBOD_r + bp \quad (kg/m^3 滤料) \tag{14-9}$$

式中 a——每公斤 BOD 完全降解所需要的氧量，kg；

BOD_r——去除的 BOD 的量，kg；

b——单位质量活性生物膜的需氧量，kg；

p——每立方米滤料上的活性生物膜量，kg/m^3 滤料。

供氧量：

$$D = D_0 Q \tag{14-10}$$

式中 D——供氧量，m^3/d；

Q——废水量，m^3/d；

D_0——$1m^3$ 污水需氧量，m^3/m^3 污水，根据水质特性、试验资料或参考类似工程运行经验数据确定，一般取 $15 \sim 20 m^3/m^3$ 污水。

14.3.5 塔式生物滤池

塔式生物滤池是新型高负荷生物滤池（图 14-10）。它以加大滤层高度来提高处理能力。

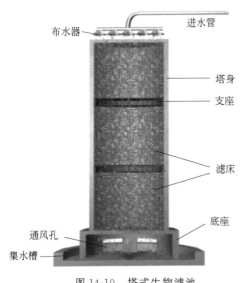

图 14-10 塔式生物滤池

（1）构造

① 塔式生物滤池池体 塔身 $8 \sim 24m$，直径 $1 \sim 3.5m$，径高比 $(1:6) \sim (1:8)$，滤料层高一般为 2m。

② 高负荷生物滤池的布水 旋转式布水器与固定式布水器。

③ 塔式生物滤池的滤料 多采用质轻、比表面积大和孔隙率高的人工合成滤料。比表面 $100 \sim 220 m^2/m^3$，孔隙率一般大于 94%。滤料一般选用环氧玻璃布料制成的蜂窝结构滤料（或尼龙花瓣型软性滤料），它可排列组合成多层结构，这种蜂窝结构，空气畅通，可按气水比 $(100 \sim 150):1$ 的要求选择风机。

④ 通风 自然风 $(0.4 \sim 0.6m$ 的空间）；机械通风（上部吸风，下部鼓风）。

（2）工艺特点

① 塔身高，占地小。

② 属于高负荷生物滤池：水力负荷高达 $80 \sim 200 m^3/[m^2（滤料） \cdot d]$，有机负荷可达

2000～3000g BOD$_5$/[m³（滤料）·d]。

③ 高落差，使用旋转布水器，废水淋洗的冲力使老化的生物膜脱落更新快。

④ 滤层内部的分层：微生物的优势菌种不同，塔的高度使塔内生长不同种的微生物群。

⑤ 能够抵御较高的冲击负荷。

⑥ 一般规模上不超过 10000m³/d（工业、生活污水均可）。

⑦ 供氧不如曝气池充足，易产生厌氧环境。

⑧ 废水在塔内停留时间短，降解效率低。

(3) 设计与计算

① 主要设计参数　一般常用塑料滤料，滤池总高度为 8～12m，也可更高；每层滤料的厚度不应大于 2.5m，径高比为 1:(6～8)；容积负荷为 1.0～3.0kg BOD$_5$/(m³·d)，表面水力负荷为 80～200m³/(m²·d)，BOD$_5$ 的去除率一般为 65%～85%；自然通风时，塔滤池四周通风口的面积不应小于滤池横截面积的 7.5%～10%；机械通风时，风机容量一般按气水比为 100～150 设计；滤池数不应小于 2 座。

② 滤池计算　塔式生物滤池的设计内容和计算公式见表 14-4。

表 14-4　塔式生物滤池的设计内容和计算公式

设计内容	计算公式	参数意义及取值
滤料高度（H）		滤料高度，常取 8～12m，由进水的 BOD 来决定
滤料总体积（V）	$V = QS/N_V$	Q——废水量，m³/d； S——未经回流稀释时的 BOD$_5$ 浓度，mg/L； N_V——容积负荷，一般不大于 1～3kg BOD/(m³·d)
滤池面积（F）	$F = V/H$	
直径（D）	$D = \sqrt{\dfrac{4F}{n\pi}}$	n——滤池个数
水力负荷校核	$q = Q/F$	Q——表面水力负荷，通常在 86～200m³/(m²·d) 之间，否则应考虑回流

(4) 普通生物滤池、高负荷生物滤池、塔式生物滤池对比

普通生物滤池、高负荷生物滤池、塔式生物滤池对比见表 14-5。

表 14-5　普通生物滤池、高负荷生物滤池、塔式生物滤池对比

项目	普通生物滤池	高负荷生物滤池	塔式生物滤池
表面负荷/[m³/(m²·d)]	0.9～3.7	9～36(包括回流)	16～97(不包括回流)
BOD$_5$ 负荷/[kg/(m³·d)]	0.11～0.37	0.37～1.084	高达 4.8
深度/m	1.8～3.0	0.9～2.4	8～12 或更高
回流比	无	1～4	回流比较大
滤料	多用碎石等	多用塑料滤料	塑料滤料
比表面积/(m²/m³)	43～65	43～65	82～115
孔隙率/%	45～60	45～60	93～95
蝇	多	很少	很少
生物膜脱落情况	间歇	连续	连续
运行要求	简单	需要一定技术	需要一定技术
投配时间的间歇	不超过 5min	一般连续投配	连续投配
剩余污泥	黑色、高度氧化	棕色、未充分氧化	棕色、未充分氧化
处理出水	高度硝化 BOD$_5$ 20mg/L	未充分硝化，BOD$_5$ 30mg/L	未充分硝化，BOD$_5$ 30mg/L
BOD$_5$ 去除率/%	85～95	75～85	65～85

14.3.6 曝气生物滤池

曝气生物滤池是在欧洲、北美及日本获得广泛应用的污水处理新技术，如今已在我国的北京、大连等地扎根。

(1) 构造

曝气生物滤池的构造见图 14-11。

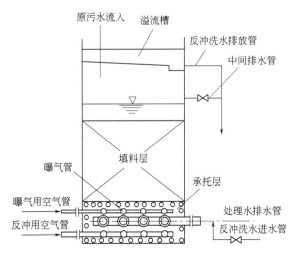

图 14-11 曝气生物滤池构造示意图

(2) 工作原理

曝气生物滤池是在生物接触工艺的基础上，以滤池中填装的粒状填料（如陶粒、焦炭、石英砂等）为载体，以颗粒状填料及其附着生长的生物膜为主要处理介质，充分发挥生物代谢作用、生物絮凝作用、物理过滤作用、膜及填料的物理吸附和截留作用，以及反应器内沿水流方向食物链的生物多级捕食作用，实现污染物在任一单元反应器内高效去除。

(3) 工艺特点

① 采用气水平行上向流方式，使得气水进行极好地均分，防止了气泡在滤料层中凝结和气堵的现象。

② 滤料层对气泡的切割作用使气泡在滤池中的停留时间延长，提高了氧的利用率；池内生物量大，可达 8000～23000mg/L（折算成 MLVSS）；由于滤池极好的截污能力，使得曝气生物滤池（BAF）后面不需再设二次沉淀池。

③ 三相接触，有机物容积负荷高，水力停留时间短，基建投资少，O_2 的转移效率高，曝气量低，供氧动力消耗低。

④ 可截留 SS、脱落的生物膜，无需沉淀池，占地少；无需污泥回流，无污泥膨胀，污泥易处理。

⑤ 占地面积小，基建投资省；处理水质高，可满足回用要求；抗冲击负荷能力强，适应的温度范围广，且耐低温；易挂膜，启动快，反应时间短。

⑥ 曝气生物滤池无需二沉池，采用模块化结构，便于后期改建、扩建，可以单独建立，也可以与其他工艺组合应用。

(4) 影响因素

① 负荷。

② 水温。

③ 进水 SS 和 BOD 的浓度。

④ pH 值（一般应介于 6.5～9.5）。

（5）工艺设计主要内容及参数

工艺设计主要内容包括池体、供气系统、配水系统、反冲洗系统、污泥产量等。

工艺设计主要参数包括：

① BOD 污泥负荷：根据水质定，0.2～1.4kg BOD_5/(kg VSS·d)。

② BOD 容积负荷：0.12～0.18kg BOD_5/(m³ 滤料·d)。考虑氨氮硝化时，小于 2.0kg BOD_5/(m³ 滤料·d)；仅考虑 BOD 时，4～6kg BOD_5/(m³ 滤料·d)。

（6）工艺流程及原理

该工艺靠过滤、生物吸附与生物氧化作用净化污水，滤料表面为好氧环境，内部为缺氧、厌氧的微环境，使得硝化、反硝化作用同时进行。生物滤池污水处理系统流程见图 14-12。

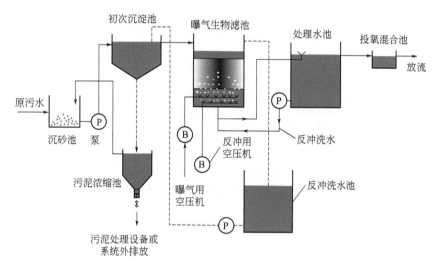

图 14-12　生物滤池污水处理系统流程

（7）几种曝气生物滤池

① BIOCARBONE　BIOCARBONE 工艺属早期生物滤池（图 14-13），其缺点是负荷不够高，且大量被截留的 SS 集中在滤池上端几十厘米处，此处水头损失占了整个滤池水头损失的绝大部分。同时纳污能力不强，容易堵塞，运行周期短。

② BIOSTYR　滤头布置在滤池顶部，与处理后水接触不易堵塞，同时滤头可从滤板上部直接拆卸，便于更换；重力流反冲洗，无需反冲泵，节省了动力；硝化、反硝化可在同一池内完成。BIOSTYR 生物滤池见图 14-14。

③ BIOFOR　具有氧化降解、生物絮凝吸附、截留悬浮物的功能，集生物作用与固液分离作用于一身，不需后设二沉池。曝气装置设于整个滤料下面，滤料在过滤时呈压实状态。气水同

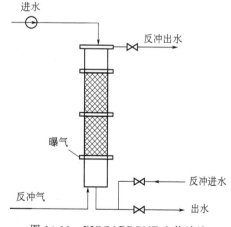

图 14-13　BIOCARBONE 生物滤池

向流（上向流），并以较高的滤速过滤。采用气水联合反冲洗，主要依赖气体的擦洗作用，反冲洗时滤料基本不膨胀。反冲污泥最终回流入初沉池。BIOFOR 生物滤池效果见图 14-15。

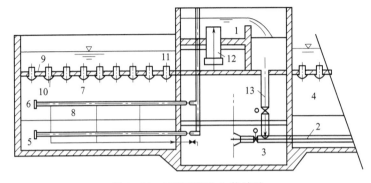

图 14-14　BIOSTYR 生物滤池

1—配水廊道；2—滤池进水和排泥管；3—反冲洗循环闸门；4—滤料；5—反冲洗用空气管；
6—工艺曝气管；7—好氧区；8—缺氧区；9—挡板；10—出水滤头；11—处理后水的
储存和排出；12—回流泵；13—进水管

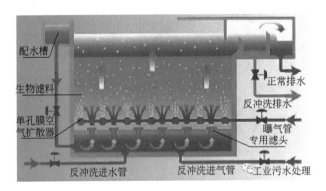

图 14-15　BIOFOR 生物滤池效果

【例 1】　江苏徐州某啤酒厂年产 6 万吨啤酒，废水处理规模 2500t/d，废水处理工艺流程详见图 14-16。废水首先进入调节池进行水质、水量调节，调节池出水由泵提升进入水解酸化池。在水解酸化池中大分子有机物在水解酸化菌的作用下，被分解为好氧微生物易于吸收的小分子有机物，同时固体有机物分解成溶解性有机物，为后续 BAF 的生化过程创造条件。水解池出水被提升至 BAF 反应器，进行除碳主反应，其出水即可达标排放。

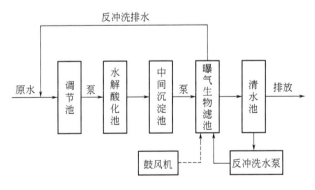

图 14-16　BAF 处理啤酒废水工艺流程图

14.4
生物转盘

生物转盘在 20 世纪 60 年代起源于德国，我国于 70 年代引进，是一种能耗低、效果好的技术。它适用范围广，已广泛应用于城市污水以及各类工业污水处理中。

14.4.1　概述

生物转盘由盘片、接触反应槽、转轴、驱动装置 4 部分组成，见图 14-17。

14.4.2　净化原理

废水处于半静止状态，而微生物则在转动的盘面上；转盘 40％的面积浸没在废水中，盘面低速转动；盘面上生物膜的厚度与废水浓度、性质及转速有关，一般厚 0.1～0.5mm。

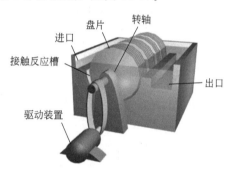

图 14-17　生物转盘的构造

① 当转盘浸没在水中时，有机物被生物膜吸附；

② 当转盘离开水面时，固着水层从空气中吸收氧，固着水层氧过饱和，转移到生物膜和污水中；

③ 圆盘的搅动也使大气中的 O_2 进入水中（O_2 有两部分来源）；

④ 盘上的"生物膜"，与"水"及"空气"间，交替接触，进而去除 BOD、COD，也有 CO、NH_3 等的传递。

生物转盘的净化原理见图 14-18。

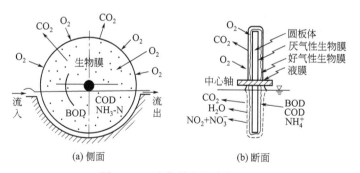

图 14-18　生物转盘的净化原理

14.4.3　典型的工艺流程

（1）生物转盘的布置

生物转盘的转速一般为 18m/min；有一轴一段、一轴多段以及多轴多段等形式；废水的流动方式，有轴直角流与轴平行流。多极布置：盘片面积不变，能提高处理水水质和 DO 含量。

（2）以生物转盘为主体的工艺流程

需要有预处理，调节池可小点（与活性污泥相比），适用于处理高浓度有机废水，中间设沉淀池。生物转盘工艺流程见图 14-19。

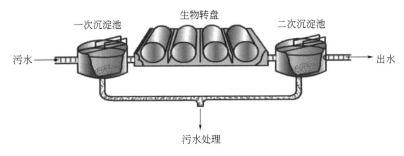

图 14-19　生物转盘工艺流程

① 以去除 BOD 为主要目的的工艺流程见图 14-20。

图 14-20　以去除 BOD 为主要目的的工艺流程

② 以深度处理（去除 BOD、硝化、除磷、脱氮）为目的的工艺流程见图 14-21。

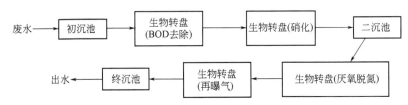

图 14-21　以深度处理为目的的工艺流程

③ 生物转盘与平流沉淀池的组合流程见图 14-22。

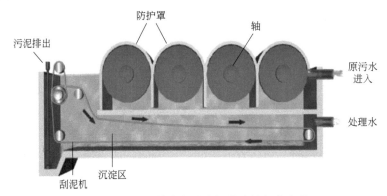

图 14-22　生物转盘与平流沉淀池的组合流程

14.4.4　生物转盘运行中需要注意的问题

（1）进水方式

进水方向与转盘的旋转方向一致，污水在槽中混合均匀，水头损失小，但剥落的膜不易随水流出；进水方向和转盘的旋转方向相反，混合较差，水头损失大，但剥落膜易流出；进水方向与盘片垂直，平行于转轴，起到一轴多极的作用，前端生物膜后，轴负荷不均匀。

（2）转盘的负荷与供氧量

水力负荷低时，BOD 去除速度与 BOD 浓度之间成直线；水力负荷高时，BOD 去除速度与 BOD 浓度之间不成直线，不宜采用增加转速的方式来提高 DO。

（3）转盘分级与处理效果

转盘分级——改进停留时间，防止短路，从而提高处理效果，尤其对毒性强的工业废水分级尤为重要。分级过多，效果增加不多，一般每池不可小于 2 级，但不多于 4 级。

14.4.5　生物转盘的计算

（1）基础参数

应充分掌握水质水量，合理确定构造方面的参数，包括形状、直径、间距、浸没率、材质、级数、水流方向、反应槽的形状等。

（2）盘片总面积 A 的确定方法

以 A 为基础，确定盘片数、转轴长度、氧化槽 V、停留时间 T。

方法：负荷率计算法，经验图表法（联邦德国应用），经验公式（勃别尔计算式）法。

（3）负荷率计算法

① 常用参数：容积面积比（G 值）、液量面积比。

② 城市污水 G 值在 $5\sim9$ 之间，盘片厚时，应减去浸没部分容积值。

$$G=\frac{V_{实际}}{A}\times10^3\ (\text{L/m}^2) \tag{14-11}$$

③ BOD 面积负荷率 N_A：$10\sim20\text{g/(m}^2\cdot\text{d)}$。

$$N_A=\frac{QS_0}{A}\ \left[\text{g BOD}_5/\ (\text{m}^2\cdot\text{d})\right] \tag{14-12}$$

式中　S_0——原污水 BOD 值，g/m^3，mg/L；

　　　A——盘片总面积，m^2；

　　　Q——流量，m^3/d。

④ 水力负荷 N_q：$10\sim20\text{g/(m}^2\cdot\text{d)}$；平均接触时间：$t_a=(V/Q)\times24$。

$$N_q=\frac{Q}{A}\times10^6\ (\text{L/m}^2) \tag{14-13}$$

（4）设计时应注意的问题

① 按照《室外排水设计规范》（GB 50014—2006）进行设计；

② 一般按日平均污水量计算；

③ 进水 BOD 值按照调节沉淀后的平均值考虑；

④ 转盘产泥量按 $0.5\sim0.61\text{kg/kg BOD}_5$ 进行考虑；

⑤ 需要查表、图中的曲线值并进行核算。

14.5
生物接触氧化法

14.5.1　概述

生物接触氧化法是一种介于活性污泥法与生物滤池之间的生物膜法处理工艺，又称为淹没式生物滤池。生物接触氧化法在 1971 年开始于日本，应用领域十分广泛，深受重视。生物接触氧化法以高效得到青睐，原因是：①生物活性高——污泥龄长；②传质条件好——微生物代谢多，"细菌表面的介质更新速度"的影响，传质起决定作用；③充氧效率高——$3kg\ O_2/(kW \cdot h)$，比无填料的高 30%；④有丝状菌存在；⑤有较高的生物膜浓度（$10 \sim 20g/L$），而活性污泥少（$2 \sim 3g/L$）。

14.5.2 生物接触氧化池的构造及形式

生物接触氧化池由池体、填料、布水系统和曝气系统等组成。填料高度一般为 3.0m 左右，填料层上部水层高约为 0.5m，填料层下部布水区的高度一般为 $0.5 \sim 1.5m$。

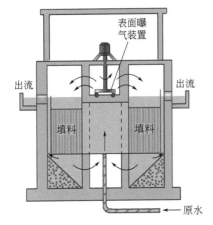

图 14-23　生物接触氧化池的基本构造

池型：方形、圆形或矩形。

填料：其特性对接触氧化池中生物量、氧的利用率、水流条件和废水与生物膜的接触反应情况等有较大影响，分为硬性填料、软性填料、半软性填料及球状悬浮型填料等。

生物接触氧化池的基本构造见图 14-23。

14.5.3 生物接触氧化池的分类

（1）按曝气位置分类

分流式（国外多用）：填料区水流较稳定，有利于生物膜的生长，但冲刷力不够，生物膜不易脱落；可采用鼓风曝气（图 14-24）或表面曝气（图 14-25）装置；较适用于深度处理。

直流式（国内用）：曝气装置多为鼓风曝气系统；可充分利用池容；填料间紊流激烈，生物膜更新快，活性高，不易堵塞；检修较困难。

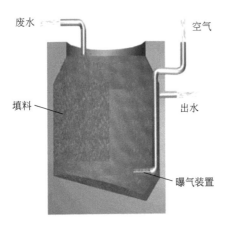

图 14-24　鼓风曝气生物接触氧化池

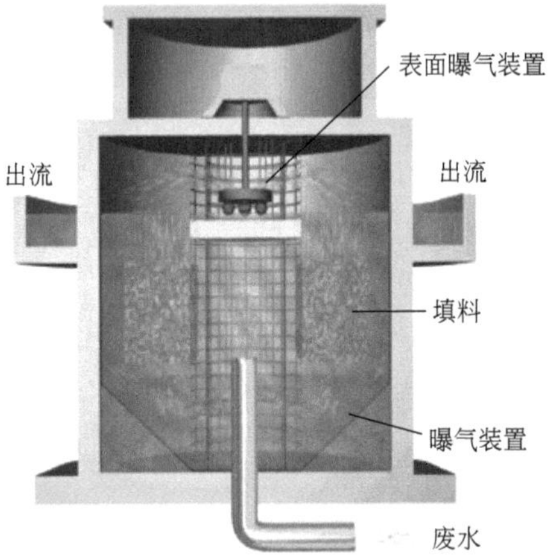

图 14-25　表面曝气生物接触氧化池

（2）按水流循环形式分类

按水流循环形式分类，生物接触氧化池可分为填料内循环式和填料外循环式。

14.5.4 生物接触氧化池的特征

（1）工艺方面

① 采用多种形式的填料，气、液、固三相共存，有利于氧的转移。

② 填料表面形成生物膜立体结构。

③ 有利于保持膜的活性，抑制厌氧膜的增殖。

④ 负荷高——处理时间短。

（2）运行方面

① 耐冲击负荷——有一定的间歇运行功能。

② 操作简单——无需污泥回流，不产生污泥膨胀、滤池蝇。

③ 生成污泥量少，易沉淀。

④ 动力消耗低。

14.5.5　生物接触氧化处理工艺流程

① 一级处理流程——完全混合型流态，微生物处于对数增长期和减速增长期的前段。

② 二级处理流程——单级完全混合型流态，组合后为推流；一段，$F/M>2.1$，对数增殖期；二段，$F/M\approx0.5$，减速增殖期或内源呼吸期。

生物接触氧化处理技术的工艺流程见图 14-26。

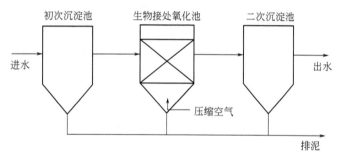

图 14-26　生物接触氧化处理技术的工艺流程

14.5.6　生物接触氧化处理技术的计算

14.5.6.1　计算方法

（1）填料体积——BOD 容积负荷率法（N_v）

城市污水二级处理：$1.2\sim2.0$kg BOD/（$m^3\cdot d$）（国外）；$3.0\sim4.0$kg BOD/（$m^3\cdot d$）（国内）。

（2）接触时间

① 一般方法

$$dS/dt=-kS$$
$$t=K\ln(S_0/S_e) \tag{14-14}$$

式中　t——接触反应时间，h；

k,K——比例系数；

S_0,S_e——进、出水浓度，mg/L。

② 经验公式

$$K=0.33S_0^{0.46} \tag{14-15}$$

填料标准填充率为池容积的 75%，实际填充率为 $P\%$。

$$K=0.33\times(P/75)\times S_0^{0.46} \tag{14-16}$$
$$t=0.33\times(P/75)\times S_0^{0.46}\times\ln(S_0/S_e) \tag{14-17}$$

14.5.6.2 注意事项

① 平均日污水量计算。

② 每池面积不要大于 $25m^2$，至少两座，考虑同时工作。

③ 填料一般高 3m；池内 DO 为 2.5～3.5mg/L；气水比为（15～20）：1；停留时间≤2h。

14.6

生物流化床

14.6.1 概述

以沙、活性炭、焦炭等颗粒微载体充填于生物反应器内，由于载体表面附着生长着生物

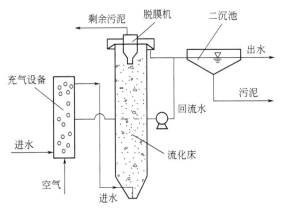

图 14-27　生物流化床工艺

膜而使质量变轻，当污水以一定流速从下向上流动时，载体便处于流动状态。载体颗粒小、表面积大，为微生物生长提供了充足的场所，极大地提高了反应器内的微生物量，可达10～4g/L。颗粒处于流态化状态，极大地提高了有机污染物由污水向微生物细胞膜内的传质速度。按照使载体流化的动力来源的不同，生物流化床分为以液流为动力的两相流化床和以气流为动力的三相流化床。生物流化床工艺见图 14-27。

14.6.2 工艺流程

生物流化床主要包括床体、载体、布水装置、充氧装置、脱膜装置（见图 14-28）。两相生物流化床的工艺流程见图 14-29，三相生物流化床的工艺流程见图 14-30，机械搅动流化床见图 14-31。

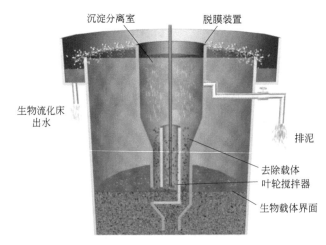

图 14-28　脱膜装置

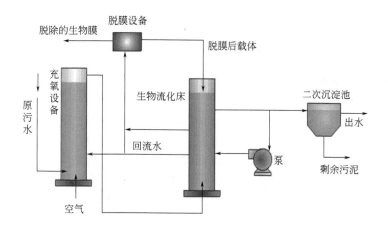

图 14-29　两相生物流化床的工艺流程

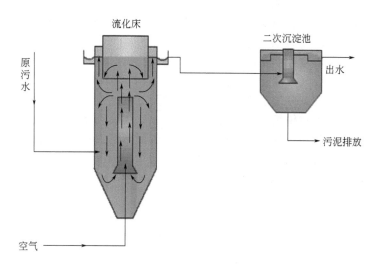

图 14-30　三相生物流化床的工艺流程

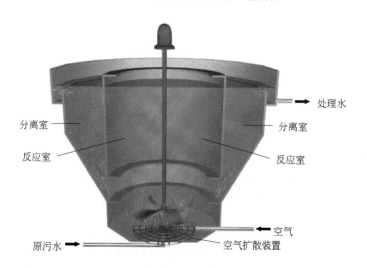

图 14-31　机械搅动流化床

14.7

MBBR生物处理工艺

移动床生物膜工艺（Moving Bed Biofilm Reactor，MBBR），是目前国际上成熟的污水生化处理技术。自1989年第一套移动床生物膜工艺装置建成以来，已在50多个国家建成了数千套市政和工业废水处理设施，取得了良好的效果。该工艺以悬浮填料为微生物提供生长载体，通过悬浮填料的充分流化，实现污水的高效处理。该工艺充分汲取了生物接触氧化及生物流化床的优点，克服了其传质效率低、处理效率差、流化动力高等缺点，运用生物膜法的基本原理，充分利用了活性污泥法的优点，实现生物膜工艺的活性污泥方式运行。MBBR工艺，按微生物存在形式划分，分为悬浮填料工艺（MBBR）及活性污泥-悬浮填料复合工艺。移动床生物膜工艺的技术关键在于研发密度接近水，轻微搅拌下易随水自由流动的生物填料，且生物填料具有有效表面积大、适合微生物附着生长等特点，填料的结构以具有受保护的可供微生物生长的内表面积为特征。

移动床生物膜工艺的原理：在好氧条件下，曝气充氧时，空气泡的上升浮力推动填料和周围的水体流动起来，当气流穿过水流和填料的空隙时又被填料阻滞，并被分割成小气泡。在这样的过程中，填料被充分地搅拌并与水混合，而空气又被充分地分割成细小的气泡，增加了生物膜与氧气的接触和传氧效率。在厌氧条件下，水流和填料在潜水搅拌器的作用下充分流化起来，达到生物膜和被处理的污染物充分接触而降解的目的。因此，移动床生物膜工艺突破了传统生物膜法的限制（固定床生物膜工艺的堵塞和配水不均匀，以及生物流化床的流化局限），为生物膜法更广泛地应用于污水的生物处理奠定了较好的基础。移动床生物膜工艺原理见图14-32。

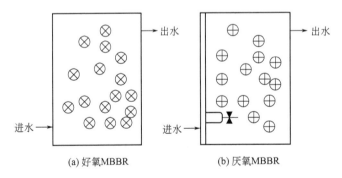

(a) 好氧MBBR　　　　　(b) 厌氧MBBR

图14-32　移动床生物膜工艺原理

移动床生物膜工艺的特点包括：

① 容积负荷高，紧凑省地。特别对现有污水处理厂（设施）升级改造效果显著，不增加用地面积，仅需对现有设施简单改造，污水处理能力可增加2～3倍，并提高出水水质。移动床生物膜反应器的占地约是常规生物反应器（缺氧、厌氧及好氧生物反应器）占地的20%～30%。

② 耐冲击性强，性能稳定，运行可靠。冲击负荷以及温度变化对移动床工艺的影响要小于对活性污泥法的影响。当污水成分发生变化或污水毒性增加时，生物膜对此受力很强。

③ 搅拌和曝气系统操作方便，维护简单。曝气系统采用穿孔曝气管系统，不易堵塞。搅拌器采用香蕉形的搅拌叶片，外形轮廓线条柔和，不损坏填料。整个搅拌和曝气系统很容

易维护管理。

④ 生物池无堵塞，生物池容积得到充分利用，没有死角。由于填料和水流在生物池的整个容积内都能得到混合，从根本上杜绝了生物池堵塞的可能，因此，池容得到完全利用。

⑤ 灵活方便。一方面，可以采用各种池型（深浅方圆都可），而不影响工艺的处理效果。另一方面，可以很灵活地选择不同的填料填充率，达到兼顾高效和远期扩大处理规模而无需增大池容的要求。对于原有活性污泥法处理厂的改造和升级，移动床生物膜工艺可以很方便地与原有的工艺有机结合起来，形成活性污泥-生物膜集成工艺或移动床-活性污泥组合工艺。

⑥ 使用寿命长。优质耐用的生物填料、曝气系统和出水装置可以保证整个系统长期使用而不需要更换，折旧率低。

14.8
生物膜法的运行管理

14.8.1　生物膜的培养与驯化

① 闭路循环法；
② 连续法。

14.8.2　生物膜处理系统的运行管理

（1）生物滤池的运行与管理

生物滤池的挂膜阶段：①培养；②驯化。

生物滤池正式运行之后，有一个挂膜阶段，即培养生物膜的阶段。在这个初始运行阶段，洁净的无膜滤床逐渐长了生物膜，处理效率和出水水质不断提高，进入正常运行状态。当温度适宜时，初始运行阶段历时一般约一周。

处理含有毒有害物质的工业污水时，生物滤池的运行要按设计确定的方案进行。一般说来，这种有毒有害物质正是生物滤池的处理对象，而能分解氧化这种有毒有害物质的微生物常存在于一般环境中，无需从外界引入。但是，在一般环境中，它们在微生物群体中并不占优势，或对这种有毒有害物质还不太适应，因此，在滤池正常运行前，要有一个让它们适应新环境，繁殖壮大的初始运行阶段，这个阶段被即称为驯化挂膜阶段。

那么，驯化挂膜的方式有哪些呢?

工业污水生物滤池驯化挂膜有两种方式：一种方式是从其他工厂污水站或城市污水厂取来活性污泥或生物膜碎屑（取自二次沉淀池）进行驯化挂膜。可以把取来的数量充足的污泥同工业污水、清水和养料（生活污水或培养微生物用的化学品）按适当比例混合后淋洒于生物滤池中，出水进入二次沉淀池，并以二沉池作为循环水池，循环运行。当滤床上明显出现生物膜迹象后，以二次沉淀池出水水质为参考，在循环中逐步调整工业污水和出水的比例，直至出水正常。另一种方式是用生活污水与城市污水，或回流出水替代部分工业污水（必要时投加养料）进行运行。运行过程中，把二次沉淀池中的污泥不断回流到滤池的进水中。在滤床上明显出现生物膜后，以二次沉淀池出水水质为参考，逐步降低稀释用水流量和增加工业污水量，直至正常运行。

生物滤池的日常运行与管理：

①日常水质检测；②能量消耗统计；③机电设备养护与维修。

常见问题及对策：

① 滤池积水

原因：

a. 滤料的粒径太小或不均匀；

b. 由于温度的骤然变化使石质滤料破碎以致堵塞孔隙；

c. 预处理设备运行不正常，导致滤池进水中的悬浮物量过高；

d. 生物膜的过度剥落堵塞了滤料间的孔隙；

e. 滤池的有机负荷过高。

预防和补救方法有：

a. 耙松滤池表面的石质滤料；

b. 用高压水流冲洗滤料表面；

c. 停止积水面上布水器的运行，让废水流将滤料上的生物膜冲走；

d. 向滤池进水中投配游离氯（5mg/L），历时数小时，隔周投配，投配时间可在晚间流量低时以降低氯的需要量；

e. 让滤池停止运转一定时间，以便让积水滤干；

f. 对于有水封墙和可以封住排水渠道的滤池，可用废水淹没滤池并使其维持一天以上时间；

g. 如以上措施仍然都无效时，就要考虑更换滤料了，这样做可能比清洗旧滤料更经济些。

② 臭味问题

a. 维持所有设备（包括沉淀池和废水系统）都保持在好氧状态；

b. 降低污泥和生物膜的累积量；

c. 在低流量时向滤池进水中短期加氯；

d. 采用滤池回流；

e. 清洗出现堵塞的排水系统；

f. 清洗所有的滤池通风道；

g. 把空气压入滤池的排水系统以加大通风量；

h. 降低特别大的有机负荷；

i. 在滤池上加盖并对排放气体除臭。

③ 滤池灰蝇问题

a. 连续地向滤池投配水；

b. 按照与减少积水相类似的方法减少过量的生物膜；

c. 每周或每两周用废水淹没滤池一天；

d. 冲洗滤池内部暴露的池墙表面；

e. 向废水中加氯，维持 0.5～1mg/L 的余氯量；

f. 隔 4～6 周投加一次杀虫剂。

④ 滤池表面结冰问题

a. 减少滤池废水回流次数；

b. 调节喷嘴和反射板以使滤池布水均匀；

c. 在滤池的风向处设挡风屏；

d. 及时清除滤池表面所出现的冰块。

⑤ 蜗牛、苔藓和蟑螂

a. 加氯 10mg/L，使滤池出水中的余氯量为 0.5～1mg/L 并维持几个小时；

b. 用最大的回流量来冲洗滤池。

⑥ 旋转布水器孔口的堵塞问题

a. 清洗所有的孔口；

b. 提高初次沉淀池对油脂和悬浮物的去除效果；

c. 对滤池维持适当的水力负荷；

d. 按规定定期对旋转臂进行加油。

⑦ 生物膜异常脱落等

这一问题通常易于在高负荷滤池或塔滤进水中断再恢复时出现，因此，应当保持进水的连续运行。

(2) 生物转盘的运行与维护管理

① 生物转盘的投产　首先需要使转盘面上生长出生物膜（挂膜）。生物转盘挂膜的方法与生物滤池的方法相同。因转盘槽（氧化槽）内可以不让污水或废水排放，故开始时，可以按照培养活性污泥的方法，培养出适合于待处理污水的活性污泥，然后将活性污泥置于氧化槽中（如有条件，直接引入同类废水处理的活性污泥更佳），在不进水的情况下使盘片低速旋转 12～24h，盘片上便会黏附少量微生物，接着开始进水，进水量依生物膜逐渐生长而由小到大，直至满负荷运行。生物转盘挂膜亦可按生物滤池驯化微生物的方法进行，这样可省去污泥驯化步骤，但整个周期稍长。用于硝化的转盘，挂膜时间要增加 2～3 周，并注意将进水生化需氧量浓度控制在 30mg/L 以下。因自养硝化细菌世代时间长，繁殖生长慢，若进水有机物浓度过高，会使膜中异常细菌占优势，从而抑制自养菌的生长。当水中出现亚硝酸盐时，表明硝化菌在生物膜上已占优势，挂膜工作宣告结束。

② 生物相的观察　生物转盘上生物膜的特点与生物滤池上的生物膜完全相同，生物呈分级分布，第一级生物往往以菌胶团细菌为主，膜亦最厚，随着有机物浓度的下降，以下数级依次出现丝状菌、原生动物及后生动物，生物的种类不断增多，但生物膜量即膜的厚度减少，依污水水质的不同，每一级都有其特征性的生物类群。当水质浓度或转盘负荷有所变化时，特征性生物层次也随之前移或后移。通过生物相的观察可了解生物转盘的工作状况，发现问题，及时解决。

正常的生物膜较薄，厚度约 15mm，外观粗糙，带黏性，呈灰褐色。盘片上过剩生物膜会脱落，这是正常的更替，随之即被新膜覆盖。用于硝化的转盘，其生物膜较厚，外表光滑，呈金黄色。

③ 生物转盘的检修维护　一般来说，生物转盘是生化处理设备中最为简单的一种，只要设备运行正常，往往会获得令人满意的处理效果。但在水质、水量、气候条件大幅度变化的情况下，加上操作管理不慎，也会影响或破坏生物膜的正常工作，并导致处理效果的下降。沉砂池或初沉池中悬浮固体去除率不佳，会导致悬浮固体在氧化槽内积累并堵塞废水进入的通道。挥发性悬浮固体（主要是脱落的生物膜）在氧化槽内大量积累也会发臭，并影响系统运行。

④ 异常问题及其预防措施

a. 生物膜严重脱落。在转盘启动的两周内，盘面上生物膜大量脱落是正常的，当转盘采用其他水质的活性污泥来接种时，脱落现象更为严重。但在正常运行阶段，膜的大量脱落会给运行带来困难。产生这种情况的主要原因可能是由于进水中含有过量毒物或抑制生物生长的物质，如重金属、氯或其他有机毒物。此时应及时查明毒物来源、浓度、排放的频率与时间，立即将氧化槽内的水排空，用其他废水稀释。彻底解决的办法是防止毒物进入，如不能控制毒物进入时应尽量避免负荷达到高峰，或在污染源采取均衡的办法，使毒物负荷控制在允许的范围内。

pH 值突变是造成生物严重脱落的另一原因。当进水 pH 值在 6.0～8.5 范围内时，运行正常，膜不会大量脱落。若进水 pH 值急剧变化，pH 值小于 5 或大于 10.5 时，将导致生物膜大量脱落。此时，应投加化学药剂予以中和，以使进水 pH 值保持在 6.0～8.5 的正常范围内。

b. 产生白色生物膜。当进水发生腐败或含有高浓度的硫化物如硫化氢、硫化钠、硫酸钠等，或负荷过高使氧化槽内混合液缺氧时，生物膜中硫细菌（如贝氏硫细菌或发硫细菌）会大量繁殖，并占优势。有时除上述条件外，进水偏酸性，使膜中丝状真菌大量繁殖。此时，盘面会呈白色，处理效果大大下降。

防止产生白色生物膜的措施有：对原水进行曝气；投加氧化剂（如水、硝酸钠等），以提高污水的氧化还原电位；对污水进行脱硫预处理；消除超负荷状况，增加第一级转盘的面积，将一、二级串联运行改为并联运行以降低第一级转盘的负荷。

c. 固体物质的累积。沉砂池或初沉池中悬浮固体去除率不佳，会导致悬浮固体在氧化槽内积累并堵塞废水进入的通道。挥发性悬浮固体（主要是脱落的生物膜）在氧化槽内大量积累也会腐败发臭，并影响系统运行。在氧化槽中积累的固体物质数量上升时，应用泵将其抽去，并检验固体的类型，以针对产生累积的原因加以解决。若属原生固体积累则应加强生物转盘预处理系统的运行管理；若是次生固体积累，则应适当增加转盘的转速，增加搅拌强度，使其便于同出水一道排出。

d. 污泥漂浮。从盘片上脱落的生物膜呈大块絮状，一般用二沉池加以去除。二沉池的排泥周期通常采用 4h。周期过长会产生污泥腐化现象；周期过短，则会加重污泥处理系统的负担。二沉池去除效果不佳或排泥不足、排泥不及时等都会形成污泥漂浮现象。由于生物转盘不需要回流污泥，污泥漂浮现象不会影响转盘生化需氧量的去除率，但会严重影响出水水质。因此，应及时检查排污设备，确定是否需要维修，并根据实际情况适当增加排泥次数，以防止污泥漂浮现象的发生。

(3) 生物接触氧化池的运行与管理

启动调试：启动调试时须培养生物膜，其方式类似活性污泥的培养，可间歇或连续进水，注意营养平衡（C、N、P）、pH 值、抑制物浓度等；应对生物膜的生长情况经常观察，并及时调整运行条件。

日常运行管理：①一般应控制溶解氧浓度为 2.5～3.5mg/L；②避免过大的冲击负荷；③防止填料堵塞；④加强前处理，降低进水中的悬浮固体浓度；⑤增大曝气强度，以增强接触氧化池内的紊流；⑥采取出水回流措施，以增加水流上升流速，以便冲刷生物膜。

14.9

自然生物法

14.9.1 概述

当废水排入水体或土壤后，在微生物的作用下，废水中的有机污染物可以被氧化分解。水体或土壤都有一定的自净能力，在污染物的量较小的情况下，水体和土壤可以自行消除污染物，保持清洁的状态。

利用天然水体和土壤中的微生物来净化废水的方法称为自然生物法。水体自净过程、生物塘和土地处理系统都属于废水的自然生物处理。

14.9.2　生物塘

生物塘即稳定塘，又称氧化塘，是一种天然的或经过一定人工修整的有机废水处理池塘。按照占优势的微生物种属和相应的生化反应，可分为好氧塘、兼性塘、厌氧塘和曝气塘四种类型。

（1）好氧塘

① 好氧塘的作用原理　由于池深较浅，阳光能直接投入池底，有机负荷率较低，塘内存在着菌-藻-原生动物的共生体系。

② 好氧塘的设计计算　好氧塘的设计不宜少于 2 个，可串联或并联运行。好氧深度不超过 0.5m。每座塘的面积不宜超过 40000m² ；塘表面采用矩形为宜，长宽比为（2～3）：1。好氧塘设计参数见表 14-6。

表 14-6　好氧塘设计参数

参数	高负荷好氧塘	普通好氧塘	深度处理好氧塘
BOD_5 表面负荷率/[kg/(m²·d)]	0.004～0.016	0.002～0.004	0.0005
水力停留时间/d	4～6	2～6	5～20
水深/m	0.3～0.45	约 0.5	0.5～1.0
去除率/%	80～90	80～95	60～80
藻类浓度/(mg/L)	100～260	100～200	5～10
回流比		0.2～2.0	

（2）兼性塘

兼性塘的上层由于藻类的光合作用和大气复氧作用而含有较多溶解氧，为好氧区；中层则溶解氧逐渐减少，为过渡区或兼性区；塘水的下层则为厌氧层；塘的最底层则为厌氧污泥层。兼性塘中的基本生物反应见图 14-33。

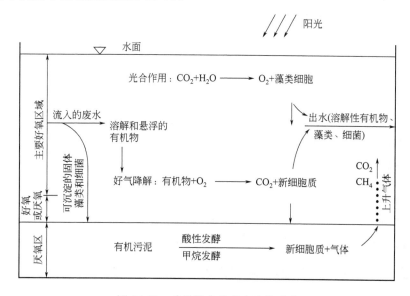

图 14-33　兼性塘中的基本生物反应

(3) 厌氧塘

① 厌氧塘的特点　厌氧塘由于池深较大，约 2～4m，且负荷较高，塘内光线微弱，几乎没有藻类。厌氧塘主要靠塘内及底层沉淀物厌氧分解污染物。

② 厌氧塘的设计计算　厌氧塘以矩形为宜，长宽比为（2～2.5）:1，塘有效深度为 3～5m，若条件允许可达到 6m。厌氧塘单池面积不应该大于 8000m²。厌氧塘进水口安设在塘底以上 0.6～1.0m 处，使进水与塘底污泥相混合。出水口为淹没式，深入水下 0.6m，不得小于冰层或浮渣层厚度。

(4) 曝气塘

① 定义：曝气塘采用人工补气供氧，表面叶轮或鼓风补气。曝气塘分为完全混合曝气塘或好氧曝气塘，部分混合曝气塘或兼性曝气塘。

② 基本要求

a. 完全混合曝气塘的出水经沉淀后污泥可回流；

b. 沉淀是曝气塘的必要组成部分；

c. BOD_5 表面负荷为 1～30kg $BOD_5/(10^4 m^3 \cdot d)$；

d. 好氧曝气塘的 HRT 为 3～10d，兼性曝气塘的 HRT 有可能超过 10d；

e. 有效水深为 2～6m；

f. 一般不少于 3 座，通常按串联方式运行；

g. 多采用表面曝气机曝气，北方则采用鼓风曝气。

14.9.3　土地处理系统

(1) 系统的组成

土地处理系统包括：废水的预处理设施；废水的调节与贮存设施；废水的输送、布水及控制系统；土地净化田；净化出水的收集与利用系统。

(2) 净化机理

① 物理过滤：土壤颗粒间的孔能截留、滤除废水中的悬浮颗粒。

② 物理吸附和物理沉积：土壤中黏土矿物具有吸附功能；废水中的部分重金属离子可能会由于被吸附、置换而沉积于土壤中。

③ 物理化学吸附：金属离子与土壤中无机或有机胶体反应形成螯合化合物；有机物与无机物反应生成复合物；重金属离子由于阳离子交换而被置换吸附，生成非溶性化合物。

④ 化学反应与沉淀。

⑤ 微生物的代谢和有机物的分解：异养型、厌氧型微生物；硝化菌、反硝化菌等。

(3) 土地处理系统的基本工艺类型

① 慢速渗滤；

② 快速渗滤；

③ 地表漫流；

④ 湿地系统；

⑤ 地下渗滤系统。

14.9.4　实例：农村污水处理典型工艺流程

农村生活污水处理典型工艺流程见图 14-34。

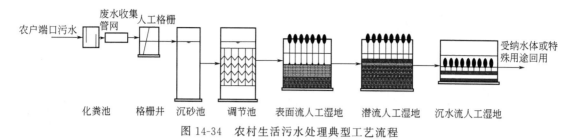

图 14-34 农村生活污水处理典型工艺流程

思 考 题

1. 某居住区生活污水量为 $10000m^3/d$，通过初沉池后出水中的 BOD_5 为 220mg/L。拟采用高负荷生物滤池进行处理，要求处理后出水中的 $BOD_5 \leqslant 20mg/L$。试分别采用有机负荷法和动力学法估算此生物滤池的主要工艺尺寸。

2. 某城镇有居民 5000 人，人均排水量标准为 90L/d，人均 BOD_{20} 的产生量为 $40g/(人 \cdot d)$。现拟采用塔式生物滤池对该废水进行处理，要求处理出水 $BOD_{20} \leqslant 30mg/L$。冬季平均水温为 $10℃$。试计算塔式生物滤池的主要工艺尺寸。

3. 设有一座废水处理站采用生物转盘作为二级生物处理设施。其处理水量为 $Q=1000m^3/d$，平均进水 BOD_5 为 $S_0=200mg/L$，高峰负荷持续时间为 $t=5h$，要求 BOD_5 的去除率为 90%。水温为 $18℃$，试对此生物转盘工艺进行设计。

4. 某工厂废水水质接近生活污水，原水 BOD_5 浓度为 150mg/L，废水量为 $2000m^3$，要求出水 $BOD_5 \leqslant 20mg/L$。试进行生物接触氧化法的工艺设计计算。

5. 接触氧化装置的生物膜培养过程中发现生物膜形成后又会脱落，如何解决和避免呢？

6. 废水主要含季胺盐跟酒精，现处理工艺为调节（预曝）—厌氧—缺氧—好氧—初沉—加药—二沉—出水。现未加药剂，处理量增加了 30% 进水 $COD>2500mg/L$，出水 $COD>200mg/L$，不可能扩建。有什么办法修改部分工艺使出水水质达到 100mg/L 以下？

7. 使用生物膜法处理污水在初运行时有一定的效果，但随着时间的推移，污水中的微生物活性时而好时而差。是何原因？

8. 某厂 A-B 工艺，污泥消化池有时不稳定。尤其是过一段时间就会出现消化池内泡沫过多的状况，很容易泄压，又很容易将阻火器阻塞。而且此种状况一旦出现，就会发生需长时间排放冷凝水的现象。请帮助分析原因和提出解决办法。

9. 某厂是 A-B 工艺的污水处理厂，最近曝气池表面褐色泡沫多，SVI 值居高不下，而且沉降性差，二沉池表面有大块的絮状污泥上浮。上周也采取了加大排泥和加大曝气的手段，略有好转。但周末又有所反弹，比上次更严重。同时，MLSS 值变化大，早晨是 1200mg/L，中午是 900mg/L，下午是 3000mg/L，没有规律性，让人无从下手。怎么解决？

10. 某工艺采用淹没式生物膜。考虑到外加碳源要增加劳动量，也不经济，降低溶解氧，氨氮效果去除也还好，出水硝酸盐浓度 11mg/L，但是亚硝酸盐很高。请问在 C/N 较低的情况下能否提高脱氮效果？

11. 养猪废水 COD 10000mg/L，氨氮 400mg/L，经厌氧＋SBR，出水 COD 150mg/L，氨氮 150mg/L。水量 $300m^3/d$，稳定塘 15 亩，可蓄水 $1\sim1.5m$ 深，请问稳定塘如何设计？6 月初种何植物，出水能否达一级？

12. 用接触氧化法处理废水，要求进水 BOD 不能太高，水解酸化后再接触氧化能保证接触氧化池的进水 BOD 要求吗？如果不能，该怎么办？

13. 如何确定接触氧化曝气池内微生物的量？传统的活性污泥法，可以用污泥浓度（MLSS）来表示，直观的可用污泥沉降比（SV_{30}）来表示。接触氧化曝气池内微生物的量应该怎样直观表示，有人说观察生物膜的厚度，厚度的标准是什么？

第15章

厌氧消化法

目前我国处理低浓度废水主要采用好氧活性污泥工艺,它不仅占地面积大、构筑物多,导致基础建设投资巨大,且直接消耗电力资源、需要投加药剂、产生大量剩余污泥,容易产生二次污染。与好氧处理相比,厌氧处理具有明显的优势:①不需要供氧,节省操作费用;②污泥产生量是好氧过程的5%~30%,污泥易处理;③投资少,容易维护;④厌氧过程产生可再生能源——沼气,是我国缓解能源问题的重要途径。

20世纪60年代后,相继发展了厌氧滤池(AF)、厌氧折流板反应器(ABR)、厌氧序批式活性污泥法(ASBR)、升流式厌氧污泥床(UASB)、厌氧颗粒污泥膨胀床(EGSB)等厌氧处理工艺以及厌氧-厌氧和厌氧-好氧组合处理工艺,本章将介绍厌氧生化处理的相关情形。

15.1

厌氧消化处理基本原理

厌氧生物处理法,是在无氧的条件下由兼性厌氧菌和专性厌氧菌来降解有机污染物的处

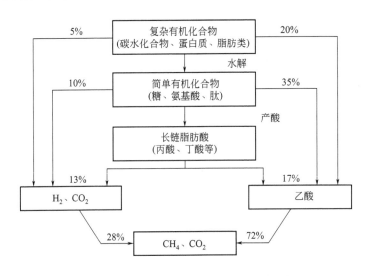

图 15-1 厌氧消化机理和厌氧处理技术图解

理方法，该法的应用已有一百多年历史。从 20 世纪 70 年代起，其理论研究和实际应用都取得了很大的进展。近年来，一些新的厌氧处理工艺或设备，如升流式厌氧污泥床、升流式厌氧滤池、厌氧接触法、厌氧流化床及两相厌氧消化工艺等相继出现，使厌氧生物处理法所具有的能耗小并可回收能源，剩余污泥量少，生成的污泥稳定，易处理，对高浓度有机污水处理效率高等优点得到充分的体现。厌氧消化机理和厌氧处理技术图解见图 15-1。

在厌氧消化系统中微生物主要分为两大类：非产甲烷菌和产甲烷菌。产酸菌和产甲烷菌的特性参数见表 15-1。

表 15-1　产酸菌和产甲烷菌的特性参数

参数	产甲烷菌	产酸菌
对 pH 的敏感性	敏感，最佳 pH 值为 6.8～7.2	不太敏感，最佳 pH 值为 5.5～7.0
氧化还原电位 E_h	$<-350mV$（中温），$<-560mV$（高温）	$<-150～200mV$
对温度的敏感性	最佳温度：30～38℃，50～55℃	最佳温度：20～35℃

15.1.1　厌氧消化三阶段理论

复杂有机物的厌氧消化过程主要包括液化、产酸和产甲烷三个阶段，由多种相互依存的细菌群使复杂的基质混合物最终转化为甲烷和二氧化碳，并合成自身细胞物质。每一阶段各有其独特的微生物类群。液化阶段起作用的细菌主要包括纤维素分解菌、脂肪分解菌、蛋白质水解菌；产酸阶段起作用的细菌主要是产氢产乙酸细菌群，利用液化阶段的产物产生乙酸、氢气和二氧化碳等；产甲烷阶段是甲烷菌以乙酸、丙酸、甲醇等化合物为基质，将其转化成甲烷，其中乙酸和 H_2/CO_2 是其主要基质。

15.1.2　厌氧消化四阶段理论

Bryant 认为厌氧消化经历四个阶段：第一阶段是水解阶段，固态有机物被细菌的胞外酶水解；第二阶段是酸化；第三阶段是在进入甲烷化阶段之前，代谢中间液态产物都要乙酸化，称乙酸化阶段；第四阶段是甲烷化阶段。

15.1.3　厌氧消化两阶段理论

厌氧消化两阶段理论见图 15-2。

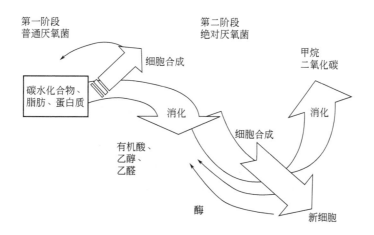

图 15-2　厌氧消化两阶段理论

15.2

厌氧消化的影响因素与控制要求

　　甲烷发酵阶段是厌氧消化反应的控制阶段，因此厌氧反应的各项影响因素也以对甲烷菌的影响因素为准。

15.2.1 温度因素

　　厌氧消化中的微生物对温度的变化非常敏感，温度的突然变化，对沼气产量有明显影响，温度突变超过一定范围时，则会停止产气。

　　根据采用消化温度的高低，可以分为常温消化（10～30℃）、中温消化（35℃左右）和高温消化（54℃左右）。温度与有机负荷、产气量的关系见图15-3。消化温度与消化时间的关系见图15-4。

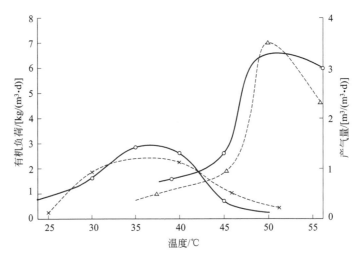

图 15-3　温度与有机负荷、产气量的关系

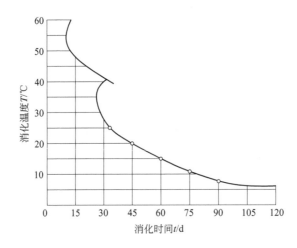

图 15-4　消化温度与消化时间的关系

15.2.2　污泥龄

生物固体停留时间（污泥龄）与有机负荷的关系见图 15-5。

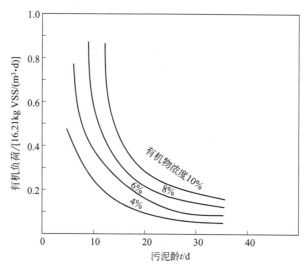

图 15-5　生物固体停留时间（污泥龄）与有机负荷的关系

15.2.3　搅拌和混合

搅拌可使消化物料分布均匀，增加微生物与物料的接触，并使消化产物及时分离，从而提高消化效率、增加产气量。同时，对消化池进行搅拌，可使池内温度均匀，加快消化速度，提高产气量。消化池在不搅拌的情况下，消化料液明显地分成结壳层、清液层、沉渣层，严重影响消化效果。污水处理厂污泥厌氧消化池的厌氧消化搅拌方法包括气体搅拌、机械搅拌、泵循环等。机械搅拌时机械搅拌器安装在消化池液面以下，定位于上、中、下层皆可，如果料液浓度高，安装要偏下一些；泵循环指用泵使沼气池内的料液循环流动，以达到搅拌的目的；气体搅拌，即将消化池产生的沼气，加压后从池底部充入，利用产生的气流，达到搅拌的目的。机械搅拌适合于小的消化池，泵循环和气体搅拌适合于大、中型的沼气工程。

15.2.4　营养与碳氮比

厌氧消化原料在厌氧消化过程中既是产生沼气的基质，又是厌氧消化微生物赖以生长、繁殖的营养物质。这些营养物质中最重要的是碳素和氮素两种营养物质，在厌氧菌生命活动过程中需要一定比例的碳素和氮素。原料 C/N 过高，碳素多，氮素养料相对缺乏，细菌和其他微生物的生长繁殖受到限制，有机物的分解速度就慢、发酵过程就长。若 C/N 过低，可供消耗的碳素少，氮素养料相对过剩，则容易造成系统中氨氮浓度过高，出现氨中毒。

15.2.5　氨氮

厌氧消化过程中，氮的平衡是非常重要的因素。消化系统中由于细胞的增殖很少，故只有很少的氮进入细胞，大部分可生物降解的氮都转化为消化液中的氨氮，因此消化液中氨氮的浓度都高于进料中氨氮的浓度。实验研究表明，氨氮对厌氧消化过程有较强的毒性或抑制性，氨氮以 NH_4^+ 及 NH_3 等形式存在于消化液中，NH_3 对产甲烷菌的活性有比 NH_4^+ 更强的抑制能力。

15.2.6　有毒物质

有些化学物质能抑制厌氧消化过程中微生物的生命活动,这类物质称为抑制剂。抑制剂的种类也很多,包括部分气态物质、重金属离子、酸类、醇类、苯、氰化物及去垢剂等。

15.2.7　酸碱度、pH 值和消化液的缓冲作用

厌氧微生物的生命活动、物质代谢与 pH 有密切的关系,pH 值的变化直接影响着消化过程和消化产物。不同的微生物要求不同的 pH 值,过高或过低的 pH 值对微生物是不利的,表现在:

① pH 的变化引起微生物表面的电荷变化,进而影响微生物对营养物的吸收;

② pH 除了对微生物细胞有直接影响外,还可以促进有机化合物的离子化作用,从而对微生物产生间接影响,因为多数非离子状态化合物比离子状态化合物更容易渗入细胞;

③ pH 强烈地影响酶的活性,酶只有在最适宜的 pH 值时才能发挥最大活性,不适宜的 pH 值使酶的活性降低,进而影响微生物细胞内的生物化学过程。

15.3
两级厌氧与两相厌氧处理

两相厌氧是将厌氧的两个过程置于两个反应器中分别进行,使两个过程互不干扰,并且设置各自最适宜的反应条件使反应速率达到最大。

目的:节省能量(节省污泥加温与搅拌的部分能量)。

特点:第一级,加热(33～35℃)、搅拌;第二级,不加热(20～26℃)、不搅拌(可视为污泥浓缩池用)。

两相厌氧消化:根据消化机理设计。

目的:改善厌氧消化条件,从而减少池容与能耗。

特点:第一相,$n=100\%$,$t=1d$,处于水解与发酵、产氢产乙酸阶段(即消化的第一、二阶段),需加热、搅拌;第二相,$n=(15～17)\%$,处于产甲烷阶段(即消化的第三阶段),需加热、搅拌。

优点:①总容积小;②加热耗热量少,搅拌能耗少;③运行管理方便。

15.4
厌氧生物处理工艺与反应器

15.4.1　普通厌氧消化池

普通厌氧消化池主要包括污泥的投配、排出及溢流系统,沼气排出、收集与贮存设备,搅拌设备及加温设备等。溢流系统见图 15-6,储气设备见图 15-7。

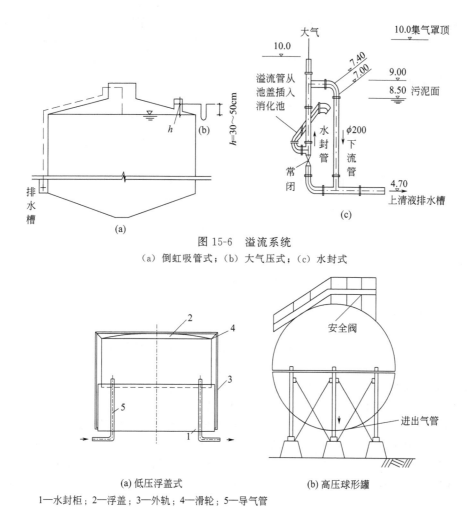

图 15-6 溢流系统
（a）倒虹吸管式；（b）大气压式；（c）水封式

1—水封柜；2—浮盖；3—外轨；4—滑轮；5—导气管

图 15-7 储气设备

15.4.2 厌氧接触工艺

厌氧接触工艺的主要特征：在厌氧反应器后设沉淀池，污泥进行回流，结果使厌氧反应器内能维持较高的污泥浓度，可大大降低水力停留时间。厌氧生物接触法见图 15-8。

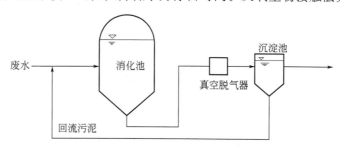

图 15-8 厌氧生物接触法

15.4.3 厌氧生物滤池

厌氧生物滤池是装填滤料的厌氧反应器。厌氧微生物以生物膜的形态生长在滤料表面，废水淹没地通过滤料，在生物膜的吸附作用和微生物的代谢作用以及滤料的截留作用下，废水中有机污染物被去除。产生的沼气则聚集于池顶部罩内，并从顶部引出。处理水则由旁侧流出。为了分离处理水携带出的生物膜，一般在滤池后需设沉淀池。厌氧生物滤池可分为升流式和降流式两种形式，见图15-9。

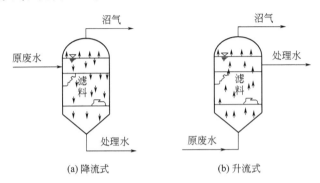

(a)降流式　　　　　　　　(b)升流式

图15-9　升流式和降流式厌氧生物滤池

15.4.4　厌氧生物转盘

厌氧生物转盘由盘片、密封的反应槽、转轴及驱动装置等组成，见图15-10。其特点如下：

① 微生物浓度高，可承受高的有机负荷；
② 废水在反应器内按水平方向流动，无需提升废水，节能；
③ 无需处理水回流，与厌氧膨胀床和流化床相比较既节能又便于操作；
④ 处理含悬浮固体较高的废水，不存在堵塞问题；
⑤ 由于转盘转动，不断使老化生物膜脱落，使生物膜经常保持较高的活性；
⑥ 有承受冲击负荷的能力，处理过程稳定性较强；
⑦ 可采用多级串联形式，各级微生物处于最佳生存条件下；
⑧ 便于运行管理。

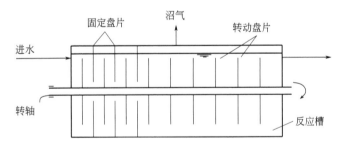

图15-10　厌氧生物转盘构造

15.4.5　升流式厌氧污泥床

升流式厌氧污泥床（UASB）的特点如下：

① 污泥床内生物量多，折合浓度可达20～30g/L。
② 容积负荷高，在中温发酵条件下，一般可达10kg COD/(m³·d)左右，甚至能够高达15～40kg COD/(m³·d)，废水在反应器内的水力停留时间较短，因此所需池容大大缩小。

③ 设备简单，运行方便，无需设沉淀池和污泥回流装置，不需填充填料，也不需在反应区内设机械搅拌装置，造价相对较低，便于管理，而且不存在堵塞问题。

升流式厌氧污泥床见图 15-11。

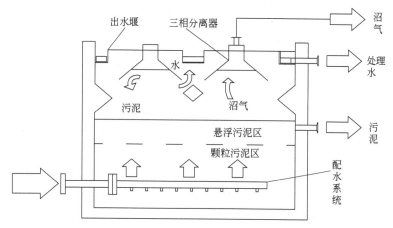

图 15-11　升流式厌氧污泥床

15.4.6　厌氧膨胀床与厌氧流化床反应器

厌氧膨胀床与厌氧流化床反应器的特点如下：

① 细颗粒的填料为微生物附着生长提供比较大的比表面积，使床内具有很高的微生物浓度，一般为 30g VSS/L 左右，因此有机物容积负荷较高，一般为 $10\sim40$ kg COD/$(m^3 \cdot d)$，水力停留时间短，耐冲击负荷能力强，运行稳定。

② 载体处于膨胀状态，能防止载体堵塞。

③ 床内生物固体停留时间较长，运行稳定，剩余污泥量少。

④ 既可用于高浓度有机废水的厌氧处理，也可用于低浓度的城市污水处理。

其缺点如下：

① 载体流化能耗较大。

② 系统的设计要求高。

两相厌氧流化床工艺流程见图 15-12。

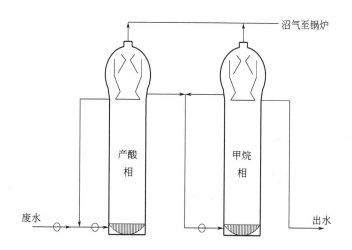

图 15-12　两相厌氧流化床工艺流程

15.4.7　厌氧折流板式反应器

厌氧折流板式反应器的特点如下：

① 反应器启动期短。试验表明，接种一个月后，就有颗粒污泥形成，两个月就可以投入稳定运行。

② 避免了厌氧滤池、厌氧膨胀床和厌氧流化床的堵塞问题。

③ 避免了升流式厌氧污泥床因污泥膨胀而发生污泥流失问题。

④ 不需要混合搅拌装置。

⑤ 不需载体。

厌氧折流板式反应器工艺流程见图 15-13。

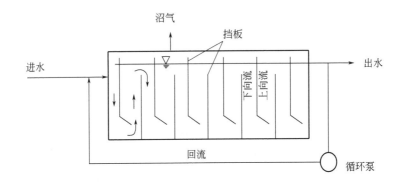

图 15-13　厌氧折流板式反应器工艺流程

15.4.8　高温厌氧处理工艺

高温厌氧处理工艺的优点：细菌生长速率高，通常细菌在 55℃时的生长速率是 30℃时的 2～3 倍，即其产甲烷活性较高；病原菌的去除率较高，经高温厌氧消化的污泥和出水可用于灌溉和施肥；剩余污泥产率低，虽然高温下细菌的生长速率高，但其衰亡速率也高，所以净污泥产率低；高温时水的黏度低，有利于处理时的混合及污泥沉降。

主要影响因素：温度和 pH 值、有机负荷、挥发性脂肪酸、微生物载体。

某糟液废水高温厌氧处理工艺见图 15-14。

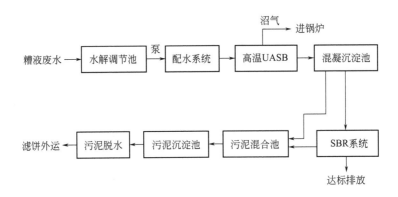

图 15-14　某糟液废水高温厌氧处理工艺

15.5
厌氧生物处理的运行管理及其他

15.5.1 运行管理

消化池内，应按一定投配率投加新鲜污泥，并定时排放消化污泥；池外加温且为循环搅拌的消化池，投泥和循环搅拌应同时进行；新鲜污泥投到消化池，应充分搅拌，并应保持消化温度恒定；用沼气搅拌污泥宜采用单池进行。在产气量不足或在启动期间搅拌无法充分进行时，应采用辅助措施搅拌；消化池污泥必须在 2～5h 之内充分混合一次；消化池中的搅拌不得与排泥同时进行；应监测产气量、pH 值、脂肪酸、总碱度和沼气成分等数据，并根据监测数据调整消化池运行工况；热交换器长期停止使用时，必须关闭通往消化池的进泥闸阀，并将热交换器中的污泥放空；二级消化池的上清液应按设计要求定时排放；消化池前栅筛上的杂物，必须及时清捞并外运；消化池溢流管必须通畅，并保持其水封高度，环境温度低于 0℃时，应防止水封结冰；消化池启动初期，搅拌时间和次数可适当减少，运行数年的消化池的搅拌次数和时间可适当增多和延长。

15.5.2 安全操作事项

在投配污泥、搅拌、加热及排放等项操作前，应首先检查各种工艺管路闸阀的启闭是否正确，严禁跑泥、漏气、漏水；每次加热蒸汽前，应排放蒸汽管道内的冷凝水；沼气管道内的冷凝水应定期排放；消化池排泥时，应将沼气管道与贮气柜连通；消化池内压力超过设计值时，应停止搅拌；消化池放空清理应采取防护措施，池内有害气体和可燃气体含量应符合规定；操作人员检修和维护加热、搅拌等设施时，应采取安全防护措施；应每班检查一次消化池和沼气管道闸阀是否漏气。

15.5.3 维护保养

① 消化池的各种加热设施均应定期除垢、检修、更换；
② 消化池池体、沼气管道、蒸汽管道和热水管道、热交换器及闸阀等设施、设备应每年进行保温检查和维修；
③ 寒冷季节应做好设备和管道的保温防冻工作；
④ 热交换器管路和闸阀处的密封材料应及时更换；
⑤ 正常运行的消化池，宜每 5 年彻底清理、检修一次。

思 考 题

1. 某工业废水水量为 $Q=500\text{m}^3/\text{d}$，进水 COD＝36000mg/L。厌氧生物处理温度为 $t=28℃$，水力停留时间（HRT）为 $T=5$ 天，泥龄为 $\theta_c=15\text{d}$，产率系数为 $Y=0.021$，微生物的自身衰减系数 $K_d=0.028\text{d}^{-1}$，COD 去除率为 $\eta=80\%$，消化气中的甲烷含量为 65%，试计算该处理工艺的日产气量。

2. 某工业废水流量为 $Q=250\text{m}^3/\text{d}$，进水 COD＝5520mg/L，进水 SS＝100mg/L，水温为 20～25℃。采用厌氧滤池进行处理。试根据试验数据计算厌氧生物滤池的容积及有关工艺尺寸。

3. 含有 75.4% 挥发性固体的生污泥经消化处理后得到含有 62.4% 挥发性固体的污泥。试计算由消化去除的挥发性固体的百分数。

4. 已知某污水处理厂的初沉污泥和经浓缩后的剩余活性污泥总量为 $Q=400m^3/d$，混合污泥的含水率为 96.9%。拟采用两级中温消化处理工艺进行稳定化处理。试计算污泥厌氧消化池的容积及其主要工艺尺寸，并画出计算草图。

5. 已知某城市污水拟采用生物脱氮处理工艺进行处理。试根据以下资料进行分段去碳、硝化和反硝化处理工艺的设计计算并画出有关计算草图。(1) 进水流量 $Q=75700m^3/d$；(2) 进水 BOD_u 为 $S_0=200mg/d$；(3) 出水 BOD_u 为 $S_e=10mg/L$；(4) 进水 TKN 浓度为 $[TKN]_0=20mg/L$；(5) 反应速率常数 $K_{(20℃)}=0.04L/(mg \cdot d)$；(6) 微生物自身氧化系数 $K_{d(20℃)}=0.05d^{-1}$；(7) 污泥产率系数 $Y=0.5$（异养微生物）；(8) 临界运转温度 $t=16℃$；(9) 碳氧化阶段 pH=7.6；(10) 硝化运转阶段 pH=7.0；(11) 脱氮运转阶段 pH=7.0；(12) 硝化效率应达 95%；(13) 脱氮效率应达 95%。

6. 用厌氧罐对畜粪厌氧高温发酵 20 天了还不产气，而且 pH 值时升时降，请帮助分析一下。

7. 厌氧污泥能否通过一定的措施转化为好氧污泥？有什么特殊要求？是否需要花费大量的时间？

8. 厌氧消化产生的甲烷应如何处置和利用？

9. 说说厌氧污泥培养方法和调试过程中的注意事项。

10. 用的厌氧工艺是 UASB，没有升温装置，整个工艺没有污泥回流系统，废水是通过 UASB 溢流到好氧池的，而好氧池采用的是生物膜法，现在要进行污泥培养，培养过程中应注意什么？

11. 污泥中毒与污泥老化在表观上如何鉴别？

第16章

颗粒污泥技术

16.1

概述

16.1.1　颗粒污泥技术简介

颗粒污泥最初是随着有机工业废水的处理而出现的，最早出现在一些厌氧反应器中。Young 和 McCatry 于 20 世纪 70 年代曾在厌氧滤清器中观察到颗粒污泥。1976 年研究者在荷兰 Breda 的 CSM 糖厂的一个 $6m^2$ 的反应器中也发现了颗粒污泥，因为反应器获得的污泥效果比 Wageningen 大学更早前在实验室里取得的好，颗粒污泥的重要性引起人们的重视。自 20 世纪 80 年代开始 Lettinga 等学者对升流式厌氧污泥床反应器（UASB）中的颗粒污泥及其应用进行了大量的研究，人们对颗粒污泥的认识才逐渐系统起来。目前，厌氧颗粒污泥技术已经在高浓度有机废水的处理工程中得到了大量应用。

与之相对的是，好氧颗粒污泥技术的出现晚得多。1991 年 Mishima 等学者首次报道了在连续运行的好氧升流污泥床反应器（AUASB）中出现的好氧颗粒污泥。但是 AUASB 反应器运行条件较为苛刻，需要纯氧曝气才能培养出颗粒污泥。随后，SBR 培养模式为研究奠定了基础，为目前大多数研究者所采纳。在此基础上，好氧颗粒污泥的研究在 1997 年后迅速展开。至今，关于好氧颗粒污泥的研究也大量开展起来。目前，颗粒污泥工艺已经是污水处理领域的

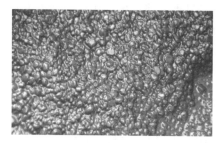

图 16-1　颗粒污泥照片

推荐技术之一，在某些特种废水的处理中得到一定的应用。但总体来看，好氧颗粒污泥存在运行能耗高等问题，其实际应用不如厌氧颗粒污泥广泛。颗粒污泥照片见图 16-1。

16.1.2　颗粒污泥的特点

同普通的絮状活性污泥相比，颗粒污泥具有一些突出的优点。比如颗粒污泥具有相对的外形，密度大，强度高，结构较稳定，尤其是沉淀性能较为突出。这些特点使得采用颗粒污泥的反应器可以保持较高的生物量，因而能够承受较高浓度的污染物和有毒物质的冲击，同时能够使得水处理构筑物具有紧凑的结构，较小的体积和占地面积。颗粒污泥有以下特点：

① 普通活性污泥法中絮体污泥质量浓度约为 $3kg/m^3$，而微生物颗粒污泥的质量浓度可达到 $30kg/m^3$ 以上，后者是前者的 10 倍。这就大大提高了反应器的容积负荷和微生物的浓度，有利于小型一体化反应器的开发和利用。

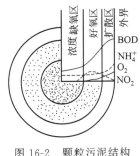

图 16-2　颗粒污泥结构

② 颗粒污泥具有很好的沉降性能，其沉速为 $50\sim90m/h$，而絮状污泥则在 $10m/h$ 以下。污泥沉降性能的提高，将大大减小沉淀池体积。

③ 颗粒污泥内部存在很大的基质浓度梯度，也给微生物提高了更多样的微观环境，可以更好地发挥种群协同代谢作用，强化对难降解物质的降解能力。而对于好氧颗粒污泥来说，由于溶氧浓度梯度的存在，在颗粒内部为兼氧或厌氧区，而外部为好氧区（如图 16-2），形成厌氧和好氧紧密连接的微反应区，能够以更高的效率完成需要在好氧和厌氧条件下协作完成的降解，如同步硝化反硝化（SND）。

16.1.3　颗粒污泥的分类

颗粒污泥根据形成和应用条件的不同可以分为厌氧颗粒污泥和好氧颗粒污泥两大类。而按照其在污水处理中的功能和作用又可分为去除 COD 颗粒污泥、同步去除 COD 和脱氮颗粒污泥、同步除磷脱氮颗粒污泥、厌氧氨氧化颗粒污泥、重金属吸附颗粒污泥、降解毒性物质颗粒污泥等。

厌氧颗粒污泥的形成是高效厌氧反应器成功启动的关键。人们最初在 UASB 中对厌氧颗粒污泥进行大量研究，UASB 也在大量的污水处理工程中得到广泛应用。对于厌氧污泥来讲，由于其生长十分缓慢，因此厌氧反应器的启动时间通常很长，而且厌氧系统的运行操作温度及其稳定性要求较高等，这些缺点也限制了其更大规模的应用。

好氧颗粒污泥的研究建立在厌氧颗粒污泥研究的基础上。早期的研究主要在连续流的 BAS（biofilm airlift suspension）反应器中进行，需要在培养过程中添加污泥载体。经过多年的发展，好氧颗粒污泥技术的应用领域也在不断扩展，已不再局限于污水好氧处理，而应用于其他一些领域，比如：高浓度有机废水的处理；含酚类有毒废水的处理及生物修复，如分解去除苯酚、甲苯、嘧啶和印染废水中的颜料等；脱氮；除磷；脱硫；放射性废水及重金属的吸附处理等。

16.2
颗粒污泥的形成机理

自 20 世纪 90 年代开始有很多关于颗粒污泥形成机理的研究，大致可分为两大类：一类是基于颗粒污泥结构分析的结构模型；另一类是基于细菌间相互作用的热力学考虑的热力学模型。事实上颗粒污泥的主体是微生物，微生物颗粒化的物理现象最终只能是由生物所引发并最终由其控制的。简言之，颗粒污泥的形成就是丝状菌首先缠绕搭成框架，而后微生物不断沉积在框架上并繁殖生长，通过控制工艺条件最终形成颗粒污泥。实际上，污泥颗粒化是一个复杂的过程，是受到多种因素影响的，如 COD 负荷、进水水质、水力停留时间、表面气体流速、流体剪切力、溶解氧、流体形式、沉降时间等，在不同的操作工艺、反应器类型、基质水平、培养条件下，形成的污泥结构有很大差异，因此对颗粒污泥的形成机理及性质应用还有待更进一步的研究和开发。目前，对于颗粒污泥的形成机理学术界还没有一个统一的定论。很多研究者都在自己研究的基础上提出了颗粒污泥的形成机理的假设。大家较为认可的主要有以下几种：

（1）晶核假说

该假说认为颗粒污泥的形成过程和结晶过程类似，微生物和晶核结合后，在晶核的基础上不断生长发育，形成成熟稳定的颗粒污泥。晶核主要来源于微生物本身、惰性载体和钙离子等。

（2）胞外多聚物假说

胞外多聚物（EPS）主要包括多聚糖、蛋白质、酶蛋白、核酸、磷脂和腐殖酸等物质。这些物质使污泥表面局部呈疏水性，有利于细菌之间的凝聚。EPS能黏合微生物细胞和颗粒态的物质，高浓度的多糖有利于细胞之间的吸附作用。而且通过聚合物矩阵增强微生物结构，当多糖的代谢机制受阻时，微生物的聚合也会受到影响。

（3）自凝聚假说

在适当的水力剪切力和溶解氧作用下，微生物产生自凝聚现象，形成密度和体积大、活性和传质条件好的微生物共生体颗粒。污泥颗粒化是微生物为适应外界环境，自发凝聚的一种现象，是生物进化的结果。

（4）选择压驱动假说

选择压可以看作是水力负荷率和气体负荷率这两个因素的共同作用，对不同沉降特征的污泥组分进行选择。只有沉降性能好、粒径大的污泥才能沉淀下来，而密度小、沉降性能不好的则被洗出反应器。这相当于一个物理筛选过程，但是小的絮状污泥需要微生物分泌的胞外多聚物相互黏合来抵抗上升流所产生的剪切力，以免被洗出反应器。所以单纯用物理过程来解释颗粒污泥的形成有待进一步完善。

（5）丝状菌假说

该假说认为在颗粒污泥形成的过程中，丝状菌起到了关键性的作用。丝状菌相互缠绕构成颗粒污泥的框架，微生物在此框架上不断生长繁殖，形成圆形或椭圆形的生物聚积体。随着粒径的增长，聚积体开始破裂，密度大的细菌聚积体将会留在反应器内，进一步生长发育，最终形成成熟的颗粒污泥。

（6）细胞疏水性假说

细胞表面呈疏水性是因为细胞表面吉布斯自由能降低，细胞间的亲和力增加，使细胞之间的连接更强，形成结构致密、脱离水相的细菌凝聚团，所以细胞表面疏水性有利于细胞之间的相互凝聚。

16.3
厌氧颗粒污泥

16.3.1　厌氧颗粒污泥特性

16.3.1.1　物理特性

厌氧颗粒污泥大多数为相对规则的球形或椭球形。成熟的厌氧颗粒污泥（简称颗粒污泥）表面边界清晰，直径变化范围为 0.14～5mm，最大直径可达 7mm。颗粒污泥的颜色通常是黑色或灰色，也有人曾观察到白色颗粒污泥。颗粒污泥的颜色取决于处理条件，特别是与 Fe、Ni、Co 等金属的硫化物有关，当颗粒污泥中的 S/Fe 值较低时，颗粒呈黑色。

颗粒污泥的密度约在 1030～1080kg/m³ 之间。密度与颗粒直径之间的关系尚未完全确定，一般认为污泥的密度随直径的增大而降低。用扫描电镜观察颗粒污泥表面，经常可以发现许多孔隙和洞穴，这些孔隙和洞穴被认为是基质传递的通道，气体也可经此输送出去。直径较大的颗粒污泥往往有一个空腔，这是由基质不足而引起细胞自溶造成的，大而空的颗粒污泥容易被水流冲出或被水流剪切成碎片，成为新生颗粒污泥的内核。颗粒污泥的孔隙率在 40%～80% 之间，小颗粒污泥孔隙率高而大颗粒污泥孔隙率低，因此小颗粒污泥具有更强的生命力和相对高的产甲烷活性。

颗粒污泥有良好的沉降性能，其沉降速率范围为 18～100m/h，典型值在 18～50m/h 之间。根据沉降速率可将颗粒污泥分为三类：①沉降性能不好，18～20m/h；②沉降性能令人满意，18～50m/h；③沉降性能很好，50～100m/h。后两种属于良好的污泥。杨秀山在处理豆制品废水时得到了 79～180m/h 沉降速率的颗粒污泥。

16.3.1.2　化学特性

颗粒污泥的干重（TSS）是挥发性悬浮物（VSS）与灰分（ASH）之和。VSS 主要由细胞和胞外有机物组成，通常情况下 VSS 占污泥总量的比例是 70%～90%。Lettinga 给出的范围为 30%～90%，其下限 30% 是在高浓度 Ca^{2+} 存在下取得的。Ross 在其研究中发现含 VSS 约 90% 的颗粒污泥中，有机物中粗蛋白占 11.0%～12.5%，碳水化合物占 10%～20%。颗粒污泥中一般含 C 40.5%，H 约 7%，N 约 10%。

（1）无机灰分

颗粒污泥中的无机灰分含量因生长基质的不同而有较大的差异，其范围为 6%～8%。一般中温条件下复杂基质培养的颗粒污泥的灰分比单一基质培养的低；高温下培养的污泥灰分比中温下培养的高 1.5 倍。研究表明，灰分的增加将提高颗粒污泥的密度，过高的灰分会导致污泥孔隙率的降低，影响基质在颗粒污泥中的扩散。

颗粒污泥中 Fe、Ca、Si、P、S 均为大量元素，Ca、Mg、Fe 和其他一些金属离子可能以碳酸盐、磷酸盐、硅酸盐或硫化物的形式存在于颗粒污泥中。基质中少量 Ca^{2+} 对颗粒化过程的促进作用已达成共识，一般认为：①Ca^{2+} 可中和细菌表面的负电荷，从而使细菌凝聚；②颗粒污泥中 Ca^{2+} 可与 CO_2 生成 $CaCO_3$ 晶体，增加污泥的密度，改善颗粒污泥的沉降性能；③Ca^{2+} 能稳定细胞外分泌出的多糖体，形成藻蛋白酸盐凝胶，黏结各种生物体，同时还作为细胞表面之间的连接体。适宜的 Ca^{2+} 浓度为 80～150mg/L；过高的 Ca^{2+} 浓度会使污泥的活性下降，但也有人发现 Ca^{2+} 浓度在 600mg/L 时，颗粒污泥对 COD 的去除率高达 98%。有报道称灰分的 30% 为 FeS，FeS 可能沉淀到微亲脂性的细菌表面。有人认为 FeS 较高的表面张力和细菌表面的亲脂性可起到稳定细菌团粒的作用。

（2）胞外多聚物

借助扫描电镜和透射电镜观察颗粒污泥，经常发现一些细菌表面分泌有一薄薄的黏液层，即胞外多聚物（简称 ECP）。厌氧污泥与好氧污泥分泌的 ECP 成分有很大差异，厌氧污泥的 ECP 以胞外聚多糖（EPS）和蛋白质为主，好氧污泥的分泌物以碳水化合物为主，但好氧污泥 ECP 产量约为厌氧污泥的 4～7 倍。颗粒污泥中的许多厌氧细菌都可产生 ECP。研究发现甲酸甲烷杆菌和马氏甲烷八叠球菌提供了颗粒污泥 EPS 中的各种糖组分，前者的作用似乎更大些。

一般认为，颗粒污泥的形成与 ECP 的产生有密切的联系。ECP 的组分可以改变细菌絮体的表面特性和颗粒污泥的物理特性，废水中的细菌一般带负电荷，相互间会产生静电排斥力，ECP 的产生可以改变细菌的表面电荷和能量，从而导致细菌凝聚，但过多的 ECP 反而会引起凝聚恶化。ECP 可在共生细菌间提供各种化学键，如多糖-蛋白质特殊连接键、氢键、极性键等。研究证明 ECP 的组分对颗粒污泥的结构稳定性有很大影响，ECP 中碳水化合物与蛋白质含量的比（C/N）越大，颗粒的稳定性越差。颗粒污泥中 ECP 的含量，文献报道在 0.6%～20% VSS 范围内。不同培养条件和方法培养出的颗粒污泥中 ECP 的组成和含量是不同的，而 ECP 的不同提取方法和分析方法使得各种颗粒污泥间进行 ECP 量和成分的比较显得十分困难。一般认为，ECP 的主要成分是蛋白质和聚多糖，还有类脂质、核酸等物质；ECP 中蛋白质与聚多糖的数量比多在 2∶1 到 6∶1 之间。聚多糖的主要单糖成分有鼠梨糖、岩藻糖、甘露糖、半乳糖、葡萄糖、氨基葡糖、半乳糖胺、甘露糖胺，有时也能发现核糖成分。

　　ECP 的产生量和颗粒污泥的生长条件有关。高温下，颗粒污泥的 ECP 浓度小于中温条件下的，但 ECP 的基本组成相同。研究表明，在低磷和低氮条件下 ECP 的产生量有较大提高，EPS 的产生量分别提高 68.5% 和 74.1%；加入过量的 Mg^{2+}，ECP 产生量没有明显改变，但 EPS 的产生量却提高了 25%。C/N 值的提高会刺激 EPS 的产生，从而增进细菌与固体表面的粘连。

16.3.2　厌氧颗粒污泥的微生物相

　　颗粒污泥本质上是多种微生物的聚集体，厌氧颗粒污泥主要由厌氧消化微生物组成。厌氧颗粒污泥中参与分解复杂有机物、生成甲烷的厌氧细菌可分为三类：第一类为水解发酵菌，对有机物进行最初的分解，生成有机酸和乙醇；第二类为产乙酸菌，对有机酸和乙醇进一步分解利用；第三类为产甲烷菌，将 H_2、CO_2、乙酸以及其他一些简单化合物转化为甲烷。水解发酵菌、产乙酸菌和产甲烷菌在颗粒污泥内生长、繁殖，各种细菌互营互生，菌丝交错，相互结合形成复杂的菌群结构，增加了微生物组成鉴定的复杂性。

　　检验颗粒污泥微生物相的方法有电镜技术、限制性培养基法、MPN（most probable number）法和免疫探针法等。国内的研究大多采用电镜技术（TEM 或 SEM），对细菌的鉴定较为粗糙。免疫探针法能较为准确地鉴定细菌种类及其分布，国外研究人员运用较多。目前，对颗粒污泥中微生物相的研究大部分集中在产甲烷菌上，对其他两类细菌的研究不多。研究发现，72% 的甲烷是通过乙酸转化的，颗粒污泥中已发现的产甲烷菌中，甲烷毛毛菌（Methanosaeta）和甲烷八叠球菌是两种能代谢乙酸的产甲烷菌。甲烷毛毛菌只能在乙酸基质中生长。甲烷八叠球菌可以利用的基质较多，有乙酸、甲醇、甲胺，有时也可利用 H_2 和 CO_2。甲烷八叠球菌以甲醇为基质比以其他有机物为基质生长速度快。在乙酸基质中，甲烷八叠球菌的比增长速率（$\mu_{max}=0.3d^{-1}$）高于甲烷毛毛菌（$\mu_{max}=0.1d^{-1}$），但其对基质的亲和力较低，半饱和常数 $K_s=3\sim5mmol/L$，甲烷毛毛菌的基质亲和力强，半饱和常数 $K_s=0.5\sim0.7mmol/L$。因此，当乙酸浓度较低时，甲烷毛毛菌占优势；当乙酸浓度较高时，甲烷八叠球菌占优势。

　　在绝大多数颗粒污泥中，都能发现甲烷毛毛菌，它提供了将其他细菌相连接的网络结构。观察到的甲烷毛毛菌有两种形态：一种是多个杆状细胞组成的丝束状；另一种是四五个细胞组成的杆状菌。甲烷八叠球菌有较强的成团能力，在中温污泥中较少能观察到，而在高温污泥和高乙酸基质中常见到其踪影。苏玉民在处理啤酒废水时，就得到了以甲烷八叠球菌为主的颗粒污泥。氢营养型产甲烷菌是颗粒污泥中另一种重要的产甲烷菌，包括甲烷短杆菌、甲烷杆菌、甲烷球菌、甲烷螺菌等。利用免疫探针技术发现：甲酸甲烷杆菌、嗜树木甲烷短杆菌、嗜热自养甲烷杆菌是中温和高温颗粒污泥中的主要氢营养型甲烷菌。其他一些伴生菌也经常被观察到，如甲醇降解菌、丙酸降解菌、沃丽尼伴生杆菌、丁酸降解菌、沃尔夫伴生单胞菌、硫降解菌等。

16.3.3　厌氧颗粒污泥的结构

颗粒污泥的结构是指各种细菌在颗粒污泥中的分布状况。不同的互营细菌是随机地在颗粒污泥中生长，并不存在明显的结构层次性。研究发现，生长在甲醇和糖类废水中的颗粒污泥中并未有细菌的有序分布，丁酸基质下生长的颗粒污泥中存在两类细菌族，一类是孙氏甲烷髦毛菌，另一类由嗜树木甲烷短杆菌和一种丙酸氧化菌组成。对人工配水、屠宰废水和丙酮丁醇废水形成的颗粒污泥进行了观察，虽然各种形态的细菌处于有序的网状排列状态，但各种微生物区系多呈现随机性分布，未观察到颗粒层次之分。

Macleod 研究证实细菌在颗粒污泥中的分布有较清晰的层次性，并提出了一些结构模型。在糖类废水中培养出的颗粒污泥有比较明显的层次分布，外层主要是水解菌和产酸菌，内核的优势菌为甲烷髦毛菌。一个较为典型的颗粒污泥结构模型：甲烷髦毛菌构成颗粒污泥的内核，在颗粒化过程中提供了很好的网络结构；

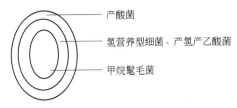

图 16-3　Macleod 的结构模型

甲烷髦毛菌所需的乙酸是由产氢产乙酸菌等产乙酸菌提供，丙酸、丁酸分解物中的高浓度 H_2 促进了氢营养型细菌的生长，产氢产乙酸菌和氢营养型细菌构成颗粒污泥的第二层；颗粒污泥的最外层由产酸菌和氢营养型细菌构成。Macleod 的结构模型如图 16-3 所示。

Macleod 的模型为许多人证实，在处理速溶咖啡废水时也得到了多层结构的颗粒污泥，他们观察到的最多层达到了 4 层。根据对颗粒污泥的观察，也提出了一个类似的结构模型，不同的是他们发现了颗粒污泥表面细菌分布的"区位化"，即不同细菌以成簇的方式集中存在于一定的区域内，相互之间可能发生种间氢转移。他们从热力学的角度研究了颗粒污泥的结构。也有研究者从细菌细胞与水的接触角度开展研究，证明大多数产甲烷菌和产乙酸菌表面呈疏水性（低表面能、接触角大于 45°），大多数产酸菌为亲水性（高表面能、接触角大于 45°）。

基质表面张力在 $50 \sim 55 mN/m$ 之间时，亲水性细菌和疏水性细菌都难以形成颗粒污泥；在糖类等表面张力小于 $50 mN/m$ 的基质中，形成的颗粒污泥外层为亲水性产酸菌，内层为疏水性产甲烷菌；而在蛋白质丰富的基质中，由于表面张力大于 $55 mN/m$，疏水性细菌（如产甲烷菌）贯穿于颗粒污泥中，占据优势地位，其结构如图 16-4 所示。低表面张力环境下形成的亲水性表面的颗粒污泥稳定性更高一些，而疏水性表面的颗粒污泥与 CH_4 等气体有强烈的粘接作用，易被气泡携带冲洗出反应器。因此，在蛋白质丰富的基质中，冲洗出的污泥量更大，而参与降解的生物量更小。

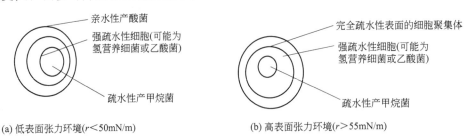

(a) 低表面张力环境$(r < 50mN/m)$　　　　(b) 高表面张力环境$(r > 55mN/m)$

图 16-4　不同表面张力环境下颗粒污泥结构

颗粒化过程本身的复杂性决定了颗粒污泥结构的复杂性，生长基质、操作条件、反应器中的流体流动状况等都会影响颗粒污泥的结构。在处理马铃薯废水时得到了三层结构的颗粒污泥，在小麦淀粉和造纸废水中的颗粒却呈"蜂窝"结构，没有出现层次结构。研究者所采取的研究方法、观察手段的不同，也是导致观察结果不同的重要原因。

16.3.4　厌氧颗粒污泥的颗粒化过程

颗粒化过程是单一分散厌氧微生物聚集生长成颗粒污泥的过程，是一个复杂且持续时间较长的过程，影响因素很多。颗粒污泥的形成过程由三个阶段组成：①细菌与基体（可以是细菌，也可以是有机材料、无机材料）的吸引粘连过程；②微生物聚集体的形成；③成熟污泥的形成。

细菌与基体的吸引粘连过程，是颗粒污泥形成的开始阶段，也是决定污泥结构的重要阶段。一般来说，细菌与基体之间的排斥力阻碍着两者的接近，但离子强度的改变，Ca^{2+}、Mg^{2+} 的电荷中和作用以及 ECP 的作用可以降低排斥位能，促进细菌向基体接近。细菌与基体接近后，通过细菌的附属物如甲烷毛菌的菌丝或通过多聚物的粘接，将细菌粘接到基体上。随着粘连到基体上的细菌数目的增多，形成多种微生物群系互营共生的聚集体，即具有初步代谢作用的微污泥体。微生物聚集体在适宜的条件下，各种微生物竞相繁殖，最终形成沉降性能良好、产甲烷活性高的颗粒污泥。

针对基体的不同，研究者提出了不同的颗粒污泥形成机制。Macleod 等根据所观察到的颗粒污泥的层次分布情况，认为甲烷毛菌相互聚集在一起形成具有框架结构的内核，从而使产乙酸菌以及氢营养菌附着其上，最后是发酵性细菌（产酸菌及其他氢营养菌）在外围生长，由此形成颗粒污泥。在脂肪酸降解颗粒污泥的形成过程中发现，甲酸甲烷杆菌先粘连在马氏甲烷八叠球菌上形成聚集体，而甲酸甲烷杆菌、甲烷毛菌、丁酸降解菌构成互营丙酸-丁酸降解聚集体，最后两类聚集体通过甲酸甲烷杆菌的连接形成颗粒污泥，形成过程如图 16-5 所示。

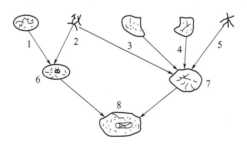

图 16-5　有机挥发酸颗粒污泥形成模型

1—马氏甲烷八叠球菌；2—甲酸甲烷杆菌；3—甲酸甲烷杆菌与丁酸降解菌结合体；
4—丙酸降解菌体、甲酸甲烷杆菌与甲烷毛菌结合体；5—甲烷毛菌；
6—含马氏甲烷八叠球菌和甲酸甲烷杆菌的微生物聚集体；
7—丙酸-丁酸降解聚集体；8—有机挥发酸降解颗粒污泥

二次核学说认为营养不足的衰弱颗粒污泥，在水流剪切力作用下破裂成碎片，污泥碎片可作为新内核，重新形成颗粒污泥。用高、低浓度基质培养颗粒污泥，发现前者形成的颗粒粒径较大，而后者的粒径较小，据此提出了二次核形成的模型，如图 16-6 所示。

综上所述，不同培养条件下形成的颗粒污泥，在形态特性、微生物相组成、污泥结构上有很大的差异，研究者提出了不同的颗粒污泥结构模型和形成机制，这说明了颗粒化过程的复杂性。尽管分歧很大，对颗粒化过程仍取得了一些共识，如：Ca^{2+}、Mg^{2+} 等金属离子和 ECP 的促进作用；ECP 对颗粒结构的维持作用；甲烷毛菌的网络框架作用等。

目前的研究工作对颗粒污泥的微生物相注重过多，尤其是对甲烷菌作用的研究更多，而

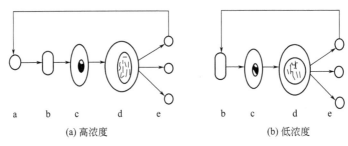

图 16-6　颗粒污泥二次核形成的模型
a，b—颗粒中基质充足；c—颗粒中心基质被消耗；d—颗粒生长，消耗区域增大，
颗粒中心强度下降；e—颗粒被水流剪切破裂

从热力学角度的研究不多见。Thaveesri 的研究较好地解释了为什么在 UASB 中大多数颗粒污泥表面为产酸菌，而产甲烷菌多在内层，这无疑为我们的研究工作提供了一条新思路。一些新技术如免疫探针技术的应用已使我们更深入地了解颗粒污泥的结构特征。相信随着研究方法的不断丰富，检测手段的不断提高，人们对颗粒污泥的认识将更加深入。

16.3.5　厌氧颗粒污泥的培养

（1）培养过程

首先要有接种污泥，如果是已经颗粒化的污泥，只需培养驯化一下就可以了，但如果采用活性污泥的话就比较麻烦。必须注意以下几点：

① 接种污泥　颗粒污泥形成的快慢在很大程度上取决于接种污泥的数量和性质。根据经验，中温型 UASB 反应器的污泥接种量需稠密型污泥 $12\sim15kg\ VSS/m^3$ 或稀薄型污泥 $6kg\ VSS/m^3$；高温型 UASB 反应器最佳接种量在 $6\sim15kg\ VSS/m^3$。过低的污泥接种量会造成初始的污泥负荷过高，污泥量的迅速增长会使反应器内各种群数量不平衡，降低运行的稳定性，一旦控制不当便会造成反应器的酸化。较多的接种菌液可大大缩短启动所需的时间，但过多的污泥接种量没有必要。

不同的厌氧污泥同样对反应器的启动具有一定的影响。用处理同样性质废水的厌氧反应器污泥作接种污泥是最有利的，但在没有处理同样性质废水的厌氧反应器污泥作接种污泥时，厌氧消化污泥或粪便可优先考虑。

对接种污泥无特殊要求，但接种污泥的不同对形成颗粒污泥的快慢有直接影响。因此，保证污泥的沉降性能好，厌氧微生物种类丰富、活性高，对加快颗粒污泥的形成是十分有利的。

② 营养元素和微量元素　培养颗粒污泥首先对基质有一定的要求，一般地，在培养颗粒污泥的基质中 COD∶N∶P＝（110∼200）∶5∶1，而有机废液的基质可分为偏碳水化合物类和偏蛋白质类。为了能顺利培养出颗粒污泥，对于偏碳水化合物类的污水需要添加 N 和 P，而对于偏蛋白质类的污水需要添加碳源（如葡萄糖等）。研究表明，不添加碳源，颗粒污泥的形成较为困难，可见，适当比例的碳源对促成颗粒污泥形成是必要的。当废水中 N、P 等营养元素不足时，不易于形成颗粒，对于已经形成的颗粒污泥会发生细胞自溶，导致颗粒破碎，因此要适当加以补充。N 源不足时，可添加氮肥、含氮量高的粪便、氨基酸渣及剩余活性污泥等；P 源不足时，可适当投加磷肥。铁、镍、钴和锰等微量元素是产甲烷辅酶重要的组成成分，适量补充可以增加所有种群单位质量微生物中活细胞的浓度以及它们的酶活性。

③ 水力负荷和选择压　水力负荷太低，会导致大量分散污泥过度生长，从而影响污泥

的沉降性能，甚至会导致污泥膨胀；水力负荷过大，会对颗粒污泥造成剪切并会剥落未聚集细胞体的胞外多糖黏滞层而阻碍黏附聚集。因此，在启动初期，应采用较小的水力负荷[$0.05 \sim 0.1 \mathrm{m}^3/(\mathrm{m}^2 \cdot \mathrm{h})$]使絮体污泥能够相互黏结，向集团化生长，有利于形成颗粒污泥的初生体。当出现一定量的污泥后，提高水力负荷至 $0.25 \mathrm{m}^3/(\mathrm{m}^2 \cdot \mathrm{h})$ 以上，可以冲走部分絮体污泥，使密度较大的颗粒污泥沉降到反应器底部，形成颗粒污泥层。为了尽快实现污泥颗粒化，把水力负荷提高到 $0.6 \mathrm{m}^3/(\mathrm{m}^2 \cdot \mathrm{h})$ 时，可以冲走大部分的絮体污泥。但是，提高水力负荷不能过快，否则大量絮体污泥的过早淘汰会导致污泥负荷过高，影响反应器的稳定运行。

通常将水力负荷率和产气负荷率两者作用的总和称为系统的选择压。选择压对污泥床产生沿水流方向的搅拌作用和水力筛选作用，是 UASB 等一系列无载体厌氧反应器形成颗粒污泥的必要条件。

高选择压条件下，水力筛选作用能将微小的颗粒污泥与絮体污泥分开，污泥床底聚集比较大的颗粒污泥，而密度较小的絮体污泥则进入悬浮层区，或被淘汰出反应器。定向搅拌作用产生的剪切力使颗粒产生不规则的旋转运动，有利于丝状微生物的相互缠绕，为颗粒的形成创造一个外部条件。

低选择压条件下，主要是分散微生物的生长，这将产生膨胀型污泥。当这些微生物不附着在固体支撑颗粒上生长时，形成沉降性能很差的松散丝状缠绕结构。液体上升流速在 $2.5 \sim 3.0 \mathrm{m/d}$ 之间，最有利于 UASB 反应器内污泥的颗粒化。

④ 有机负荷率和污泥负荷率　可降解的有机物为微生物提供充足的碳源和能源，是微生物增长的物质基础。在微生物关键性的形成阶段，应尽量避免进水的有机负荷率剧烈变化。实验研究表明，由絮状污泥作为接种污泥，初次启动时，有机负荷率在 $0.2 \sim 0.4 \mathrm{kg}$ $\mathrm{COD}/(\mathrm{kg\ VSS} \cdot \mathrm{d})$ 和污泥负荷率在 $0.1 \sim 0.25 \mathrm{kg\ COD}/(\mathrm{kg\ VSS} \cdot \mathrm{d})$ 时，有利于颗粒污泥的形成。

⑤ 碱度和 pH 值　碱度对污泥颗粒化的影响表现在两方面：一是对颗粒化进程的影响；二是对颗粒污泥活性的影响。后者主要表现在通过调节 pH 值（即通过碱度的缓冲作用使 pH 值变化较小）使得产甲烷菌呈不同的生长活性，前者主要表现在对污泥颗粒分布及颗粒化速度的影响。在一定的碱度范围内：进水碱度高的反应器污泥颗粒化速度快，但颗粒污泥的产甲烷活性低；进水碱度低的反应器其污泥颗粒化速度慢，但颗粒污泥的产甲烷活性高。因此，在污泥颗粒化过程中进水碱度可以适当偏高（但不能使反应器体系的 pH>8.2，这主要是因为此时产甲烷菌会受到严重抑制）以加速污泥的颗粒化，使反应器快速启动，而在颗粒化过程基本结束时，进水碱度应适当偏低以提高颗粒污泥的产甲烷活性。

一般认为，进水水质中碱度（以 CaCO_3 计）通常应在 $1000 \mathrm{mg/L}$ 左右，而对于以碳水化合物为主的废水，进水碱度：COD>1:3 是必要的。有学者研究表明，在颗粒污泥培养初期，控制出水碱度（以 CaCO_3 计）在 $1000 \mathrm{mg/L}$ 以上能成功培养出颗粒污泥。在颗粒污泥成熟后，对进水的碱度要求并不高，这对降低处理成本具有积极意义。

厌氧处理过程中，水解产酸菌对 pH 值有较大的适应范围，而产甲烷菌则对 pH 值的变化敏感，其最适 pH 值范围是 $6.8 \sim 7.2$。如果反应器内的 pH 值超过这个范围，则会导致产甲烷菌受到抑制，并出现酸积累，进而使整个反应器酸化。因此，反应器内 pH 值范围应控制在产甲烷菌最适的范围内。由于不同性质的废水有不同的 pH 值，为了保证反应器内 pH 值的稳定，防止酸积累而产生的对产甲烷菌的抑制，可向废水中添加化学药品如 NaHCO_3、$\mathrm{Na}_2\mathrm{CO}_3$、$\mathrm{Ca(OH)}_2$ 等物质。

⑥ 微量元素及惰性颗粒　微量元素对微生物良好地生长也有重要作用。其中 Fe、Co、Ni、Zn 等对提高污泥活性，促进颗粒污泥形成是有益的。此外，惰性颗粒作为菌体附着的

核，对颗粒化起着积极的作用。另外，有研究表明，投加活性炭可大大缩短污泥颗粒化的时间，投加活性炭后颗粒污泥的粒径大，并使反应器运行更加稳定。

⑦ 温度　废水中的厌氧处理主要依靠微生物的生命活动来达到处理的目的，不同微生物的生长需要不同的温度范围。温度稍有差别，就可能在两类主要种群之间造成不平衡。因此，温度对颗粒污泥的培养很重要。温度对于 UASB 的启动与保持系统的稳定性具有重要的影响。UASB 反应器内颗粒污泥在低温（15～25℃）、中温（30～40℃）和高温（50～60℃）都有过成功的经验。一般高温较中温的培养时间短，但由于高温下 NH_3 与某些化合物混合毒性会增加，因而导致其应用受到一定的限制；中温控制在 35℃ 左右，在其他条件适当的情况下，经 1～3 个月可成功培养出颗粒污泥；低温下培养颗粒污泥的研究较少，但有文献报道在使用颗粒污泥低温驯化后处理低浓度制药废水的实验中，COD 的去除率达 90%，取得了较好的效果，因而低温培养颗粒污泥将是今后的研究重点之一。另外，不同种群产甲烷菌对生长的温度范围均有严格要求。因此，需要对厌氧反应的介质保持恒温。不论何种原因导致反应温度的短期突变，对厌氧发酵过程均有明显的影响。

⑧ 启动方式　采用低浓度进水，结合逐步提高水力负荷的启动方式有利于污泥颗粒化。因为低浓度进水可以有效避免抑制性生化物质的过度积累，同时较高的水力负荷可加强水力筛分作用。

(2) 加速污泥颗粒化的方法

① 投加无机絮凝剂或高聚物　投加无机絮凝剂或高聚物是为了保证反应器内的最佳生长条件，必要时可改变废水的成分，其方法是向进水中投加养分、维生素和促进剂等。

② 投加细微颗粒物　向反应器中投加适量的细微颗粒物如黏土、陶粒、颗粒活性炭等惰性物质，利用颗粒物的表面性质，加快细菌在其表面的富集，使之形成颗粒污泥的核心载体，有利于缩短颗粒污泥的出现时间。但投加过量的颗粒，它们会在水力冲刷和沼气搅拌下相互撞击、摩擦，造成强烈的剪切作用，阻碍初成体的聚集和黏结，对于颗粒污泥的成长有害无益。

③ 投加金属离子　适量惰性物如 Ca^{2+}、Mg^{2+}、CO_3^{2-}、SO_4^{2-} 等离子的存在，能够促进颗粒污泥初成体的聚集和黏结。多位研究者研究了污泥颗粒化中惰性颗粒的作用。

关于 SO_4^{2-} 对颗粒污泥的形成的影响目前尚在讨论中。据 Sam-Soon 的胞外多聚物假说，局部氢的高分压诱导微生物产生胞外多聚物从而产生与细菌表面的相互作用，通过带电基团的静电吸引及物理接触等架桥作用，构成一种包含多种组分的生物絮体，从而形成颗粒污泥的必要条件，而有硫酸盐存在时，由于硫酸盐还原菌对氢的快速利用，使反应器无法建立高的氢分压，从而不利于颗粒污泥形成。但有些学者发现处理含高硫酸盐废水时，会有非常薄的丝状体产生，它可作为产甲烷丝菌附着的原始核，从此开始颗粒的形成。硫酸盐还原产生的硫化物与一些金属离子结合形成不溶性颗粒，可能成为颗粒污泥生长的二次核。

16.3.6　实际应用

(1) 低浓度废水的处理

低浓度废水通常指 COD 质量浓度低于 1000mg/L 的废水，主要包括生活污水、市政污水和一些工业废水。根据降解动力学方程知，低浓度的进水基质会使有机物降解速率减小，污泥的活性降低，产气量也随之减少，有机物和污泥间的传质作用很差，反应器负荷受到限制。EGSB 在处理低浓度废水时，由于具有高的表面负荷所形成的良好水力条件，能最大限度地减少传质阻力，因此可以取得较好的效果。

由于对低浓度废水加热和保温的能耗很高，因此低浓度废水的厌氧处理一般都在常温下进行。在常温下对 ABR（厌氧析流板反应器）处理生活污水进行了研究，结果表明：①在水力停留时间（HRT）为 24h 时，ABR 对 COD 质量浓度为 1500mg/L、1000mg/L 和 500mg/L 左右的进水具有良好的去除效果，出水质量浓度保持在 65～90mg/L，而且运行稳定。进水 COD 质量浓度为 500mg/L 左右，HRT 降低到 12h 和 8h 时，COD 的去除率仍达到 83％以上。说明在常温下 ABR 反应器对低浓度废水具有良好而稳定的处理效果。②对 ABR 中厌氧污泥性质的研究发现，最后隔室的污泥浓度（SS、VSS）、污泥颗粒化程度及污泥的产甲烷活性与其他隔室相比显著降低，说明低浓度进水对反应器最后隔室的颗粒污泥性能影响较大。

采用厌氧颗粒污泥膨胀床（EGSB）反应器在常温下处理小区生活污水，接种颗粒污泥。试验结果表明：当进水 COD 质量浓度为 411～560mg/L 时，反应器容积负荷可达到 3kg/(m³·d)，HRT 为 4h，上升流速为 8m/h，COD 去除率可达到 85％以上，出水 COD 质量浓度为 67～88mg/L。并对 EGSB 反应器的结构及运行控制参数进行了优化，使其适宜于在常温下处理生活污水及其他低浓度有机废水。

（2）处理重金属离子

从厌氧颗粒污泥中成功提取出细菌藻酸盐并成功制备成藻酸钙吸附剂，研究其对水中铜离子的吸附性能。结果表明，藻酸钙能有效地吸收水中铜离子。陈晓等采用厌氧颗粒污泥对废水中的 Pb^{2+} 进行了吸附和解吸研究。结果表明，影响 Pb^{2+} 吸附的主要因素是溶液 pH 值、污泥投加量、Pb^{2+} 的初始浓度及接触时间。对废水中 Pb^{2+} 的吸附率可达 99.5％。吸附 Pb^{2+} 后的厌氧颗粒污泥用 0.1mol/L 的硝酸经 3 次解吸后，解吸率可达 93.11％。

（3）处理有毒物质

五氯苯酚是一种剧毒有机化工原料，其在厌氧和好氧条件下都可以生物降解，但目前研究以厌氧条件居多。厌氧颗粒污泥由于具有良好的沉降性能，可以为微生物提供良好的生存环境，特别是可以减小有毒物质在颗粒内部的浓度，从而被众多研究者看好。

为了解汞对厌氧颗粒污泥的毒性，在实验室条件下，采用史氏发酵法考察了不同 Hg^{2+} 浓度对厌氧颗粒污泥产甲烷活性的抑制与恢复作用，并测定了不同 Hg^{2+} 浓度下厌氧颗粒污泥中辅酶 F420 以及胞外多聚物（EPS）的含量。结果表明，不同浓度的 Hg^{2+} 对厌氧颗粒污泥的产甲烷活性有不同程度的抑制，Hg^{2+} 浓度越高，抑制程度越大，不过这种抑制效应可在一定程度内得到恢复。当 Hg^{2+} 的质量浓度小于 50mg/L 时，厌氧颗粒污泥的活性较易恢复；而当 Hg^{2+} 的质量浓度为 100mg/L 时，厌氧污泥的活性可大部分得到恢复；当 Hg^{2+} 的质量浓度为 300mg/L 时，Hg^{2+} 会对厌氧污泥产生不可逆转的毒性抑制。可见厌氧颗粒污泥对含 Hg^{2+} 的质量浓度小于 50mg/L 的废水有一定的耐受性。

在中温（35℃±1℃）厌氧条件下，以葡萄糖为有机碳源，采用间歇实验方法研究了氨氮对厌氧颗粒污泥产甲烷菌的毒性。结果表明，COD 质量浓度为 6000mg/L 时，氨氮对产甲烷菌产生毒害作用的质量浓度为 1500mg/L，氨氮的平均去除率为 13％～17％。去除高浓度氨氮废水后，厌氧颗粒污泥产甲烷活性有不同程度的恢复，在毒性实验中受到的抑制作用越小，产甲烷活性恢复得就越快，越完全。

此外，研究表明，适当提高系统的碱度和污泥浓度可以降低氨氮对厌氧颗粒污泥产甲烷菌的毒性。为了研究重金属对厌氧颗粒污泥产甲烷活性的影响，在 UASB 反应器中研究了二价锌、六价铬、二价镍和二价镉对颗粒污泥产甲烷活性的影响。研究发现，Zn 对颗粒污泥产甲烷活性的毒性最强，Cr 的毒性次之，Ni 和 Cd 的毒性最弱。

（4）抑制效应

从不同浓度的苯酚对厌氧颗粒污泥的产甲烷活性、EPS（胞外聚合物）以及辅酶 F420

的影响 3 个方面研究了苯酚对厌氧颗粒污泥中的微生物生长的抑制效应。结果表明，当研究中污泥的 VSS 质量浓度为 15g/L 时，不同浓度的苯酚对厌氧颗粒污泥的产甲烷活性都有一定程度的抑制，苯酚浓度越高，抑制程度越大。此外，苯酚对厌氧颗粒污泥的抑制效应可在一定程度内得到恢复。如当苯酚质量浓度为 25mg/L、50mg/L、100mg/L 时，厌氧颗粒污泥的活性较易恢复；而当苯酚质量浓度为 200m/L 时，厌氧污泥的活性可部分得到恢复；但当苯酚质量浓度为 400mg/L 时，厌氧颗粒污泥的活性经过 96h 仍不能恢复，表明此时苯酚已经对厌氧污泥产生了不可逆转的毒性抑制。

研究表明，SO_4^{2-} 对厌氧颗粒污泥性能的影响具有多重性。当 SO_4^{2-} 质量浓度 $\leqslant 3000mg/L$ 时，SO_4^{2-} 对颗粒污泥的厌氧生物降解过程有促进作用；当 SO_4^{2-} 质量浓度 $> 3000mg/L$ 时，SO_4^{2-} 对颗粒污泥的厌氧生物降解过程有抑制作用，且抑制作用随 SO_4^{2-} 浓度的提高而迅速增大。当颗粒污泥有机负荷为 $4kg/(m^3 \cdot d)$，$\rho(COD)/\rho(SO_4^{2-})$ 为 2.7～4，SO_4^{2-} 质量浓度为 2000～3000mg/L 时，ABR 反应器运行效果最佳，此时系统 COD 去除率和出水碱度分别稳定在 85% 和 2500mg/L 以上，出水挥发酸（VFA）质量浓度在 200mg/L 以下，污泥比产甲烷活性（SMA）最高，SO_4^{2-} 的去除效果最佳。

厌氧颗粒污泥提高了污泥的沉降性能，有利于固液分离，也可更有效地控制污泥停留时间与水力停留时间，提高反应器中的微生物浓度，改善了活性污泥的生化条件，从而提高反应器的处理能力，推动了高效厌氧技术的发展。

16.4

好氧颗粒污泥

好氧颗粒污泥是微生物在好氧环境条件下通过自固定过程，最终形成的结构紧凑、外形规则的密集生物聚合体。相对于结构较松散、无规则外形的絮体污泥，好氧颗粒污泥呈现出截然不同的微观结构。好氧颗粒污泥具有生长迅速、对条件要求低、结构紧密的特点，具有优良的沉淀性能、较高的污泥截留率和多样的微生物种群。因此好氧颗粒污泥反应器具有较好的泥水分离效果，较高的生物反应器单位体积处理能力，可以承受较高的冲击负荷，减少对二沉池的体积要求，同时去除有机物和氮、磷营养物质等优点。

16.4.1　好氧颗粒污泥特性

（1）形态特征

好氧颗粒污泥有清晰的轮廓，外观较为规则，接近球形或椭球形，成熟的颗粒污泥表面相对光滑，颗粒之间有明显的分界。颜色一般为橙黄色或浅黄色，其主要受基质组分及菌群组成的影响，当颗粒污泥中含有大量的钙元素时，呈白色。

颗粒表面有大量的孔隙，可深达表面下 $900\mu m$ 处，而距表面 $300～500\mu m$ 处孔隙率最高，这些孔隙是氧、基质、代谢产物在颗粒内部传递的通道。由于培养条件的不同，粒径范围较广，0.30～8.00mm 不等。

（2）物理性质

① 密度、强度及含水率　好氧颗粒污泥具有相对较大的密度。一般在序批式反应器（SBR）中形成的颗粒污泥的密度为 $1.0068～1.0079g/cm^3$。颗粒污泥的强度也是其重要性质之一，用完整系数表征。较小的颗粒强度会增加颗粒破裂或脱落的程度，不能使颗粒化污

泥很好地长大，形成的颗粒污泥直径小、沉降性能差。好氧颗粒污泥的含水率一般为97%～98%，低于普通活性污泥（含水率99%以上）。这说明，对于相同干重的污泥，好氧颗粒污泥将比普通活性污泥法的污泥量至少减少一半，这有利于污泥的处理与处置，从而节省成本，提高效益。

② 沉降性能　污泥沉降性能常用污泥体积指数（SVI）和沉降速度来表示。SVI可反映体系内污泥整体的密实程度，颗粒污泥的 SVI 为 12.6～64.5mL/mg，而普通活性污泥的 SVI 在 100～150mL/g 左右。沉降速度与活性污泥的形态转变和颗粒化过程的作用成正比。好氧颗粒污泥的沉速可达 30～70m/h，这与厌氧颗粒污泥的沉速相当，是絮状污泥沉速（8～10m/h）的 4～7 倍，使反应器可承受较高的水力负荷，提高运行的稳定性和效率。

③ 疏水性　好氧颗粒污泥由微生物凝聚形成。该过程在很大程度上与细胞表面的疏水性有关，即细胞表面疏水性可促进细胞之间相互贴附聚集。在实验中发现接种活性污泥的细胞表面疏水性为 42%，形成颗粒污泥后细胞表面的疏水性增加到 65%。在通常条件下，细胞表面因带有负电荷而相互排斥，自凝聚难以发生。但是，当细胞表面的疏水性较强时，自凝聚变得容易。

④ 比耗氧速率　比耗氧速率是指单位质量的微生物在单位时间内对氧气的消耗量，反映了微生物新陈代谢过程的快慢即微生物活性的大小、微生物对有机物的降解能力。一般地，颗粒污泥的比耗氧速率为 1.27mg/(g·min)，在 SBR 反应器中获得的好氧颗粒污泥比耗氧速率高达 1.61mg/(g·min)，而普通污泥的比耗氧速率为 0.8mg/(g·min) 左右。由此可见，好氧颗粒污泥具有很高的活性。

（3）化学性质

① 元素组成　通过元素分析仪和电感耦合放射光谱仪对不同碳氮比培养基和不同培养时间下所得到的好氧颗粒污泥所含的大量元素进行分析的结果显示，好氧颗粒污泥的主要组成元素为 C、H、O、N、S、P 以及少量的 Ca、Mg、Fe 等金属元素。

② 胞外多聚物　胞外多聚物是微生物分泌的一种多糖类大分子有机物，它含有多糖、蛋白质、腐殖酸、脂类和核酸等，对好氧颗粒污泥的形成、构架及稳定性有很重要的作用。在 USBR 中，好氧颗粒污泥的消失和 EPS 的降低是紧密关联的。除此之外，研究还发现 EPS 可以吸附和黏附污水中的有机物，实现污水有机物向污泥中快速转移，从而推动有机物的迅速降解。

16.4.2　好氧颗粒污泥形成的影响因素

（1）反应器结构

反应器的结构及尺寸对其中的液体流动形式和微生物的聚合状态有重要影响。研究发现，柱状上流式反应器和完全混合式反应器呈现不同的水力动力学形态。在柱状上流式反应器中，由于上升的空气和液体在沿反应器纵向轴线上会产生相对均匀的环流和局部涡流，这使得反应器中微生物聚合体始终处在水力摩擦作用下。该水力摩擦作用将微生物聚合体逐渐形成形状规则的颗粒，以使微生物聚集体表面自由能最低。而完全混合式反应器中，微生物聚合体随着液体随意流动，反应器中微生物絮体受到局部水力摩擦，这种变化的随机性不利于污泥絮体形成颗粒污泥。

（2）水力剪切力

在好氧颗粒化污泥反应器中，曝气量的大小不仅影响反应器的供氧量，而且影响反应器内流体的剪切力。反应器中保持较高的流体剪切力有利于好氧颗粒污泥的形成和稳定运行。

在好氧颗粒化污泥反应器中，通常用表观气体上升流速表示曝气量的大小。

（3）沉淀时间和沉降高度

沉淀时间和沉降高度的不同意味着反应器对微生物的水力选择压力不同。较短的沉淀时间和较大的沉降高度会优于选择沉降性能良好的细菌，而沉淀性能较差的污泥随着清液被冲出系统。采用较短的沉淀时间会刺激细胞分泌更多的胞外聚合糖，同时促进细胞表明的疏水性发生很大变化。

（4）水力停留时间

在活性污泥颗粒化过程中，较轻和分散的污泥被冲洗出系统，较重的颗粒污泥则被截留在反应器中，采用较短的操作周期时，悬浮物的生长因其被频繁冲出系统而受到抑制。如果操作周期过短，则因在反应器中细胞的繁殖生长不足以补充被冲出的污泥，最终导致反应器严重的污泥流失现象的发生，使污泥颗粒化失败。因此，好氧颗粒污泥在污泥化时水力停留时间必须足够短以抑制悬浮污泥的生长，但也必须足够长以使微生物能在反应器中繁殖和积累。

（5）有机物容积负荷

好氧颗粒污泥的物理性质与有机负荷率紧密相关，通常随着有机负荷率的增加，好氧颗粒污泥的平均尺寸也相应增加。

与厌氧颗粒污泥相似，好氧颗粒污泥本身的颗粒强度随着有机负荷的增加而减小。这可能是因为有机负荷增加，生物体生长速度也随之增加，从而直接削弱了微生物聚合体的结构强度。另外，较高的 COD 负荷容易引起丝状菌的大量生长，从而阻碍污泥沉淀并导致反应器操作状态不稳定。

对好氧颗粒污泥的进一步认识与开发，有助于提高好氧反应器的处理能力，推动高效好氧技术的发展。但是，好氧颗粒污泥有待进一步研究，应从以下几个方面来考虑：①低浓度废水条件下加速培养颗粒污泥，缩短驯化时间，是颗粒污泥能够产业化的关键。②颗粒污泥吸附重金属方面有待进一步认识和提高，完善吸附机理，提高工业应用，具有广阔的前景。③在颗粒污泥形成机理方面做深层次研究，细化微生物菌群，使之具有一定的脱氮除磷能力。

16.4.3　好氧颗粒污泥培养方法

好氧颗粒污泥是活性污泥微生物通过自固定最终形成的结构紧凑、外形规则的生物聚集体，是具有相对密实的微观结构、优良的沉淀性能、较高浓度的生物体截留和多样的微生物种群。好氧颗粒污泥培养过程见图 16-7。

① 配制人工合成模拟废水。以乙酸钠为碳源，以 KH_4Cl 为氮源，以 KH_2PO_4 为磷源，并加入适当微量元素作为补充。初始 COD、NH_3-N 浓度分别为 213mg/L 左右和 12mg/L 左右。

② 接种污泥。采用普通絮状污泥为接种污泥，MLSS 为 3.0g/L，相对密度为 1.005，SVI 为 78mL/g。

③ 采用进水→曝气→沉淀→排水→闲置的运行方式，每天四个周期，每周期 6h，进水 10min，曝气 300min，沉淀 25min，排水 5min，闲置 20min。运行一周后逐渐趋于稳定状态。

④ 逐步提高进水负荷 COD、NH_3-N 浓度分别至 400mg/L 左右和 30mg/L 左右。

⑤ 采用进水→曝气→静置+搅拌→二次曝气→沉淀→排水→闲置的运行方式，运行周期调整为每天三个，每周期 8h，进水 5min，曝气 150min，静置+搅拌 120min，二次曝气

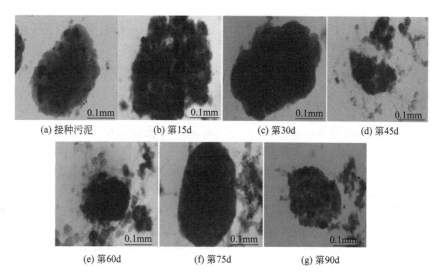

(a) 接种污泥 (b) 第15d (c) 第30d (d) 第45d

(e) 第60d (f) 第75d (g) 第90d

图 16-7 好氧颗粒污泥培养过程

120min，沉淀 10min，排水 5min，其余时间闲置。部分污泥趋向于颗粒化状态，形成具有脱氮功能的颗粒化污泥的雏形，随后的培养中根据情况不断减少沉淀时间，造成选择压，排出沉降性能差的絮状污泥，最终沉淀时间降至 5min。初始颗粒内的各种微生物在颗粒内寻找适合自身生长增殖的生态位，并通过竞争与次级增长而衍生出新的代谢互补关系，由此进一步充实了颗粒污泥，形成了结构紧密、外形规则的成熟颗粒污泥。

16.4.4 实际应用

(1) 对 COD 的去除

在以葡萄糖为基质的研究中表明，在处理水温为 25℃，进水 COD 为 5000mg/L 时，好氧颗粒污泥的最高有机容积负荷（OLR）高达 15kg/(m^3·d)，而且 COD 去除率达 92%。而厌氧颗粒污泥反应器可以达到更高的负荷，早在 1993 年，UASB 反应器中就报道过 40kg/m^3 的 COD 负荷。在 EGSB 反应器中，进水 COD 质量浓度为 8200~9000mg/L，有机负荷率（OLR）可达到 42kg/(m^3·d)。因此，颗粒污泥技术对高浓度有机工业废水的处理效果极为明显。

(2) 同步去除 COD 和脱氮

国内对好氧颗粒污泥的研究大部分都集中在其 SND（同步硝化反硝化）脱氮能力方面。好氧颗粒污泥内部存在氧扩散梯度，具有微氧、缺氧和厌氧区域，从而形成了多种多样的微环境。异养菌、硝化菌和反硝化菌可以在各自适宜的微环境里生长，并协调代谢，实现 SND。大量研究表明好氧颗粒污泥可以实现有机物和氮的同步去除，且效果极佳。

(3) 同步除磷脱氮

反硝化除磷是指反硝化聚磷菌在厌氧、缺氧交替的环境中通过代谢作用来同时完成过量吸磷和反硝化过程而达到除磷脱氮双重目的。实现反硝化除磷能节省 50%COD 和 30%氧的消耗量，相应减少 50%的剩余污泥量。

兼性反硝化细菌（反硝化聚磷菌）生物摄/放磷作用被确认不仅拓宽了磷的去除途径，而且，更重要的是这种细菌的生物摄/放磷作用将反硝化脱氮与生物除磷有机地合二为一。利用反硝化聚磷菌体内 PHB 的"一碳两用"来实现除磷脱氮，不仅解决了反硝化细菌和聚磷菌对碳源需要的矛盾，而且为改良现有污水生物除磷脱氮工艺提供了一个新思路。

好氧颗粒污泥是近几年发现的在好氧条件下自发形成的细胞自身固定化颗粒。由于好氧颗粒污泥自身的结构特点以及氧扩散梯度的存在，污泥颗粒由外到内，可以形成好氧区—缺氧区—厌氧区，这为除磷脱氮所需的各种微生物菌群提供了合适的生长环境，通过适当的定向培养控制（温度 25℃，pH 值 7~8，厌氧 2h，好氧 4h，曝气阶段的溶解氧的质量浓度控制在 1~2mg/L，泥龄 20d），可以在 3 个区域中培养出不同的微生物菌群（硝化菌、反硝化菌、聚磷菌、反硝化聚磷菌等），最大限度地发挥其群体优势，使其实现同步除磷脱氮。由于好氧颗粒污泥内部具有缺氧区，其内部的兼性反硝化菌在有磷存在的同时，利用好氧颗粒污泥在硝化过程中产生的硝酸根作电子受体，是可以实现反硝化除磷脱氮的，而且脱氮和除磷可以相互促进。只是由于除磷过程需要在厌氧、好氧（缺氧）交替环境下进行，在未加任何控制的情况下，好氧颗粒污泥虽有反硝化聚磷的能力，但除磷效果可能不强。研究发现，未经驯化培养的好氧强化生物除磷体系中，反硝化聚磷菌约占全部聚磷菌的 13.3%，经过厌氧、缺氧交替运行方式培养驯化后，反硝化聚磷菌所占比例上升到 69.4%。因此，如果选择合理的 SBR 运行方式并对处理过程的溶解氧等因素加以控制，可以把一类以硝酸根作为最终电子受体的兼性反硝化细菌（DPB）驯化培养成优势菌种，从而有利于反硝化除磷脱氮的发生。

另外，除了同步硝化反硝化外，好氧颗粒污泥中还可能发生短程硝化反硝化、厌氧氨氧化、好氧反硝化和好氧反氨化等脱氮反应。

（4）对毒性废水的降解

高浓度的苯酚对微生物有抑制作用，甚至杀死那些本来具有苯酚降解能力的微生物，而颗粒污泥可以为微生物提供有效的保护，以达到去除污染物的目的。因此可以利用好氧颗粒污泥对苯酚的强耐受性开发高效处理系统。

（5）对重金属的吸附

好氧污泥颗粒化技术是一种具有较好的沉降性能、容积负荷高、抗冲击能力强、可以有效实现同步硝化反硝化等优点的新兴的水处理技术。颗粒污泥比表面积大，孔隙率高，其内的微生物可以分泌具有螯合作用的胞外多聚物。而且易于固液分离，吸附饱和后，可以很方便地从废水中去除。因此，可以用来作生物吸附剂。

16.5
颗粒污泥技术应用前景和展望

厌氧颗粒污泥工艺已较为成熟，在全世界都有广泛应用。但厌氧微生物生长缓慢，污泥颗粒化需要较长时间。对此，可以采取接种颗粒污泥直接启用的策略来加速反应器的启动。事实上，颗粒污泥已经作为商品在市场上销售，但目前价格较高。但随着研究的进一步深入，可操作性的进一步改善，成品厌氧颗粒污泥的价格会有所降低。

好氧颗粒污泥是一个复杂的微生态系统，由于好氧颗粒污泥自身的结构特点以及溶解氧质量传递的限制，污泥颗粒由外到内，可以形成好氧区、缺氧区和厌氧区，通过不同的定向培养，可以在三个区域中培养出不同的微生物菌群（硝化菌、反硝化菌、聚磷菌、反硝化聚磷菌等），以用于不同特点废水的处理。其启动快、负荷高、脱氮效率高、去除难降解 COD 的特性一定会吸引更多的研究者，从而加速其应用进程。阻碍其工业化的主要问题是好氧颗粒污泥的培养条件和其长期运行的稳定性还需进一步摸索，工艺运行参数尚需优化。相信在解决了这些问题后，好氧颗粒污泥工艺一定会广泛应用于实际中。

总的来说，从未来的发展趋势看，好氧颗粒污泥工艺将是城市污水和低浓度工业废水处理的最佳选择。而对于高浓度有机废水的处理，仍需 A/O 工艺的组合。而厌氧颗粒污泥工艺＋好氧颗粒污泥工艺，如 EGSB＋SBR，则会成为其中最高效、最经济的选择。

16.6
实例：颗粒污泥废水处理技术分析

好氧颗粒污泥由微生物自凝聚形成，与絮状污泥相比，具有沉速快、生物相丰富、抗冲击负荷能力强等优点，被认为是最有前景的污水处理技术之一。目前，好氧颗粒污泥已广泛运用于处理城市污水、重金属污水、印染废水及高浓度食品废水等。其中，利用颗粒污泥进行脱氮除磷对研究颗粒污泥形成与稳定及同步去除氮磷机制具有重要意义。

大量研究表明，碳源对污泥物理性能、菌落结构、脱氮除磷等具有显著影响。醋酸钠和葡萄糖为碳源培养的颗粒污泥，两者粒径和污泥容积指数（SVI）相近（粒径分别为 1.1mm 和 1.0mm，SVI 分别为 31mL/g 和 26mL/g），但前者不含丝状菌而后者则有少量丝状菌存在。研究进一步证明，以挥发性脂肪酸（VFAs）为碳源时，短杆菌较多，球菌较少，而以葡萄糖为碳源时球菌多，且存在大量与聚糖菌（GAOs）有关的八叠球菌，但总体而言，这方面的研究较少。

碳源对生物除磷有重要影响。普遍认为，以醋酸、丙酸等 VFAs 为碳源时，聚磷菌（PAOs）易于富集，而以葡萄糖为碳源时，GAOs 会大量富集从而导致系统非稳态运行，抑制 PAOs 生长从而导致反应器丧失除磷能力。但也有研究者发现，以葡萄糖为碳源时 PAOs 数量远高于 GAOs 数量（两者分别为 45.5％和 4.26％）。相比较而言，碳源对脱氮影响较小。醋酸钠反应器脱氮效率在 90％以上，尽管反硝化速率是以葡萄糖为碳源时的 1.37 倍，但葡萄糖反应器脱氮效率也在 80％以上。综上看出，碳源对除磷的影响有待更进一步的研究。

另外，研究者发现，碳源对污泥胞外聚合物（EPS）、糖原及磷的形态也有影响，分别以醋酸钠和葡萄糖为碳源时，EPS 中蛋白质（PN）均为主要组成部分且质量分数相当，但后者多糖（PS）质量分数较高（PN、PS 与污泥稳定性有重要关系），而其他学者以葡萄糖为碳源时发现，EPS 中 PS 质量分数显著高于 PN。污泥中总磷（TP）和总糖是系统中 PAOs 和 GAOs 数量的重要指示，以醋酸钠为碳源时，污泥中总糖较低，而 TP 较高，除磷能力强。近年来，研究者进一步发现污泥中磷的形态与磷去除机制有关，葡萄糖与醋酸钠（配比为 1∶1）混合作碳源时，无机磷（IP）中铁与铝结合态磷（Fe/Al-P）为污泥中磷的主要存在形式，然而一些研究者认为除磷系统中与 Ca 结合的 Ca-P 为主要形式，这可能与其进水组分有关。总之，EPS、TP 和总糖及磷组分的差异是否与碳源基质有关，还有待于深入研究。

因此，试验在 SBR 反应器中，以成熟脱氮除磷颗粒污泥（醋酸钠为碳源）为研究对象，逐级增加葡萄糖比例，最终培养成以葡萄糖为唯一碳源的好氧颗粒污泥，研究此碳源胁迫过程中颗粒污泥物理性能、生化性能的变化，深入探究其相互关系，进一步丰富碳源对颗粒污泥脱氮除磷的影响研究。

16.6.1 材料与方法

(1) 试验装置及运行方式

试验用 SBR 反应器（图 16-8）由圆柱形双层有机玻璃制成，总容积 5L，有效容积 4L，内层为反应主体部分，直径 16cm，高 25cm，外层为循环水，用于控制温度。反应器体积交换率为 50%，pH 值为 7.5~8.5，温度为 26℃左右，搅拌转速为 96r/min 左右，好氧段曝气流量约为 0.45~0.80L/min。反应器每周期运行 288min，其中包括进水 1min、厌氧 80min、曝气 193min、沉淀 5min、排水 5min 及闲置 4min。好氧段末端排出一定量泥水混合物，控制污泥龄为 23d 左右。

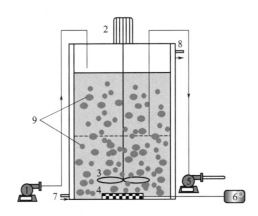

图 16-8　SBR 反应器装置示意
1—进水泵；2—搅拌电机；3—搅拌桨；4—微孔曝气盘；5—出水泵；
6—空气泵；7—循环水进水口；8—循环水出水口；9—颗粒污泥

(2) 试验用水

试验用水由人工配制，其组成成分见表 16-1。

表 16-1　试验用水组成成分

试验用水成分	$\rho/(mg/L)$	微量元素组分	$\rho/(mg/L)$
COD	400~440（以 O 计）	$MgSO_4 \cdot H_2O$	50
$CaCl_2$	60~70（以 Ca 计）	$FeCl_3 \cdot 6H_2O$	4.5
NH_4^+-N	40	EDTA	30
PO_4^{3-}-P	15	H_3BO_3	0.45
蛋白胨	26	$CuSO_4 \cdot 5H_2O$	0.09
微量元素	5mL/13L	KI	0.54
		$MnCl_2 \cdot 2H_2O$	0.36
		$CoCl_2 \cdot 6H_2O$	0.45
		$ZnSO_4 \cdot H_2O$	0.36
		$Na_2MoO_4 \cdot H_2O$	0.18

(3) 试验方法

按进水 COD 组成成分不同分为 5 个阶段。其中阶段Ⅰ以醋酸钠为唯一碳源，阶段Ⅱ至阶段Ⅳ的碳源为醋酸钠和葡萄糖，其对 COD 的贡献比例分别为 3∶1、1∶1 和 1∶3；阶段Ⅴ以葡萄糖为唯一碳源。反应器共运行 705d，通过试验研究碳源胁迫下，各阶段污泥形态，氮和磷的去除状况及其最大反应速率，污泥中 EPS、总糖和 TP 含量及污泥中磷形态，探讨碳源对微生物形态、反应速率及污泥形态的影响，分析碳源种类与微生物形态、EPS、磷的形态之间的关系。

（4）分析测试方法

① SMT 法（标准方法测定法）测定污泥中磷的形态及含量　SMT 法将污泥中 TP 形态分为 4 类，分别为 Fe/Al-P、Ca-P、有机磷（OP）和 IP。其分析方法如图 16-9 所示。

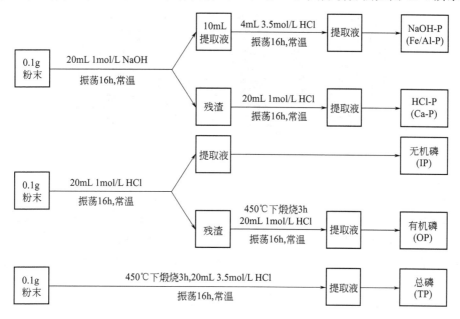

图 16-9　SMT 分析方法

② 污泥中 EPS 提取及测试　用加热法提取污泥中 EPS，具体方法如下：取适量泥水混合物，用去离子水离心清洗（6000r/min，10min）3 次，撇去上清液，向污泥中加 EPS 提取液（2mmol/L Na_3PO_4，4mmol/L NaH_2PO_4，9mmol/L NaCl 和 1mmol/L KCl，pH＝7）恢复至原体积，置于沸水浴中 15min（每 5min 取出进行振荡），结束后样品经离心（12000r/min，15min）后，取上清液测定污泥中 EPS。EPS 中 PS、PN 和腐殖酸（HA）分别采用蒽酮法和修正的福林酚法测定，核酸（NA）采用分光光度计（260nm）测定。

③ 污泥反应速率测定　通过烧杯试验测定污泥去除氮和磷的生化反应速率，具体操作如下：从反应器中取一定量颗粒污泥混合液，经离心清洗后置于烧杯试验装置中定容，然后分别投加特定试验基质（释磷试验投加相应碳源，吸磷试验在厌氧释磷结束且清洗后再投加磷并进行曝气，硝化试验投加氮和碳酸氢钠并进行曝气，反硝化试验投加碳源和氮，基质必须充足），控制反应过程中温度（25～28℃）和 pH 值（7.0～7.5），在不同时刻测定相应的氮和磷的质量浓度，分别绘制 ρ-t 曲线，利用曲线的最大斜率计算得到污泥最大释磷、吸磷、硝化及反硝化速率。

④ 常规指标　NH_4^+-N、NO_2^--N、NO_3^--N、PO_4^{3-}-P、MLSS、MLVSS 及 SVI 等参照文献测定；颗粒污泥形态采用生物显微镜（舜宇 EX20，宁波）和扫描电镜（JSM-IT300，日本）进行观察；颗粒污泥经超声（新芝 JY92-Ⅱ，宁波）预处理后，采用蒽酮比色法测污泥中总糖。

16.6.2　结果与讨论

（1）以醋酸钠为碳源（阶段Ⅰ）颗粒污泥的性能

阶段Ⅰ颗粒污泥反应器运行123d，该颗粒污泥［图16-10(a)］呈淡黄色，边界清晰，呈球形或椭球形，平均粒径在1.0mm左右，SVI在38.97mL/g以下。颗粒污泥表面和内部生长着一定数量的丝状菌（图16-10），球菌和短杆菌等微生物附着于丝状菌周围，污泥内存在一定数量的孔隙和空腔来传输微生物生长需要的营养物质和溶解氧［图16-10(b)］。

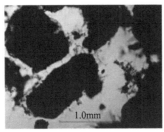 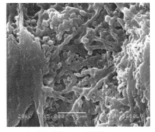

(a) 显微镜照片(×40)　　　　(b) 污泥内部SEM照片(×5000)

图16-10　阶段Ⅰ颗粒污泥形态

颗粒污泥系统在该阶段对氮和磷的去除状况见图16-11(a)。123d内厌氧末端磷（P_{ant}）由60mg/L缓慢上升到近120mg/L，而出水磷维持在0.78mg/L左右；出水NH_4^+-N维持在0.14mg/L以下，未检测出NO_2^--N，出水NO_3^--N在开始56d内较稳定（约为1.88mg/L），后逐渐上升，82d达最大9.42mg/L，然后逐渐降低至1.0mg/L左右。

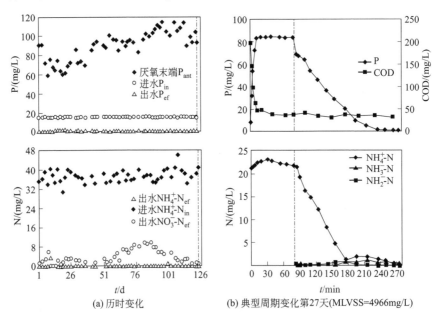

(a) 历时变化　　　　(b) 典型周期变化第27天(MLVSS=4966mg/L)

图16-11　阶段Ⅰ污泥脱氮除磷性能

27d时，反应器某一周期内颗粒污泥对营养物质的降解特性见图16-11(b)。厌氧段期间，8min内COD由196.68mg/L迅速下降到61.04mg/L，最后维持在40mg/L左右，最大降解速率为194.07mg/(g·h)，磷在20min内迅速上升到84.03mg/L，最大释磷速率为

64.68mg/(g·h)，释磷总量为 74.39mg/L；好氧开始 95min 内磷快速降低到 9.38mg/L，最大吸磷速率为 33.34mg/(g·h)，吸磷总量为 83.09mg/L。厌氧段 NH_4^+-N 略有下降，好氧段 NH_4^+-N 由 21.74mg/L 下降到 1.85mg/L，期间最大硝化速率为 7.27mg/(g·h)，好氧段结束时，磷、NH_4^+-N、NO_x^--N 均在 1.0mg/L 以下。

（2）碳源胁迫下颗粒污泥的性能变化

① 污泥表观形态　碳源胁迫下颗粒污泥形态及内部菌落的变化见表 16-2 及图 16-12。从其中数据可看出，阶段Ⅳ为污泥形态变化拐点，该阶段污泥粒径、边界及质地均有显著变化。内部菌落变化较小，球菌作为构成主体，丝状菌存在于各阶段。阶段Ⅴ中观察到有少量杆菌。各阶段颗粒污泥都具有较好的沉降性能。

表 16-2　好氧颗粒污泥物理性状

阶段	颜色	形状	平均粒径/mm	SVI/(mL/g)	表面边界	秸秆密实度	微生物形态
Ⅱ（180d）	浅黄	椭圆	1.5(±0.2)	43.34	较光滑	密实	球菌、丝状菌
Ⅲ（153d）	黄	椭圆	1.8(±0.3)	58.15	较光滑	密实	球菌、丝状菌
Ⅳ（124d）	黄褐	不规则	0.5(±0.2)	44.89	模糊	松散	球菌、丝状菌
Ⅴ（125d）	黄	椭圆	1.7(±0.3)	31.3	光滑,较清晰	密实	球菌、丝状菌、杆菌

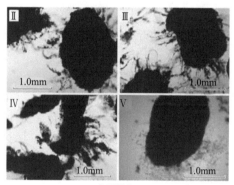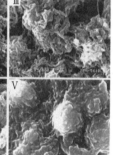

(a) 表面性状(×40)　　　　　(b) 内部结构(×5000)

图 16-12　碳源胁迫下颗粒污泥形态变化

② 反应器脱氮除磷效果　由图 16-13(a) 可知，阶段Ⅱ到阶段Ⅳ，P_{ant} 由 110mg/L 逐渐下降到 15mg/L 以下，出水磷在 352d 前约维持在 1.04mg/L，之后直到阶段Ⅳ末期呈上升趋势，最高可达 21.34mg/L。阶段Ⅴ中，P_{ant} 由 8.23mg/L 缓慢上升到 45.58mg/L 并维持稳定，出水磷则呈下降趋势，到 644d 降低为 0.86mg/L。由较高的 P_{ant} 可推断出，系统中存在大量 PAOs，有利于除磷。

由图 16-13(b) 可看出，阶段Ⅱ到阶段Ⅴ，出水 NH_4^+-N_{ef} 和 NO_2^--N_{ef} 基本维持在 1.0mg/L 以下。出水 NO_3^--N_{ef} 变化显著，阶段Ⅱ到阶段Ⅳ呈上升趋势，阶段Ⅳ结束时，其值高达 21.75mg/L，阶段Ⅴ呈显著下降趋势，由 21.75mg/L 下降到 0.50mg/L。从阶段Ⅱ到阶段Ⅳ，系统脱氮除磷性能逐级变差，而进入阶段Ⅴ后经过一定的稳定时间，系统同步脱氮除磷性能逐渐恢复。

由上述结果可看出，颗粒污泥在碳源胁迫下，虽保持良好的沉降性能，但污泥形态和内部微生物构成发生了变化，其中磷的变化更为显著。例如，阶段Ⅳ葡萄糖为主要进水碳源，污泥形态发生了显著变化，系统除磷能力丧失，同时污泥粒径变小，外部 DO 渗透破坏颗粒污泥内部微缺氧环境，反硝化能力降低。由此可见，碳源是影响系统效果的重要因素。

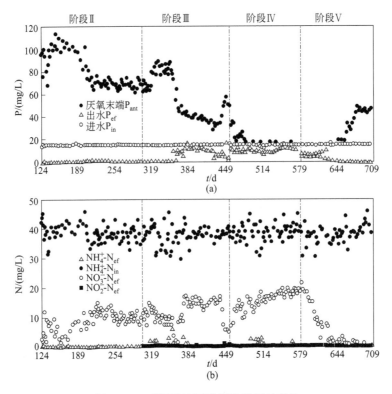

图 16-13 碳源胁迫下脱氮除磷历时变化

(3) 不同阶段颗粒污泥其他性能参数的转变

① 颗粒污泥生化反应性能 取各阶段内不同时段污泥进行烧杯试验，得到表 16-3 所示的污泥生化反应性能。反应器由阶段 I 到阶段 V 运行过程中，污泥最大释/吸磷速率、硝化速率和反硝化速率呈先降低后缓慢上升的趋势，MLSS 及 MLVSS 也有同样的变化趋势。

表 16-3 污泥生化反应性能

阶段	最大释磷速率/[mg/(g·h)]	最大吸磷速率/[mg/(g·h)]	最大硝化速率/[mg/(g·h)]	最大反硝化速率/[mg/(g·h)]	MLSS/(mg/L)	MLVSS/(mg/L)
I	57.88 ± 4.37	25.94 ± 5.23	9.70 ± 2.56	30.41 ± 4.32	8057	5475
II	50.51 ± 4.35	23.76 ± 3.69	9.85 ± 2.58	22.42 ± 5.68	6584	4557
III	34.83 ± 2.87	14.55 ± 2.64	8.25 ± 3.71	17.12 ± 3.26	3799	2515
IV	4.27 ± 0.68	1.27 ± 0.98	7.17 ± 1.78	8.25 ± 1.67	3455	2933
V	23.53 ± 2.69	9.88 ± 2.85	7.39 ± 1.87	18.78 ± 2.65	9253	6990

由表 16-3 可看出，阶段 I 颗粒污泥最大释/吸磷速率快，系统除磷能力强，相比较而言，阶段 V 系统除磷能力也较强，但其最大释/吸磷速率较慢；在污泥龄 23d 左右，曝气量充足的情况下，各阶段系统硝化速率基本维持在 7mg/(g·h) 以上，出水中基本没有 NH_4^+-N，在较低出水 NO_x^--N 下，阶段 I 相比阶段 V 具有更高的反硝化速率；阶段 IV，污泥浓度及生化反应速率最慢，此时颗粒污泥结构松散，微生物易于流失。

② 颗粒污泥中总磷和总糖 取各阶段好氧段末端污泥测定其总糖与 TP 含量，其变化见表 16-4。随着进水中葡萄糖的增加，污泥中总糖由 63.77mg/g 显著上升到 224.18mg/g；而 TP 从阶段 I 到阶段 IV 则显著下降，最低为 21.88mg/g，阶段 V 又上升到 69.60mg/g，维持了较高水平。可见，以葡萄糖为基质时有利于糖原的合成。

表 16-4　不同阶段颗粒污泥总糖与 TP 变化　　　　单位：mg/g

阶段	I	II	III	IV	V
总糖	63.77	161.22	204.17	209.17	224.18
TP	89.15	72.36	52.17	21.88	69.60

结合图 16-11、图 16-13 和表 16-4 可以看出，阶段 I、II 和 V 中，污泥中 TP 在 69.60mg/g 以上，此时污泥中总糖虽然差别很大，但系统平均除磷率均在 80% 以上，而阶段 IV 污泥总糖在 200mg/g 以上，低于阶段 V 的总糖，其 TP 最低仅为 21.88mg/g，系统几乎丧失除磷能力。这可能是由于系统中 PAOs 数量减少，而以球菌形式存在的 GAOs 数量增多，导致厌氧段合成胞内储存物质的种类和途径发生了变化，影响磷的去除，同时生物除磷污泥总糖含量较高，间接说明 GAOs 与 PAOs 共存。

研究发现，污泥中磷组分与污泥除磷有直接关系。为此课题组利用 SMT 法研究了不同阶段污泥中磷组分情况（见表 16-5），发现：IP 为主要组成，IP 中 Ca-P 质量分数在 60% 以上，这与本试验中进水投加 $CaCl_2$ 有关；阶段 IV 中，Ca-P 和 Fe/Al-P 在 TP 中的质量分数最低分别为 40.60% 和 15.19%，而对应此时污泥中 TP 和释/吸磷速率最低（见表 16-3 和表 16-4），系统除磷能力最差；阶段 I 中其值最高分别为 57.34% 和 21.36%，此时除磷能力最强。其中，OP 与微生物代谢有关，而 Ca-P 和 Fe/Al-P 不仅作为构成颗粒污泥的重要晶核存在，同时参与了聚磷合成及营养物质的运输，影响系统的除磷。

表 16-5　SMT 法测定污泥中磷的构成　　　　单位：%

阶段	TP		IP	
	OP	IP	Fe/Al-P	Ca-P
I	6.3	93.7	22.8	61.2
II				
III	25.5	74.5	22.3	60.9
IV	34.2	65.8	23.1	61.7
V	26.4	73.6	21.2	67.5

③ 颗粒污泥中 EPS　图 16-14 显示碳源胁迫下不同阶段颗粒污泥 EPS 组成情况。阶段 I 和 II 污泥 EPS 在 350mg/g 左右，而阶段 IV 和 V 污泥 EPS 维持在 200mg/g 左右；各阶段污泥 EPS 中，PN 为其主要组成部分，PN 与 PS 是引起 EPS 变化的主要因素。疏水性 PN 有利于污泥稳定，亲水性 PS 与污泥解体有关，PN/PS 反映颗粒污泥的稳定性。结合图 16-10 和图 16-12 可以看出，PN/PS 变化与污泥形态结构变化呈显著正相关，PN/PS 在 4 以上时，颗粒污泥表现出良好的形态结构。

综上所述，EPS 作为运输细胞内外物质的通道，间接反映了微生物的生长状况。以醋酸钠为主碳源的系统中，具有较高释/吸磷速率，系统除磷能力较强，EPS 分泌量较高，当以葡萄糖为单一碳源时，虽然系统可以维持较高的除磷率，但污泥释/吸磷速率显著减慢，EPS 总量也随之降低。另外，阶段 I 和 V 中，污泥中存在一定数量的杆菌（反硝化微生物主要以杆菌为主，但其极易流失），反硝化速率较快，系统具有较高的脱氮能力。

16.6.3　结论

① 好氧颗粒在碳源胁迫下，污泥物理形态和菌种结构发生了较显著变化，丝状菌和球菌广泛存在，尤其以葡萄糖为主的碳源系统中，球菌数量较多。

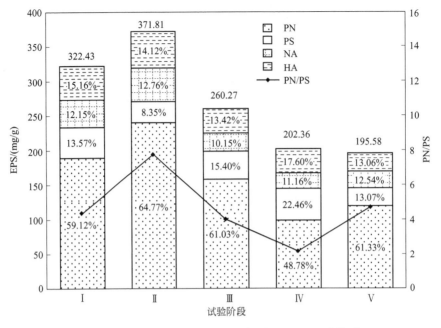

图 16-14　碳源胁迫下不同阶段颗粒污泥 EPS 组成情况

② 以醋酸钠为主碳源的系统中，污泥释/吸磷速率、污泥 TP 均较高，系统表现出良好的除磷效果；当增加进水中葡萄糖比例时，污泥释/吸磷速率降低至接近零，污泥中 TP 降低到 21.88mg/g，系统丧失除磷能力；当以葡萄糖为唯一碳源时，污泥释/吸磷速率和污泥 TP 均呈现回升，系统获得较好的除磷效果。

③ 不同运行阶段污泥生化反应速率表明，碳源不影响硝化反应，而以短杆菌形态存在的反硝化菌由于颗粒污泥结构的变化而流失，导致出水 $NO_3^- \text{-N}$ 较高，最高达 21.75mg/L。当污泥性能稳定，以葡萄糖为唯一碳源时，污泥中仍含少量短杆菌，反硝化速率也提高到 18.78mg/(g·h)，保证系统具有较高的氮去除率。

④ 污泥中 IP 占 TP 的 65% 以上，其中 Ca-P 是构成 IP 的主要部分。另外，在以醋酸钠为主的碳源系统中，颗粒污泥 EPS 最高，随着进水葡萄糖的增加，EPS 逐渐降低，当以葡萄糖为单一碳源时，EPS 最低。PN/PS 在 4 以上时，颗粒污泥结构稳定。

思　考　题

1. 什么叫颗粒污泥？
2. 颗粒污泥有何特点？
3. 颗粒污泥的分类有哪些？
4. 厌氧颗粒污泥与好氧颗粒污泥有何区别？
5. 颗粒污泥的形成主要有哪些机理？
6. 如何培养厌氧颗粒污泥和好氧颗粒污泥？
7. 厌氧颗粒污泥和好氧颗粒污泥有哪些应用？

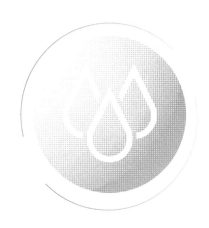

第17章
膜生物反应器

膜生物反应器（membrane bio-reactor，MBR）为膜分离技术与生物处理技术有机结合的新形态废水处理系统。以膜组件取代传统生物处理技术末端的二沉池，在生物反应器中保持高活性污泥浓度，提高生物处理有机负荷，从而减少污水处理设施占地面积，并通过保持低污泥负荷减少剩余污泥量。主要利用膜分离设备截留水中的活性污泥与大分子有机物。膜生物反应器系统内活性污泥（MLSS）浓度可提升至 8000～10000mg/L，甚至更高；污泥龄（SRT）可延长至 30 天以上。

膜生物反应器因其有效的截留作用，可保留世代周期较长的微生物，可实现对污水深度净化，同时硝化菌在系统内能充分繁殖，其硝化效果明显，为深度除磷脱氮提供可能。

中国是一个缺水国家，污水处理及回用是开发利用水资源的有效措施。污水回用是将城市污水、工业污水通过膜生物反应器等设备处理之后，将其用于绿化、冲洗、补充观赏水体等非饮用目的，而将清洁水用于饮用等高水质要求的用途。城市污水、工业污水就近可得，可免去长距离输水，从而实现就近处理，实现水资源的充分利用，同时污水经过就近处理，也可防止其在长距离输送过程中渗漏，污染地下水源。污水回用已经在世界上许多缺水的地区广泛采用，被认为是 21 世纪污水处理最实用的技术。

17.1
MBR工艺简介

17.1.1 MBR 含义及其工作原理

定义：MBR 为膜生物反应器（membrane bio-reactor）的简称，是一种将膜分离技术与生物技术有机结合的新型水处理技术，它利用膜分离设备将生化反应池中的活性污泥和大分子有机物截留住，省掉二沉池。膜生物反应器工艺通过膜的分离技术大大强化了生物反应器的功能，使活性污泥浓度大大提高，其水力停留时间（HRT）和污泥停留时间（SRT）可以分别控制。传统活性污泥法流程见图 17-1。

在传统的污水生物处理技术中，泥水分离是在二沉池中靠重力作用完成的，其分离效率依赖于活性污泥的沉降性能，沉降性能越好，泥水分离效率越高。而污泥的沉降性能取决于曝气池的运行状况，改善污泥沉降性能必须严格控制曝气池的操作条件，这限制了该方法的适用范围。由于二沉池固液分离的要求，曝气池的污泥不能维持较高浓度，一般在 1.5～

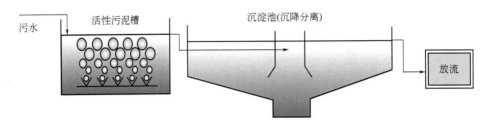

图 17-1 传统活性污泥法流程

3.5g/L 左右，从而限制了生化反应速率。水力停留时间（HRT）与污泥龄（SRT）相互依赖，提高容积负荷与降低污泥负荷往往形成矛盾。系统在运行过程中还产生了大量的剩余污泥，其处置费用占污水处理厂运行费用的 $25\%\sim40\%$。传统活性污泥处理系统还容易出现污泥膨胀现象，出水中含有悬浮固体，出水水质恶化。

MBR 工艺通过将分离工程中的膜分离技术与传统废水生物处理技术有机结合，不仅省去了二沉池的建设，而且大大提高了固液分离效率，并且由于曝气池中活性污泥浓度的增大和污泥中特效菌（特别是优势菌群）的出现，提高了生化反应速率（图 17-2）。同时，通过降低 F/M 减少剩余污泥产生量（甚至为零），从而基本解决了传统活性污泥法存在的许多突出问题。

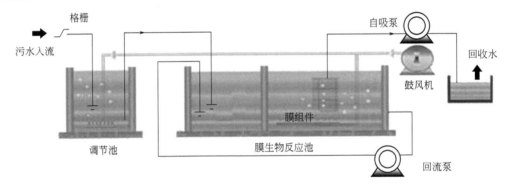

图 17-2 MBR 工艺流程

17.1.2 MBR 工艺分类

MBR 工艺分类见表 17-1。

表 17-1 MBR 工艺分类

分类依据	种类
膜组件与生物反应器组合方式	分置式、一体式、（一体）复合式
膜组件	管式、板框式、中空纤维式等
膜材料	有机膜、无机膜
压力驱动形式	外压式、抽吸式
生物反应器	好氧、厌氧
其他	曝气生物反应器、萃取膜生物反应器、膜分离生物反应器

分置式 MBR 见图 17-3。膜组件和生物反应器分开设置，生物反应器中的混合液经循环泵增压后打至膜组件的过滤端，在压力作用下混合液中的液体透过膜，成为系统处理水。

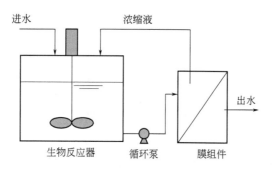

图 17-3　分置式 MBR

一体式 MBR 见图 17-4。膜组件置于生物反应器内部，进水进入膜生物反应器，其中的大部分污染物被混合液中的活性污泥去除，再在负压作用下由膜过滤出水。

复合式 MBR 见图 17-5。形式上也属于一体式膜生物反应器，所不同的是在生物反应器内加装填料，从而形成复合式膜生物反应器，改变了反应器的某些性状。

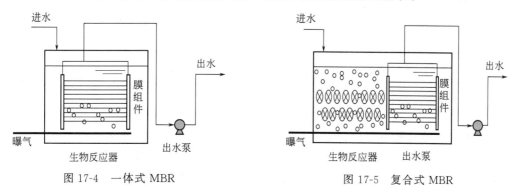

图 17-4　一体式 MBR　　　　　　　图 17-5　复合式 MBR

17.1.3　MBR 工艺优越性

① 能高效地进行固液分离，出水水质良好且稳定，可以直接回用；

② 由于膜的高效截留作用，可使微生物完全截留在生物反应器内，使运行控制更加灵活稳定；

③ 生物反应器内能维持高浓度的微生物量，处理装置容积负荷高，占地面积小，无需二沉池，工艺设备集中；

④ 有利于增殖缓慢的微生物如硝化细菌的截留和生长，可去除氨氮及难降解有机物，系统硝化效率得以提高；

⑤ 膜生物反应器一般都在高容积负荷、低污泥负荷下运行，克服了传统活性污泥法易发生污泥膨胀的弊端，剩余污泥产量低，降低了污泥处理费用；

⑥ 易于实现自动控制，操作管理方便。

17.1.4　MBR 工艺的不足

① 投资大：膜组件的造价高，导致工程的投资比常规处理方法增加约 30%～50%。

② 能耗高：泥水分离的膜驱动压力；高强度曝气；为减轻膜污染需增大流速。

③ 膜污染清洗。

④ 膜的寿命及更换，导致运行成本高。膜组件的使用寿命在 5 年左右，到期需更换。

17.1.5　MBR 发展历史

(1) 第一阶段（1966~1980 年）

1966 年，美国的 Dorroliver 公司首先将 MBR 用于废水处理研究。

1968 年，Smith 等在活性污泥法工艺中用超滤池取代二沉池。

20 世纪 70 年代，膜生物反应器首次进入日本市场。

(2) 第二阶段（1980~1995 年）

1989 年日本政府联合许多大公司共同投资研发。90 年代 Kubota 公司研制了平板式浸没 MBR。

20 世纪 80 年代末到 90 年代初，Zenon 环境公司研制成功了两个注册产品。Zenon 环境公司商业化的产品系统 ZenonGem 在 1982 年进入市场。

(3) 第三阶段（1995 年至今）

20 世纪 90 年代中后期，欧洲国家将 MBR 用于生活污水和工业废水的处理。

目前主要有四家大公司经营 MBR，它们分别是加拿大 Zenon 公司，日本 Mitsubishi Rayon 公司，法国 Suez. LDE/IDI 公司和日本 Kubota 公司。

17.1.6　MBR 发展前瞻

(1) 应用领域

① 现有城市污水处理厂的更新升级。

② 无排水管网系统地区的污水处理，如居民点、旅游度假区、风景区等。

③ 有污水回用需求的地区或场所，如宾馆、洗车业、客机、流动厕所等。

④ 高浓度、有毒、难降解工业废水的处理，如造纸、制糖、皮革等行业。

⑤ 垃圾填埋厂渗滤液的处理及回用。

⑥ 小规模污水厂（站）的应用。

(2) 研究重点

① 膜污染的机理及防治。

② MBR 工艺流程形式及运行条件的优化。

③ MBR 工艺经济性研究。

④ 以节能、处理特殊水质为目的开发新型的膜生物反应器。

⑤ 成熟、系统的 MBR 的工艺设计方法。

⑥ 形形色色的生物反应器。

17.2
MBR工艺用膜、膜组件

17.2.1　MBR 工艺用膜介绍

(1) 高分子有机膜材料

材质：聚烯烃类、聚乙烯类、聚丙烯腈、聚砜类、芳香族聚酰胺、含氟聚合物等。

优点：成本相对较低，造价便宜，膜的制造工艺较为成熟，膜孔径和形式也较为多样，应用广泛。

不足：运行过程中易污染、强度低、使用寿命短。

（2）无机膜

材质：金属、金属氧化物、陶瓷、多孔玻璃、沸石、无机高分子材料等。

优点（以陶瓷膜为例）：耐酸、抗压、抗温，其通量高、能耗相对较低。

不足：造价昂贵、不耐碱、弹性小、膜的加工制备有一定困难。

目前 MBR 膜组件中使用量较大的只有聚偏氟乙烯（PVDF）、聚乙烯（PE）和聚丙烯（PP）。其中聚偏氟乙烯（PVDF）由于其优良的物理性能和化学性能（强度和耐腐蚀性）在国内和国外用量均最大。MBR 工艺中的用膜见图 17-6。

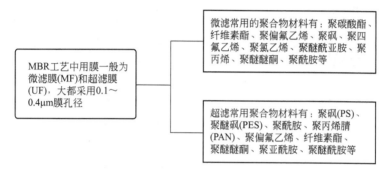

图 17-6 MBR 工艺中的用膜

陶瓷膜主要是 Al_2O_3、ZrO_2、TiO_2 和 SiO_2 等无机材料制备的多孔膜，其孔径为 $0.1\sim 50\mu m$，具有化学稳定性好，能耐酸、耐碱、耐有机溶剂，机械强度大，可反向冲洗，抗微生物能力强，耐高温，孔径分布窄，分离效率高等特点。陶瓷膜与同类的有机高分子膜相比具有许多优点：它坚硬、承受力强、耐用、不易阻塞，对具有化学侵害性的液体和高温清洁液有更强的抵抗能力。其缺点就是价格昂贵，制造过程复杂。陶瓷膜及性能照片见图 17-7。

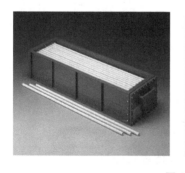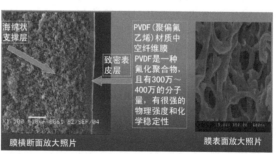

图 17-7 陶瓷膜及性能照片

17.2.2 MBR 膜组件

（1）中空纤维膜器

中空纤维具有高压下不变形的强度，无需支撑材料。把大量（多达几十万根）中空纤维膜装入圆筒型耐压容器内，纤维束的开口端用环氧树脂铸成管板。外径一般为 $40\sim 250\mu m$，内径为 $25\sim 42\mu m$。在 MBR 中，常把膜组件直接放入反应器中，不需耐压容器，构成浸没式膜生物反应器。一般为外压式膜组件。中空纤维膜器示意图见图 17-8。

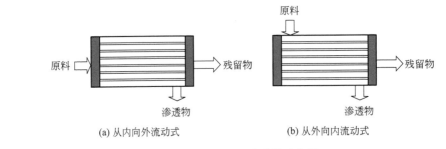

(a) 从内向外流动式 (b) 从外向内流动式

图 17-8 中空纤维膜器示意图

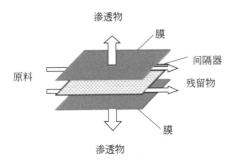

图 17-9 板框式膜器示意图

优点：装填密度高，一般可达 16000 ～ 30000m²/m³；造价相对较低；寿命较长；可以采用物化性能稳定、透水率低的尼龙中空纤维膜；膜耐压性能好，不需要支撑材料。

缺点：对堵塞敏感，污染和浓差极化对膜的分离性能有很大影响，压力降较大；再生清洗困难；原料的前处理成本高。

（2）板框式膜器

板框式是 MBR 工艺最早应用的一种膜组件形式，外形类似于普通的板框式压滤机。板框式膜器示意图见图 17-9。

优点：制造组装简单，操作方便，易于维护、清洗、更换。

缺点：密封较复杂，压力损失大，装填密度小。

（3）管状膜器

管状膜器由膜和膜的支撑体构成，有内压型和外压型两种运行方式。实际中多采用内压型，即进水从管内流入，渗透液从管外流出。膜直径在 6～24mm 之间。管状膜被放在一个多孔的不锈钢、陶瓷或塑料管内，每个膜器中膜管数目一般为 4～18 根。管状膜目前主要有烧结聚乙烯微孔滤膜、陶瓷膜、多孔石墨管膜等，价格较高，但耐污染且易清洗，尤其对高温介质适用。管状膜器示意图见图 17-10。

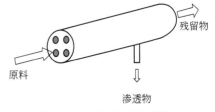

图 17-10 管状膜器示意图

优点：料液可以控制湍流流动，不易堵塞，易清洗，压力损失小。

缺点：装填密度小，一般低于 300m²/m³。

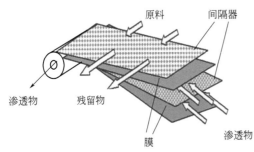

图 17-11 螺旋卷式膜器示意图

（4）螺旋卷式膜器

主要部件为多孔支撑材料，两侧是膜，三边密封，开放边与一根多孔的中心产品水收集管密封连接，在膜袋外部的原水侧垫一层网眼型间隔材料，把膜袋-隔网依次叠合，绕中心集水管紧密地卷起来，形成一个膜卷，装进圆柱形压力容器内，就制成了一个螺旋卷式膜组件。螺旋卷式膜器示意图见图 17-11。

优点：膜的装填密度高；膜支撑结构简单；浓差极化小；容易调整膜面流态。

缺点：中心管处易泄漏；膜与支撑材料的黏结处膜易破裂而泄漏；膜的安装和更换困难。

各种膜组件特性见表 17-2，中空纤维膜组件和板式膜组件的比较见表 17-3。

表 17-2　各种膜组件特性表

名称/项目	中空纤维式	毛细管式	螺旋卷式	平板式	圆管式
价格/(元/m³)	40~150	150~800	250~800	800~2500	400~1500
充填密度	高	中	中	低	低
清洗	难	易	中	易	易
压力降	高	中	中	中	低
可否高压操作	可	否	可	较难	较难
膜形式限制	有	有	无	无	无

表 17-3　中空纤维膜组件和板式膜组件的比较

中空纤维膜组件	板式膜组件
中空纤维膜膜丝为柔性，可反冲洗	支撑板式平板膜，膜片为刚性，不可反冲洗
独立地清洗	独立地清洗
填充密度 160m²/m³	填充密度 80m²/m³
典型膜通量：15L/(m²·h)	典型膜通量：20L/(m²·h)
缠绕式纤维物质，污泥堵塞，卡在纤维间，无法通过反冲洗去除	沟槽式，低填充密度，堆积在板间，始于板固定处，没有反冲洗
化学清洗	化学及机械清洗

17.2.3　三种常见的 MBR 膜组件

(1) 中空纤维帘状浸入式膜组件（见图 17-12）

以 MitsubishiRayon（日本）公司为代表，它具有膜面积大、易于安装、清洗方便等特点。

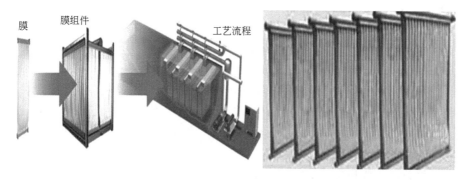

图 17-12　中空纤维帘状浸入式膜组件

(2) 中空纤维柱状浸入式膜组件（见图 17-13）

以 GE（美国通用电气公司）的 Zenon 公司为代表，它具有膜面积大、占地面积小等特点。

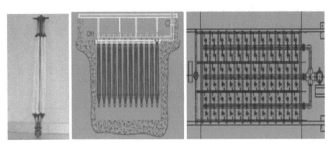

图 17-13 中空纤维柱状浸入式膜组件

(3) 平板型帘状浸入式膜组件（见图 17-14）

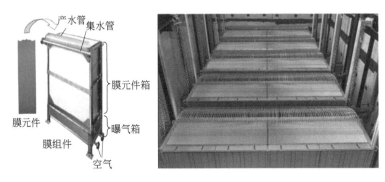

图 17-14 平板型帘状浸入式膜组件

17.3

MBR系统设计

17.3.1 MBR 设计计算公式

（1）MBR 瞬时通量

$$Q = J(t_1 + t_2)/t_1$$

式中　J——理论平均膜通量，$m^3/(m^2 \cdot d)$；

　　　t_1——抽吸循环周期内抽吸泵运行时间，min；

　　　t_2——抽吸循环周期内抽吸泵停止时间，min。

（2）膜元件总数

$$N = Q/(JA)$$

式中　Q——日平均污水处理量，m^3/d；

　　　J——理论平均膜通量，$m^3/(m^2 \cdot d)$；

　　　A——膜元件有效膜面积，$m^2/$片。

（3）膜组件数量

$$N = n/n_1$$

式中　n——膜元件总数，片；

n_1——每组膜组件含元件数，片/组。

（4）MBR 反应池有效容积

$$V=Q(S_0-S_e)\times10^{-3}/N_V$$

式中　Q——日平均污水处理量，m^3/d；

　　　S_0——MBR 进水 BOD_5 浓度，mg/L；

　　　S_e——MBR 出水 BOD_5 浓度，mg/L；

　　　N_V——MBR 池 BOD_5 容积负荷，$kg\ BOD_5/(m^3\cdot d)$。

（5）MBR 膜组件所需风量

$$Q_x=Nn_1qa_1$$

式中　N——膜组件组数，组；

　　　n_1——每个膜组件含膜片数量，片/组；

　　　q——单片膜所需风量，一般为 $11\sim12L/min$；

　　　a_1——安全系数，可取 1.1。

（6）MBR 生物处理所需风量

$$G=aQ(S_0-S_e)+bVX_V/(0.277e)$$

式中　a——活性污泥微生物氧化分解有机物过程中的需氧率，$kg\ O_2/(kg\cdot d)$，一般为 $0.42\sim1.0kg\ O_2/(kg\cdot d)$；

　　　Q——日平均污水处理量，m^3/d；

　　　b——活性污泥微生物内源代谢的自身氧化过程中的需氧率，$kg\ O_2/(kg\cdot d)$，一般为 $0.11\sim0.18kg\ O_2/(kg\cdot d)$；

　　　V——MBR 池容积，m^3；

　　　X_V——MBR 池内挥发性悬浮物浓度，kg/m^3；

　　　e——溶解效率，一般为 $0.02\sim0.05$。

（7）MBR 自吸泵流量

$$Q_{吸}=\frac{Q}{24}\times\frac{t_1+t_2}{t_1}\times a$$

式中　Q——日平均污水处理量，m/d；

　　　t_1——抽吸循环周期内抽吸泵运行时间，min；

　　　t_2——抽吸循环周期内抽吸泵停止时间，min；

　　　a——安全系数，可取 1.1。

（8）MBR 清洗加药量

$$V=nq$$

式中　n——清洗对象膜的片数，片；

　　　q——单片膜清洗所需加药量，一般为 $3\sim5L$。

（9）MBR 池理论每日污泥量

$$W=Q(C_0-C_1)/[1000^2(1-P_0)]$$

式中　Q——日平均污水处理量，m^3/d；

　　　C_0——进水悬浮物浓度，mg/L；

　　　C_1——出水悬浮物浓度，mg/L；

　　　P_0——污泥含水率，%。

17.3.2　MBR 设计需求信息

MBR 设计信息需求见表 17-4。

表 17-4　MBR 设计信息需求表

废水水质	最少的水质条件包括：BOD、COD；TSS、VSS；N、P、Alk（碱度）；T（温度）
现场条件	包括咨询报告、场地限制、特殊地貌，如果是改造项目，则还需要工厂平面图、池子和渠道的尺寸、运行历史数据等
处理量和水力负荷	该信息对工艺配置和处理工艺的选择具有决定意义
出水水质要求	或出水用途，该要求影响处理工艺流程的选择

17.3.3　MBR 工艺组成

以 ZW-MBR 为例设计职责——GE 设计选型手册见表 17-5。

表 17-5　GE 设计选型手册

预处理	格栅——GE 要求，初沉池、沉砂池——设计方决定
生化工艺部分	由 GE 或设计方决定
膜过滤部分	膜工艺（或产品）由 GE 决定
剩余污泥处理部分	污泥脱水——GE 决定是否加聚合物，消化处理——设计方决定，污泥处置方式——设计方决定

① 预处理——细格栅，要求栅距≤2mm，推荐≤1mm，可采用圆孔型或网格型。
② 生化工艺部分。
③ 膜过滤部分。
④ 剩余污泥处理部分。
工艺设计流程见图 17-15。

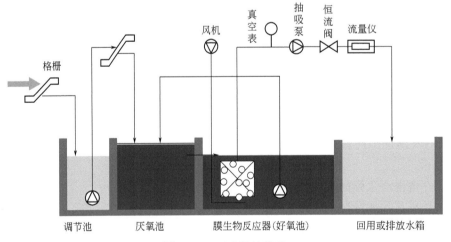

图 17-15　工艺设计流程

17.3.4　MBR 工艺路线选择

针对生活污水的 MBR 工艺流程见图 17-16，针对工业废水的 MBR 工艺流程见图 17-17，针对氨氮废水的 MBR 工艺流程见图 17-18。

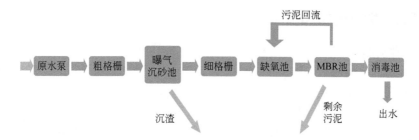

图 17-16　针对生活污水的 MBR 工艺流程

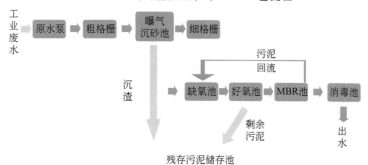

图 17-17　针对工业废水的 MBR 工艺流程

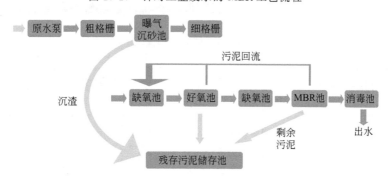

图 17-18　针对氨氮废水的 MBR 工艺流程

17.3.5　膜池的设计

膜池的设计见表 17-6。

表 17-6　膜池的设计

缺氧池设计	设计原则:氮容积负荷定为 0.2kg/(m³·d)以下
	流入缺氧池水的含氮量:$Q_2 C_{氨氮}$(Q_2 为流入缺氧池的水流量,m³/d)
	需要缺氧池容积为 $Q_1 C_{氨氮}/0.2$ 以上(Q_1 为进水的流量,m³/d)
膜池设计	设计原则:BOD 容积负荷在 2.0kg BOD/(m³·d)以下
	设计缺氧池对进水 BOD 的去除率为 η(20%~50%),则流入膜生物反应池的 BOD 浓度为 $C_{BOD} \times (1-20\%)$
	需要的膜生物反应池的容积为 $C_{BOD} \times (1-20\%)/2$ 以上

注:C_{BOD}——碳质 BOD,是第一阶段 BOD,指水中有机物被好氧微生物转化为二氧化碳、水和氨的过程中所需的氧量,单位为 mg/L,间接反映了水中可生物降解的有机物量。

17.3.6　膜元件的选择和安装

（1）膜元件的选择

① 选择合适的膜通量。

② 确定所需要的膜面积。

③ 根据单支元件的膜面积确定膜元件的数量。

④ MBR 膜在运行过程中涉及反洗等操作，必须综合考虑水的利用率以及元件的停歇时间。

（2）膜元件的安装（图 17-19）

以欧美-FLEXELL 膜元件为例（图 17-20），W_1（宽度）不小于 100mm，W_2 不小于 150mm，W_3 不小于 150mm，W_4 不小于 400mm。

图 17-19　膜元件的安装

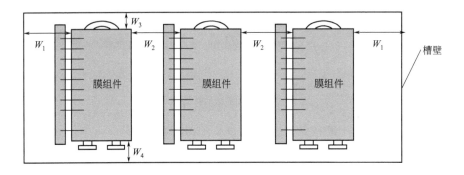

图 17-20　欧美-FLEXELL 膜元件示意图

17.3.7　MBR 产水系统

产水系统可采用连续运行或间歇运行两种不同的运行方式。对于微污染源水或 MBR 池 MLSS 浓度低的系统可连续产水；对于高 MLSS 的系统，可选用抽吸与停抽相结合的运行方式。两种方案见图 17-21。

17.3.8　MBR 曝气系统

曝气系统主要为膜生物反应池的微生物生长代谢提供氧气，主要有三个方面：

① 微生物氧化分解有机物的需氧量；

② 微生物自身细胞物质氧化分解的需氧量；

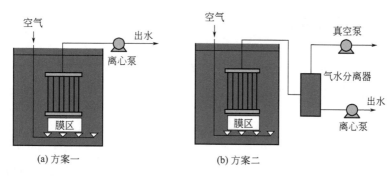

图 17-21　MBR 产水系统的两种方案

③ 对污水中氨氮进行氧化所需的氧量。

通过改进，采取循环曝气的方式可以降低能耗。以前为 10s 开 10s 关，现在 10s 开 30s 关，该曝气方式要求膜组件为偶数列。两列膜同时工作，可以降低 75% 的能耗，在低流速和低污垢的情况下可降低 50% 的能耗。该曝气方式降低了微生物的剪切力，提高了絮体结构的稳定性及去除率。

单列膜：高结垢情况下不能采取 10/30 曝气。

17.3.9　MBR 反洗系统

MBR 反洗系统见图 17-22。

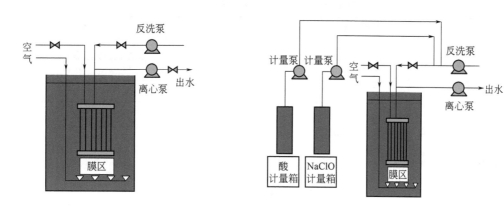

图 17-22　MBR 反洗系统

结合有机物污染通过碱洗效果明显、盐结垢通过酸洗效果明显的原理，将化学加强反洗程序引入 MBR 膜的运行过程中。通过类似于低强度的化学清洗的操作，将 MBR 膜的污染消除在刚形成的阶段，阻止膜污染得不到及时恢复形成协同恶化的效应。化学药剂种类和浓度见表 17-7。

表 17-7　化学药剂种类和浓度

加药种类	化学药剂	加药浓度
酸	盐酸、柠檬酸、草酸	控制 pH 值在 2.5~3.5 之间
碱	氢氧化钠	0.02%~0.05%
氧化剂	次氯酸钠	0.05%~0.1%

17.3.10　MBR 加药系统

MBR 加药系统见图 17-23。

化学清洗的频率和操作条件与进水的水质有关。通常情况下运行 1～3 个月或在相同的运行条件下透过膜的压差比初期上升 0.5bar（1bar＝10^5Pa）以上时就应该进行化学清洗。化学清洗的频率和操作条件见表 17-8。

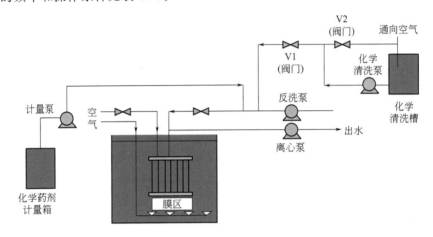

图 17-23　MBR 加药系统

表 17-8　化学清洗的频率和操作条件

污染物	化学药剂	浓度	清洗时间
有机物	10%次氯酸钠	1000～5000mg/L	1～2h
	氢氧化钠	pH＜12	1h
无机物	盐酸	0.1mol/L	1～2h

17.3.11　MBR 自动控制系统

MBR 自动控制系统见表 17-9。

表 17-9　MBR 自动控制系统

项目	状态	运行						停机
步骤	序号	1	2	3	4	5	6	7
	步序	运行	汽水反洗	停抽	加药	浸泡	冲洗	停机
泵阀状况	抽吸泵	○						
	反洗水泵		○		○		○	
	加药泵				○			
	产水泵	○						
	反洗泵		○		○		○	
	进气阀		○					
时间/min		15～30	30～60	2～8	30～60	5～10	1～1.5	

注：1. 当不进行分散化学清洗时，程序运行按 1—2—7 或 1—2—3—7。

2. 进行程序转换时所需考虑的缓冲时间应在实际编程时进行考虑。

17.3.12　其他系统

其他系统见表 17-10。

表 17-10　其他系统

污泥回流系统	从膜生物反应池到缺氧池的硝化液循环量根据要求的氨氮去除率来决定。从膜生物反应池到缺氧池的循环比如果为 R，硝化液循环量则为 RQ，从缺氧池到膜生物反应池的混合液量则为 $(R+1)Q$
氮磷营养药剂投加系统	微生物生产繁殖代谢所需要的营养比为 BOD:TN:TP$=100:5:1$ 添加氮磷营养药剂以补充原水中氮磷不足部分的量
有机营养药剂投加系统	使 BOD/N 为 3 以上而添加不足部分的 BOD，一般投加的有机营养物为甲醇
碱度补充系统	若进水中碱度不能保证硝化的进行和氨氮的设计去除率，必须补充外加碱度。一般投加 Na_2CO_3 或 $NaHCO_3$。 1mg Na_2CO_3 相当于 0.94mg $CaCO_3$ 碱度；1mg $NaHCO_3$ 相当于 1.19mg $CaCO_3$ 碱度

17.4
MBR案例介绍

17.4.1　GE -MBR 中国项目

GE-MBR 设计参数见表 17-11，中国项目一览表见表 17-12。

表 17-11　GE-MBR 设计参数

运行周期	过滤:12~15min。反冲洗:15~30s。一小时内产水 57min，停机(冲洗)3min
透膜压差	
汽蚀余量	
流量	小时峰值流量(PHF)、日平均流量(ADF)
余量要求	采取两种设计方法:增加膜组件列数，减少膜数量;增加膜面积，不增加膜组件列数。预留空间——GE 设计时一般为 20%
曝气	10/30 曝气
膜池设计	膜丝必须浸没在液面 0.51m 以下
气水分离	MBR 不需要连续的气水分离，最好采用水射器

表 17-12　中国项目一览表

工程名称	日处理量/(t/d)	项目所处阶段
内蒙古金桥电厂 MBR 项目	30000	运行
无锡梅村市政污水 MBR 项目(改善太湖水质的要求)	30000	设计完成
长安福特污水回用项目(2007 年,电镀废水)	1200	运行
惠氏(苏州)MBR 污水处理回用	1800	设计阶段
中石油长庆石化炼油污水回用	4800	调试完毕
巨石玻纤污水 MBR 回用	4800	调试中

17.4.2　渗滤液处理应用

某市垃圾卫生填埋场见图 17-24。

图 17-24　某市垃圾卫生填埋场

某市垃圾综合处理厂垃圾渗滤液处理工艺流程见图 17-25。

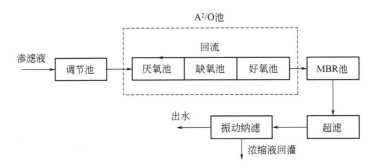

图 17-25　某市垃圾综合处理厂垃圾渗滤液处理工艺流程

思　考　题

1. 膜生物反应器中的"膜"是什么膜？它的分离孔径一般多大呢？
2. 膜生物法和膜生物反应器是一个概念吗？说明它们之间的区别。
3. MBR 膜生物反应器的优缺点有哪些？
4. MBR 工艺分类及各自特点有哪些？
5. MBR 工艺用膜有哪些？各有哪些优缺点？
6. MBR 膜组件分哪几类？有什么特点？
7. MBR 工艺组成和选择的依据是什么？举例说明。
8. MBR 有机污染物是如何产生的？如何去除？

第18章

微生物燃料电池和微生物电解池

18.1

概述

从 1921 年开始，我国废水处理行业开始出现，在之后的 20 年内实现了该行业的高速成长，但是仍然无法满足城市经济建设和社会可持续发展的需求。我国处理污水的行业由于运行资本高、环保意识不足等各类因素，所以处理污水的能力与海外相比存在着不足。国内当时存在的很多污水处理行业面临的主要困难是污水处理效率低，处理能力增长缓慢，由此造成了国内水环境一定范围的持续性污染，影响了我国的经济建设和社会的可持续发展。我国环境行业所采用的废水降解技术大部分都是由发达国家引进来的，通过不断地学习模仿其他国家近百年发展的水处理工艺和技术，对其不断加以吸收改进，渐渐形成了我国自己的处理技术。虽然我国在废水处理工艺和技术方面取得了较大的发展，可是国内目前所选用的城市废水处理工艺与同时期海外的处理技术相比水平仍然存在着一定的差距。虽然近几年我国日渐重视环境问题，加大了对污水处理行业的投资，但要满足该行业发展的需要还是不够的。根据海内外相关资料的报告得出，欧美等先进国家在废水的收集处理及排放设施方面的资金投入已达到了国民经济总产值的 $0.53\% \sim 0.88\%$。相比之下，国内用于废水收集、处理及排放方面的投资只占到了国民经济总产值的 $0.02\% \sim 0.03\%$。由此看来，我国应该更加完善公共设施的投资结构，有效地调整水处理行业的资金投入，从而让工业废水和城市污水的水处理设施更加完善。我国应该吸取发达国家在之前发展中受到过的错误，在发展环境建设的同时，各大化工厂也应加强环保意识，确保工业废水达标排放。并且相关工作人员的知识水平及操控能力应得到良好的教育和培养，从而维护污水处理厂进行正规运转，更加稳定地保证污水处理厂对废水的正常处理。

生物电化学系统（bioelectrochmieal systems，BES）作为一种全新的生物处理技术，近年来引起了越来越多的关注该系统使用吸附在 1 个或者 2 个电极上的微生物来催化生物阳极的氧化反应和（或）生物阴极的还原反应，包括微生物燃料电池（microbial fuel cell，MFC）和微生物电解池（microbial electrolysis cell，MEC）。

18.2
微生物燃料电池的发展历史

微生物燃料电池提供了全新的生化能提取技术，伴随着产电微生物的生化处理把有机质所含有的化学能部分转变成电能。1911 年，英国达谟大学植物学家 Potter 首次在含有微生物的营养液中发现了其产电能力的存在，并且使用单质铂作为电极放置于菌体悬浮液内，在厌氧酵母菌和大肠杆菌降解有机物的作用下，制造出全世界第一台微生物燃料电池，奠定了国内外微生物燃料电池研究发展的基础。开始阶段主要是把间断型微生物燃料电池作为主要研究对象，先利用微生物降解有机物产生可燃性气体（CH_4、CO），再通过燃料电池利用可燃性气体发电。40 多年后，美国基于研究开发出一种用于空间飞行器的以宇航员生活废物为原料的生物燃料电池，间接微生物电池占主导地位。先利用微生物发酵产生氢气或其他能作为燃料的物质，然后再将这些物质通入燃料电池发电。剑桥大学 Cohen 教授构建了微生物电池堆。

在 20 世纪 60 年代末直接生物燃料电池开始出现，一直发展到 70 年代初，成了生物燃料电池领域的热点。从 60 年代后期到 70 年代，直接生物燃料电池逐渐成为研究的中心。1970 年生物燃料电池概念确定，热点之一是开发可植入人体的作为心脏起搏器或人工心脏等人造器官电源的生物燃料电池。这种电池多是以葡萄糖为燃料，以氧气为氧化剂的酶燃料电池。这个时期的大部分生物电池都是将氧气（O_2）作为阴极氧化剂，将葡萄糖（$C_6H_{12}O_6$）作为阳极底物的酶降解燃料电池。锂碘电池的研究取得了突破，并很快应用于医学临床。生物燃料电池的研究因此受到较大冲击。

80 年代后，随着工业废水的不断增多，微生物燃料电池的开发与利用越发地被人们所渴望，从而出现了氧化还原介质的广泛应用，通过将氧化还原介质向阳极室额外投加，提高电子从底物向电极表面传递的速度，从而加大电池的输出功率。常用的氧化还原介质为中性红、亚甲基蓝、劳氏紫等，充分证明了微生物燃料电池提供低功率电能供电的可行性。Lovley 等人在 1987 年通过对波拖马可河底污泥进行培养驯化，成功从多种菌类中分离出了 *Geobacter metallireducens* 细菌，这种细菌具有电化学活性，能在没有氧化还原介体参与的情况下，转移废水中被氧化而产生的电子。20 世纪 90 年代初，我国也开始了该领域的研究。2002，Bond 发现特殊微生物地杆菌；2006，美国 Bruce Logan 教授、韩国 Byung 教授和比利时 Willy 教授在 MFC 上做了大量研究。

21 世纪以来，Reimers 等同时将 Pt（或 C）作为阴阳两极的电极材料，将阴极放置在海水表面，而阳极安放在海底淤泥中，阴阳两个电极被隔绝海水的导线所连接，通过仪器能够检测出在导线中存在着较小的电流以及较低的输出功率，其中测量所得的最大功率为 $10mW/m^2$，最大开路电压为 0.7V。在 2001 年的 *EST* 期刊上这个研究结果得到了该领域的高度重视。另外在 2001 年，Childers 等从海底中提取沉积物作为 MFC 所需微生物的来源，通过培养、驯化、分离，成功地获得了一种细菌，其具有将苯环类有机物完全降解为二氧化碳的能力。2003 年，Chaudhuri 和 Lovley 成功分离提取出一株还原金属微生物 Rhodoferax ferrireducens，它无需中介只传递电子就可将葡萄糖以及一些低分子有机物氧化，使产生的电子直接连续稳定地传递到电极上，给外电路供电，并且库仑效率高达 80% 以上。在一部分研究人员致力于分离/纯化/驯化产电菌时，还有一群人通过研究菌类分子生态学来开发无介体混菌型 MFC。研究证明，具有产电能力的厌氧型微生物是完全能够被分离纯化的，而好氧性的产电微生物则不完全具有被富集的能力。Logan 等于 2012 年对 MFC 的开发进展进行了完整的论述，该篇综合了 MFC 各方面的综述性文章成功在 *Science* 杂志中发表，并提出制约 MFC 技术投入实际应用的关键性问题为其输出功率密度过低，难以提高到可使用电压。按照 Logan 的观点，几个主要因素限制了 MFC 功率输出的提高：①微生物燃料电池装置的内部阻值过高；②各种菌类所适应的温度和环境等因素要求严格；③在厌氧的环境下厌氧菌对有机物的吸收分解能力不强及微生物群落在电极上的电化学性能不良。MFC 性能研究的新方向在不断地被开阔，建立在此之上的研究报道的大部分关注点在 MFC 的运行机理和性能强化的研究上，包括优化电池的结构，培育高产电性能的厌氧产电菌，合成高化学氧化性电极材料，完善 MFC 的工作环境等。

18.3
微生物燃料电池

18.3.1　MFC 的工作原理

燃料电池（fuel cell）：一种将储存在燃料和氧化剂中的化学能连续不断地转化成电能的电化学装置。

生物燃料电池（biofuel cell）：利用酶或者微生物组织作为催化剂，将燃料的化学能转化为电能的发电装置。

微生物燃料电池（microbial fuel cell，MFC）：是一类提供厌氧密闭环境，利用催化剂和厌氧菌进行的生化反应，在生化降解所需有机物的同时将部分化学能转化成电能的水处理装置。其反应机理如图 18-1 所示。MFC 由厌氧阳极室和充氧阴极室组成，质子交换膜将两个区域分割开来，两面直接接触两区域内的水溶液，其反应式如下（以 $C_6H_{12}O_6$ 为例）：

阳极反应：
$$C_6H_{12}O_6 + 6H_2O \longrightarrow 6CO_2 + 24H^+ + 24e^- \tag{18-1}$$

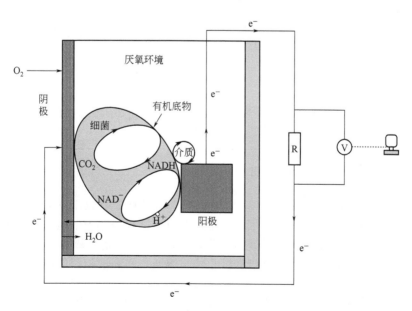

图 18-1　微生物燃料电池反应机理

$$E^{\ominus}=0.014\text{V}$$

阴极反应：$\qquad 6O_2+24H^++24e^- \longrightarrow 12H_2O \qquad\qquad$ (18-2)

$$E^{\ominus}=1.23\text{V}$$

间接 MFC：需要外源中间体参与代谢，产生的电子才能传递到电极表面，如脱硫弧菌、普通变形杆菌和大肠杆菌等。

直接 MFC：代谢产生的电子可通过细胞膜直接传递到电极表面，如地杆菌、腐败希瓦式菌和铁还原红螺菌等。

电子传递：

① 细胞膜直接传递电子：电子直接从微生物细胞膜传递到电极，呼吸链中细胞色素是实际电子载体。提高电池功率的关键在于提高细胞膜与电极材料的接触效率。

② 由中间体传递电子：氧化态中间体→还原态中间体→排出体外→电极表面被氧化。

电子传递机理：

① 细胞通过其细胞膜外侧的细胞色素 C 将呼吸链中的电子直接传递到阳极，如异化还原铁地杆菌、铁还原红螺菌等。

② 细菌通过其纳米级的纤毛或菌毛实现电子传递，该菌毛或纤毛称为纳米电线。

MFC 本质上是收获微生物代谢过程中产生的电子并引导电子产生电流的系统。MFC 的功率输出取决于系统传递电子的数量和速率以及阳极与阴极间的电位差。由于 MFC 并非一个热机系统，避免了卡诺循环的热力学限制，因此，理论上 MFC 是化学能转变为电能最有效的装置，最大效率有可能接近 100%。

18.3.2 MFC 的种类

微生物燃料电池的种类见图 18-2。

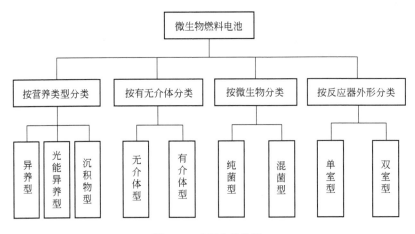

图 18-2 MFC 的种类

按照 MFC 中微生物生化反应所需营养类型分类，MFC 有以下几种类型：①异养型，指以有机底物作为所需代谢营养的厌氧菌在生化反应的过程中产生电能；②光能异养型，指以光能和碳源作为所需能量来源的异养菌（藻青菌），通过电极转移降解过程中分离出的电子产生电能；③沉积物型，指微生物借助沉积物与溶液之间固液相面的不同，由其造成的电势差产生电能。

根据 MFC 工作原理类型来进行分类，则 MFC 主要可分为 2 种类型：①降解农业废渣所产的可燃燃料（如甲烷、氢、酒精等）被用于间接性微生物燃料电池发电；②选用嗜阳极菌处理还原葡萄糖等有机物，使得化学能转换为电能。

由于微生物燃料电池反应器组装结构上的不同，根据此可将 MFC 归纳为两种结构：①单室型 MFC，阴阳极之间无需质子交换膜，并且阴极室与阳极室合并在一个室内，阳极安放在反应室内，而阴极不需要曝气，只需在降解溶剂的同时接触到空气，故而一般用阴极作为反应室的外壁；②双室型 MFC，其结构传统，由阴极室、阳极室及质子交换膜组成，在运行时可精准地通过控制变量法，单独对其中的阳极、质子膜、阴极等各个因素进行研究，其主要问题在于两室之间距离较大，而且具有各自对应的溶剂和质子交换膜，因此导致质子传递阻力过大，电池内阻过高，功率密度难以提高。其中单室型 MFC 在反应室内无需曝气，一般选择廉价的空气作为阴极氧化剂，而双室型 MFC 无法仅借助空气提供氧气，还需在阴极室内投加溶氧缓冲剂来使其内有充足的氧供给阴极使用。

按照 MFC 的产能机理，MFC 可分为以下几种类型：①光能自养型，培养光能微生物，利用其进行的光化学作用将污水中有机物降解产生出电子进行产电；②间接型，这类 MFC 反应器能阶段性地让菌类处理有机物，先让有机物降解产生氢，然后再由氢收集装置富集氢进行机体氧化发电，从而提高电池的输出功率；③化能异养型，指在厌氧环境下让有机物被降解，厌氧微生物产生出的电子不断增多，最后富集在电极上，造成电势差产生电流。

根据接种微生物的菌种分类，MFC 可分为纯菌型和混菌型两种类型：①纯菌型，指在无其他微生物的条件下，驯化培养出一种产电细菌，将其接种在电极上作为 MFC 的接种微生物；②混菌型，指不需要驯化分离多种细菌种群，直接将杂菌接种到 MFC 电极上作为产电微生物。在运行效果上，与纯菌型 MFC 相比，混菌型 MFC 具有很强的环境适应性，污染底物的消除率高，以及有良好的功率输出和产电效率等优点。

18.3.3　MFC 的组成及材料

(1) 阳极

阳极在 MFC 中决定了有机底物所受氧化反应的强弱，在阳极上形成的生物膜对电池能量转化的效率起着决定性的作用，因此阳极所选用的结构和电极材料，是整个反应器的基础，决定了 MFC 的性能。阳极材料必须要满足以下 3 个要求才能保证 MFC 的高性能：①大的比表面积；②良好的生物相容性；③良好的导电性。一般被选用作为阳极的普通碳质材料并不具备良好的电催化活性，不能提高阳极室内产电菌种的数量以及整个电池的外电路电压。因此目前很多研究开始加入各种活化型纳米材料进而修饰传统阳极，提高阳极的生物亲和性，有利于更多的微生物吸附到电极上，并且可以明显地减小电极上的活化内阻，增强 MFC 的产电能力。另外，具有良好的导电性的阳极材料会使整个微生物燃料电池的活化消耗减少，MFC 的阳极阻值以及整体内阻都会被大大降低，同时提高了反应器的功率密度。目前可被选作 MFC 阳极的材料一般都含有碳，如单质碳（石墨棒、炭布、炭纸、石墨片、炭毡等）以及在炭原料上复合其他功能性材料的涂层，进而修饰电极达到多功能的目的，常用的功能性材料有贵金属、有机分子团、导电聚合物等。

研究表明，被中孔炭修饰改性后的炭纸具备很强的电子传导性及良好的电催化活性，其作为电极在 MFC 运行中所获得的最大输出功率比普通炭纸电极高 81%。另外还有研究人员选用碳纳米管（CNTs）和微米多孔石墨，从而制备出了微/纳米多层复合碳纤维，制成阳极后投入 MFC 的应用中，结果获得的输出功率是石墨阳极的 6 倍。

综上所述，被修饰物改性后的二维阳极比普通电极供电效率更高，为更好地改善电极的工作性能，可以向更高维度的电极发展，给予产电菌亲和性强且稳点性好的生存环境，使微生物燃料电池处理污水投入实际应用。通过吹脱法成功制备出碳纳米纤维三维阳极，在电化学工作站的三极系统（200mV，Ag/AgCl 作参比电极）中显示出了 30A/m² 的最大电流密度，超过了所有常温型 MFC 所获得的最大电流密度。由此可见，阳极应该在考虑到菌类能被稳定附着的情况下控制阳极孔洞的孔径，不断地增大有效比表面积，三维型结构的 MFC 阳极将是今后该领域内的重要发展方向。通过对以上几要点的控制，将会让 MFC 更好地投入实际污水处理应用中。

（2）阴极

阴极对 MFC 的影响因素主要表现在阴极电子受体和阴极催化剂两个方面。微生物燃料电池阴极最常选用的电子受体是氧气，其优点是不需要另外制备，直接选用空气中的氧气即可，但缺点是空气中的氧气含量不高，并且浓度很低，导致 MFC 内氧化反应速率不高，影响产能效率，需要额外添加阴极催化剂提高反应速率。因此高电极电势的物质研究开始出现，如选用 Fe^{3+} 作阴极电子受体。在实验中选用五价钒在阴极上通过还原反应吸收电子，在 pH 为碱性的条件下吸收了电子的五价钒会变为沉淀从而过滤提取出来，并且提取物在常温常压下与氧气产生反应生成五价钒，实现物质的循环利用。另外，双阴极 MFC 也在发展中被开发出来，将阴极分无氧与有氧两个部分，利用无氧的阴极部分进行反硝化，而有氧的阴极部分则氧化铵盐，在降解有机污染物的同时实现氨氮的去除。还研究了阴极还原反应对 Cr^{6+} 的降解效果，结果显示在去除 Cr^{6+} 的同时，还获得了 6.4W/m³ 的最大功率密度，为开发高价污染物生物阴极提供理论依据。

目前 MFC 存在一个研究方向，就是开发出一种成本低、性能高的阴极催化剂。目前在国内外催化效果最好、最稳定的催化剂是金属铂，电催化能力强，能在常温中催化氢与氧的反应，但由于资源匮乏，其价格不菲，限制了关于它的研究发展。目前，研究较多的非生物阴极催化剂主要是各种金属（主要是 Fe、Mn）及其化合物。表 18-1 显示了当前已用作 MFC 阴极催化剂的几种材料，以及其在实验中的性能。生物阴极是目前该领域的热点，即利用微生物富集在阴极电极表面不断生长繁殖而生成的生物膜，增加电极与微生物之间的传递性，提高电子在两者间的传递速度。生物阴极在 MFC 中运行效果的好坏受几个主要因素影响：①阴极的材料与改性是否有利于微生物稳定地繁殖生长；②阴极上移植菌种的类型和其传递电子的能力。生物阴极具有良好的稳定性，能在较长的时间内连续使用，并且在取代传统的阴极催化剂时，降低了运行成本，有望实现 MFC 的实际应用。

表 18-1　微生物燃料电池的不同催化剂及其在实验中的性能

结构类型	催化材料	负载量(CL)/(10^3g/cm²)	功率密度/(mW/m²)
单室	Co-OMS-2	0.5	180
	Ppy/C	1	401.8
	Co/Fe/N/CNTs	1	751
	Mn-Co	0.5	284
	FeAc、ClFeTMPP、FePC	2	550～590
	MnO₂/CNTs	10.1	210
	FeTsPc-石墨烯	0.2	817

（3）分隔材料

分隔材料指具有传输质子，同时抑制 OH^- 渗透作用的分子膜。质子交换膜（PEM）作为分隔材料在微生物燃料电池中最为常见。其被看重的特性是能够满足高效的质子转移以及阻断阳极有机底物与阴极电子受体（O_2）之间的互相接触。当前，双室 MFC 选用最多的分隔材料有杜邦的 NafionTM、磺化聚醚醚酮（SPEEK）膜以及 Ultrex 质子交换膜，NafionTM 由全氟磺酸制备而成，具有优良的质子传递能力，同时阻止氧的扩散，但容易被生物污染所腐蚀，而且研究成本太高。除此之外，还有研究发现离子交换膜同样能作为 MFC 的分隔材料使用，其中阴离子交换膜（AEM）所具备的性能优于阳离子交换膜（CEM），且在选用薄型阴离子交换膜时，MFC 能具有很好的输出功率以及库仑效率。

18.3.4　MFC 产电性能的影响因素

影响微生物燃料电池运行的因素包括热力学、电动势、标准电极电位以及开路电压。其产电能力一般是被生物降解过程及电化学过程所影响的。

(1) 底物转化率的影响

底物转化率不高的原因一般表现在，当有机底物从溶液中转移到阳极表面时，如果溶液浓度不平衡，导致底物转移能力降低，最终造成底物无法转移。底物转化率不足会影响微生物燃料电池的产电情况，决定转化率快慢的因素主要包括反应器内菌种的细胞总量、有机底物的浓度、底物在溶液中的转移能力、产电菌种种群的活性、反应器的生物负荷上限、质子交换膜的交换能力和 MFC 在运行时所产生的电压等。

(2) 电极超电势的影响

影响超电势产生的主要因素为：已具有的电势，产生电流的机理，其动力学规律，表面的构造，所具备的电化学能力等。通常采用在反应器运行时向阴极投加铁氰化物的方式。原因在于铁氰化物外面被有机物覆盖，在 MFC 运行时游离的氧气不能直接接触到铁，所以它不会被氧化，仅仅作为电子受体在 MFC 内工作。除此之外，为保证 MFC 的产电性能，可将其阴极安置在具有足够氧气的环境下。

(3) 质子交换膜性能的影响

NafionTM 由全氟磺酸制备而成，具有优良的质子传递能力，同时阻止氧的扩散，但容易被生物污染所腐蚀。而采用 Ultrex 阳离子交换膜的 MFC 的性能和有机物降解效果最优。

(4) 内阻与外阻的影响

MFC 的内阻主要由两种阻力组成，即交换膜上进行质子交换受到的传质阻力及阴阳两极间底物在溶液中移动受到的阻力。一般通过缩小阴阳两极间距、提高电解质浓度来减小 MFC 内阻。在无质子交换膜的反应器中，其内阻被极大地降低，获得的最大功率密度为正常反应器的五倍。向阳极溶液中额外增添 NaCl 也能对 MFC 的内阻造成影响，反应器的输出电流密度会随着 NaCl 的不断添加呈现出先增大后减小的变化趋势。另外，MFC 的产电能力强弱，还被外路负载所影响。外电阻阻值决定了整个电池的电流大小，电流太大会使电池受到内阻的影响，电流太小则是因为外路负载阻碍了电子的转移。

18.4
MFC处理有机废水的现状、发展前景

18.4.1　现状

微生物燃料电池是一项不断发展的新型生物能源研究，被认为是一种可持续能源技术。它能满足经济发展和社会稳定的能源需求，尤其是处理有机废水，能将废水中的有机物降解转化为电能从而减少水中的污染物。因此，可以很好地弥补废水处理成本。在微生物燃料电池研究的不断发展中，可被 MFC 用来降解发电的有机物不断增多，使得 MFC 的实际应用越发广泛。表 18-2 显示了目前 MFC 处理各类废水的现状。

表 18-2　微生物燃料电池处理各类废水的现状

废水类型	结构	COD 浓度/(mg/L)	污泥类型	最大功率/(W/m²)
食物加工废水	双室	1672	厌氧污泥	0.12
淀粉加工废水	单室	4852	淀粉加工废水	0.239
巧克力加工废水	双室	1459	活性污泥	1.5
啤酒厂加工废水	单室	1501	高浓度酿造废水	0.669
		627	厌氧污泥	0.264
土豆厂加工废水	单室	16000	活性污泥	1.8
城市污水	双室	600	厌氧污泥	0.13
食品加工废水	双室	1000	厌氧污泥	0.34

（1）易降解有机物

MFC 的研究一般以葡萄糖或者乙酸盐作为产电菌的营养物，模拟现实废水中的有机物。原因在于葡萄糖为各种生物均可吸收的基础有机物，微生物完全能充分地吸收分解，保证了高效的生存与繁殖。在此基础上研究产电微生物降解吸收有机物时的产电能力和有机物降解效果。

（2）难降解有机物

在产电菌能良好处理易降解有机物的基础上，逐渐出现了难降解有机物被微生物吸收产电的不断研究。一般污水所包含的难降解有机物质多属于苯类有机物。原因在于苯类有机物中苯环的化学稳定性强，微生物难以将其氧化吸收，并且大部分苯类有机物对 MFC 中细菌的生长环境、交换膜的性能都会造成不良影响。因此，有效降解此类有机物同时获得较高的输出功率是当前 MFC 研究中的重要瓶颈。

（3）实际废水

在实验室内完成微生物燃料电池对实际废水的降解处理，研究并提高运行时所产生的输出功率，是 MFC 处理技术投入实际应用的前提。许多实验研究表明，在相同条件下同时降解实际生活污水与难降解有机物模拟废水，生活污水里面溶解的污染物更利于阳极上的细菌氧化吸收，产生的功率输出也普遍高于模拟废水，证明了 MFC 处理技术投入实践应用的可行性。值得一提的是，MFC 对生活污水的处理产电效果虽然良好，但与以葡萄糖、乙酸钠等基础营养物作为供能来源的微生物燃料电池相比，产电性能及处理效果还是略有不及。并且与传统的化学燃料电池的产电性能相比，两者间存在着极大的差距，化学燃料电池的最大输出功率比 MFC 要高出几十倍。造成此结果的因素主要包括 MFC 内阻过大、微生物的负荷上限、两极电化学反应效率以及 MFC 组装结构等。

18.4.2　发展前景和研究方向

MFC 已被证实可以利用环境中的多种有机物及氧化剂产生电能。它是一种安全、环保、可持续发展的新能源，能替代许多小型电源的使用。微生物燃料电池的工作原理和已获得的研究成果，为作为电源供水下无人驾驶运输工具、水下探测器和海洋环境监视及监测设备的长期自主运行提供了可行性。

（1）微生物燃料电池在环境方面的应用发展

① 生物修复　由于微生物燃料电池是一类以厌氧微生物为催化剂，在密闭厌氧的环境下降解有机底物的装置，能够实现对有机污染物的去除，同时实现电能的转变。

② 生物传感器　根据 MFC 的运行机理，在不超过反应器营养负荷的情况下，MFC 的

功率输出与阳极室内有机底物的浓度成正比。Lorenzo 等在 MFC 装置的基础上，制备出 BOD_5 生物传感器，实现了 BOD_5 的快速测定。该装置对 BOD_5 浓度的感应原理与普通 MFC 装置一样，依靠功率输出的大小与浓度之间的线性关系，连续工作时间长达七个月，充分地说明了其具有可靠的稳定性。另外，还有报告显示，可利用 MFC 型传感器检测出发酵池内的 pH 和沼气浓度，从而监测厌氧硝化反应的进行情况。以及通过改装 MFC 的质子交换膜，安装电流收集器，根据电流的变化情况来监测溶液中有毒底物的降解情况。

(2) 微生物燃料电池的研究方向

① 不同底物的应用　传统微生物燃料电池常用的燃料都是易降解的有机物质，如葡萄糖、草酸钠、丁酸盐、啤酒废料等。而随着人们对 MFC 应用技术的不断研究，MFC 底物开始由简单小分子有机物慢慢转变为复杂大分子有机物，如工业有机污水、农业生物质残渣。这样不但提供了微生物燃料电池产电所需的底物，而且完成了废弃物多余能量的收集和利用。一般来说可被回收再利用的物质均可作为 MFC 的底物，为产电微生物提供营养。因此，MFC 处理有机废物的应用将能为世界能源的保护起到重要作用。

② 高产电量和高活性微生物的分离和育种　目前大部分用于直接型 MFC 中的菌种有限，而为满足 MFC 应用的广阔发展，目前能够用于发电的菌种有希瓦氏菌、地细菌、脱硫菌、大肠杆菌、梭状芽孢杆菌等。具备高生物活性的细菌应被驯化分离出来。希瓦氏菌新种 S12 菌是目前唯一一种较为理想的微生物，因为其具有转变呼吸方式的能力，从而增强了生物活性。要达到普遍应用的目的，急需发现能够使用广泛有机物作为电子供体的高活性微生物，今后的研究应继续致力于发现和选择这种高活性微生物。

③ 微生物燃料电池组装和结构的优化　大量研究发现，不同反应器的 MFC 具有不同的产电能力，通过优化反应器的结构可提高 MFC 的产电效果。目前试验选用最多的 MFC 反应器一般为双室，由阳极室、阴极室、质子交换膜三者构成。单室 MFC 则将质子交换膜缠绕于阴极棒上或者涂抹在阴极棒上，置于阳极室。单室空气阴极 MFC 的结构也得到了大量研究及发展，调整阴阳两极的物理化学性质、两极的间距和质子交换膜的质子交换速率也对 MFC 产电能力的提高有很大影响。

④ 阴阳极材料的选择与修饰　在 MFC 运行时，所需降解的底物往往决定了电极材料的选择，而电极的选择又决定了 MFC 反应器产电能力的好坏。Ghasemi 等在实验中分别选用碳纳米管作阳极材料，单质 Pt 作阴极材料，实验结果表明其输出功率非常高，是两种材料独自作为电极时输出功率的几倍，由于碳纳米管相对于单质铂有更多的吸附孔洞，增大了阳极的比表面积，使得微生物降解有机物更加迅速，而铂具有很强的催化活性，能满足电子由阳极向阴极的快速转移，从而提高了输出功率，并且降低在电极上的资金消耗。阴阳极材料的选择是 MFC 的研究重点，以增加比表面积、提高生物相容性以及改善导电能力为研究目标。

⑤ 质子交换膜的改进及代替品的选择　质子交换膜（PEM）是 MFC 反应器的一个重要组件，在 MFC 中的主要作用是隔离燃料和氧化剂，防止它们直接发生反应，即防止微生物从阳极转移到阴极，同时在转移 H^+ 时降低氧从阴极转移到阳极溶液中的量。但当前海内外使用的质子交换膜价格很昂贵，同时会增大内阻，难以用于实际处理中。Xinhua Tang 和 Jian 对微孔滤膜在 MFC 中的应用做了研究，并与质子交换膜在 MFC 中的应用结果进行了比较，结果证明微孔滤膜可以传递质子，且产能效果与质子交换膜差不多。当微孔滤膜用于处理大量含污染物废水时，由于阳极溶液中存在悬浮颗粒及微生物，微孔滤膜的微孔容纳量又较小，易造成局部堵塞及富营养化产生异味，还会降低甚至丧失阳极溶液与阴极电极之间类似于质子交换膜传递质子的能力，最终导致阳极系统内质子浓度增加，抑制阳极微生物的生存结构稳定性，致使 MFC 整体系统库仑效率降低。同时在完全丧失质子交换膜功能的条

件下，外界的氧会大量通过阴极进入阳极溶液中，造成阳极室内溶解氧浓度升高，破坏阳极室内所需的厌氧环境。因此需要通过不断调整微孔滤膜上离子交换膜的使用比例，以达到完全替代质子交换膜的目的。但无 PEM 时将导致溶解氧不断地转移至阳极室，破坏阳极所需的厌氧环境。

MFC 具有广泛的应用开发前景，但是燃料电池功率低束缚了 MFC 的进一步发展。因此，解决 MFC 发展的瓶颈因素，应依托生物电化学、生物传感器、纳米材料、基因工程等技术。应深入研究非贵金属催化剂、阴阳极材料的优化、质子交换膜的改善、微生物的筛选和培育、生物膜固化技术、MFC 机构等。

MFC 作为一种可再生的清洁能源技术正在迅速兴起，并已逐步显现出它独有的社会价值和市场潜力。随着研究的不断深入以及生物电化学的不断进步，MFC 必将得到不断的推广和应用。与微生物燃料电池相比，燃料电池目前在使用中仍存在着成本偏高、利用率不太高的缺点，所以微生物电池有着广阔的应用前景。与现有的其他利用有机物产能的技术相比，微生物燃料电池具有操作上和功能上的优势：第一，它将底物直接转化为电能，保证了具有高的能量转化效率；第二，不同于现有的所有生物能处理，微生物燃料电池在常温环境条件下能够有效运作；第三，微生物燃料电池不需要进行废气处理，因为它所产生的废气的主要组分是二氧化碳，一般条件下不具有可再利用的能量；第四，微生物燃料电池不需要输入较大能量，因为若是单室微生物燃料电池仅需通风就可以被动地补充阴极气体；第五，在缺乏电力基础设施的局部地区，微生物燃料电池具有广泛的应用潜力，同时也扩大了用来满足我们对能源需求的燃料的多样性。研究微生物电池是一件造福人类的伟大举措，我们应该投入更多的人力和物力，相信 MFC 在不久的将来必定能得到更快更好的发展。

18.5
实例：MFC在处理生活污水中的应用研究

18.5.1　主要试剂和仪器

试验所用到的试剂见表 18-3。

表 18-3　试验所用到的试剂

药品名称	化学式	纯度	生产厂家
Nafion 溶液 （全氟磺酸型聚合物溶液）	$C_9HF_{17}O_5S$	5%	颐邦科技有限公司
石墨粉末	C	分析纯	哈尔滨市新科医药试剂有限公司
异丙醇	$(CH_3)_2CHOH$	分析纯	上海青析化工科技有限公司
PTFE（聚四氟乙烯）	$(C_2F_4)_n$	60%	
铂	Pt		江苏无锡泰发试剂有限公司
重铬酸钾	$K_2Cr_2O_7$	分析纯	上海久亿化学试剂公司
硫酸汞	$HgSO_4$	分析纯	上海试剂化工有限公司
1,10-菲啰啉	$C_{18}H_8N_2 \cdot H_2O$	分析纯	西陇化工股份有限公司
硫酸亚铁	$FeSO_4$	分析纯	
浓硫酸	H_2SO_4	分析纯	哈尔滨市新科医药试剂有限公司
硫酸亚铁铵	$(NH_4)_2Fe(SO_4)_2 \cdot 6H_2O$	分析纯	北京益利精细化学品有限公司
草酸钠	$Na_2C_2O_4$	分析纯	上海久亿化学试剂有限公司
蒸馏水	H_2O	分析纯	实验室制备
去离子水	H_2O	分析纯	实验室制备

试验所用到的仪器设备见表 18-4。

表 18-4　试验所用到的仪器设备

序号	名称	生产厂家
1	HH-6 型化学耗氧量测定仪	江苏电分析仪器厂
2	TF-1A 型生化培养箱	江苏姜堰区仪器分析厂
3	智能无线数据采集系统	景德镇陶瓷大学
4	数据采集电脑	联想公司
5	数字电导率仪	杭州东星仪器设备厂
6	分析天平	厦门市联贸电子仪器厂
7	生化培养瓶	杭州市爱华玻璃厂
8	990 型 pH/电导计	长沙市建平电子仪器厂
9	烘箱	上海三发科学仪器有限公司

除了上述的仪器外，本试验还用到了画笔刷、烧杯（若干）、容量瓶（若干）、移液器（1～5mL）、酸式滴定管（1 根）、锥形瓶（若干）、量筒（10mL、25mL）等。

18.5.2　MFC 的组装及启动

18.5.2.1　试验工艺流程

试验工艺流程见图 18-3。

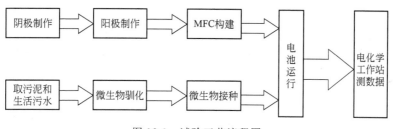

图 18-3　试验工艺流程图

18.5.2.2　电极的选择与制作

（1）阳极

MFC 的阳极是微生物直接黏附并产生电子的位置。阳极材料影响着底物的氧化、电子的产生和转移过程。阳极一般使用高电导率、无腐蚀性、高比表面积、高孔隙率并且可放大的材料。本节采用柔软且有韧性的炭布作为阳极。

（2）阴极

阴极制作过程如下。

第一步涂布碳基层。将炭布裁剪为 8.3cm×9.8cm 的长方形（可制作四个阴极）。称量一定量的炭黑粉末与 40% PTFE 溶液在小烧杯中搅拌均匀。将混合后的炭黑溶浆均匀地涂布在炭布上，自然风干两小时后将炭布置于箱式电阻炉中于 370℃热处理，完成后冷却至室温。其中炭黑粉末与 40%PTFE 混合溶液的作用是填满炭布的缝隙，增大炭布的导电性能。

第二步涂布扩散层。将 60% PTFE 溶液均匀地涂布在已涂了碳基层的炭布的一侧上，自然风干，直至 PTFE 层完全变成白色。将炭布放到箱式电阻炉中于 370℃下烘烤，使 PTFE 层固化，加热完成后取出，冷却至室温。重复以上步骤 3 次，使 PTFE 层涂布 4 层。

其中 60%PTFE 的作用是保证阴极的防水性。

第三步涂布催化层。铂用量为 $0.5mg/cm^2$。将铂粉和石墨粉末按质量比 1∶10 混合，用电子天平称量已混合好的 10%Pt/C，放入小烧杯中，加入 5%的 nafion 溶液和高纯异丙醇。用画笔刷均匀地涂布催化层于 PTFE 层的另一侧，涂布完成后自然风干 24h。其中 nafion 使得催化层具有质子交换作用，而高纯异丙醇为导电性黏合剂，使催化剂和 nafion 能均匀分布在电极上。

Fe_3O_4 阴极和 MnO_2 阴极的制作与上述步骤一样。

(3) 单室反应池的组装

① 将制作好的阴极装在电池上，沿着橡皮圈在阴极和橡皮圈之间涂一圈胶水，并用夹子夹紧，以防漏水。

② 待胶水干了以后在电池里面加水，放置 12h 看是否漏水。若不漏水就可以用于正式运行了；若漏水则拆下阴极重新再装，直到不漏水为止。组装好的 MFC 见图 18-4。

③ 微生物燃料电池各外接一个 500Ω 的电阻。电压测量仪（自制）与电阻连接和电脑相连，实时连续测定、记录和保存。

图 18-4 组装好的微生物燃料电池

18.5.2.3 微生物的培养

将取来的污泥放入培养容器内，倒入生活污水，加入 8g/L 的草酸钠作为营养液，并密封使其处于厌氧环境。放在生化培养箱内培养两周，调节温度为 (31±1)℃。

由于焦化废水 COD 浓度太高，废水中可能含有其他高浓度物质，对微生物的生长不利，故将焦化废水稀释 20 倍再进行实验。

18.5.2.4 MFC 的运行

采用的是单室无膜空气阴极 MFC，产电微生物在阳极表面聚集，形成生物膜。微生物氧化分解有机物产生的电子可通过细胞膜外的 C 型细胞色素直接传递到阳极表面，因为产电微生物直接与阳极接触，所以产生的电子不需要借助介体而直接传递到阳极上。

将稀释的焦化废水倒入 100mL 组装好的单室无膜空气阴极微生物燃料电池中，加入 10mg 培养污泥使反应器内微生物充足。最后加入 20mL 8g/L 的草酸钠作为营养液，盖好盖子使其处于厌氧环境，放在生化培养箱中培养，温度为 (31±1)℃。微生物燃料电池各外接一个 500Ω 的电阻。电压测量仪与电阻连接，并与电脑相连。

18.5.2.5 MFC 的性能测定

① COD 去除率

$$COD 去除率 = \frac{COD 初始浓度 - 处理后 COD 浓度}{COD 初始浓度} \times 100\%$$

② 路端电压 即有外接电阻时电阻两端的电压。MFC 的输出电压由数据采集系统自动记录并存储。

③ 电流密度 指单位电极面积上通过的电流，记作：

$$\rho(I) = I/A \tag{18-3}$$

式中 $\rho(I)$——电流密度，A/m^2；

I——外电路电流，A；

A——阴极的有效面积，m^2。

④ 功率密度　指单位电极面积上的电池输出功率，是表征微生物燃料电池产电能力的重要参数。计算方法为：

$$\rho(P)=\rho(I)\times U \tag{18-4}$$

式中　$\rho(I)$——电流密度，A/m^2；

U——外电阻路端电压，V。

⑤ pH 值　pH 是影响微生物生存的重要因素之一，也是评价废水的指标，本实验的 pH 值用 pH 计测得。

18.5.3　结果分析与讨论

18.5.3.1　输出电压

在外接电阻 500Ω 时，$MnO_2/Pt/C$、MnO_2/C 和 Pt/C 阴极催化剂微生物燃料电池的电压变化趋势如图 18-5。

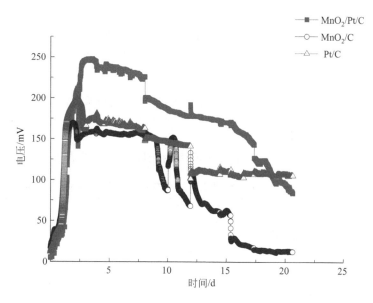

图 18-5　不同阴极 MFC 的电压随时间的变化趋势

当阳极接种污泥以后，系统电压先经历了一个滞后期，随后快速上升。由图 18-5 可以看出，三个电极在电压均匀上升期间，上升速率相近，表明在相同废水中阳极上的微生物繁殖速度相接近。该过程实际上是微生物在电极表面形成生物膜的过程。比较三个不同催化剂的阴极 MFC 可知：以 $MnO_2/Pt/C$ 为催化剂的 MFC 产电量最大，在 500Ω 外接电阻的情况下，电压最大值达到 247.6412mV，此时 MFC 的开路电压为 624.4629mV；其次是以 Pt/C 为催化剂的 MFC，电压的最大值为 198.7762mV，此时的开路电压为 564.5479mV；以 MnO_2/C 为催化剂的 MFC 产电量最小，最大电压为 169.6824mV，此时 MFC 的开路电压为 450.4656mV。

18.5.3.2　极化曲线和功率密度

MFC 的功率密度和极化曲线见图 18-6。$MnO_2/Pt/C$ 阴极在微生物燃料电池中的开路电势为 0.624V，在路端电压为 239mV 时达到最大输出功率 $360mW/m^2$。而 MnO_2/C 和 Pt/C 微生物燃料电池的最高输出功率分别为 $149mW/m^2$ 和 $176mW/m^2$，使用 $MnO_2/Pt/C$

作为阴极催化剂所得的功率密度比使用 Pt/C 作为阴极催化剂的增加了 104%。因此微生物燃料电池 $MnO_2/Pt/C$ 阴极表现出的动力输出比市售的 Pt/C 阴极更高。该 $MnO_2/Pt/C$ 作为阴极催化剂容易增加电化学活性，使得电子可以更快速地在阴极上发生反应。并且在 MFC 的稳定性检查中显示，在负载 500Ω 电阻的情况下，该输出功率在 10 天内无明显变化。

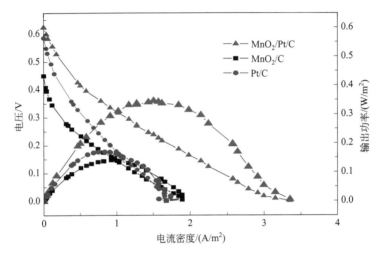

图 18-6　$MnO_2/Pt/C$、MnO_2/C 和 Pt/C 处理废水的功率密度和极化曲线

18.5.3.3　COD 去除率与 pH 值变化

不同阴极 MFC 处理生活污水的 COD 去除率和 pH 值变化见表 18-5。

表 18-5　不同阴极 MFC 处理生活污水的 COD 去除率和 pH 值变化

序号	阴极	初始 COD 浓度 /(mg/L)	处理后 COD 浓度 /(mg/L)	COD 去除率/%	进水 pH 值	出水 pH 值
1	$MnO_2/Pt/C$	438	96	78	6.15	9.75
2	Pt/C	438	144	67	6.15	9.43
3	MnO_2/C	438	205	53	6.15	8.75

由表 18-5 可明显看出，其中 $MnO_2/Pt/C$ 阴极 MFC 的产电能力最强，COD 去除率达到了 78%，微生物能更好地利用废水中的营养物。其次是 Pt/C 阴极 MFC，再次是 MnO_2/C 阴极 MFC。根据处理结果看来，三种电极均对生活污水有一定的处理作用，且在处理过程中可产电能，与 COD 降解率相对应的是 MFC 的产电功率，MFC 的产电功率越高，废水 COD 降解率越高，废水处理效果越好。

pH 是微生物生存的重要因素之一，也是评价废水的指标。用 pH 计测得初始废水的 pH 值为 6.15，经 MFC 处理后，分别测得 MnO_2/C 阴极、Pt/C 阴极和 $MnO_2/Pt/C$ 阴极 MFC 出水的 pH 值为 8.75、9.43、9.75。这是由于质子到阴极的传递限制了物质传递，从而影响了能量的产生，导致阴极 pH 值升高。Zhen 等对 pH 对空气阴极 MFC 性能的影响的研究表明，pH 值在 8～9 时产电量比较高。本实验 pH 值变化情况与上述结论相符。

18.5.4　结论

① 混合制成的 $MnO_2/Pt/C$ 阴极 MFC 比 Pt/C 具有更高的电流密度以及更好的输出动力。

② 将 MnO_2 引入 Pt/C 可以促进阴极上的氧用更少的活化过电压来进行还原反应，从而提高了 MFC 的处理性能。在使用 MnO_2/Pt/C 催化剂的 MFC 中产生的最大功率为 $360mW/m^2$，比使用 Pt/C 作为阴极催化剂的 MFC 增加了 104％的输出功率。

③ 三种不同阴极的 MFC 经过处理后的生活废水的 pH 值都升高，由原来的 6.15 变成 8.75、9.43、9.75。处理后的 pH 值相近，说明反应过程中进行了相似的电化学反应。且处理后 COD 降解率与 MFC 的产电功率相对应，产电能力越高则废水 COD 降解率越高，废水处理效果越好。

18.6
微生物电解池

18.6.1　概述

水的污染问题是近年来最突出的环境问题。生活污水、工业废水等的大量排放给环境带来了巨大的压力。目前，对废水的处理主要有物理化学法和生物法两大类。采用生物法处理废水，主要是通过微生物自身的生命活动降解污染物。将有害物质分解为稳定无害的小分子物质，如 CO 和 H_2O。与物理化学法相比，废水生物处理技术具有处理费用较低、适用性广泛、作用条件温和以及处理效果良好等优势，成为应用最为广泛的废水处理技术。然而，传统的生物处理法也存在着很大的局限性。例如厌氧生物处理的反应速率较慢，厌氧微生物对毒性物质较为敏感，出水水质较差，好氧处理技术需要消耗大量能量来曝气，同时还会产生大量难以处理的剩余污泥。此外，传统生物法难以处理难降解和具有高生物毒性的物质。因此，为了克服传统生物处理法的局限性，基于传统生物处理技术的优化和改进一直是环境工程领域重要的研究方向。

微生物电解池（microbial electrolysis cell，MEC）作为一种前沿技术，是在 2005 年由两个独立的研究团队（宾夕法尼亚州立大学和瓦格宁根大学）发现，基于 MFC 发展而来。MEC 的早期研究主要集中于制氢，经过近几年的研究发展，在废水处理、脱盐、生产化工产品及与其他工艺耦合等方面表现出了巨大潜力，集产能和治污于一体，为解决当下的能源问题和水资源保护提供了一种新的解决方法。

与 MFC 相比，MEC 由于外加电源的存在，能够更精确和有效地控制反应器的电化学参数和微生物生存环境，从而在反应器热力学和动力学性能上都展现出更为突出的优点。在 MEC 中，阳极的电化学活性微生物氧化基质并释放电子到阳极。电子经外加电压的电路到达阴极，在阴极室和电子受体结合，发生还原反应。目前的研究表明，MEC 作为一项前沿的废水生物处理技术，无论是对常见的有机污染物及无机污染物，还是对难降解物质，都能达到理想的处理效果，同时可大量减少能源的消耗。随着人们对反应机理的深入研究以及反应器规模和工艺的改进，MEC 在废水处理领域必将展现广阔的发展前景。

18.6.2　MEC 的原理

微生物电解池的基本原理可用图 18-7 表示。在阳极室，微生物作为催化剂发生生物催化反应，微生物氧化阳极室内基质中的某些组分（如乙酸盐、葡萄糖、氢气等），生成二氧化碳、质子、电子。产生的电子通过纳米导线、胞内传递等方式传递到阳极表面，随后通过外电路传导到阴极表面，质子则通过扩散方式到达阴极室。在阴极室，发生化学催化或生物催化反应，与扩散到阴极表面的质子和电子结合生成氢气、甲烷等产物。

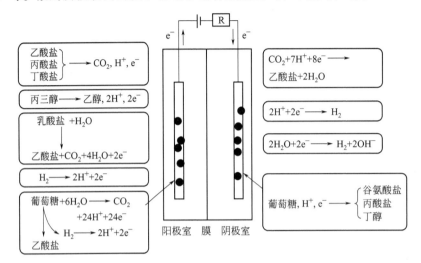

图 18-7   微生物电解池基本原理图

18.6.3   MEC 的影响因素

影响 MEC 性能的因素有很多，包括外加电压、pH、电解池的内阻、负载电阻、电极材料、阳极上产电微生物的活性及密度、电解池结构等。

(1) 外加电压

外加电压作为制约 MEC 整体性能的一个重要因素，一般由供电设备或稳压器提供，其主要有两方面作用：一方面可以降低阴极的负电位，驱动微生物电解池且提供适当的电压，对提高电解池的整体性能有很大帮助；另一方面，研究发现电流可以影响微生物的新陈代谢，可以对微生物进行驯化，进而获得其在微生物降解、燃料和生产化学产品方面的应用。Zhan 等研究发现外加电压从 0.2V 增加到 0.4V 时，脱氮效率和库仑效率分别从 70.3% 上升到 92.6%，从 82% 上升到 94.4%。结果表明，可以通过控制外加电压的方式，来强化氨盐基氧化去除过程中的电子提取并提高脱氮效率和库仑效率。Ding 等研究在厌氧环境下外加电压对 MEC 的性能和微生物活性的影响。在 1V 和 2V 的电压条件下，测定了乳酸脱氢酶（细胞破碎指标）和 ATP（新陈代谢指标）两个指标。

研究表明，外加电压的高低对微生物的新陈代谢和生长均有影响，较高电压将不利于微生物的生长和代谢，具体表现为细胞破裂率高、生长率低和微生物新陈代谢活性降低。Guo 等研究发现可通过外加电压的方式来加快可溶性化学需氧量和挥发性脂肪酸的转化，并为甲烷菌的生长维持合适的 pH。

(2) 微生物

微生物作为 MEC 系统中的生物催化剂，将有机物中的化学能转化为氢能，在 MEC 系统中扮演着重要的角色。但目前对其群落的研究还相对较少，主要集中在通过用化学物质对电极的修饰或与其他工艺结合来强化生物催化作用，产生的电流密度与微生物的群落结构、种群组成的相关性等方面。Zhang 等通过投加一定量的氢氧化三铁将 MEC 和厌氧反应器结合来处理高浓度工业废水。添加的氢氧化三铁强化了厌氧消化和阳极氧化。进行实时聚合酶链反应和酶活性分析表明，两者结合后厌氧反应器中细菌的丰富度和偶氮还原酶的活性都有提高；焦磷酸测序表明结合后阳极膜上优势菌和古生菌的丰富度较一般的厌氧反应器高。该研究表明化学物质（如氢氧化三铁、纳米铁等）对电极的修饰或与其他工艺的结合可能是提高生物催化活性的可能途径。Croese 等研究发现 5 种不同阳极石墨毡的细菌种群是不同的。

阳极电解液和阳极生物膜中的微生物有本质上的不同。在阳极电解液中、阳极上及不同 MEC 阳极上，古生菌种群是相似的。古生菌主要生长在电解液中，而细菌主要生长在纤维表面，表明细菌是参与 MEC 电化学反应的主要微生物且群落组成与电流密度有很大关联，可以选择抑制古生菌（如甲烷菌）来提高 MEC 的性能。

（3）电极

电极材料是影响微生物电解池效能的一个重要因素，其主要体现在对生物膜的附着、电极特性表面面积、析氢电位、导电性等的影响。

① 阳极　阳极作为生物膜的形成场所，对微生物的附着、生长及产生的电流密度、电流输出等有重要影响。Cheng 等对阳极炭布进行氨化处理，发现可以增加电极表面的电荷，提高 MEC 的性能。Xu 等使用经纳米铁粒子修饰的石墨为阳极，结果表明经修饰的阳极所产生的平均电流密度是普通石墨阳极的 5.89 倍。Fan 等研究了以经纳米金、钯颗粒修饰的石墨为阳极的 MEC，发现经纳米金颗粒修饰的阳极产生的电流密度是普通石墨电极的 20 倍，而经纳米钯粒子修饰的阳极产生的电流密度是普通石墨电极的 0.5～1.5 倍；粒子大小与电流密度呈正相关，而粒子的圆度与电流密度呈负相关。

以上研究表明使用化学物质对阳极进行修饰或改善化学物质的物理特性是提高阳极性能的可能途径。

② 阴极　在 MEC 系统中，阴极表面发生析氢反应，充当着主要的电子受体。炭布上的析氢反应较慢，因此需要一个较高的过电位来驱动反应，为降低过电位需要在炭布上添加催化剂。目前阴极上负载的催化剂主要有铂、镍、钯等，生物阴极上附着的微生物及催化剂的种类、催化剂所处的条件等对析氢反应的过电位均有影响。Jeremi Asse 等研究了催化剂铂的析氢反应过电位与不同缓冲溶液的关系，发现缓冲溶液对过电位的影响主要表现在对 pH 的依赖上。故选择合适的 pH 对催化剂性能的发挥有重要作用。Jeremi Asse 等研究了以泡沫镍为阴极催化剂的 MEC 制氢，结果表明：泡沫镍具有较大的特性表面积，以泡沫镍为阴极催化剂的析氢过电位低于以铂为催化剂的阴极。Jeremi Asse 等在 MEC 的阴阳电极上均用微生物作为催化剂。在电化学半反应中，阴极电势为 0.7V 时，生物阴极的电流密度比没有生物膜的阴极要高，这表明生物阴极催化产生氢气，这些生物膜很可能是具有电化学活性的微生物。生物阴极因其不需外加化学催化剂，价格便宜，不易发生催化剂中毒等现象，逐渐成为研究的热点。

（4）膜

多室结构（2 室或 2 室以上）的 MEC 中，膜有着重要作用，如交换离子、隔离各室、减少微生物和燃料的交叉、提高产物纯度、避免短路等。MEC 系统中使用的膜主要有阴离子交换膜（anion exchange membrane，AEM）、阳离子交换膜（cation exchange membrane，CEM）、质子交换膜（proton exchange membrane，PEM）、双极膜（bipolar membrane，BPM）、荷电镶嵌膜（charged mosaic membrane，CMM）、超滤膜（ultrafiltration membrane，UFM）等，随着对不同膜的灵活应用，MEC 演变出 MEDC、MEDCC、MREC 等新系统。在产物方面，膜也起着重要作用，如 Zhang 等通过对不同膜的合理排列组合，成功地在 MEDCC 系统中合成了酸、碱和氢气等产物，且与 Chen 等和 Liu 等的研究相比，得到了清洁能源氢气。对膜的合理使用，可丰富 MEC 的结构，提高 MEC 性能，扩大 MEC 的应用领域等。

18.6.4　MEC 的应用

18.6.4.1　水处理——脱盐

基于 MEC 系统发展而来的脱盐方法大都具有高效低耗，兼具生产化学品的特点，因此受到广泛的关注。就形式来讲，主要有 MEDC、MEDCC；就脱盐的种类来讲，可处理氨基盐、氯化钠、二乙酰氨基三碘苯甲酸盐等。

MEDC 作为一种新的脱盐方法，最早是基于微生物燃料电池发展而来的，称为 MDC。MDC 通过它的两极室之间的两种离子交换膜，及由此产生的中间膜来脱盐，并利用产电微生物降解有机物产电。但 MDC 的脱盐效率受限于微生物产生的电压。基于 MDC，增加微生物产生的电压，使用三室系统从阴极获得氢气的系统称为 MEDC。与 MDC 相比，该方法的优点在于阴阳极间的电压更易控制，可以回收能源和化工产品。Mehanna 等以不同浓度的氯化钠为研究对象，在进行一次批式实验后脱盐室的导电率减少 $68\% \pm 3\%$，电能效率达到 $231\% \pm 59\%$，最高的氢气产率可达 $(0.16 \pm 0.05)\mathrm{m/(m^3 \cdot d)}$。Yang 等在阴阳极室间设置质子直接交换通道来加强 MEDC 的性能，结果表明氢气的产率和脱盐率均被加强，最高脱盐效率可达 77.63%。增强 MEDC 性能的方法目前主要集中在阳极室 pH 的调节方面，如设置质子交换通道或更改 MEDC 的结构。如 Chen 等和 Liu 等在 MEDC 的基础上加一双极膜形成四室，称之为 MEDCC。此方法阳极室的 pH 值始终维持在 7 左右，解决了 MEDC 中阳极室 pH 值变化大的问题，这大大增强了微生物的活性。Chen 等研究的 MEDCC 在外加电压从 0.3V 到 1V 时，库仑效率从 62% 上升到 97%，这是 MEDC 的 1.5～2 倍。浓度为 10g/L、体积 10mL 的氯化钠溶液的 18h 脱盐效率达到 46%～86%，同时获得产品酸和碱。Liu 等研究的 MEDCC，苹果酸的最高产率可达 $(18.44 \pm 0.6)\mathrm{mmol/(L \cdot h)}$。研究表明，MEDCC 脱盐耗能低、内阻低且可产生副产品酸和碱，但酸碱产品中盐的浓度较高，因此研究离子传质过程的机理对降低产品中的盐浓度有重要意义。

18.6.4.2　废水处理

MEC 应用于废水处理，可以实现能源和资源的回收。MEC 可用的底物较多，包括一些纯物质（乙酸、葡萄糖等）和废水（生活废水和工业废水等）有机污染物。因此，将废水有机污染物作为 MEC 的"燃料"，一方面可以处理废水，另一方面可以回收能源，同步实现治污和产能目标。

MEC 可用于处理多种有机物和无机物，但此类研究大多局限于实验室研究阶段。近年来部分人在实际环境或模拟实际环境中研究不同类型废水的处理情况，以期为 MEC 工艺的实际运用提供参考。研究者测定了不同有机负荷率、外加电压下的连续流生活废水处理过程中的 COD 去除率、氢气产率，来研究 MEC 的性能。研究表明：低有机负荷率时，COD 的去除效率高，但所需的电能明显较高，氢气产率的峰值可达 0.3L/(L·d)（水力停留时间 3～6h），且最佳外加电压与生活废水本身有很大关系。Nam 等研究了 MEC 系统对纤维素发酵废水的处理。结果表明总 COD 的去除率为 $76\% \pm 6\%$，蛋白质去除率为 29%，使用高电压可更好地去除蛋白质，但较高的阳极电位导致当前阶段不稳定。有人研究了在 MEC 系统中使用廉价阴极材料处理含丰富甲醇的工业废水（IN）和食品加工废水（FP）的性能评估，结果表明：IN 的氢气产量和 COD 去除率均高于 FP，能量回收主要依赖于特定的废水，要完成废水治理，废水的组成比催化剂的选择更重要。

使用 MEC 系统处理生活废水，在环境温度（1～22℃）下连续运行 12 个月，所得平均氢气产量为 0.6L/d，但 COD 去除率不符合标准。研究表明：①MEC 可在低温环境下长期运行；②生物电化学系统的耐久性远远超过其他任何系统；③工业规模的 MEC 发展前景得到了强化。Cusi Ck 等以酿酒废水为目标污染物研究了 MEC 系统的废水处理性能。在中规模连续流、温度（31±1）℃、多室条件下，约 60 天产电生物膜强化后，在外加电压为 0.9V 时，COD 的去除率为 62%±20%，实验结束后（100 天）产生的最大电流可达 7.4A/m，氢气产率最高可达（0.19±0.04）L/(L·d)。该研究表明接种和强化过程是大规模系统成功的关键；在启动阶段，乙酸的调整、合适的温度、pH 的控制，对丰富产电菌生物膜和提高反应器性能非常重要。

总的来讲，选择合适的废水类型、外加电压、有机负荷率、温度、pH 值等对提高系统的 COD 去除率、库仑效率、产氢效率、甲烷效率等有主要作用，进而提高 MEC 处理实际废水的性能。

(1) MEC 对废水中无机污染物的去除

① 脱氮　H. Kashima 等采用构建的双室 MEC 处理硝酸盐废水。以石墨板作为电极，阳极富集微生物形成 G. metallireduce 生物膜。结果表明，在所有实验组的阳极电势范围 [−150~900mV, vs SHE（标准氢电极）] 内，阳极生物膜能够兼性还原硝酸盐；硝酸盐临界浓度为生物膜厚度的函数而不是电势的函数；当硝酸盐浓度大于盐酸盐的临界浓度时，会导致 MEC 性能下降。悬浮微生物增长，从而影响出水水质。V. K. Nguven 等构建了双室 MEC，其以石墨毡作为电极，阴极通入合成的硝酸盐废水。在使用生物阳极时，硝酸盐去除率达到了 79%。N. Pous 等使用双室 MEC 处理含低浓度硝酸盐的地下水，实验结果表明，在 −123mV 的阴极电势下硝酸盐去除率最大，为 2.59mg NO_3^--N/(L NCC·h)（NCC 即 net cathodic compartment，净阴极室体积），最终氮气转化率高达 93.9%，出水水质符合世界卫生组织的饮用水标准。

② 硫酸盐的去除　针对废水中的硫酸盐，传统的厌氧生物处理需要加入大量的有机质。用炭毡作为电极，采用双室 MEC 结构，在恒电势（−400mV, vs Ag/AgCl）条件下处理硫酸盐废水。实验中发现，硫酸盐还原菌能够直接从电极接受电子，而不经过电子载体或氢气的产生。采用构建的双室 MEC 处理硫酸盐废水，其以石墨颗粒作为电极，以乙酸作为阳极基质。研究发现硫酸盐还原的最小能量需要为 0.7V，并且在 1.4V 时达到最大的硫酸盐去除率，为 60%。采用构建的双室 MEC 处理含硫酸盐废水，以炭刷作为电极，在阴极富集自养型的硫酸盐还原菌。结果表明，当阴极电势达到 −0.9V 时，连续流的最大硫酸盐去除率为 49%。双室 MEC 以炭毡作为电极，阴极覆盖 Pt 0.5mg/cm^2，采用其处理含有硫化物的人工废水。结果表明，在 0.7V 的外加电压下，经 70h 的运行，阳极硫化物去除率达到 72%，同时阴极甲烷形成的法拉第效率为 57%。

③ 处理重金属　有关应用 MFC 处理废水中重金属的研究报道已有很多，但关于应用 MEC 处理废水中重金属的研究还相对较少。构建双室 MEC，以钛丝作为阴极，将其用于混合溶液中重金属的回收，结果表明，通过控制阴极电势，可实现对溶液中铜、铅、铬、锌 4 种金属的回收，首次证明了阴极可以用来回收混合溶液中的重金属。

以构建的双室 MEC 研究了以不锈钢网为材料的非生物阴极对废水中 Ni^{2+} 的去除效果。结果表明，以炭毡为材料的生物阳极由于电化学活性微生物的作用，导致阳极电势降低，同时外加电压的存在降低了阴极电势，形成了更佳的还原条件，使得 MEC 对 Ni^{2+} 的去除要优于 MFC。在外加 0.9V 的电压下，在 Ni^{2+} 的初始质量浓度从 50mg/L 到 1000mg/L 逐步增加的过程中，MEC 系统的 Ni^{2+} 去除率由最初的（99±0.6）% 下降到（33±4.2）%，而相同条件下电解池的 Ni^{2+} 去除率从（84±5.4）% 下降到（10±1.7）%。

采用双极膜隔开阴阳极，阳极为炭刷，阴极为涂铂的炭布，在外加 1.0V 的电压下处理酸性矿排水，结果表明，酸性矿排水中的 Fe^{2+}、Cu^{2+} 和 Ni^{2+} 依次在阳极还原，同时伴随

速率为 $0.4\sim1.1m^3/(m^3 \cdot d)$ 的氢气产生，能量回收率达到 100%，说明可以通过控制阴极水力停留时间去除和回收矿排水中的重金属。

（2）MEC 对废水中有机污染物的去除

① 易降解有机物的去除　在以乙酸等简单碳水化合物为基质的 MEC 系统中，这些简单的碳水化合物均能被较好地去除。构建的 MEC，以石墨颗粒作为电极，以乙酸钠作为基质，其乙酸去除率达 94%，同时在阴极甲烷的电子回收达到了 79%。

建立的单室 MEC，采用炭布作为电极，其阳极的乙酸钠去除率达 90%。以乙酸钠、葡萄糖和蛋白胨等简单的有机物作为阳极基质，在双室 MEC 的阳极室中，设置阳极电势为 $0.2mV$，在 COD 负荷为 $0.89g/(L \cdot d)$，水力停留时间为 $0.6d$ 的条件下，平均 COD 去除率为 $(75\pm16)\%$。

在研究 MEC 对废水中蛋白质的降解中，构建了双室 MEC。其以石墨纤维刷为阳极材料，在生物阳极通入纤维素发酵废水。结果表明，在 $0.9V$ 的外加电压下，总的 COD 去除率和蛋白质去除率分别为 $(76\pm6)\%$ 和 29%。当外加电压增加到 $1.0V$ 时，废水中的蛋白质可以被完全去除。

② 偶氮染料的脱色和还原　偶氮染料被广泛应用于纺织、皮革、化妆品、食品等行业中，其在印染废水中具有浓度高、化学稳定性高、对水生生物有毒性等特点，可对环境和公众健康带来危害。MEC 对各类偶氮染料的降解都能取得非常好的效果，见表 18-6。

表 18-6　MEC 降解偶氮染料

阴极材料	生物阳极	处理对象	进水质量浓度或负荷	HRT/h	电位/V 电池	电位/V 阴极	去除速率（或速度常数）	去除率/%	结构
炭刷	否	酰胺黑 10B	100mg/L	10	0.5		8.37g/(L·h)	83.7	单室
	是	刚果红	300mg/L	23	0.3	-0.775 ± 0.020	$(0.135\pm0.011)h^{-1}$	98.3 ± 1.3	单室环绕室
		酸性橙	100mg/L	7	0.5	-0.979 ± 0.023	$0.54h^{-1}$	96.2 ± 1.8	有膜环绕室
石墨粒	否	茜黄素 R	200g/(m³TV·d)	8	0.5	-0.8		94.8 ± 1.5	无膜升流室
			680g/(m³TV·d)	2.5	0.5		(650.0 ± 50.9) g/(m³TV·d)	93.8 ± 0.7	无膜升流室

注：表中 TV 指反应器总体积。

通过驯化阳极生物膜，使偶氮染料去除速率由单室有膜系统的 $3.04g/(L \cdot h)$ 增加到单室无膜系统的 $8.37(L \cdot h)$。建立了单室无膜 MEC，其使用炭刷作为电极，在外加 $0.3V$ 的电压下，对刚果红的脱色率达到 $(98.3\pm1.3)\%$，远高于双室系统的 $(67.2\pm3.5)\%$。同时，另一项研究显示，3 个阴极包围阳极的环绕结构具有较小的内阻，能够更快地形成稳定的生物膜，对偶氮染料的降解也有促进作用。

采用无膜升流式生物催化电解反应器，耦合好氧生物接触反应器处理以茜黄素 R 为主的偶氮染料废水。结果表明，在 $0.5V$ 的外加电压下，茜黄素 R 的降解率从断路的 $(18.9\pm3.0)\%\sim(50.0\pm6.1)\%$ 增加到 $(81.3\pm5.9)\%\sim(94.8\pm1.7)\%$，2 种主要产物对苯二胺（PPD）和 5-氨基水杨酸（5-ASA）的形成率约为 90% 和 60%。在 ABOR（耦合好氧生物接触反应器）的出水中，几乎没有检测到这两种产物，COD 减少了 $(63.0\pm6)\%$。在进一步优化 UBER（升流式生物催化电解反应器）阴极室体积和反应器水力停留时间的基础上，茜黄素 R 的还原率和 COD 去除率分别可达 $(93.8\pm0.7)\%$ 和 $(93.0\pm0.5)\%$。

③ 硝基苯类物质的去除　染料、增塑剂、农药等行业废水中的硝基苯类物质会引起严

重的环境问题。使用 MEC 系统处理硝基苯类物质比传统生物法和 MFC 系统有更低的能源消耗和更快的反应速率,如表 18-7 所示。

表 18-7 MEC 降解硝基苯类物质

阴极材料	生物阴极	处理对象	进水质量浓度或负荷	HRT/h	电位/V 电池	电位/V 阴极	去除速率(或速度常数)	去除率/%	结构
石墨粒	否	对硝基苯酚	3.6mmol/L	8.5		−0.700	(10.12±0.27) mol/(m³TCC·d)	≥70	双室
		硝基苯	1.5mmol/L	7.9		−0.495	(8.57±0.05) mol/(m³TCC·d)	98	双室
石墨	是	对氟硝基苯	0.4mmol/L	≥20	1.4		0.1811h⁻¹		单室
炭布	是	硝基苯	0.5mmol/L	≥20	0.5	−0.74		97.86	双室
石墨粒	否	硝基苯	3.51mol /(m³TV·d)	7.2	0.5	−0.890	3.50mol /(m³TV·d)	≥100	无膜升流室

注:TCC——total cathodic compartment,总阴极室体积。

对于采用 MEC 降解硝基苯类物质的研究,主要集中在降解速率、反应器结构以及运行条件优化等几个方面。使用双室的 MEC(阴、阳极均为石墨颗粒)研究了非生物阴极对硝基苯的去除情况。结果表明,在提供外电源的情况,硝基苯的去除速率可从 MFC 状态下的 $(1.29±0.04)mol/(m^3\ TCC·d)$ 增加到 $(8.57±0.05)mol/(m^3\ TCC·d)$,能量消耗为 $(17.06±0.16)W/(m^3\ TCC)$,与传统厌氧生物法相比,所需有机基质的量明显减少。

使用生物阴极还原硝基苯,阴极接种活性污泥,在 0.5V 的外加电压下,发现硝基苯去除速率要明显高于非生物阴极,同时 24h 的苯胺形成率高 10 倍,表明生物阴极能够很好地还原硝基苯,并且具有选择性地还原为苯胺的能力,不会产生毒性更强的亚硝基苯。

采用无膜升流式的反应器结构,上部为炭刷阳极,下部为阴极,填充石墨颗粒,在外加 0.5V 的电压下,最大的硝基苯去除速率和苯胺形成速率分别为 $3.5mol/(m^3\ TV·d)$、$3.06mol/(m^3\ TV·d)$,同时额外的能量需要仅有 0.075kW·h/mol NB(NB:niobenzene,硝基苯)。

④ 其他难降解有机物的去除 传统的污水处理工艺对造影剂类物质的去除效果有限。Y.Mu 等采用构建的双室 MEC 处理碘化的 X 射线造影剂。阴阳极均填充石墨颗粒,以石墨棒连接恒电位仪,阳极接种微生物,以乙酸为碳源,采用非生物阴极对碘普罗胺(iopromide,IPM)进行脱卤。结果表明,当阴极电势降低到 −800mV 或更低时,IPM 能够被完全脱卤,最大去除速率为 $(13.4±0.16)mmol/(m^3\ TCC·d)$。脱卤作用的主要机理是石墨颗粒电极和 IPM 之间的直接电子转移抗生素(CAP)为废水处理中的优先污染物。

采用构建的双室 MEC,在外加 0.5V 的电压下,以葡萄糖作为细胞内电子供体,将 CAP 还原为胺类产物,实验表明,生物阴极在 4h 内去除了 $(87.1±4.2)\%$ 的 CAP,24h 的 CAP 去除率达到了 $(96.0±0.91)\%$。而非生物阴极在 24h 后仅有 $(73.0±3.2)\%$ 的 CAP 去除率。并且通过硝基的还原结合脱卤作用加强了 CAP 的脱毒作用,导致 CAP 的抗菌活性被完全去除。

18.6.5 基于 MEC 的生物反应器和工艺开发

(1) 工业规模的 MEC 研究

基于 MEC 的实验室研究成果,许多研究者进行了 MEC 的放大研究,为 MEC 的工业化应用进行了必要的探索。G. Velvizhi 等构建了 6L 的单室 MEC 反应器，下部为厌氧生物阳极，上部为半露于空气的阴极，均采用石墨作为电极材料，用其处理高负荷化工废水（COD 负荷为 5.0kg/m³），COD 去除率可达 90％，同时硝酸盐、磷酸盐、硫酸盐、色度、浊度去除率分别达 48％、51％、68％、63％、90％。

在中式规模的实验中采用管状和平板的设计。通过确定和优化一些重要的参数例如水力停留时间、外加电压和阳极尺寸等，强化了 MEC 反应器的性能。

构建了 120L 的反应器，内含 6 个独立的 MEC，每个 MEC 都有 1 个 2.2L 的阳极室，阴极室由不锈钢的钢丝棉组成。采用该系统处理生活废水，尽管 COD 去除率的波动很大（平均为 34％），但其在长期（12 个月）低温下的运行中保持了相对较低的能量消耗和大约 70％的能量回收率，展现了发展大规模 MEC 的前景。

（2）新的反应器和工艺

值得关注的是 MEC 与传统生物反应器结合开发出的新型处理工艺在废水生物处理方面已经初露端倪。S. J. Lim 等构建的 3 室离子交换反应器，设置 A 室、B 室、C 室，A 室、B 室用阳离子交换膜隔开，B 室、C 室用阴离子交换膜隔开，分别在 A 室和 B 室部署阳极和阴极。使用该系统处理养殖废水中的有机物，同时进行脱氮。养殖废水中的 NH_4^+ 在 A 室由阳离子交换膜进入 B 室，通过生物阴极的硝化作用形成 NO_3^- 后通过阴离子膜进入 C 室，A 室出水进入 C 室，同时进行有机物的分解以及反硝化过程。结果表明，在 0V、1V、2V 的外加电压下，最终的总 COD 去除率分别为 59.7％、60.2％、67.0％，总氮去除率分别为 39.8％、49.5％、58.7％。Dan Cui 等将升流式生物催化电解反应器和好氧生物接触反应器组合，形成新的染料废水处理工艺。

将 MEC 模块和厌氧污泥反应器（ASR）进行组合。其对酸性橙的降解速率常数为 54h⁻¹，分别是单独 MEC 和 ASR 的 1.4 倍和 54 倍。MEC 的主要作用在于偶氮键的断裂，而 ASR 的主要作用是去除 COD，同时 ASR 的存在进一步降低了反应器的内阻，缩短了阴极生物膜的形成时间。上述研究集中在开发新型生物反应器及与传统生物反应器组合形成新工艺。结果表明，反应器的效能得到了极大的提升，运行成本得到大幅降低。

（3）MEC 与 MFC 结合

生物电化学系统包括 MEC 和 MFC，MFC 利用产电微生物氧化有机物产生电能，而 MEC 则需外加电压来驱动生产氢气、甲烷等产品。两者可结合，将 MFC 产生的电能以化学品的形式进行储存，进而实现资源的回收和水处理。近些年 MFC 和 MEC 集成的国内外研究有了长足进步。

MFC-MEC 系统的应用形式多样：①在处理废水的基础上产氢、产甲烷；②强化偶氮染料的脱色；③与芬顿反应结合控制过氧化氢的产生与剩余过氧化氢的去除，并去除难降解污染物；④还原 CO，生产化工产品等。Sun 等对 MFC-MEC 系统制氢进行了研究，主要研究了缓冲溶液和负载电阻对系统性能的影响。研究结果表明，氢气的产率与缓冲溶液的浓度呈正相关，与负载电阻呈负相关，MFC 和 MEC 的性能相互影响，该系统具有从废物中制氢的潜力，提供了一种有效的原位使用 MFC 产生电能的方法。Li 等进行了 MEC-MFC 系统强化偶氮染料脱色的研究。结果表明：在 MFC 的辅助下，MEC 中的偶氮染料去除率明显增加，与单室 MFC 相比偶氮染料脱色率提高了 36.52％～75.28％。在 MFC-MEC 系统中，MFC 和 MEC 阳极室内的乙酸浓度对脱色效率有积极影响，阴极室内的 pH 值在 7～10 之间变化，对系统性能的影响较小。理论上，MFC 更高的产电性能对于发展组合系统至关重要。Jiang 等研究了 MFC-MEC 系统去除硫化物并还原 CO_2 生产甲烷的研究，结果表明硫化物在 3 个阳极室的去除率分别为 62.5％、60.4％、57.7％，甲烷的累积产率可达 0.345mL/（L·

h)，法拉第效率为 51%，该研究表明组合系统在处理废水和生产甲烷方面的潜力较大。

将芬顿反应应用于实际的废水处理中有两大关键性挑战，即可持续地供应过氧化氢和剩余过氧化氢的有效去除。Zhang 等研究了一种新的生物电化学芬顿反应系统——交替切换 MFC 和 MEC。MEC 模式下，生物电化学系统产生过氧化氢；MFC 模式下，剩余的过氧化氢可以作为电子接受者被去除。50mg/L 的亚甲基蓝在 MEC 模式下被完全脱色和矿化，切换至 MFC 模式后，剩余的 180mg/L 的过氧化氢以 4.61mg/(L·h) 的去除率被除去。亚甲基蓝和剩余过氧化氢的去除受外加电阻、阴极 pH、初始亚甲基蓝浓度的影响。在堆栈操作下该系统的性能得到增强。该研究为高效且成本效益好地控制过氧化氢和去除顽固污染物提供了一种新系统。Zhao 等进行了 MFC-MEC 系统还原 CO_2，在 MEC 中生产甲酸的研究。该反应以多壁碳纳米管为阴极，明显降低了 CO_2 还原过电势，成功地将 CO_2 还原为甲酸，其产率可达 (21.0 ± 0.2)mg/(L·h)，甲酸生产的法拉第效率主要依赖于阴极电势。催化电极和生物电化学系统的组合实现了在不外加电压的情况下还原 CO_2，提供了一种新的捕捉和转化 CO_2 的方法。MFC-MEC 系统的优点有很多，如不需要外加电压就能驱动 MEC、可以将 MFC 产生的电能以化学能的形式储存、可以在产能的基础上去除污染物并加强去污能力，但目前也具有许多挑战，如 MFC 产生的电压过低且不稳定，无法持续驱动 MEC。

18.6.6　微生物电合成产品

传统的 MEC 主要研究氢气的产生过程、机理，随着不同课题组的深入研究，将其定义扩展为微生物电合成（MES）。MES 利用来自阴极的电子或氢气还原二氧化碳和其他化合物进行有机物的合成，可将二氧化碳转化为易储藏和可分类的产品（如有机酸、醇类等），这在很大程度上扩大了 MEC 的效益。

(1) 甲烷

产甲烷现象在 MEC 制氢实验中是不愿看到的。然而，在 MEC 系统中直接生产甲烷与传统的厌氧消化过程对比有许多优势，如甲烷产量高、能耗低、甲烷菌耐受性强、可在低有机质含量的连续流废水条件下运行。Clauwaert 等用单室 MEC 进行产甲烷的研究。研究表明，MEC 产甲烷不需要进行 pH 调节，在连续运行、限制碳酸盐和轻微酸化的条件下，甲烷均是主要的产品，且甲烷可以在低有机负荷和室温条件下产生。Vaneerten-Jansen 等研究了在环境温度下 MEC 制甲烷的性能。连续运行 188 天，所得甲烷产率为 0.006m³/(m³·d)。该结果表明，MEC 制甲烷对增加每公顷土地能量收益的可能性贡献，具有实际应用的价值。

(2) 乙醇

研究了在 MEC 中制乙醇，该方法使用电极而不是氢气作为电子接受体。该双室 MEC 中，在电子中介物（甲基紫精）的辅助下，乙酸被还原为乙醇。MEC 提供了一种新的生产乙醇的方法，克服了传统生物方法的限制，但是该方法仍有许多挑战：①阴极还原乙酸的机制尚不知道；②阴极有氢气检出，可能也参与了乙酸的还原；③不可逆的电子受体，将会增加运行费用。

(3) 丁醇

丁醇作为食品、化工和制药行业中许多化学物质的前体，是一种重要的化学中间体。且其具有良好的物理化学特性，可与化石汽油混溶或直接代替化石汽油，是一种潜在的液体运输燃料。He 等通过在 MEC 系统中增加还原氢的量，来提高丁醇的产量。结果显示：在 MEC 中投加电子载体中性红时，ATP 水平、NADH/NAD^+ 的比率均有提高且丁醇的浓度也得到提高，增加近 60.3%。该研究表明，MEC 系统可以作为丁醇生产的有效系统。

（4）甲酸

甲酸是一种重要的化学品，主要用于药物合成、纸和纸浆的生产。以 MEC 系统还原 CO_2 生产甲酸，该反应以多壁碳纳米管为阴极，明显地降低了 CO_2 还原过电势，成功地将 CO_2 还原为甲酸，其产率可达 $(21.0 \pm 0.2)mg/(L \cdot h)$。该技术实现了 CO_2 的固定，但甲酸产量仍然较低，传质和阴极电极是影响转化效率的两个重要因素。

（5）乙酸

太阳能和风能作为可再生能源受到广泛的关注。然而由于这些能源的间歇性，需要高效的存储技术来储存不使用的电能。Nevin 等证明了可以利用太阳能、乙酸菌和来自石墨电极的电子还原 CO_2 生产乙酸。研究发现，在石墨阴极表面的卵形鼠孢菌生物膜可以利用来自电极的电子将 CO_2 转化为乙酸和 2-羟基丁酸且提供电子的 85%，得到了有效利用。戚玉娇等在微生物电化学合成乙酸系统中加入甲烷抑制剂（2-溴乙烷磺酸钠），研究表明加抑制剂是提高乙酸产率的可行途径，加入抑制剂之后乙酸成为主导产物，产率和电子回收率均有较大提高。提出了 MES 的概念，这提供了一个非常受吸引且新颖的途径，将太阳能转化到有价值的有机物中，实现了太阳能以化学品形式储存。

（6）丁二酸

丁二酸是一种重要的平台化学品，可以替代由石油衍生的化学品来合成己二酸、1,4-丁二醇、γ-丁内酯、四氢呋喃等大宗化学品以及聚丁二酸丁二醇酯等可降解生物材料。Zhao 等利用 MEC 系统从玉米芯水解液中生产丁二酸的研究结果表明，有电驱动 MEC 的丁二酸产量和还原能力分别是无电驱动 MEC 的 1.31 倍和 1.33 倍。该研究表明，可通过 MEC 强化微生物、给系统消毒、调节 pH、加合适电压等方式来增加丁二酸产量。

（7）过氧化氢

过氧化氢是一种重要的化工产品，但当前的生产方法能耗较大。研究发现，过氧化氢可以在 MEC 和 MFC 系统中产生，但 MFC 中的产率较低。研究发现可以将阳极氧化有机废水和阴极还原氧气相结合来产生过氧化氢。该系统在外加电压为 0.5V 的条件下，过氧化氢的产率约为 $(1.9 \pm 0.2)kg \cdot m^3/d$。由于所需的大部分能量来自乙酸，所以该系统所需的能量补充很少，约 $0.93kW \cdot h/kg\ H_2O_2$。过氧化氢的产生在很大程度上扩大了 MEC 应用的可能性，如 MEC 和芬顿反应相结合，但目前仍面临许多挑战，如过氧化氢的浓度较低。

18.6.7　MEC 的研究重点和前景展望

MEC 制氢技术是一种符合可持续发展战略的技术。利用废水中的废物生物质产氢，不仅实现了废水的减排，而且有效回收利用其中蕴含的生物质能。随着能源危机的加深和各国对能源需求量的日益增加，MEC 技术对生物质能的利用具有巨大的开发潜力和广阔的前景。

① 重视和加强 MEC 制氢的基础理论研究。进一步揭示微生物产氢的机制和条件，在代谢途径方面切断旁路代谢，解除代谢阻遏，使总体代谢途径向产氢方向进行。

② 加强新型高效催化材料的研究、开发设计和开发新型高效 MEC 阴极催化剂，是今后开发高效 MEC 催化材料的研究方向。

③ 提高催化效率和延长电极寿命是 MEC 技术得以广泛应用的关键前提。

国内外的研究表明，基于 MEC 的废水生物处理技术对于各类污染物都能达到理想的处理效果。与传统废水生物处理技术相比，具有节约能源、适用广泛等诸多潜在优点，同时，MEC 具有突出的动力学性能，能够显著加快污染物的降解速率，因此能够有效地控制反应器体积，减少建造成本。但是，目前对该技术的研究和规模化应用仍然存在很多不足和限制因素。未来还需要从以下几方面开展进一步的研究。

① 大多数的 MEC 仍然采用膜分离阴阳极的结构，这不仅会带来运行上的问题（如增加内阻和 pH 梯度），同时还会造成成本的增加。因此，无膜结构的 MEC 是未来发展的主要方向。

② MEC 影响因素的克服。可选择合适的条件（电压、pH、温度等），在一定程度上缩短驯化周期；与其他工艺结合强化微生物，筛选特定菌株，添加化学物质抑制或活化微生物等方式对于提高 MEC 的性能具有重要意义；电极作为 MEC 的核心，应当在材料和修饰方面多做研究，选出价格低廉、性能好的材料；可通过对膜的合理排列组合，获得不同形式的 MEC 扩展应用。

③ MEC 本身的复杂性。它的应用成本要比传统水处理系统高。如何减少在电极材料、膜、反应器的建造以及运行过程中的维护等方面的成本，是未来大规模应用必须克服的障碍。

④ MEC 微观层面的电化学活性微生物的作用机理的研究尚且不足，而且宏观层面的规模化和实际应用上的已知信息也非常少。因此，需要加深微生物的群落分析和电子转移机制的研究，同时积极进行反应器放大的实验研究。功能菌驯化方面，在 MEC 产品低浓度条件下富集、功能菌对目标污染物驯化、反应系统运行机制等方面应做较多研究工作，以克服待处理环境污染物种类和理化性质复杂、MEC 产品浓度偏低和能量转化效率低等困难。目前 MEC 已可在实际环境温度下长时间运行，在水处理和生产化学品方面的实际应用已具备初步条件。

⑤ MEC 应用拓展。MEC 除作为有机废水能源化处理新技术方法外，随着新材料和新方法引入本领域，MEC 也发展出现了许多新应用及其相适应的反应系统构型，如 MREC、MEDC、MEDCC、MS 与 MFC 耦合等。这些新应用涉及处理废水、生产化学品等方面，也出现了中试研究报道，MEC 研究开始走向工程应用。

⑥ 构建数学模型和分子生物学等重要工具对于反应器的工业化应用具有十分重要的作用。因此，对于 MEC 应加强该方面的研究和应用。这些工具的使用将大大加速 MEC 在污染物处理领域实际应用的进程。

思　考　题

1. 美国俄勒冈州立大学的研究团队近日在英国《能源与环境科学》期刊发表了一篇文章，阐述了他们的发明：利用微生物燃料电池从废水里面提取出电能。参与该研究的一位教授解释说："废水中其实含有巨大的电能，但它们通常都被捆绑在有机分子上，非常难提取和利用。我们发明了一种新型的微生物燃料电池，里面的微生物在产出净水的时候，是要吃进有机物的，但我们给系统接上了阴极和阳极，利用两电极之间的吸力先将附在有机分子上的电子吸出来，让它们形成一股电流，从而产生了电能。"

（1）请你用"化学语言"简要复述这位教授的解释。（2）请你分析这项发明的前景。

2. 利用微生物发电也有其他形式，比如沼气发电，其原理是利用微生物先生成甲烷，再转化为电能。在通常情况下，$8g\ CH_4$ 完全燃烧生成 CO_2 和液态 H_2O 时，放出 445kJ 的热量，请写出热化学方程式。

3. 现有一碱性（利用 KOH 溶液作电解质溶液）甲烷燃料电池，请你写出该电池的电极反应式。

4. 若用甲烷燃料电池作为电源电解饱和食盐水制备烧碱和氯气，从理论上计算，160kg CH$_4$产生的电能最多可制取多少吨 30% 的烧碱溶液？同时获得多少立方米（标准状况）氯气？

5. 请简述微生物电解池和微生物燃料电池的区别。

6. 微生物电解池的电流为什么很低？

7. 生物膜电极属于一种微生物电解池吗？

第四篇　膜处理

第19章

膜分离

19.1

膜及膜分离

19.1.1 膜的定义

广义的"膜"是指分隔两相界面的一个具有选择透过性的屏障，它以特定的形式限制和传递各种化学物质。它可以是均相的或非均相的，对称型的或非对称型的，固体的或液体的，中性的或荷电性的。一般膜很薄，其厚度可以从几微米（甚至到 $0.1\mu m$）到几毫米。

19.1.2 分离膜和膜分离

（1）分离膜

分离膜可看作是分离两相和选择性传递物质的屏障。它可以是固态、液态或气态的，目前使用的分离膜绝大多数是固膜。膜可以存在于两流体之间，或附着于支撑体或载体的微孔隙上，膜的厚度要远小于其比表面积。

分离膜是膜过程的核心元件。简单地说，膜是分隔开两种流体的一个薄的阻挡层，这个阻挡层阻止了这两种流体间的水力学流动，因此，它们通过膜的传递是借助于吸附作用及扩散作用来进行的。

具有选择性透过能力是分离膜的基本特性。对于"分离膜"很难下一个精确、完整的定义。一般认为广义的"分离膜"是指分隔两相界面，并以特定的形式限制和传递各种化学物质的屏障。膜分离过程的推动力有两类：

① 借助外界能量，物质发生由低位向高位的流动；

② 以化学位差为推动力，物质发生由高位向低位的流动。

（2）膜分离

膜分离是指借助膜的选择渗透作用，对混合物中的溶质和溶剂进行分离、分级、提纯和富集的方法。用一张特殊制造的、具有选择透过性能的薄膜（分离膜），在外力推动下对双组分或多组分溶质和溶剂进行分离、提纯、浓缩的方法，统称为膜分离法。膜分离可用于液相和气相，对液相分离，可以用于水溶液体系、非水溶液体系、水溶胶体系以及含有其他微粒的水溶液体系。

（3）膜材料能够选择渗透的原因

① 膜中分布有微细孔穴，不同孔穴有选择渗透性。

② 膜中存在固定基团电荷，电荷的吸附、排斥产生选择渗透性。

③ 被分离物在膜中的溶解、扩散作用产生选择渗透性。

19.1.3　膜的分类

膜种类和功能繁多，分类方法有多种，大致可按膜的材料、结构、形状、分离机理、分离过程、孔径大小进行分类。膜的不同分类见图 19-1。

$$
膜 \begin{cases}
材料：有机膜、无机膜 \\
结构：对称膜(微孔膜、均质膜)、非对称膜、复合膜 \\
形状：平板膜、管式膜、中空纤维膜、卷式膜 \\
分离机理：扩散性膜、离子交换膜、选择性膜、非选择性膜 \\
分离过程：反渗透膜、渗透膜、气体分离膜、电渗析膜、渗析膜、渗透蒸发膜 \\
孔径大小：微滤膜、超滤膜、纳滤膜和反渗透膜
\end{cases}
$$

图 19-1　膜的不同分类

膜的分类比较通用的有以下四种。

（1）按膜的材料分类

① 天然膜　生物膜（生命膜）与天然物质改性或再生而制成的膜。

② 合成膜　无机膜与高分子聚合物膜。

（2）按膜的构型分类

① 中空纤维膜　外形呈纤维状，内部为中空结构，具有自支撑作用的膜丝。

② 平板膜　通常由聚合物多孔膜和无纺布支撑体构成。

③ 管式膜　这类膜内径为 5～8mm，外径为 6～12mm，进水水质要求低，可以处理固含量较高的废水。

（3）按膜的用途分类

① 气相系统用膜伴有表面流动的分子流动，气体扩散，聚合物质中的溶解扩散流动，在溶剂化的聚合物膜中的溶解扩散流动。

② 气-液系统用膜

a. 大孔结构。用于移去气流中挟带的雾沫或将气体引入液相。

b. 微孔结构。制成超细孔的过滤器。

c. 聚合物结构。气体扩散进入液体或从液体中移去某种气体，如血液氧化器中氧和二氧化碳的移动。

③ 液波系统用膜　气体从一种液相进入另一种液相，溶质或溶剂从一种液相渗透进入另一种液相。

④ 气-固系统用膜　过滤器中用膜以除去气体中的微粒。

⑤ 液-固系统用膜　用大孔介质过滤污染物，用于生物废料的处理、破乳。

⑥ 固-固系统用膜　基于颗粒大小的固体筛分。

（4）按膜的作用机理分类

① 吸附性膜

a. 多孔膜。多孔石英玻璃、活性炭、硅胶和压缩粉末等。

b. 反应膜。膜内含有能与渗透过来的组分起反应的物质。

② 扩散性膜

a. 聚合物膜。扩散性的溶解流动。

b. 金属膜。原子状态的扩散。

c. 玻璃膜。分子状态的扩散。

③ 离子交换膜

a. 阳离子交换树脂膜。

b. 阴离子交换树脂膜。

④ 选择渗透膜　渗透膜、反渗透膜、电渗析膜等。

⑤ 非选择性膜　加热处理的微孔玻璃、过渡型的微孔膜。

膜分离法的种类很多，现已应用的膜过程有反渗透、纳滤、超滤、微滤、扩散渗析、电渗析、气体分离、渗透蒸发、控制释放、液膜分离、膜蒸馏等。目前，在废水处理中常用的有微滤、电渗析、反渗透、超滤等四种膜分离。水处理中几种常用膜分离法的特点如表 19-1 所示。

表 19-1　水处理中几种常用膜分离法的特点

膜过程	推动力	传质机理	透过物及其尺寸	截留物	膜类型
电渗析	电位差	离子选择性透过	溶解性无机物	非电解质大分子	离子交换膜
反渗透和纳滤	压力差 2～10MPa	溶剂的扩散	水或溶剂	溶质、无机盐、SS、糖类、氨基酸、BOD、COD	非对称膜
超滤	压力差 0.07～0.7MPa	筛滤及表面作用	水、盐及低分子有机物	乳胶体大分子、不溶有机物、蛋白质、各类酶细菌、病毒微粒子	非对称膜
扩散渗析	浓度差	溶质的扩散	低分子物质、离子	溶剂	非对称膜
微滤	压力差	筛滤及表面作用	水、溶剂和溶解物	悬浮物、细菌类微粒子	多孔非对称膜
渗透蒸发	压力差、浓度差	溶解度与扩散系数的差别	蒸汽	液体、无机盐、乙醇溶液	均质膜和复合膜
气体分离	浓度差	气体分子的透过率和选择性不同	易透过气体	不易透过气体	高分子膜
液膜分离	浓度差加化学反应	各组分在液膜内溶解与扩散能力的不同	易透过液体	不易透过液体	液膜，膜传感器

19.1.4　膜分离过程的特点

膜分离过程与传统的化工分离方法，如过滤、蒸发、蒸馏、萃取、深冷分离等过程相比较，具有如下特点。

（1）膜分离过程的能耗比较低

大多数膜分离过程都不发生相态变化。由于避免了潜热很大的相变化，膜分离过程的能耗比较低。另外，膜分离过程通常在室温左右的温度下进行，被分离物料加热或冷却的能耗很小。

（2）适合热敏性物质分离

膜分离过程通常在常温下进行，因而特别适合于热敏性物质和生物制品（如果汁、蛋白质、酶、药品等）的分离、分级、浓缩和富集。例如在抗生素生产中，采用膜分离过程脱水浓缩，可以避免减压蒸馏时因局部过热，而使抗生素受热破坏产生有毒物质。在食品工业中，采用膜分离过程替代传统的蒸馏除水，可以使很多产品在加工后仍保持原有的营养和风味。

膜分离过程的主要推动力一般为压力，因此分离装置简单，占地面积小，操作方便，有利于连续化生产和自动化控制。

（3）分离系数大、应用范围广

膜分离不仅可以应用于从病毒、细菌到微粒的有机物和无机物的广泛分离范围，而且还适用于许多特殊溶液体系的分离，如溶液中大分子与无机盐的分离，共沸点物或近沸点物系的分离等。

（4）工艺适应性强

膜分离的处理规模根据用户要求可大可小，工艺适应性强。

（5）便于回收

在膜分离过程中，分离与浓缩同时进行，便于回收有价值的物质。

（6）没有二次污染

膜分离过程中不需要从外界加入其他物质，既节省了原材料，又避免了二次污染。

19.1.5　分离膜的性能表征

① 选择性　表示膜的分离效率的高低，对于不同的膜分离过程，其选择性采用不同的表示方法。

② 渗透性　是指单位时间、单位膜面积上透过膜的物质量，表示膜渗透速率的大小。

③ 力学性能　膜的力学性能是判断膜是否具有实用价值的基本指标之一，其机械强度主要取决于膜材料的化学结构、物理结构，膜的孔结构，支撑体的力学性能。力学性能包括压缩强度、拉伸强度、伸长率、复合膜的剥离强度等。

④ 稳定性　在膜应用过程中，膜要长期接触物料，在一定的环境条件下运行。因此膜的稳定性会影响到膜的运行周期和使用寿命，也是考核膜的实用性的重要指标之一。膜的稳定性包括化学稳定性（抗氧化性、耐酸碱性、耐溶剂性、耐氯性、耐水解性）、抗污染性、耐微生物侵蚀性、热稳定性等。

19.1.6　膜分离技术中表征膜性能的参数

（1）水通量

水通量指单位时间通过单位面积膜的水的体积或质量。

（2）截留率

截留率指膜对溶质的截留能力。

① 截留率是 1 时，表示溶质全部被截留。截留率是 0 时，表示溶质能自由经过膜。

② 截留率与分子量之间的关系称为截断曲线。质量好的膜应有陡直的截断曲线，可使不同分子量的溶质完全分离；平坦的截断曲线会导致分离不完全。

（3）截断分子量

截断分子量指截断曲线上截留率为 90％的溶质的分子量。

（4）孔道特征

孔道特征包括孔径、孔径分布和孔隙率。

① 孔径常用泡点法测定。将膜表面覆盖一层溶剂（通常为水），从下而上通入空气，逐渐增大空气压力，有稳定气泡冒出时的压力称为泡点压力。

② 孔径、孔径分布和孔隙率大小也可用电子显微镜观察，特别是微孔膜。

（5）完整性试验

完整性试验用于试验膜组件是否完整或渗漏。

19.1.7　分离膜制备方法

分离膜制备方法有溶剂蒸发法、熔融挤压法、核径迹蚀刻法、应力场熔融挤出-拉伸法、溶出法、热致相分离法、非溶剂相分离法、涂敷复合法、界面聚合复合法、等离子聚合复合法、超临界二氧化碳法、自组装法等。具体的制备方法在相关的参考书中有详细介绍，此处就不再赘述。

19.1.8　膜分离的发展和应用领域

（1）膜分离技术的发展

膜分离技术的发展大致经历了以下阶段：

① 19 世纪～20 世纪初，膜分离科学技术的萌发与奠基阶段。

② 20 世纪 50 年代，微滤膜及离子交换膜。

③ 20 世纪 60 年代，第一代反渗透膜（L-S-RO 膜）、透析膜。

④ 20 世纪 70 年代，第二代反渗透膜（TFC-RO 膜）、超滤膜。

⑤ 20 世纪 80 年代，气体分离膜、液膜、控制释放膜。

⑥ 20 世纪 90 年代，渗透汽化膜、纳滤膜。

⑦ 21 世纪初，膜反应器及膜生物反应器、燃料电池膜、膜传感器。

（2）膜分离的应用领域

① 化学/染料工业　染料的脱盐、纯化、浓缩与回收；食品染料的脱盐、纯化、浓缩与回收；催化剂与贵金属的回收利用；脱氧、氧化、酯化、皂化、磺化、硝化，脱氢反应中液体的分离、纯化；甘油、己内酰胺、苯、染料活性剂等有机化工原料的回收；汽车、仪表及其他工业涂漆的浓缩回收。

② 食品/饮料工业　啤酒、果酒、黄酒、葡萄酒的澄清、除菌过滤；苹果、梨、草莓、橙、芒果、桃、梅、李子、柠檬等果汁的澄清、除菌过滤、脱水浓缩；葡萄酒、果酒、茶、咖啡芳香气味的浓缩保留；豆蛋白、乳清蛋白、白蛋白、单糖溶液、多糖溶液的澄清与浓缩；乳清、奶酶及其他乳品的澄清、脱盐与浓缩；蔬菜抽提汁、西红柿汁的脱水浓缩。

③ 制药/生物工程　抗生素、维生素、有机酸、氨基酸、酶等发酵液的澄清、除菌过滤；抗生素、维生素、有机酸、氨基酸等发酵液的蛋白剔除；酶、蛋白质、多糖制备过程中细胞碎片的剔除；抗生素、氨基酸、维生素、有机酸、酶、多糖、蛋白质的纯化与浓缩；6-APA（6-氨基青霉烷酸）、7-ACA（7-氨基头孢烷酸）、7-ADCA（7-氨基-3-去乙酰氧基头孢烷酸）及其他半合成抗生素的脱盐浓缩；中成药、保健品口服液的澄清、除菌过滤；动物血浆、血清的浓缩精制；其他相关的脱盐浓缩、澄清除菌、蛋白剔除、细胞收集等分离过程。

④ 空气过滤　喷雾干燥过程中染料、抗生素、奶粉等的回收；电池厂金属镉、氧化铅粉尘的收集；粉碎过程中磷酸盐、氧化镁、二氧化钛、炭粉、水泥、碳酸钙的回收；包装过程中砂糖、染料、奶粉、味精等的回收；干燥过程中 PVC、二氧化硅、活性炭、肥料等的回收；合成氨尾气中氢气的回收利用；其他一切有关的粉尘收集及空气除尘

过程。

⑤ 水处理　饮用纯水的制备；医药工业中注射用水、洗瓶水及其他无菌水的制备；电子工业中超纯水的制备；火力发电厂锅炉补给水的制备；饮料与化妆品工业中产品配方用水的制备；制造业中终端洗涤水的制备；饮用水纯化、苦碱水脱盐、海水淡化；废水循环与再生利用（零排放）；BOD、COD 的最小化；垃圾填埋场渗出水的浓缩处理；染料、颜料、油漆、含油废水的处理；纸浆与造纸废水的处理及木素磺酸盐的回收；金属、食品、皮革、农药和除草剂废水的处理；纺织印染废水的处理及丝光废水的回收利用。

膜技术对全球经济可持续发展的影响及意义见图 19-2。

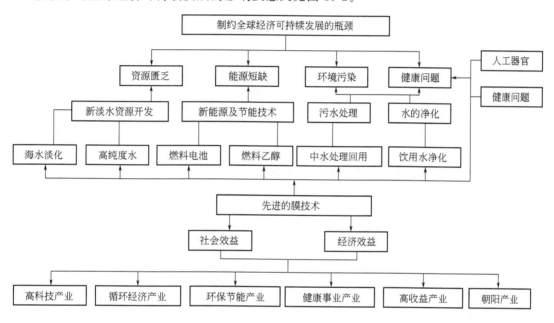

图 19-2　膜技术对全球经济可持续发展的影响及意义

19.2
扩散渗析

19.2.1　概述

使溶液中溶质透过半透膜而溶剂被截留的现象称为渗析。

半透膜：起渗析作用的薄膜，对溶质具有选择性。

半透膜的发展：动物的膀胱膜、肠膜、羊皮纸。

离子交换膜：阳离子交换膜、阴离子交换膜。

19.2.2　扩散渗析的原理

利用离子交换膜的选择透过性，以浓度差为推动力来实现酸与盐或者碱与酸的分离。扩散渗析法回收酸的原理见图 19-3。

向原液室自下而上引入料液（H_2SO_4 和 $FeSO_4$ 的混合液），另向回收液室自上而下引

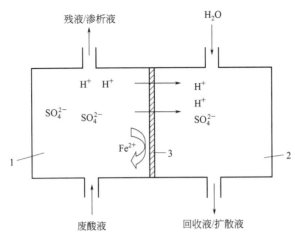

图 19-3 扩散渗析法回收酸的原理示意图
1—原液室；2—回收液室；3—阴离子交换膜

入水流。由于原液室中的酸及盐的浓度较大，其中的 Fe^{2+}、H^+、SO_4^{2-} 均有向回收液室扩散的趋势，因阴离子交换膜对离子具有选择透过性，只允许阴离子 SO_4^{2-} 通过而不让阳离子透过，所以 Fe^{2+} 受到阴膜的阻挡而不能进入回收液室，而 H^+ 则因性质特殊，其水合离子半径小，迁移速度快，也能跟随 SO_4^{2-} 一起进入回收液室，以保持溶液的电中性。这样，原液室中的 H_2SO_4 就不断扩散进入回收液室，而 $FeSO_4$ 被阻挡在原液室中，从而实现了酸与盐的分离。

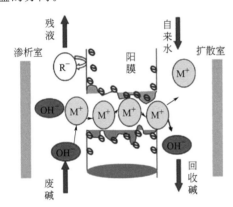

图 19-4 扩散渗析回收碱的原理

扩散渗析主要用于酸、碱的回收。在碱性条件下，可使用阳离子交换膜（阳膜）从盐溶液中回收烧碱；在酸性条件下，可使用阴离子交换膜（阴膜）从盐溶液中回收酸。扩散渗析用于酸、碱回收，不消耗能量，回收率可达 70%～90%，但不能将它们浓缩。

扩散渗析回收碱的原理见图 19-4。

19.2.3 离子交换膜

扩散渗析不同于电渗析，它不需要外加直流电场，而仅以膜两侧溶液的浓度差为推动力。离子交换膜扩散渗析是利用离子交换膜的选择透过性这一特性而实现物质分离的。由于扩散渗析不需要外加电场，因此，扩散渗析装置省掉了电极室，使装置更加简单。扩散渗析的优点是不需外加能量，但不足之处是分离速度慢，这是由溶质的扩散系数不大和一般浓度差很小造成的。

美国最早采用以阴离子交换膜作隔膜的扩散渗析法回收钢铁酸洗废液中的废酸。上海硅钢片厂于 20 世纪 70 年代将该法用于该厂的钢铁酸洗废液回收硫酸。所用的阴离子交换膜为 S-203 阴膜（一种无交联的聚砜季铵型阴膜）。20 世纪 80 年代，扩散渗析法用于稀土元素的分离并回收盐酸。四川晨光化工研究院于 20 世纪 80 年代成功开发了 D 型阴膜和扩散装置，用于甘肃一家稀土公司的酸回收。20 世纪 80 年代末，陈儒庆和葛道才等研制成功 KS-1 型阴膜，专门用于扩散渗析稀土分离和回收盐酸，其动态扩散原理膜堆装置类似于电渗析器结构，但无电极，隔板材料为无回路聚丙烯编织网。扩散渗析方式采用稀土酸液和水逆流方式运行，结果达到酸和稀土基本上完全分离。

近年来，采用扩散渗析法从稀土酸废液中回收硫酸，取得较好的效果。该技术在国内已得到工业应用。我国山东天维膜技术有限公司开发了另一条制备扩散渗析膜的路线，其路线是特定结构的聚合物经溶解，接着苯环溴化，甲基溴化，浸涂，胺化交联，最后成膜，经后处理后保存。

（1）离子交换膜的基本概念

离子交换膜可以狭义地理解为对离子具有选择透过能力的膜状功能高分子电解质。由于在高分子的主链或侧链上引入了具有特殊功能的基团，当该高分子聚合物膜处于溶液中时便会发生电离，从而形成固定的荷电基团，进而表现出促进或抑制相离子跨膜传递的能力。

（2）离子交换膜的分类

根据实现的功能，离子交换膜可以分为以下几种。

① 阳离子交换膜　带有阳离子交换基团（荷负电），可选择性地透过阳离子。

② 阴离子交换膜　带有阴离子交换基团（荷正电），可选择性地透过阴离子。

③ 两性离子交换膜　同时含有阳离子交换基团和阴离子交换基团，阴离子和阳离子均可透过。

④ 双极膜　由阳离子交换膜层和阴离子交换膜层复合而成（双层膜）。工作时，膜外的离子无法进入膜内，因此膜间的水分子发生解离，产生的 H^+ 透过阳膜趋向阴极，产生的 OH^- 透过阴膜趋向阳极。

⑤ 镶嵌型离子交换膜　在其断面上分布着阳离子交换区域和阴离子交换区域，且上述荷电区域往往是由绝缘体来分隔的。

离子交换膜的分类见图 19-5，离子交换膜功能示意图见图 19-6。

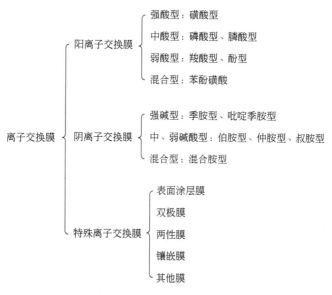

图 19-5　离子交换膜的分类

注意：离子交换膜的作用并不是起离子交换的作用，而是起离子选择透过性作用。

（3）离子交换膜的组成

在宏观形态上离子交换膜是片状薄膜，而离子交换树脂是颗粒状的，但微观结构基本相同。离子交换膜的组成见图 19-7。

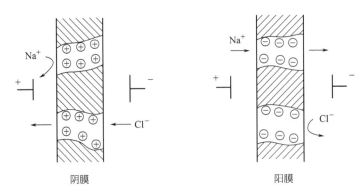

图 19-6 离子交换膜功能示意图

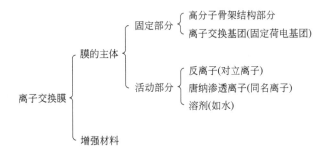

图 19-7 离子交换膜的组成

　　膜主体的固定部分由体型或线型长链高分子材料组成，在高分子链上锚有离子交换基团，当膜投入水中时，发生吸水溶胀，使活性基团离解。产生的 H^+ 和 OH^- 进入水溶液中，膜上留下一定电荷的固定基团，它可吸附溶液中的正离子和负离子，这些离子是可移动的。

　　离子交换膜为什么具有选择透过性呢？

　　① 离子交换膜是一种由高分子材料制成的具有离子交换基团的薄膜，其之所以具有选择透过性主要是由于膜上孔隙和膜上离子基团的作用。

　　② 在膜的高分子键之间有一足够大的孔隙，以容纳离子的进出和通过。是离子通过膜的大门和通道。

　　③ 在膜的高分子链上，连接着一些可以发生解离作用的活性基团。在水溶液中，膜上的活性基团会发生解离作用，解离所产生的离子（或称反离子）进入溶液。于是，在膜上就留下了带有一定电荷的固定基团。存在于膜微孔中的带一定电荷的固定基团，好比在一条狭长的通道中设立的一个个关卡或"警卫"，以鉴别和选择通过的离子。

19.2.4　扩散渗析优缺点

　　优点：能耗小，设备结构简单，操作方便，不需要对膜进行酸碱再生，分离过程中不需要加入其他化学药剂。

　　缺点：渗析速度慢，分离效率低。

19.2.5　扩散渗析的应用

　　扩散渗析具有设备简单、投资少、基本不耗电等优点，可用于：

　　① 从冶金工业的金属处理废液中回收硫酸或盐酸；

　　② 从浓硫酸法木材糖化液中回收硫酸；

③ 从粘胶纤维工业的碎木浆料处理液中回收氢氧化钠；

④ 从离子交换树脂装置的再生废液中回收酸、碱等。在工业上应用较多的是钢铁酸洗废液的回收处理。钢铁酸洗废液一般含 10% 左右的硫酸和 12%～22% 的硫酸亚铁。

某五金厂采用扩散渗析法从酸洗钢材废液中回收硫酸。原废酸液含硫酸 60～80g/L，硫酸亚铁 150～200g/L。经扩散渗析法处理，酸回收率达 70%，回收的酸液含硫酸 42～56g/L，硫酸亚铁＜15g/L。全部设备投资在两年内由回收的硫酸和硫酸亚铁的收入偿还。

扩散渗析法在生物医学上的应用最为广泛，主要的用途是血液渗析法（又称为人工肾），此外还有人工肺。在工业方面的应用有从钢铁工业酸洗废液中回收硫酸及从其他废酸液中回收硝酸等，从化工厂人造丝浆压液中回收 NaOH。

19.3

电渗析

电渗析是以电位差为推动力的膜过程，促使带电离子或分子传递通过相应荷电膜而达到溶液中盐分脱除或产物纯化的一种膜分离技术。

电渗析的研究始于 20 世纪初的德国。1952 年美国制成了世界上第一台电渗析装置，用于苦咸水淡化。至今苦咸水淡化仍是电渗析最主要的应用领域。在锅炉进水的制备、电镀工业废水的处理、乳清脱盐和果汁脱酸等领域，电渗析都达到了工业规模。我国的电渗析技术的研究始于 1958 年。1965 年在成昆铁路上安装了第一台电渗析法苦咸水淡化装置。1981 年我国在西沙永兴岛建成日产 200t 饮用水的电渗析海水淡化装置。目前，电渗析以其能量消耗低，装置设计与系统应用灵活，操作维修方便，工艺过程洁净、无污染，原水回收率高，装置使用寿命长等明显优势而被越来越广泛地用于食品、医药、化工、工业及城市废水处理等领域。几十年来，在离子交换膜、隔板、电极等主要部件方面不断创新，电渗析装置不断向定型化、标准化方向发展。

19.3.1　概述

电渗析是在直流电场作用下，溶液中的带电离子选择性地通过离子交换膜的过程。主要用于溶液中电解质的分离。

电渗析使用的半渗透膜其实是一种离子交换膜。这种离子交换膜按离子的电荷性质可分为阳离子交换膜（阳膜）和阴离子交换膜（阴膜）两种。在电解质水溶液中，阳膜允许阳离子透过而排斥阻挡阴离子，阴膜允许阴离子透过而排斥阻挡阳离子，这就是离子交换膜的选择透过性。在电渗析过程中，离子交换膜不像离子交换树脂那样与水溶液中的某种离子发生交换，而只是对不同电性的离子起到选择性透过作用，即离子交换膜不需再生。电渗析工艺的电极和膜组成的隔室称为极室，其中发生的电化学反应与普通的电极反应相同。阳室内发生氧化反应，阳极水呈酸性，阳极本身容易被腐蚀。阴极室内发生还原反应，阴极水呈碱性，阴极上容易结垢。

如图 19-8 所示，起初电渗析器各隔室中充满的电解质溶液在直流电场的作用下，阳离子不断穿过阳膜向阴极迁移，而阴离子则不断穿过阴膜向阳极迁移。同时，离子交换膜对离子的选择透过性使得阳离子不能通过阴膜向阴极迁移，而阴离子也不能通过阳膜向阳极迁移。因此，随着时间的推移，相关隔室中溶液的离子含量越来越少，表现为该隔室的溶液得到淡化。同时，相邻隔室中的离子浓度逐渐升高，表现为该隔室的溶液得到浓缩。不难看出，外加的直流电场和具有选择透过性的离子交换膜是电渗析过程应具备的两个基本条件。

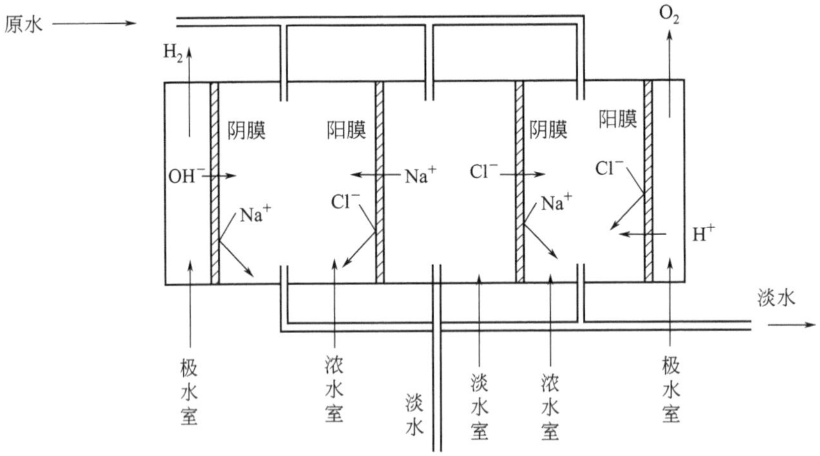

图 19-8 电渗析工作原理示意图

19.3.2 电渗析的工作原理

电渗析过程是电化学过程和渗析扩散过程的结合。在外加直流电场的驱动下，利用离子交换膜的选择透过性（即阳离子可以透过阳离子交换膜，阴离子可以透过阴离子交换膜），阴、阳离子分别向阳极和阴极移动。离子迁移过程中，若膜的固定电荷与离子的电荷相反，则离子可以通过，如果它们的电荷相同，则离子被排斥，从而实现溶液淡化、浓缩、精制或纯化等目的。

电渗析与近年引进的另一种膜分离技术反渗透相比，它的价格便宜，但脱盐率低。当前国产离子交换膜的质量亦很稳定，运行管理也很方便。

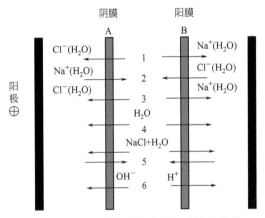

图 19-9 电渗析过程中的各种传质现象

1—反离子迁移；2—同名离子迁移；3—电解质渗析；
4—水的渗透；5—压差渗漏；6—水的电渗析

电渗析过程除了人们希望的反离子迁移外，还可能发生如图 19-9 的其他迁移过程。

① 反离子迁移 即与膜上固定离子基团电荷相反的离子的迁移。这种迁移是电渗析的主要传递过程，电渗析利用这种迁移达到溶液脱盐或浓缩的目的。

② 同名离子迁移 即与膜上固定离子（基团）电荷相同的离子的迁移，这种迁移是由在阳离子交换膜中进入的少量阴离子，阴离子交换膜中进入的少量阳离子引起的。因此，离子交换膜的选择性不可能达到 100%。同名离子的迁移方向与浓度梯度方向相反，因此降低了电渗析过程的效率。

③ 电解质渗析 这种渗析主要是由膜两侧浓水室与淡水室的浓度差引起的，使得电解质由浓水室向淡水室扩散。

④ 水的渗透 随着电渗析的进行，淡水室中水含量逐渐升高，由于渗透压的作用，淡水室中的水会向浓水室渗透。两室浓差越大，水的渗透量也越大，从而使淡水大量损失。

⑤ 水的分解　由电渗析过程中产生浓差极化，或中性水离解成 OH^- 和 H^+ 所造成，控制浓差极化可防止这种现象发生。

⑥ 水的电渗析　由于离子的水合作用，在反离子和同名离子迁移时，会携带一定的水分子迁移。

⑦ 压差渗漏　膜两侧的压力差，造成高压侧溶液向低压侧渗漏。

以上的几种传递现象中，只有反离子迁移才具有脱盐或浓缩作用，而除反离子迁移外的其余几种传递现象，在电渗析过程中都应设法降低或消除。

电渗析的主要化学反应方程式如下。

阳极反应：

$$2Cl^- - 2e^- \longrightarrow Cl_2 \uparrow \tag{19-1}$$

$$H_2O \Longleftrightarrow OH^- + H^+ \tag{19-2}$$

$$4OH^- - 4e^- \longrightarrow O_2 \uparrow + 2H_2O \tag{19-3}$$

$$Cl_2 + H_2O \longrightarrow HCl + HClO \tag{19-4}$$

阴极反应：

$$2H_2O + 2e^- \longrightarrow H_2 \uparrow + 2OH^- \tag{19-5}$$

$$Na^+ + OH^- \longrightarrow NaOH \tag{19-6}$$

19.3.3　电渗析过程基本传质方程

离子通过离子交换膜的传质过程主要源于对流传质、扩散传质和电迁移传质。离子在主体溶液中的传递主要依靠流体微团的对流传质来实现。离子在膜两侧扩散边界层中的传递主要依靠扩散传质来完成。此外，离子通过离子交换膜的传递应源于电迁移传质。

(1) 对流传质

对流传质通常包括由浓度差、温度差以及重力场作用引起的自然对流传质和由机械搅拌引起的强制对流传质。若不考虑自然对流传质，离子 i 在垂直于膜面方向（x 方向）上的对流传质速率可表示为：

$$J_{i(c)} = C_i V_x \tag{19-7}$$

式中　$J_{i(c)}$——离子 i 在 x 方向上的对流传质速率；

　　　C_i——溶液中离子 i 的浓度；

　　　V_x——液体在 x 方向上的流速。

(2) 扩散传质

当溶液中存在某一组分的化学位梯度时，离子 i 在 x 方向上的扩散速率为：

$$J_{i(d)} = -\frac{D_i}{RT} C_i \frac{d\mu_i}{dx} \tag{19-8}$$

式中　$J_{i(d)}$——离子 i 在 x 方向上的扩散速率；

　　　D_i——溶液中离子 i 的扩散系数；

　　　R——气体常数，$R = 8.314$，$J/(mol \cdot K)$；

　　　T——热力学温度，K；

　　　C_i——离子 i 的浓度；

　　　$\dfrac{d\mu_i}{dx}$——离子 i 在 x 方向上的化学位梯度。

根据实际溶液中离子 i 的化学位以及能斯特-爱因斯坦方程，有：

$$J_{i(\mathrm{d})} = -D_i\left(\frac{\mathrm{d}C_i}{\mathrm{d}x} + C_i\frac{\mathrm{d}\ln\gamma_i}{\mathrm{d}x}\right) \tag{19-9}$$

式中　γ_i——离子 i 的活度系数。

处理理想溶液时，式(19-9)就变为 Fick 第一定律：

$$J_{i(\mathrm{d})} = -D_i\frac{\mathrm{d}C_i}{\mathrm{d}x}$$

（3）电迁移传质

当存在电位梯度时，离子在电场力的作用下发生迁移，但正负电荷的运动方向相反，它们在 x 方向上的迁移速率分别为：

$$J_+ = -C_+ U'_+\frac{\mathrm{d}\varphi}{\mathrm{d}x} \tag{19-10}$$

$$J_- = -C_- U'_-\frac{\mathrm{d}\varphi}{\mathrm{d}x} \tag{19-11}$$

式中　φ——电位，V；

C_+，C_-——正、负离子的浓度，mol/L；

U'_+，U'_-——正、负离子的离子淌度，m·m/(V·s)。

理想溶液中离子的淌度与扩散系数之间的关系可用能斯特-爱因斯坦方程表示：

$$U'_+ = \frac{D_+ F}{RT}z_+ \tag{19-12}$$

$$U'_- = \frac{D_- F}{RT}z_- \tag{19-13}$$

式中　D_+，D_-——正、负离子的扩散系数；

　　　　z_+，z_-——正、负离子的化合价；

　　　　　　F——法拉第常数，(96485.3383 ± 0.0083)C/mol。

将式(19-12)、式(19-13)代入式(19-10)、式(19-11)可得：

$$J_+ = -C_+\frac{D_+ F}{RT}z_+\frac{\mathrm{d}\varphi}{\mathrm{d}x} \tag{19-14}$$

$$J_- = -C_-\frac{D_+ F}{RT}z_-\frac{\mathrm{d}\varphi}{\mathrm{d}x} \tag{19-15}$$

若以 z_i 表示正、负离子的代数价，以上两式可以写为：

$$J_{i(\mathrm{e})} = -z_i C_i\frac{D_i F}{RT}\times\frac{\mathrm{d}\varphi}{\mathrm{d}x} \tag{19-16}$$

19.3.4　电渗析的特点

（1）基本特点

① 操作压力 $0.5\sim3.0$kg/cm² 左右；

② 操作电压 $100\sim250$V，操作电流 $1\sim3$A；

③ 本体耗电量每吨淡水约 $0.2\sim2.0$kW·h。

（2）方法特点

① 可以同时对电解质水溶液起淡化、浓缩、分离、提纯作用；

② 可以用于蔗糖等非电解质的提纯，以除去其中的电解质；

③ 在原理上，电渗析器是一个带有隔膜的电解池，可以利用电极上的氧化还原反应，

效率高。

（3）电渗析过程中进行的次要过程

① 同名离子的迁移　离子交换膜的选择透过性往往不可能是百分之百的，因此总会有少量的相反离子透过交换膜。

② 离子的浓差扩散　由于浓缩室和淡化室中的溶液存在着浓度差，总会有少量的离子由浓缩室向淡化室扩散迁移，从而降低了渗析效率。

③ 水的渗透　尽管交换膜是不允许溶剂分子透过的，但是由于淡化室与浓缩室之间存在浓度差，就会使部分溶剂分子（水）向浓缩室渗透。

④ 水的电渗析　由于离子的水合作用和形成双电层，在直流电场作用下，水分子也可从淡化室向浓缩室迁移。

⑤ 水的极化电离　有时由于工作条件不良，会强迫水电离为氢离子和氢氧根离子，它们可透过交换膜进入浓缩室。

⑥ 水的压渗　由于浓缩室和淡化室之间存在流体压力的差别，迫使水分子由压力大的一侧向压力小的一侧渗透。

显然，这些次要过程对电渗析是不利因素，但是它们都可以通过改变操作条件予以避免或控制。

19.3.5　电渗析器

电渗析器由膜堆、极区和压紧装置三部分组成。膜堆位于电渗析器的中部，由阳膜、浓（或淡）水室隔板、阴膜、淡（浓）水室隔板交替排列成浓水室和淡水室。极区位于膜堆两侧，包括电极、极水框和保护室，其作用是供给电渗析器直流电，将原水导入膜堆的配水孔，将淡水和浓水排出电渗析器，并通入和排出极水。压紧装置由盖板和螺杆组成，其作用是将极区和膜堆组成不漏水的电渗析器整体，可采用压板和螺栓拉紧，也可采用液压压紧。

（1）电渗析器的组装

电渗析器的组装依其应用不同而有所不同。电渗析器的组装示意图见图 19-10。

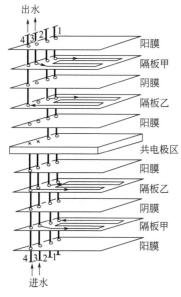

图 19-10　电渗析器的组装示意图
（图中 1～4 为进水管或出水管）

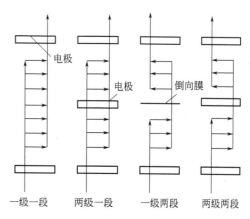

图 19-11　电渗析器的级与段

（2）电渗析器的级与段

电渗析器的组装情况是用级和段来表示的。级：一对正、负电极之间的膜堆称为一级。段：具有同一水流方向的并联膜堆称为一段。电渗析器的级与段见图 19-11。

19.3.6　电渗析的应用

电渗析技术在 20 世纪 50 年代就成功地用于苦咸水和海水的淡化，经过多年的发展，电渗析技术已成为一种成熟而重要的膜分离技术，广泛地应用于给水处理、废水处理及特种分离等领域。随着新型离子交换膜的出现，电渗析技术无疑将具有更广阔的应用前景。

电渗析是膜分离过程中较为成熟的一项技术，已广泛地应用于苦咸水脱盐，是世界上某些地区生产淡水的主要方法。由于新开发的荷电膜具有更高的选择性、更低的膜电阻、更好的热稳定性和相化学稳定性以及更高的机械强度，使电渗析过程不仅限于应用在脱盐方面，而且在食品、医药及化学工业中也有应用。电渗析过程还有许多其他的工业应用，如：用于工业废水的处理，主要包括从酸液清洗金属表面所形成的废液中回收酸和金属，从电镀废水中回收重金属离子，从合成纤维废水中回收硫酸盐，从纸浆废液中回收亚硫酸盐等；用于食品工业中，如牛奶脱盐制婴儿奶粉；用于化学工业中，分离离子性物质与非离子性物质；在临床治疗中电渗析可作为人工肾使用等。

自动控制频繁倒极电渗析（EDR），运行管理更加方便，原水利用率可达 80%，一般原水回收率在 45%～70% 之间。电渗析主要用于水的初级脱盐，脱盐率在 45%～90% 之间。它被广泛用于海水与苦咸水淡化，制备纯水时的初级脱盐以及锅炉、动力设备给水的脱盐软化等。

实质上，电渗析可以说是一种除盐技术，因为各种不同的水（包括天然水、自来水、工业废水）中都有一定量的盐分，而组成这些盐的阴、阳离子在直流电场的作用下会分别向相反方向的电极移动。如果在一个电渗析器中插入阴、阳离子交换膜各一个，由于离子交换膜具有选择透过性，即阳离子交换膜只允许阳离子自由通过，阴离子交换膜只允许阴离子自由通过，这样在两个膜的中间隔室中，盐的浓度就会因为离子的定向迁移而降低，而靠近电极的两个隔室则分别为阴、阳离子的浓缩室，最后在中间的淡化室内达到脱盐的目的。

实际应用中，一台电渗析器并非由一对阴、阳离子交换膜所组成（因为这样做效率很低），而是采用一百对，甚至几百对交换膜，可以大大提高效率。

（1）在给水处理中的应用

近年来，化肥的过量使用和畜牧业的增长等众多原因致使地下水中的硝酸盐等电解质含量显著增加。研究表明，硝酸盐对人体有害，对于婴幼儿的影响尤为显著。我国生活饮用水标准中规定硝酸盐的含量不得超过 10mg/L，然而，实际情况不容乐观，某些地方地下水中硝酸根离子含量已超过了 50mg/L。电渗析技术在高效脱硝过程中能更好地保护天然地下水的品质，故被广泛认为是最有前景的方法之一。此外，我国等一些国家和地区地下水中存在着氟含量偏高的问题，长期饮用高氟水会导致人体的氟超标，从而引起氟斑牙和氧骨病等，电渗析法也被认为是较好的降氟技术。

（2）在废水处理中的应用

目前，电渗析在废水处理实践中应用最普遍的有以下几方面。

① 电渗析可用于深度处理工艺，以去除废水中的盐类，完成废水的回用。为避免二沉池出水中的 SS、有机物、胶体及其他杂质对膜的损害，在进入电渗析设备前必须通过过滤或活性炭吸附等预处理。

② 作为离子交换工艺的预除盐处理，能降低离子交换的除盐负荷，扩展离子交换法对原水的适用范围，大幅度削减再生时废酸、废碱或废盐的排放量（可削减 90％以上），从芒硝废液中制取硫酸和氢氧化钠。

③ 将废水中有用的电解质进行收回，并完成废水的再利用。如电镀含镍、铬、镉废水的处理，含锌废水的处理和印制电路板生产中氯化铜废水的处理等。在收回重金属的同时，完成水的再利用，削减废水的排放量。电镀废水和废液处理，含 Cd^{2+}、Cu^{2+}、Ni^{2+}、Zn^{2+}、Cr^{6+} 等重金属离子和氰化物的电镀废水都适宜用电渗析法处理，其中应用最成熟的是含镍废水处理。

④ 运用离子交换膜扩散渗析法，从酸洗废液中制取硫酸和沉淀重金属离子，从酸洗钢材废液中回收硫酸。有试验表明，在液量平衡的条件下，酸的回收率可达 70％以上，回收的硫酸完全可用于生产。扩散渗析设备的投资可在 2 年内由回收硫酸和硫酸亚铁的收入来偿还。

⑤ 选用电渗析技能改革原有工艺，完成清洁生产。比方运用电渗析法替代离子交换法制取高纯水或软化水，可避免再生废液的产生；运用树脂电渗析法制取高纯水，避免树脂的化学再生。

⑥ 电渗析用于草浆造纸黑液的处理，从黑液中回收碱，从中性造纸废液中回收亚硫酸钠，从中回收化学药品，已得到工业应用。在铝业生产中，电渗析能够从赤泥液中回收碱。在感光胶片洗印职业中，电渗析可用于五颜六色感光胶片漂白废液的处理和黑白显影废液的处理。

⑦ 从放射性废水中分离放射性元素，然后将其浓缩液掩埋。

⑧ 电渗析还可以用于酸、碱性废水及有机废水的处理。例如，电渗析法可以用来处理含有木质素等大量有机物和硅酸盐的造纸黑液。通常采用循环式工艺流程，黑液通过阳极室循环，稀碱液通过阴极室循环。Na^+ 在直流电场作用下通过阳离子交换膜进入阴极室，与电解产生的 OH^- 结合生成 NaOH 得以回收碱。阳板室黑液电解产生 H^+，酸化到一定程度时，大部分木质素便可以沉淀析出。该法既可以回收烧碱和木质素等物质，还可以从纺织和合成纤维工业的废水中回收钠、锌、铜等的硫酸盐。

（3）在化工生产中的应用

化工生产中的 Co^{2+} 和 Ni^{2+} 这两种离子，由于二者性质相近而难以分离开来。利用双极膜电渗析，采用普通电渗析器和双极膜电渗析器的集成操作便可以成功地实现对二者的分离。此外，双极膜由于具有水解离产生 H^+ 和 OH^- 的特性，已广泛应用于跨膜的连续离子交换反应中。具体实例包括从葡萄糖酸盐中分离葡萄糖酸，从氨基酸盐中生产氨基酸，从柠檬酸盐中分离柠檬酸，大豆蛋白的离子交换和从乳酸盐到乳酸的转化等。

（4）在生物制品中的应用

近些年来由于环境污染的问题，使得针对可生物降解聚合物的生产成了一个研究热点。聚乳酸是一种新型的可降解材料，往往使用可再生的植物资源（如玉米等）所提取的淀粉原料进行生产。淀粉原料经由微生物发酵过程生产乳酸，再通过化学聚合形成聚乳酸。于是涌现出很多利用电渗析方法从发酵液中分离乳酸的研究工作。

利用双极膜配合阴阳离子交换膜的电渗析技术可以有效地将发酵液中的乳酸盐转化为乳酸。也就是说，双极膜产生的 H^+ 和 OH^- 通过跨阴离子交换膜或阳离子交换膜所发生离子交换反应而将乳酸盐转化为乳酸和碱。尽管矿物质和葡萄糖会通过离子交换膜而发生泄漏，但这个问题可以通过针对阴、阳离子交换膜材料的选择从而加以解决。

（5）在食品工业中的应用

电渗析技术在食品工业中的应用也非常广泛。例如，使用电渗析技术脱除奶酪乳清中的矿物质已经有几十年的工业化应用历史，在这个实例中，因为磷酸盐、钙和镁离子会与蛋白质和胶体盐紧密结合，所以在脱除矿物质的初始阶段中需将钾离子和氯离子从乳清中除去。因为柠檬酸和磷酸根离子在脱除矿物质的最后一步中会透过膜，所以跨膜电压降也会随之增加。这无疑会加速膜的劣化。从经济性的角度考虑，大约 60% 的无机离子可以通过电渗析除去，余下的 40% 则可以通过离子交换树脂去除。为了防止膜污染的发生，可以尝试采用向浓水侧添加酸和采用倒极电渗析等技术，改进后的工艺显著降低了乳清脱矿物质的成本。

电渗析技术也可应用于制糖业以提高糖的质量和回收率。然而，糖溶液中的胶状物质和有色物质会吸附在阴离子交换膜表面，从而造成严重的有机污染。为预防这种现象的出现，据报道，糖溶液在进入电渗析器之前必须除去污染离子，而且在电渗析过程中使用中性膜来代替阴离子交换膜，从而与阳离子交换膜配对使用。离子交换膜在食品工业中的其他应用还包括从发酵液中回收氨基酸、苯基丙氨酸等。

19.4
反渗透

19.4.1　概述

1784 年，Abble Nollet 发现水能自然地扩散到装有酒精溶液的猪膀胱内，首次揭示了膜分离现象。20 世纪 20 年代，Van′t Hoff 和 J. W. Gibbs 建立了完整的稀溶液理论，并揭示了渗透压与其他热力学性能之间的关系，从而为渗透现象的研究工作奠定基础。反渗透作为一项新型的膜分离技术是在 1953 年美国 C. E. Reid 在佛罗里达大学首先发现醋酸纤维素类膜具有良好的半透性开始的，之后反渗透技术迅速地从实验室走向工业应用，促进了膜科技的发展。

我国反渗透技术的研究始于 1965 年，山东海洋学院（现中国海洋大学）化学系在国内最先进行海水淡化反渗透膜的研究。1967～1969 年国家科委和国家海洋局组织的海水淡化会战为国内海水淡化的发展及醋酸纤维素不对称膜开发打下了良好的基础。20 世纪 70 年代我国进行了中空纤维和卷式反渗透元件的研究，并于 80 年代实现了初步的工业化，20 世纪 70 年代、80 年代我国还对复合膜技术开展了深入的研究。我国反渗透技术主要应用在苦咸水淡化、溶液脱水浓缩和废水再利用等方面，建立了国产反渗透装置在电子工业超纯水、医药用纯水、海岛地下苦咸水以及海水淡化等领域的示范工程。

目前，反渗透膜分离技术已成为海水和苦咸水淡化最经济的技术，是超纯水和纯水制备的优选技术。另外，其还在各种料液的分离、纯化和浓缩，锅炉水的软化，废液的再生回用以及对微生物、细菌和病毒进行分离控制等方面都发挥着应有的作用。

19.4.2　反渗透原理

渗透和反渗透原理示意图见图 19-12。当溶液与纯溶剂被半透膜隔开，半透膜两侧压力相等时，纯溶剂通过半透膜进入溶液侧使溶液浓度变低的现象称为渗透。此时，单位时间内从纯溶剂侧通过半透膜进入溶液侧的溶剂分子数目多于从溶液侧通过半透膜进入溶剂侧的溶剂分子数目，使得溶液浓度降低。当单位时间内，从两个方向通过半透膜的溶剂分子数目相等时，渗透达到平衡。如果在溶液侧加上一定的外压，恰好能阻止纯溶剂侧的溶剂分子通过半透膜进入溶液侧，则此外压称为渗透压。渗透压取决于溶液的系统及其浓度，且与温度有关。如果加在溶液侧的压力超过了渗透压，则使溶液中的溶剂分子进入纯溶剂内，此过程称为反渗透。

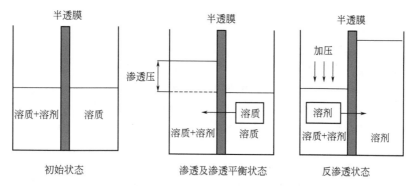

图 19-12　渗透和反渗透原理示意图

只能透过溶剂而不能透过溶质的膜称为半透膜。当把溶剂和溶液（或把两种不同浓度的溶液）分别置于此膜的两侧时，纯溶剂将自然穿过半透膜而自发地向溶液（或从低浓度溶液向高浓度溶液）一侧流动，这种现象叫作渗透。两侧溶液的液面差 H 称为该溶液的渗透压 Π 为：

$$\Pi = RTC \tag{19-17}$$

式中　C——摩尔浓度，mol/L；

　　　R——理想气体常数，$R = 8.314 \mathrm{J/(K \cdot mol)}$；

　　　T——热力学温度，K。

若在溶液的液面上再施加一个大于 Π 的压力 p 时，溶剂将与原来的渗透方向相反，开始从溶液向溶剂一侧流动，这就是所谓的反渗透。凡基于此原理所进行的浓缩或纯化溶液的分离方法，一般称之为反渗透工艺。反渗透是渗透的一种反向迁移运动，它主要是在压力推动下，借助半透膜的截留作用，迫使溶液中的溶剂与溶质分开。

19.4.3　反渗透过程的传质机理

（1）溶解-扩散理论

Lonsdale 等将反渗透膜的活性表面皮层看作致密无孔的膜，并假设溶质和溶剂都能溶解于均质的非多孔膜表面层内，膜中溶解量的大小服从亨利定律，然后各自在浓度或压力造成的化学势推动下扩散通过膜，再从膜下游解吸。

第一步，溶质和溶剂在膜的料液侧表面外吸附和溶解；第二步，溶质和溶剂之间没有相互作用，它们在各自化学位差的推动下仅以分子扩散方式（不存在溶质和溶剂的对流传递）通过反渗透膜的活性层；第三步，溶质和溶剂在膜的透过液侧表面解吸。一般假设第一步、第三步进行得很快，此时透过速率取决于第二步，即溶质和溶剂在化学位差的推动下以分子扩散的形式通过膜。因而，溶解度的差异和在膜相中扩散性的差异强烈地影响着膜通量的大小。

（2）优先吸附-毛细孔流理论

当溶液中溶有不同物质时，其表面张力将发生不同的变化，例如当水中溶入醇、酸、醛、酯等有机物质时，可使其表面张力减小，但溶入某些无机盐类时，反而会使其表面张力稍有增加。研究发现，溶质的分散是不均匀的，即溶质在溶液表面层中的浓度与溶液内部的浓度不同，这种溶质浓度改变的现象称为溶液表面的吸附现象。使表面层浓度大于溶液内部浓度的作用称为正吸附作用，反之称为负吸附作用。这种由表面张力引起的溶质在两相界面上正或负的吸附过程，可形成一个相当陡的浓度梯度，使得溶液中的某一成分优先吸附在界面上。这种优先吸附的状态与界面性质（物化作用力）密切相关。

索里拉金等人提出了优先吸附-毛细孔流理论。以氯化钠水溶液为例，溶质是氯化钠，溶剂是水，膜的表面选择性地吸收水分子而排斥氯化钠，盐是负吸附，水是正吸附，水优先吸附在膜的表面上。在压力作用下，优先吸附的水分子通过膜，从而形成了脱盐的过程。这种理论同时给出了混合物分离和渗透性的一种临界孔径的概念。当膜表面毛细孔直径为纯水层厚的 2 倍时，对一个毛细孔而言，将能够得到最大流量的纯水，此时对应的毛细孔径称为临界孔径。理论上讲，制膜时应使孔径为 2 倍纯水厚度的毛细孔尽可能多地存在，以使膜的纯水通量最大。当膜毛细孔的孔径大于临界孔径时，溶液将从毛细孔的中心部位通过而导致溶质的泄漏。

在该理论中，膜被假定为有微孔，分离机理由膜的表面现象和液体通过孔的传质所决定。膜层有优先吸附水及排斥盐的化学性质，使膜表面及膜孔内形成一几乎为纯溶剂的溶剂层，该层优先吸附的溶剂在压力作用下，连续通过膜而形成产液，其浓度低于料液。在料液和膜表面层之间形成一浓缩的边界层。根据该理论，反渗透过程是由平衡效应和动态效应两个因素控制的。平衡效应是指膜表面附近呈现的排斥力或吸引力；动态效应是指溶质和溶剂通过膜孔的流动性，既与平衡效应有关，又与溶质在膜孔中的位阻效应有关。

（3）形成氢键理论

氢键理论最早由 C. E. Reid 等提出：在醋酸纤维素膜中，由于氢键和范德华力的作用，膜中存在晶相区域和非晶相区域两部分，大分子之间牢固结合并平行排列的为晶相区域，而大分子之间完全无序的为非晶相区域。水和溶质不能进入晶相区域，溶剂水则充满非晶相区域。在接近醋酸纤维素分子的地方，水与醋酸纤维素羰基上的氧原子会形成氢键并构成所谓的"结合水"，当醋酸纤维素吸附了第一层水分子后会引起水分子熵值的极大下降，形成整齐的类似于冰的构造。在非晶相区域的较大的被称为孔的空间里，结合水的占有率很低，在孔的中央存在普通结构的水，不能与醋酸纤维素膜形成氢键的离子或分子以孔穴型扩散方式迁移通过孔的中央部分，而能和膜生成氢键的离子或分子则进入结合水，并以有序扩散方式迁移，通过不断改变和醋酸纤维素形成氢键的位置来通过膜。简单地说，在压力作用下，溶液中的水分子和醋酸纤维素的活化点羰基上的氧原子形成氢键，而原来水分子形成的氢键被断开，水分子解离出来并随之移到下一个活化点形成新的氢键，于是通过这一连串的氢键形成与断开，使水分子离开膜表面的致密活性层而进入膜的多孔层，由于多孔层含有大量毛细管水，水分子能畅通流出膜外。醋酸纤维素的表面活性层只含有结合水，而多孔层除结合水外主要含有大量的毛细管水。在结合水中，靠氢键与膜保持紧密结合的称为一级结合水，它的介电常数很低，对离子无溶剂化作用，离子不能进入一级结合水而透过膜；与膜保持较松散结合的则称为二级结合水，其介电常数与普通水相同，离子可以进入二级结合水并透过膜。理想的膜表面只存在一级结合水，因此对离子有极高的分离率。但实际膜的表面含有少量二级结合水，再加上膜表面存在的某些缺陷，会使少量溶质透过膜而无法达到百分之百地分离。

（4）自由体积理论

H. Yasuda 等基于自由体积的概念提出了均质膜的透过机理，认为膜的自由体积包括了聚合物的自由体积和水的自由体积。聚合物的自由体积指在无水溶胀的由无规则高分子线团堆筑而成的膜中未被高分子占据的空间，而水的自由体积指在水溶胀性的膜中纯水所占据的空间。水可以在整个膜的自由体积中迁移，而盐只能在水的自由体积中迁移，这样一来膜就具有了选择透过性。膜的自由体积并不是膜结构中固定的孔，而是水溶胀性的膜中由于高分子运动的起伏波动而产生的孔隙和孔道，这种孔隙和孔道的尺寸形状可以连续变化，水在这些孔隙和孔道中迁移，由于孔隙和孔道的波动性，水可以以扩散和黏性流两种形式迁移。自由体积理论还建立了与含水率相关的溶质与水的迁移方程，而水的迁移与水分子在膜中的扩散透过系数及压力透过系数相关。但此研究表明膜的含水率并不能与膜的透过特性有良好的相关性。对荷电反渗透膜来说，一般用 Donnan 平衡模型及扩展的 Nernst-Plank 模型来计算膜对溶质的截留率及通量大小。

（5）扩散-细孔流理论

Sherwood 等提出了扩散-细孔流理论，该理论是介于溶解扩散理论与优先吸附-毛细孔流理论之间的理论。该理论认为膜表面存在细孔，水和溶质在细孔和溶解扩散的共同作用下透过膜，膜的透过特性既取决于细孔流，也取决于水和溶质在膜表面的扩散系数。通过细孔的溶液量与整个膜的透水量之比越小，水在膜中的扩散系数比溶质在膜中的扩散系数越大，则膜的选择透过性越好。

以上这些理论在解释反渗透膜的传质机理时，都有各自的局限性，反渗透膜的透过机理还在不断地发展和完善中。

19.4.4　反渗透分离过程特点

① 反渗透分离过程可在常温下进行，且无相变、能耗低，可用于热敏感性物质的分离、浓缩。

② 可有效地去除无机盐和有机小分子杂质，具有较高的脱盐率和较高的水回用率。

③ 膜分离装置简单，操作简便，便于实现自动化。

④ 分离过程要在高压下进行，因此需配备高压泵和耐高压管路；反渗透膜分离装置对进水指标有较高的要求，需对原水进行一定的预处理。

⑤ 分离过程中，易产生膜污染，为延长膜使用寿命和提高分离效果，要定期对膜进行清洗。

19.4.5　反渗透膜的材料与分类

反渗透膜一般要具备以下性能：高脱盐率、高透水率；具有高力学强度和良好的柔韧性；化学稳定性好，耐氯以及酸、碱腐蚀，抗微生物侵蚀；抗污染性能强，适用 pH 值范围广；制备简单，造价低，原料充足，便于工业化生产；耐压密性好，可在较高温度下使用。

目前主要的反渗透膜材料有醋酸纤维素类、芳香族聚酰胺类和聚哌嗪酰胺类。醋酸纤维素反渗透膜为非对称膜，尽管在耐碱性、耐细菌性、产水量等方面不如聚酰胺膜，但因其具有优良的耐氯性、耐污染性而使用至今。芳香族聚酰胺可分为线性芳香族聚酰胺与交联芳香族聚酰胺，前者为非对称膜，后者为复合膜。这类膜具有高交联密度和高亲水性的特点，以及优良的脱盐率、产水量、耐氧化性、有机物去除率和二氧化硅去除率等优点。聚哌嗪酰胺类膜可分为线性聚哌嗪酰胺膜与交联聚哌嗪酰胺膜，后者已有产品上市。该膜具有产水量大、耐氯、耐过氧化氢的特点，可用于对脱盐性能要求高的净水处理和食品等方面。

按照操作压力，反渗透膜可分为三类：高压反渗透膜、低压反渗透膜和超低压反渗透膜。高压反渗透膜用于海水脱盐，主要有五种：三醋酸纤维素中空纤维膜、直链全芳族聚酰胺中空纤维膜、交联全芳族聚酰胺卷式复合膜、芳基烷基聚酰胺卷式复合膜及交联聚醚复合膜。原有苦咸水脱盐的反渗透操作压力高达 2.8～4.2MPa，而采用低压反渗透膜可在 1.4～2.0MPa 的低操作压下脱除盐分，能耗大大降低。另外，低压反渗透膜还可用于电子、制药工业高纯水的生产，食品工业废水处理，饮料用水生产等。使用低压反渗透膜，在减少设备费用和操作费用、提高生产能力的同时，还可以提高对某些有机溶质和无机溶质的选择分离能力。

(1) 对反渗透膜的性能要求

① 选择性好，单位膜面积上透水量大，脱盐率高；

② 机械强度好，能抗压、抗拉、耐磨；

③ 热稳定性和化学稳定性好，能耐酸、碱腐蚀和微生物侵蚀，耐水解、辐射和氧化；

④ 结构均匀一致，尽可能地薄，寿命长，成本低。

(2) 反渗透膜的分类

① 按成膜材料可分为有机膜和无机高聚物膜；

② 按膜的形状可分为平板状膜、管状膜、中空纤维状膜；

③ 按膜结构可分为多孔性膜和致密性膜，或对称性（均匀性）膜和不对称性（各向异性）膜；

④ 按应用对象可分为海水淡化用的海水膜、咸水淡化用的咸水膜及用于废水处理、分离提纯等的膜。

19.4.6 反渗透装置

工业生产中使用的膜分离设备是由多个构造相同的单个装置组合而成的，一般把构成设备的相同的装置称为膜组件（membrane module）。

反渗透膜组件有板框式（plate and frame）、管式（tubular modules）、螺旋卷式（spirals wound）和中空纤维式（hollow fiber）等四种。四种反渗透装置的性能及操作特点见表 19-2。

表 19-2 四种反渗透装置的性能及操作特点

比较项目	板框式	管式	螺旋卷式	中空纤维式
填充密度/(m^2/m^3)	20	150	250	1800
被污染难易	难	中等	易	易
膜清洗难度	内压式易，外压式难	易	难	难
膜更换难度	内压式难，外压式易	一般	易	易
原水预处理成本	低	中等	高	高
相对价格	高	高	低	低

(1) 板框式反渗透膜组件

板框式反渗透膜组件装配图见图 19-13，板框式膜组件工作过程见图 19-14。

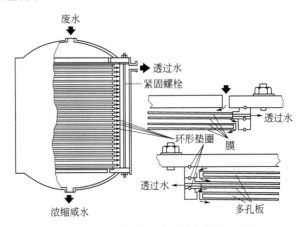

图 19-13 板框式反渗透膜组件装配图

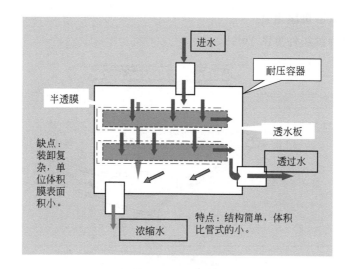

图 19-14 板框式膜组件工作过程

（2）管式反渗透膜组件

管式反渗透膜组件见图 19-15。管式膜组件又分为内压式和外压式，内压式管式膜组件的内部结构示意图见图 19-16，束式外压式膜组件见图 19-17。

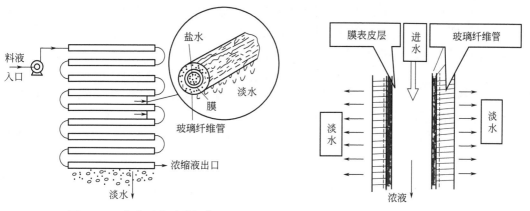

图 19-15 管式反渗透膜组件　　　　　图 19-16 内压式管式膜组件的内部结构示意图

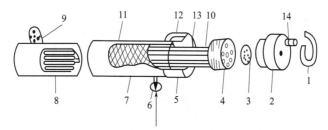

图 19-17 束式外压式膜组件

1—挡圈；2—集水密封环；3—聚氯乙烯烧结板；4—锥形多孔橡胶塞；5—密封管接头；
6—进水口；7—壳体；8—橡胶胆；9—出水口；10—膜元件；11—网套；
12—O 形密封圈；13—挡圈槽；14—淡水出口

内压式管式膜组件的特点：水力条件好，安装、清洗、维修比较方便，能耐高压，可以处理高黏度的原水。缺点是膜的有效面积小，装置体积大，而且两端需要较多的联结装置。

（3）螺旋卷式反渗透膜组件

螺旋卷式反渗透膜组件见图 19-18。

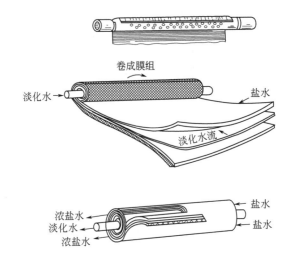

图 19-18　螺旋卷式反渗透膜组件

螺旋卷式反渗透装置的特点：结构紧凑，单位容积的膜面积大，处理能力高，占地面积小，操作方便。缺点是不能处理含有悬浮物的液体，原水流程短，压力损失大，浓水难于循环以及密封长度大，清洗、维修不方便，易堵塞。

（4）中空纤维式反渗透膜组件

中空纤维式反渗透膜组件是由中空纤维膜制成的，中空纤维外径 $50\sim200\mu m$，内径 $25\sim42\mu m$。将数万至数十万根中空纤维制成膜束，膜束外侧覆以保护性格网，内部中间放置供分配原水用的多孔管，膜束两端用环氧树脂加固。将其一端切断，使纤维膜呈开口状，并在这一侧放置多孔支撑板。将整个膜束装在耐压筒内。中空纤维式反渗透膜组件简图见图 19-19。

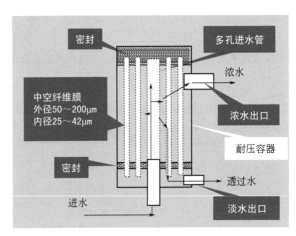

图 19-19　中空纤维式反渗透膜组件简图

中空纤维式反渗透膜组件的特点：单位体积膜表面积大，制造和安装简单，不需要支撑物。缺点是不能用于处理含有悬浮物的废水，预处理必须经过滤处理，难以发现损坏的膜。

19.4.7　反渗透工艺流程

反渗透（RO）工艺一般包括预处理和膜分离两部分。预处理可用物理化学法，也可以用化学法。所采取的预处理方法与原水的物理、化学性质及生物学特性有关，还与膜装置的结构有关。

反渗透工艺流程一般为：原水→原水箱→原水泵→多介质过滤器（石英砂过滤器）→活性炭过滤器→软水处理器（添加阻垢剂装置）→精密过滤器→高压泵→一级反渗透（RO）装置→紫外线杀菌装置（臭氧杀菌装置）→用水点。典型 RO 工艺制备纯水工艺流程图见图 19-20。

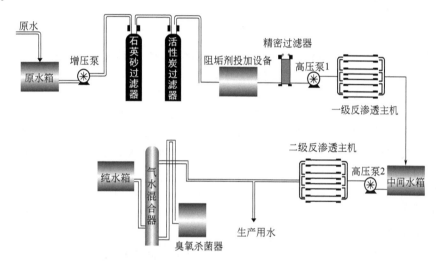

图 19-20　典型 RO 工艺制备纯水工艺流程图

① 原水箱　储存原水，用于沉淀水中的大泥沙颗粒及其他可沉淀物质，同时缓冲原水管中水压不稳定对水处理系统造成的冲击，如水压过低或过高引起的压力传感的反应。

② 增压泵　恒定系统供水压力，稳定供水量。

③ 多介质过滤器　采用有多层过滤层的过滤器，主要目的是去除原水中含有的泥沙、铁锈、胶体物质、悬浮物等粒径在 $20\mu m$ 以上的物质，可选用手动阀门控制或者全自动控制器进行反冲洗、正冲洗等一系列操作，保证设备的产水质量，延长设备的使用寿命。

④ 活性炭过滤器　系统采用果壳活性炭过滤器，活性炭不但可吸附电解质离子，还可进行离子交换吸附。经活性炭吸附还可使高锰酸钾耗氧量（COD）由 $15mg/L$（O_2）降至 $2\sim7mg/L$（O_2）。此外，由于吸附作用使表面被吸附物质的浓度增加，因而还起到催化作用，可去除水中的色素、异味、大量生化有机物，降低水的余氯值和农药污染物，除去水中的三卤化物（THM）以及其他的污染物。同时，设备具有自我维护系统，运行费用很低。

⑤ 离子软化系统/加药系统　为了溶解性固体物质的浓缩排放和淡水的利用，为防止浓水端特别是 RO 装置最后一根膜组件浓水侧 $CaCO_3$、$MgCO_3$、$MgSO_4$、$CaSO_4$、$BaSO_4$、$SrSO_4$、$SiSO_4$ 的浓度积大于其平衡溶解度常数而结晶析出，损坏膜原件的应有特性，在进入反渗透膜组件之前，应使用离子软化装置或投放适量的阻垢剂阻止碳酸盐、SiO_2、硫酸盐的晶体析出。

⑥ 精密过滤器　采用精密过滤器对进水中残留的悬浮物、非曲直颗粒物及胶体等物质去除，使 RO 系统等后续设备运行更安全、更可靠。滤芯为 $5\mu m$ 熔喷滤芯，目的是把上级

过滤单元漏掉的大于 $5\mu m$ 的杂质除去，防止其进入反渗透装置损坏膜的表面，从而损坏膜的脱盐性能。

⑦ 反渗透系统　反渗透装置是用足够的压力使溶液中的溶剂（一般是水）通过反渗透膜（或称半透膜）而分离出来，因为这个过程和自然渗透的方向相反，因此称为反渗透。反渗透法能适应各类含盐量的原水，尤其是在高含盐量的水处理工程中，能获得很好的技术经济效益。反渗透法的脱盐率高，回收率高，运行稳定，占地面积小，操作简便。反渗透设备在除盐的同时，也将大部分细菌、胶体及大分子量的有机物去除。

⑧ 臭氧杀菌器/紫外线杀菌器　杀灭由二次污染产生的细菌，保证成品水的卫生指标。

19.4.8　反渗透膜技术指标

(1) 脱盐率和透盐率

脱盐率——通过反渗透膜从系统进水中去除可溶性杂质浓度的百分比。

透盐率——进水中可溶性杂质透过膜的百分比。

$$脱盐率＝(1－产水含盐量/进水含盐量)\times100\% \tag{19-18}$$

$$透盐率＝100\%－脱盐率 \tag{19-19}$$

反渗透膜元件的脱盐率在其制造成形时就已确定，脱盐率的高低取决于反渗透膜元件表面超薄脱盐层的致密度，脱盐层越致密脱盐率越高，同时产水量越低。反渗透对不同物质的脱除率主要由物质的结构和分子量决定，海德能反渗透膜元件对高价离子及复杂单价离子的脱除率可以超过 99%，对单价离子如钠离子、钾离子、氯离子的脱除率稍低，但也超过了 98%，对分子量大于 100 的有机物脱除率也可达到 98%。

(2) 产水量（水通量）

产水量（水通量）——反渗透系统的产能，即单位时间内透过膜的水量，通常用 t/h 或加仑/天来表示。

渗透流率——也是表示反渗透膜元件产水量的重要指标，指单位膜面积上透过液的流率，通常用加仑每平方英尺每天（GFD）表示。过高的渗透流率将导致垂直于膜表面的水流速加快，加剧膜污染。

(3) 回收率

回收率——膜系统中给水转化成为产水或透过液的百分比。膜系统的回收率在设计时就已经确定，是基于预设的进水水质而定的。通常希望回收率最大化以便提高经济效益，但是应该以膜系统内不会因盐类等杂质的过饱和发生沉淀为它的极限值。

$$回收率＝(产水流量/进水流量)\times100\% \tag{19-20}$$

19.4.9　反渗透的影响因素

反渗透膜的水通量和脱盐率是反渗透过程中关键的运行参数，这两个参数将受到进水压力、进水温度、悬浮物、回收率、进水盐浓度、进水 pH 值等因素的影响。

(1) 进水压力

进水压力本身并不会影响盐透过量，但是进水压力升高使得驱动反渗透的净压力升高，使得产水量加大，同时盐透过量几乎不变，增加的产水量稀释了透过膜的盐分，降低了透盐率，提高了脱盐率。当进水压力超过一定值时，由于过高的回收率，加大了浓差极化，又会导致盐透过量增加，抵消了增加的产水量，使得脱盐率不再增加。

(2) 进水温度

温度对反渗透的运行压力、脱盐率、压降影响最为明显。温度上升，渗透性能增加，在一定水通量下要求的净推动力减小，因此实际运行压力降低。同时溶质透过速率也随温度的升高而增加，盐透过量增加，直接表现为产品水的电导率升高。

温度对反渗透各段的压降也有一定的影响。温度升高，水的黏度降低，压降减少，对于反渗透膜的通道由于污堵而使湍流程度增强的装置，黏度对压降的影响更为明显。

反渗透膜产水的电导率对进水水温的变化十分敏感。随着水温的增加，水通量也线性增加，进水水温每升高 1℃，产水通量就增加 2.5%～3.0%，其原因在于透过膜的水分子黏度下降、扩散性能增强。进水水温的升高同样会导致透盐率的增加和脱盐率的下降，这主要是因为盐分透过膜的扩散速度会因温度的提高而加快。

（3）进水 pH 值

各种膜组件都有一个允许的 pH 值范围，进水 pH 值对产水量几乎没有影响，但是即使在允许范围内，pH 值对脱盐率也有较大影响。一方面 pH 值对产品水的电导率也有一定的影响，这是因为反渗透膜本身大都带有一些活性基团，pH 值可以影响膜表面的电场进而影响到离子的迁移，pH 值对进水中杂质的形态有直接影响，如对可离解的有机物，其截留率随 pH 值的降低而下降；另一方面由于水中溶解的 CO_2 受 pH 值影响较大，pH 值低时以气态 CO_2 形式存在，容易透过反渗透膜，所以 pH 值低时脱盐率也较低，随 pH 值的升高，气态 CO_2 转化为 HCO_3^- 和 CO_3^{2-}，脱盐率也逐渐上升。pH 值在 7.5～8.5 之间时，脱盐率达到最高。

（4）进水盐浓度

渗透压是水中所含盐分或有机物浓度的函数，含盐量越高渗透压越大，进水压力不变的情况下，净压力将减小，产水量降低。透盐率正比于反渗透膜正反两侧盐浓度差，进水含盐量越高，浓度差也越大，透盐率上升，从而导致脱盐率下降。对同一系统来说，给水含盐量不同，其运行压力和产品水的电导率也有差别，给水含盐量每增加 100ppm（1ppm＝10^{-6}），进水压力需增加约 0.007MPa，同时由于浓度的增加，产品水的电导率也相应地增加。

（5）悬浮物

水中的悬浮物就是指在水滤过的同时，在过滤材料表面残留下的物质，以粒子成分为主体。悬浮物含量高会导致反渗透和纳滤系统很快发生严重堵塞，影响系统的产水量和产水水质。

（6）回收率

回收率对各段压降有很大的影响，在进水总流量保持一定的条件下：回收率增加，由于流经反渗透高压侧的浓水流量减少，总压降降低；回收率减小，总压降增大。实际运行表明，回收率即使变化很小，如 1%，也会使总压差产生 0.02MPa 左右的变化。回收率对产品水电导率的影响取决于盐透过量和产品水量，一般说来，系统回收率增大，会增加浓水中的含盐量，并相应增加产品水的电导率。

19.4.10　反渗透膜的污染及防治措施

19.4.10.1　膜污染分类

一旦料液与膜接触，膜污染即开始。对于反渗透过程而言，膜污染通常可分为两大类：可逆膜污染（浓差极化）和不可逆膜污染。前者可通过优化水动力学条件以及控制回收率来缓解其负面影响；后者由于微粒、胶体粒子或溶质分子在膜表面或膜孔道内吸附、沉积造成膜孔径变小或堵塞，使膜选择渗透性能发生不可逆转的变化，这一类污染目前尚无有效措施加以消除，目前所采取的手段多集中于料液预处理优化、抗污染膜元件设计及开发、新型组件结构设计及开发、新型膜清洗策略开发等方面。另外，需要注意的一点是，尽管膜污染与浓差极化存在内在关联性，然而两者在概念上截然不同，需加以区分。

19.4.10.2　膜污染的成因

膜污染是由于被截留的颗粒、胶粒、乳浊液、悬浮液、有机物和电解质等在膜表面或膜孔内部的（不）可逆沉积，这种沉积包括吸附、堵孔、沉淀、滤饼层等。

(1) 可逆膜污染（浓差极化）

由于反渗透膜的选择渗透性，溶剂在水力压力驱动下克服膜两侧渗透压差，由高压侧（高盐侧）渗透到低压侧（低盐侧），而溶质则被膜截留累积在膜高压侧，溶质的"聚集浓缩作用"造成流体主体溶液浓度要小于膜面溶质浓度。受浓差扩散的影响，溶质会发生从膜面向流体主体区域的反向扩散，当溶剂向膜面流动时引起的溶质的流动速度与浓度梯度导致的溶质从膜表面向主体溶液扩散的速度达到平衡时，将在膜面附近存在一个稳定的浓度梯度区浓差极化边界层，这种现象称为浓差极化。浓差极化的存在会引发以下不利影响：①膜表面渗透压升高，传质驱动力下降，溶剂（水）通量下降；②增大难溶盐的浓度，超过其溶度积形成沉淀或者凝胶层，发生滤饼层增强型浓差极化，进一步降低传质阻力，溶剂（水）通量下降，严重时甚至改变膜分离性能；③增加盐通量；④当有机溶质在膜表面达到一定浓度时可能造成膜的溶胀或者溶解，影响膜的渗透选择性；⑤膜污染一旦发生，特别是当污染较为严重时，相当于在膜表面额外形成一层薄膜，势必导致反渗透膜透水性能的大幅度下降，甚至完全消失。

降低浓差极化效应的主要措施有：

① 控制回收率　回收率为渗透产水量与原液进水量的比值。当回收率增大时，主体溶液盐浓度会随着增大，浓差极化因子相应增加，浓差极化将造成膜阻塞和脱盐率下降。尤其对于较低扩散系数的物质，更易发生浓差极化，因此，回收率须控制在更低的水平。

② 控制流型和流程　流体流动状态处于层流区时浓差极化现象最为严重，过渡区次之，湍流区时最小。因而，为减轻浓差极化须使流体处于湍流区（$Re > 4000$）。

③ 填料法　将直径为 $29 \sim 100 \mu m$ 的玻璃球和甲基丙烯酸甲酯小球放入被处理液体中，使其共同流经反渗透膜组件以减小浓度边界层厚度 δ 而增大渗透速率。经对比后发现，高密度（2.5g/mL）的玻璃球要比低密度（0.94g/mL）的甲基丙烯酸甲酯效果更佳。此外，对管式反渗透膜组件而言，可向进料液中添加微型海绵球，效果亦可。不过，对板框式和卷式膜组件而言，加填料存在流道堵塞的潜在风险。

④ 装设湍流促进器　湍流促进器一般是指可强化流态的各类障碍物。例如，对管式膜组件而言，内部可安装螺旋挡板；对板框式或卷式膜组件而言，可内衬网栅等障碍物以促进湍流。实验结果表明，湍流促进器可有效缓解浓差极化效应。

⑤ 脉冲法　对流体施以脉冲时，流动方向的线速度、速度分布及浓度分布都将发生变化。对一定流速而言，振幅越大或振动数（频率）越高，透过速度也越大。

⑥ 搅拌法　主要是在膜面附近增设搅拌器，也可以把装置放在磁力搅拌器上使用。

⑦ 增大扩散系数法　主要是依靠提高温度来实现。

⑧ 流化床法　为了强化膜过滤时的界面传质效应，范德华提出并具体实施了流化床湍流促进试验，这是一种由内装七根直径为 12mm 和 18mm 的管式膜组件构成的流化床。床内装有小于 0.7mm 的玻璃珠，在一定的原水流速下形成流化状态。湍流促进主要是靠小玻璃珠与膜壁的不断碰撞从而减薄界面层厚度使传质系数大为增加，使反渗透过程中的脱盐率和透水率增加 21.7% ～ 35.8%。

（2）不可逆膜污染

不可逆膜污染是指料液中的溶质分子由于与膜存在物理化学相互作用或机械作用而引起的在膜表面或膜孔内的吸附、沉积，从而造成膜孔径的变小及堵塞，进而引起膜分离特性不可逆变化的现象，它可分为两大类。

① 膜表面电性及吸附引起的污染　用反渗透膜处理溶液时，当溶液中的溶质分子碰撞膜表面时，膜与溶质之间或产生范德华力或形成表面化学键，相应地产生物理吸附或化学吸附，这两种吸附作用使膜吸附溶质，造成膜表面上溶液浓度高于主体溶液的浓度，这就是吸附现象引起的不可逆污染，它会使膜的纯水渗透性不可逆地下降。

② 膜表面孔隙的机械堵塞引起的污染　当溶液的浊度较高或污染指数较大时，料液中会有一定量的悬浮颗粒或大分子的胶体，在压力的作用下，纯水透过膜后它们会沉积在膜面上，膜面上沉积物随着处理量增加而增多，导致沉积物厚度增加，膜孔被堵塞的情况会越来越严重，纯水的透过量会越来越低。这就是由膜表面孔隙的机械堵塞引起的不可逆污染。

上述两种污染虽然机理不尽相同，但同属于"不可逆膜污染"，因而应注意尽可能避免发生这种情况。只能通过进水水质的预处理，控制浊度小于 3，控制污染指数 SDI 值小于 5，控制 pH 值及研制抗污染膜等方法，来尽量减少进水中的杂质和胶体物质，降低（Silt Density Index）膜污染速率，从而延长膜使用寿命，降低运行成本。

19.4.10.3　膜污染的预防

（1）预处理

反渗透脱盐过程中，膜本身对 pH 值、温度、化学物质较为敏感，因而对进水水质存在一定的要求，同时膜设备的正常运行亦需对浓差极化、悬浮物、胶体物、乳化油等指标加以限定，在进料液进入膜分离单元之前须对其进行预处理，这是反渗透设备正常运行的关键前提条件。

① 预处理目的

a. 去除超量的悬浮固体、胶体物质以降低浊度；

b. 调节并控制进料液的电导率、总含盐量、pH 值和温度；

c. 抑制或控制微溶盐析出堵塞膜的通道或在膜表面形成涂层；

d. 防止粒子物质和微生物对膜及组件的污染；

e. 去除乳化油和未乳化油以及类似的有机物质；

f. 防止铁、锰等金属的氧化物和二氧化物的沉淀等。

② 预处理方法　包括传统预处理方法和膜法预处理方法。根据预处理方法不同的作用效果，从以下六个方面展开阐述。

a. 悬浮固体和胶体的去除。悬浮固体包括淤泥、氧化铁和腐蚀产物、二氧化锰、与硬度有关的沉淀物、铝的氢氧化物、二氧化硅、硅藻、细菌、有机胶体等，其中胶体最难处理。水中悬浮物和胶体物质的粒径不同，其沉降速度也相差很大。对大颗粒悬浮物而言，在重力作用下易沉降并加以分离。一般在反渗透前，用砂滤、多介质过滤器或使用 $5\sim25\mu m$ 的过滤器就可充分去除。原水中的胶体物质来源于地表水和黏土层的井水中，包括水中的细菌、黏土、胶体和铁的腐蚀物等，澄清器中使用的铝盐、氧化铁、阳离子聚电解质等化学药品在澄清器和随后的过滤中没有被有效去除，阳离子聚电解质与带负电的阻垢剂产生沉淀。由于胶体本身的布朗运动（动力稳定性）、带电稳定性及水化作用，所以尺寸较小的悬浮物及胶体杂质能在水中长期保持稳定分散状态。但在进料液的浓缩过程中，胶体的稳定性会受到破坏而凝聚沉积在膜面上，实践表明，这将改变组件内流体的流动状态，从而使沉积更加严重。实践表明，$0.3\sim5\mu m$ 粒径的悬浮颗粒和胶体最容易引起膜的污染。常用的处理方法包括：絮凝＋多介质过滤，由于胶体粒子尺寸小且具有荷电性，用普通的过滤方法无法去除，为了沉降胶体粒子，常使用不同的化学混凝剂使胶体颗粒以不同的方式失稳，常使用双电层压缩、吸附与电性中和、架桥絮凝或吸附网捕（卷扫）等方法来使胶体粒子凝集成大的胶团，然后再用一般的过滤方法有效地去除这种胶团；微滤＋超滤法预处理，这种方法的优点是可完全去除不溶解的物质，可降低颗粒物的污染风险，可连续操作，产水水质稳定，自动化程度高，设备运行操作简单，不产生过滤残渣或絮凝污泥等废弃物，占地面积小等。

b. 可溶性有机物的去除。进水中可能含有各种有机物：挥发性的低分子有机物（如醇、酮和胺等）、极性和阴离子型有机物（如腐殖酸、富马酸和单宁酸等）、非极性和弱解离有机物（如植物性蛋白等）。这些有机物通常以悬浮和溶解状态存在，某些可溶性有机物的存在不仅使膜性能恶化，在浓缩时甚至会使膜发生溶解。可溶性有机物（长链的可解离成离子型有机脂肪酸等的除外）用沉降或凝聚法无法去除。一般去除可溶性有机物的方法包括：用氯或次氯酸钠进行氧化，几乎能去除全部可溶性的、胶体状的和悬浮性的有机物，氧、臭氧和高锰酸钾虽然是强氧化剂，使用效果好，但成本较高；用活性炭吸附几乎可除去所有非极性的中高分子量的可溶性有机物，由于活性炭能够再生，相对来说还是经济的，但是对那些不能被活性炭吸附的可溶性有机物（如酸等）仍需用氧化法处理；用聚阳离子絮凝剂除去阴离子极性大分子；易挥发性的低分子化合物，可借助脱气法除去；弱解离的大分子可用吸附树脂除去。

c. 可溶性无机物的去除。水中铁的去除方法包括：混凝法，当水中铁盐以氢氧化铁胶体或有机化合物胶体（如腐殖酸铁）形态存在时，可使用混凝剂，使胶体失稳，凝聚成大颗粒，在澄清过滤工艺中除去；曝气法，天然水中的铁以 Fe^{2+} 和 Fe^{3+} 两种形态存在，当深井水中溶解氧的浓度很低且水的 pH 值较低时，水中一般含有 Fe^{2+} 盐，常以 $Fe(HCO_3)_2$ 形式存在，此时需通过曝气法溶入氧除去 Fe^{2+}，但对地表水而言，由于溶解氧含量较大，当其 pH 值在 7 左右时，水中铁几乎都以胶溶状的 $Fe(OH)_3$ 存在；锰砂过滤法，天然锰砂的主要成分是 MnO_2，它是 Fe^{2+} 氧化成 Fe^{3+} 良好的催化剂，当水的 pH＞5.5 时，与锰砂接触，发生化学反应生成 $Fe(OH)_3$ 沉淀物，再经锰砂过滤后被除去，故锰砂滤层起着催化和过滤的双重作用；石灰碱化法，当水中 SO_4^{2-} 含量较大时，除去水中铁，不能用曝气法，只能用石灰碱化法，使生成 $Fe(OH)_3$ 絮状沉淀物，从而达到除铁的目的；除去溶解氧法，DDS 公司采用加入亚硫酸钠的方法去除溶解氧，以阻止铁的氧化，由于溶解氧的去除，从而可达到阻止铁进一步氧化生成胶体的目的；离子交换法，当铁含量不高时，如小于 1mg/L 时，可用钠型离子交换软化除铁，交换后的 $(R-SO_3)_2Fe$ 可用浓 NaCl 溶液再生，然而需要注意的是，当铁含量≥1mg/L 时，会使软化器中毒（污染）。

水中锰、铝的去除：与除铁类似，可使锰形成 $Mn(OH)_2$ 沉淀除去。软化器也有除铁、锰的效果。铝对膜的污染是 $Al(OH)_3$ 沉淀导致的。铝有两性，通常以胶体形式存在，在 pH 值过高或过低时，都会对膜造成污染。在使用铝盐作凝聚剂的系统中，若 pH 控制不好或加药过量，且这种水作为反渗透原始进水，会在调节 pH 防止沉淀过程中产生 $Al(OH)_3$ 沉淀，或者在反渗透过程中超过其溶解度，都会对膜造成污染。因此，pH 值必须控制在 6.5～6.7，使铝剂处理系统中铝的溶解度最低，防止铝对反渗透单元的污染。一般应控制反渗透进水中 Al^{3+} 含量在 0.05mg/L 以下。

硫化氢的去除：一般是使用沉淀和过滤方法将进料液中的粒子物质去除，但对极易氧化成粒子的氧化硫和氧化铁以及硫化氢等粒子，则必须使其先氧化而后过滤除去，在少数情况下，井水中溶解有 H_2S，H_2S 易被氧化生成硫黄而污染膜表面。此时可通过强制曝气使 H_2S 氧化成单质硫，然后用过滤的方法去除。或者防止其氧化，常采用防止氧化法，即将井和进水管线建设为封闭式的，即不使空气和其他氧化物进入的系统。

d. 二氧化硅的去除。二氧化硅在水中常以悬浮颗粒、胶体和硅酸根的形式存在，后两种形式对反渗透装置不利。当二氧化硅在水中浓度高时，还会以硅酸钙或二氧化硅的形式析出。二氧化硅比其他结垢物的溶解度要高，甚至在过饱和状态下有时也较稳定。去除二氧化硅，可使用强碱性阴离子交换树脂吸附，也可以通过石灰处理。

e. 难溶盐（碳酸钙、硫酸钙）沉淀的预防。反渗透过程中水垢是普遍的膜污染物质。当给水水源为海水时，通常考虑碳酸钙成垢；给水水源为苦咸水时，需考虑碳酸钙、硫酸钙成垢。为确定难溶盐可能对膜造成的污染，一般情况下，首先需要对反渗透浓水中 $CaSO_4$ 结垢倾向进行计算，特殊情况下，还需做硫酸钡（$BaSO_4$）、硫酸锶（$SrSO_4$）结垢倾向的计算。通常的方法有软化法（石灰纯碱法、离子交换树脂法）、酸化法、控制运行条件、添加阻垢剂等方法。

f. 水中余氯的去除。对醋酸纤维素膜而言，余氯含量为 0.2～0.5mg/L；对芳香聚酰胺膜而言，为小于 0.1mg/L。当余氯含量超过规定值时可用活性炭或 KDF（一种高纯度铜锌合金过滤介质）吸附，或加入亚硫酸钠来降低余氯含量。

（2）反渗透膜的清洗

无论预处理系统如何完善，操作如何规范严格，在膜设备的长期运行中，膜表面总会逐渐因原水中各种污染物沉积而受到污染，这将造成反渗透装置出水下降或脱盐率以及膜组件进出口压力差的升高，不定期地停产、事故的频繁发生及膜组件的更换等都会使操作费用大增。因此，膜污染严重时需对膜进行周期性清洗，以恢复其良好的透水和脱盐性能。膜的定期清洗和消毒是预防膜污染的重要措施，主要是通过采用不同的清洗方法。

① 物理清洗　包括正渗透、高速水冲洗、海绵球清洗、刷洗、超声清洗、空气喷射等。最简单的是采用低压高流速的膜透过水冲洗 30min，这将在一定程度上使膜的透水性能得到恢复。但随时间的延长，透水率仍将下降。对受有机物初期污染的膜，用水和空气混合流体在低压下冲洗膜面 15min 也是有效的。

② 化学清洗　包括用酸、碱、螯合剂、消毒剂、酶、表面活性剂等。可根据膜的性质及污染物的种类来选择合适的方法。

③ 组合清洗　物理清洗与化学清洗结合。

化学清洗常用试剂有：

a. 酸。有 HCl、H_2SO_4、H_3PO_4、柠檬酸、草酸等。酸对 $CaCO_3$、$Ca_3(PO_4)_2$、Fe_2O_3、Mn_nS_m 等有效，对 SiO_2、$MeSiO_3$（Me＝Mg，Ca）等无效。其中柠檬酸最常用，其缺点是与 Fe^{2+} 形成难溶化合物，可用氨水调节 pH＝4，使 Fe^{2+} 形成易溶的铁铵柠檬酸盐来解决。

b. 碱。有 PO_4^{3-}、CO_3^{2-} 和 OH^- 等，对污染物有松弛、乳化和分散作用，与表面活性剂一起对油脂污物和生物物质有去除作用，另外对 SiO_3^{2-} 也有一定的效果。

c. 螯合剂。最常用的为 EDTA，与 Ca^{2+}、Mg^{2+}、Ba^{2+}、Fe^{3+} 等形成易溶的络合物，故对碱土金属的硫酸盐很有效。其他螯合剂有磷羧酸、葡萄糖酸、柠檬酸和聚合物基螯合剂等。

d. 表面活性剂。降低膜的表面张力，起润湿、增溶、分散和去污作用，最常用的为非离子表面活性剂，如 TritonX-100。

e. 酶。蛋白酶等，有利于有机物的分解。

（3）膜的再生方法

由于表面的缺陷、磨蚀、化学侵蚀和水解等原因，膜在使用中性能会逐渐下降，为了延长膜的寿命，可对膜进行再生。再生前脱盐率应在 80% 以上，再生后可达 94% 以上，低于 80% 脱除率的膜再生效果很差。

① 再生剂　目前只有醋酸纤维素膜和芳香族聚酰胺中空纤维有再生剂。醋酸纤维素膜的再生剂为聚醋酸乙烯酯或其共聚物，芳香族聚酰胺中空纤维的再生剂为聚乙烯甲醚/单宁酸。

② 再生方法　再生时，首先要彻底清洗膜组件，之后配制再生液泵入系统中循环，测定脱除率、产水量和压降等，当达到所需脱除率后，以产品水冲洗，运行到性能稳定为止。

19.4.11　反渗透的应用

反渗透分离技术除在苦咸水和海水淡化领域应用外，近几年在食品、医药、电子工业、电厂锅炉用水、环保等领域的应用日益扩大，在浓缩、分离、净化等方面的潜力也在被逐步挖掘。膜分离技术不仅显示了技术上的可行性，也显示了经济上的优越性。

(1) 海水脱盐

反渗透装置已成功地应用于海水脱盐，并达到饮用级的质量。但海水脱盐成本较高，目前主要用于特别缺水的中东产油国。用 RO 进行海水淡化时，因海水含盐量较高，除特殊高脱盐膜以外，一般均需要采用二级 RO 系统脱盐。海水经 Cl_2 杀菌、$FeCl_3$ 凝聚处理及双层过滤器过滤后，调节 pH 值至 6 左右。对耐氯性能差的膜组件，海水在进 RO 装置之前还需用活性炭脱氯或用 $NaHSO_3$ 进行还原处理。目前，在天津、山东长岛以及浙江等地已经建立了反渗透海水淡化示范工程，取得了良好的效果。

(2) 苦咸水淡化

苦咸水含盐量一般比海水低很多，通常是指含盐量在 1500～5000mg/L 的天然水、地表水和自流井水。在世界许多干燥贫瘠、水源缺乏的地区，苦咸水通常是可利用水的主要部分。反渗透膜法处理苦咸水发展迅速，已用于向居民区提供饮用水。在美国衣阿华州的 Genfield 以及佛罗里达州的 Rotonda West，反渗透膜法苦咸水淡化已经得到了应用，成本也较低。据调查，1990 年海水淡化占总造水量的 10%～20%，而苦咸水、废水处理占 80% 以上。因此，苦咸水淡化用膜及其组件，特别是低压、高通量膜的开发是反渗透的研究方向。

(3) 超纯水生产

反渗透膜分离技术已被普遍用于电子工业纯水及医药工业无菌纯水等超纯水制备系统。采用反渗透膜装置可有效地去除水中的小分子有机物、可溶性盐类，可有效地控制水的硬度。半导体电子工业所用的高纯水，以往主要是采用化学凝集、过滤、离子交换等方法制备，这些方法的最大缺点是流程复杂、再生离子交换树脂的酸碱用量大、成本高。随着电子工业的发展，对生产中所用纯水水质提出了更高的要求。由膜技术与离子交换法组合过程所生产的纯水中杂质的含量已接近理论纯水值。

目前，美国电子工业已有 90% 以上采用反渗透和离子交换相结合的装置。据报道，在原水进入离子交换系统以前，先通过反渗透装置进行预处理，可节约成本 20%～50%。

(4) 工业污水的处理

工业污水是水、化学药品以及能量的混合物，污水的各个组分可视作污染物，同时，也可视作资源，其所含组分常常具有可利用价值，因此工业污水的处理在考虑降低排放量的同时，还要考虑资源的重复利用。在工业污水的处理过程中，不但可以回收有价值的物料，如镍、铬及氰化物,而且同时解决了污水排放的问题。

①　电镀行业污水处理　在电镀行业中,一般都排放含有大量有害重金属离子的废水。由于反渗透膜对高价金属离子具有良好的去除效果,而且重金属的价数越高越容易分离,所以,它不仅可以回收废液中几乎全部的重金属,而且可以将回收水再利用。因而,采用反渗透法处理电镀废水是比较经济的,具有广阔的应用前景。

②　电厂污水处理　燃煤电厂从锅炉到涡轮机环路所需的水质要求各不相同,用量最大的是用于冷却循环的中等水质的水。冷却塔排放的污水,采用反渗透膜法处理,再将处理时的不同水质的水用于循环系统,可大大降低能耗、节约资源。

③　纸浆及造纸工业废水处理　反渗透装置在造纸工业中用于处理大量废水,降低造纸厂排放水的色度、生化耗氧量以及其他有害杂质,并使部分水得以循环利用。在处理污水的同时,还可以提取有用的物质。

④　放射性废水的浓缩　原子能发电站的废水特点是水量大,放射性密度低。分离技术很适合用于处理这种废水,而且金属盐类是否具有放射性对分离效率没有影响,另外,核电站加压水反应堆操作中的蒸汽发生器的排污经反渗透装置处理后,其排污量为原来的 1/10。

(5)　食品工业用水

①　奶制品加工　采用反渗透与超滤相结合的办法可对分出奶酪后的乳浆进行加工,将其中所含的溶质进行分离,得到主要含有蛋白质、乳糖以及乳酸的浓缩组分,同时对含盐乳清进行脱盐处理,减少了环境污染。Stauffer Chemical 公司采用这种超滤与反渗透相结合的技术,回收乳清蛋白的年处理量已达 27 万吨的规模。

②　果汁和蔬菜汁加工　采用蒸发法浓缩果汁会造成各种挥发性醇、醛和酯的损失,造成浓缩汁质量降低,采用反渗透膜装置可在常温下对果汁及蔬菜汁进行浓缩加工,可保持原有营养成分和口味特性。

(6)　油水乳液的分离

在金属加工中,要用油水乳液润滑及冷却工具及工作台。采用超滤与反渗透结合的方法处理废油水乳液时,将超滤的透过水再经过反渗透做深度处理,这样不仅使排放水达标,还可以得到浓缩的油相,油相既可以焚烧掉也可以经进一步精练制得可以回用的油,这样既减小了对环境的污染,又提高了材料的利用率。

19.5

微滤

19.5.1　概述

微滤与反渗透、超滤均属压力驱动性膜分离技术。微孔滤膜具有比较整齐、均匀的多孔结构,孔径范围为 $0.05 \sim 20 \mu m$,主要除去微粒、亚微粒和细粒物质。目前,在反渗透、超滤和微滤三种膜分离技术中,以微滤的应用最为广泛,微孔滤膜在各种分离膜中的产值最高,占世界膜技术总产值的 50% 以上。

早在 1907 年,Bechhold 等人就制得系列化多孔火胶棉并发表了第一篇系统研究微孔滤膜性质的报告,首先提出了采用气泡法测量微孔滤膜孔径的方法。1918 年,Zsigmondy 等人最早提出规模化生产硝化纤维素微孔滤膜的方法,并于 1921 年获得专利。1925 年,德国

Gottingen 成立了世界上第一个微孔滤膜公司——Sarto-rius Gmbh，专门生产和经销微孔滤膜。1947 年，英、美等国相继成立了工业生产机构，开始生产硝化纤维素微孔滤膜，并将其用于水质和化学武器的检测。20 世纪 60 年代，随着聚合物材料的研究开发、成膜机理的研究和制膜工艺的改进，微孔滤膜品种不断增加，其应用领域得到了极大的拓宽。

微滤技术在中国的研究开发较晚。20 世纪 50～60 年代，我国一些科研部门对微孔滤膜进行了小规模的试制和应用，但基本上没有形成工业规模的生产能力。真正的起步应算是 20 世纪 70 年代末期和 80 年代初期，上海医药工业研究院等单位对微孔滤膜进行了较系统的研究。目前，国内已有了混合纤维素等商品化的微滤膜。由于国产微滤产品性能稳定，价格低廉，占据着国内大部分市场份额。与国外相比，我国相转化法生产的微滤膜的性能和国外同类产品性能基本一致；褶筒式滤芯已在许多场合下替代了进口产品，得到了广泛应用；控制拉伸生产的聚乙烯、聚丙烯等微滤膜，以其价廉、耐溶剂等优点在不断拓宽市场。目前，我国生产的微滤膜不仅在常规下广泛使用，而且在酸、碱、高温等要求苛刻的场合也得到了一定的应用，微滤技术已在我国的饮料、食品、电子、石油化工、医药、分析检测和环保等领域获得广泛应用，取得了很好的经济效益、社会效益和环境效益。

19.5.2　微滤膜的分离机理

微滤是以静压差为推动力，利用膜的筛分作用进行分离的膜过程，其分离机理与普通过滤相类似，但过滤精度较高，可截留 $0.03\sim15\mu m$ 的微粒或有机大分子，因此又称其为精密过滤。在静压差的作用下，小于膜孔径的粒子通过滤膜，比膜孔径大的粒子则被截留在膜面上，使大小不同的组分得以分离，操作压力为 0.1MPa 左右。

微滤技术是深层过滤技术的发展，使过滤从一般的深层介质过滤发展到精密的绝对过滤。因此，微孔滤膜的物理结构和膜的截留机理对分离效果起决定性作用。此外，吸附和电性能等因素对截留也有一定的影响。

微孔滤膜的截留机理因为结构上的差异而不尽相同，如图 19-21 所示。

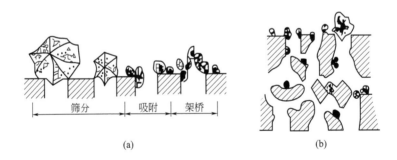

图 19-21　微孔滤膜截留机理

通过电镜观察，微孔滤膜的截留机理大体可分为以下四种。

① 机械截留作用　微孔滤膜可截留比膜孔径大或与膜孔径相当的微粒，即筛分作用。

② 物理作用或吸附截留作用　膜表面的吸附和电性能对截留起着重要的作用。

③ 架桥作用　通过电镜可以观察到，在微孔滤膜孔的入口处，微粒因架桥作用同样也可以被截留。

④ 网络型膜的网络内部截留作用　微粒截留在膜的内部而不是在膜的表面［图 19-21(b)］。

由以上截留机理可见，机械作用对微孔滤膜的截留性能起着重要作用，但微粒等杂质与孔壁间的相互作用也同样不可忽视。

19.5.3 微滤的应用

(1) 电子工业

自 20 世纪 60 年代以来,随着集成电路的开发,微滤技术一直用来从生产半导体的液体中去除粒子。微滤在电子工业纯水制备中主要有两方面的作用:第一,在反渗透或电渗析前作为保安过滤器,用以去除细小的悬浮物;第二,在阴、阳交换柱或混合交换柱后,作为最后一级终端过滤手段,滤除树脂碎片或细菌等杂质。

(2) 医药卫生

医药行业所用的药剂、溶液、注射用水必须是灭菌的,采用微滤技术可经济方便地去除水中的细菌等微生物和悬浮物,制备无菌液体。

微滤的作用主要是分离病毒、细菌、胶体及悬浮微粒,以分离溶液中大于 $0.05\mu m$ 的微细粒子为特征,切割分子量值大于 100 万。在水的精制,药物中细菌和微粒的去除,生物和微生物的检测、化验以及医学诊断等方面,微滤都显示出其独特的功效,因此它的应用范围十分广泛。目前,应用微滤技术生产的药物品种主要有葡萄糖大输液、右旋糖酐注射液、维生素 C、维生素 B_1、维生素 B_2、维生素 B_6、维生素 B_{12} 等注射剂。此外,微滤技术还用于昆虫细胞的获取、大肠杆菌的分离、组织液培养以及多种溶液的灭菌处理等。

(3) 水处理

使用膜技术进行城市污水和工业废水处理,可生产出不同用途的再生水,如工业冷却水、绿化用水和城市杂用水,是解决水资源匮乏的重要途径。近年来,微滤作为水的深度处理技术开始得到了快速发展。

(4) 海水淡化

由于水资源严重匮乏,许多国家和城市特别是沿海城市开始利用膜技术进行海水淡化,一方面取得了淡水资源,另一方面可对海水进行有效的综合利用。微滤用于海水的深度预处理,去除海水中的悬浮物、颗粒以及大分子有机物,为反渗透提供原料水。

(5) 食品、饮料工业

食品、酿酒业、麦芽酿造业及软饮料工业的生产过程需要大量水并产生大量的废水,最近几年最明显的趋势是重视啤酒生产废水的再利用。对于不涉及啤酒生产过程的清洁用水使用情况(如冲洗容器或卡车),使用砂滤已足以将大量的悬浮物去除,但作为瓶装冲洗水以及在生产过程中涉及原料的用水必须保证合格的水质,经厌氧生物处理后的出水再经过连续微滤处理和消毒即可回用,可有效地脱除酿造行业(如啤酒、白酒以及酱油等)中的酵母、霉菌以及其他微生物,得到的滤过液清澈、透明、保质期长,这是一个经济有效的解决方案,可实现零排放。另外,微滤技术还可用于食品中细菌等微生物的检验。

(6) 油田采出水处理

国内大部分油井采出的表层原油大都是油水共存的(有的油水比为 3:7),经油水分离后,采出水要回灌到地层深处,以防地壳下沉。对回灌水的要求是除去 $0.5\mu m$ 以上的悬浮物及细菌,SS 小于 $1mg/L$,油含量小于 $2mg/L$。而采出水本身水质差,其中矿化度高,SS 含量高,含黑色原油,水温又高,很难处理,因此采出水回灌问题一直未能解决。采用聚丙烯中空纤维微滤装置作为终端装置,其出口水完全达到回灌要求。

19.6

超滤

19.6.1 概述

超滤现象在 130 多年前就已经被发现，最早使用的超滤膜是天然的动物脏器薄膜。1861 年，Schmidt 首次公开用牛心包膜截留可溶性阿拉伯胶的实验结果，堪称世界上第一次超滤试验。1907 年，Bechhold 较系统地研究了超滤膜，并首次采用"超滤"这一术语。1963 年，在 Loeb Sourirajan 成功试制不对称反渗透醋酸纤维素（CA）膜的影响下，Michaels 开发了不同孔径的不对称醋酸纤维素超滤膜。1965～1975 年，超滤技术经历了大发展阶段，膜材料从醋酸纤维素扩大到聚苯乙烯、聚偏二氟乙烯、聚碳酸酯、聚丙烯腈、聚醚砜和尼龙等，许多新品种高聚物超滤膜被研发出来并很快商品化。

我国的超滤技术在 20 世纪 70 年代中期起步，我国拥有完全自主知识产权的第一支国产超滤膜于 1974 年诞生于天津纺织工学院膜分离研究所（即现在的天津膜天膜科技股份有限公司），80 年代经历大发展，90 年代获得广泛应用。目前国内超滤膜的制造厂商多达一百家，是我国膜产业中企业数量最多、产品种类最多、产品产量最大、产品质量能与国外产品抗衡的一项膜技术。

19.6.2 超滤分离原理

超滤属于压力驱动型膜分离技术，其操作静压差一般为 0.1～0.5MPa。超滤的膜孔径为 5～40nm，截留分子量为 1000～300000。在静压差推动力的作用下，原料液中溶剂和小溶质粒子从高压的料液侧透过膜流到低压侧，大粒子组分被膜所阻挡，有效截留蛋白质、酶、病毒、胶体、染料等大分子溶质的筛孔分离过程称为超滤。超滤具有以下优点：①在常温无相变的温和条件下进行封闭操作，操作简单，能耗低；②分离装置简单，占地面积小，单级分离效率高；③工艺流程简单，兼容性强，容易与其他工艺集成；④物质在膜分离过程中不发生质的变化，不产生副产物，适合对 pH 值、温度、离子强度敏感的物质进行分离、浓缩或纯化；⑤无试剂加入，故无二次污染，绿色环保，清洁高效；⑥采用不同截留分子量的超滤膜可以实现有机化合物的分级或分离。

一般认为超滤的分离机理为筛孔分离过程，但膜表面的化学性质也是影响超滤分离的重要因素。膜截留方式主要包括：膜表面的机械截留（筛分）、孔中滞留而被除去（阻塞）和膜表面及微孔内的吸附（一次吸附）。超滤原理示意图见图 19-22。

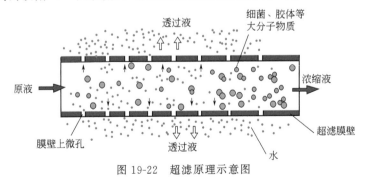

图 19-22　超滤原理示意图

19.6.3 超滤与反渗透的异同

超滤同反渗透一样，都是利用膜来分离废水中溶解的物质。

两种方法的共同点在于：两种过程的动力同是溶液的压力，在溶液的压力下，溶剂分子通过薄膜，而溶解的物质被阻滞在膜表面上。

两者的区别在于：

① 膜不同　超滤所用的膜（超滤膜）较疏松，透水量大，除盐率低，一般用超滤分离高分子有机物和低分子有机物以及无机离子等，能够分离的溶质分子至少要比溶剂分子大10 倍，在这种系统中渗透压已经不起作用了。反渗透所用的膜（反渗透膜）致密，透水量低，除盐率高，具有选择透过能力，用以分离分子大小大致相同的溶剂和溶质。

② 机理不同　超滤的去除机理主要是筛滤作用。在反渗透膜上分离过程伴随有半透膜、溶解物质和溶剂之间复杂的物理化学作用。

③ 工作压力不同　超滤的工作压力低（0.07～0.7MPa），反渗透所需的工作压力高（大于 2.8MPa）。

超滤装置与反渗透装置类似，目前我国试验研究及生产中普遍用管式装置。

19.6.4 超滤膜材料

超滤膜性能的优劣主要取决于膜材料和成膜工艺条件。其中，膜材料是决定膜性能的主要因素。超滤膜材料可分为有机高分子材料和无机材料两大类。不同的膜材料具有不同的成膜性能，化学稳定性，耐酸、耐碱、耐氧化剂和耐微生物侵蚀等性能。

（1）有机高分子材料

用于制备超滤膜的有机高分子材料主要来自两方面：①由天然高分子材料改性而得，如纤维素衍生物、壳聚糖等；②由有机单体经过高分子聚合反应制备得到，如聚砜类、聚乙烯（PE）、聚丙烯腈（PAN）、聚氯乙烯（PVC）、含氟材料等。

纤维素是资源丰富的天然高分子材料，由于材料本身分子量较大，不易加工，因此必须对其进行化学改性。其中最常用的纤维素衍生物有醋酸纤维素、三醋酸纤维素等，此类材料具有亲水性强、成孔性好、来源广泛、价格低廉等优点。醋酸纤维素超滤膜的孔径分布和孔隙率大小可通过改变质液组成、改变凝固条件以及进行膜的后处理等方面加以控制。

聚砜类膜材料是主链上含有砜基和芳环的高分子化合物，主要有双酚 A 型聚砜（PSf）、聚醚砜（PES）、酚酞型聚醚砜（PES-C）、磺化聚砜（SPSf）、聚砜酰胺（PSA）等。芳香族聚砜化学结构中的硫原子处于最高氧化价态，且邻近苯环，因此具有良好的化学稳定性。此外，醚基与异次丙基的存在使这类聚合物具有良好的柔韧特性和足够的力学性能。由于聚砜类膜材料的优良特性，所制备的膜也具有良好的热稳定性、机械性能、化学稳定性、宽的 pH 值使用范围以及较高的抗氧化性能，被广泛用于超滤膜和复合膜中多孔支撑膜的制作。聚砜酰胺结构中的砜基提供给材料良好的抗氧化性，酰胺基团增加了分子链之间的作用力，使其机械性能提高，因而具有耐高温（约 125℃）、耐酸碱（pH＝2～10.3）、耐有机溶剂（乙醇、丙酮、乙酸乙酯、乙酸丁酯、苯、醚及烷烃等）等优良特性，既可用于水溶液中物质的分离，也可用于有机溶液中物质的分离。

常用的聚烯烃类超滤膜材料主要有低密度聚乙烯、高密度聚乙烯、聚丙烯、聚丙烯腈、聚氯乙烯、聚偏二氟乙烯等。

（2）无机材料

超滤膜所使用的无机材料有陶瓷、金属、玻璃、硅酸盐、沸石及碳素等，其中以陶瓷膜为最常用材料，炭膜次之。20 世纪 80 年代以来，陶瓷作为功能材料加以开发利用受到关注。按照材料的化学结构，陶瓷可分为纯氧化物陶瓷，如 Al_2O_3、SiO_2、ZrO_2、TiO_2 等，以及非氧化物系陶瓷，如碳化物、硼化物、氮化物和硅化物等。陶瓷膜材料在物理方面具有耐高温、硬度高、耐磨等性能，在化学方面具有催化、耐腐蚀、吸附等功能，在生物方面具有一定的生物相容性。目前陶瓷超滤膜大多用粒子烧结法制备基膜，并用溶胶-凝胶法制备反应层。两层制备所用材料有差别：制备基膜的材料可以是以高岭土、蒙脱石、工业氧化铝等为主要成分的混合材料；而以其反应层主要成分来区分，常用陶瓷超滤膜可分为 Al_2O_3、ZrO_2 和 TiO_2 膜。多孔 Al_2O_3 膜、ZrO_2 膜及玻璃膜均已商品化，可以大规模供应市场，构型有片状、管状及多通道状。其他材料的陶瓷膜，如 TiO_2 膜、碳化硅膜及云母膜等，也有研究和实验室规模的报道。由多孔陶瓷制得的超滤膜，具有化学稳定性好、耐酸碱、耐有机溶剂、机械强度高、可反向冲洗、耐高温、过滤精度高、使用寿命长等优点，并可在高温及腐蚀过程（如食品加工、催化反应等）中使用。

19.6.5　超滤系统操作参数

正确地掌握和控制操作参数对超滤系统的长期稳定运行是极为重要的，操作参数一般主要包括：流速、压力、压力降、浓缩水排放量、回收比和工作温度。

(1) 流速

流速是指原液（供给水）在膜表面上流动的线速度，是超滤系统中的一项重要操作参数。流速较大时，不但造成能量的浪费和产生过大的压力降，而且加速超滤膜分裂性能的衰退。反之，如果流速较小，截留物在膜表面形成的边界层厚度增大，引起浓度极化现象，既影响了透水速率，又影响了透水质量。最佳流速是根据实验来确定的。中空纤维超滤膜，在进水压力维持在 0.2MPa 以下时，内压膜的流速仅为 0.1m/s，该流速的流型处在完全层流状态，外压膜可获得较大的流速。毛细管型超滤膜，当毛细管直径达 3mm 时，其流速可适当提高，对减少浓缩边界层有利。必须指出两方面的问题：其一是流速不能任意确定，与进口压力和原液流量有关；其二是对于中空纤维膜或毛细管膜而言，流速在进口端是不一致的，当浓缩水流量为原液的 10% 时，出口端流速近似为进口端的 10%。此外，提高压力增加了透过水量，对流速的提高贡献极微。因此增加毛细管直径，适当提高浓缩水排量（回流量），可以使流速得到提高，特别是在超滤浓缩过程中，如电泳漆的回收时可有效提高其超滤速率。在允许的压力范围内，提高供给水量，选择最高流速，有利于中空纤维超滤膜性能的保证。

(2) 压力和压力降

中空纤维超滤膜的工作压力范围为 0.1～0.6MPa，是泛指在超滤的定义域内，处理溶液通常所使用的工作压力。分离不同分子量的物质，需要选用相应截留分子量的超滤膜，则操作压力也有所不同。一般塑壳中空纤维内压膜，外壳耐压强度小于 0.3MPa，中空纤维耐压强度一般也低于 0.3MPa，因而工作压力应低于 0.2MPa，而膜的两侧压差应不大于 0.1MPa。外压中空纤维超滤膜耐压强度可达 0.6MPa，但对于塑壳外压膜组件，其工作压力亦为 0.2MPa。必须指出，由于内压膜直径较大，当用作外压膜时，易于压扁并在黏结处切断，引起损坏，因此内外压膜不能通用。

当需要超滤液具有一定压力以供下一工序使用时，应采用不锈钢外壳超滤膜组件，该中空纤维超滤膜组件，使用压力达到 0.6MPa，而提供超滤液的压力可达 30m 水柱，即 0.3MPa 压强，但必须保持中空纤维超滤膜内外两侧压差不大于 0.3MPa。

在选择工作压力时除以膜及外壳耐压强度为依据外，必须考虑膜的压密性及膜的耐污染能力，压力越高透水量越大，相应被截留的物质在膜表面积聚越多，阻力越大，会引起透水速率的衰减。此外，进入膜微孔中的微粒也易于堵塞通道。总之，在可能的情况下，选择较低的工作压力，对膜性能的充分发挥是有利的。

中空纤维超滤膜组件的压力降，是指原液进口处压力与浓缩液出口处压力之差。压力降与供水量、流速及浓缩水排放量有密切关系。特别对于内压型中空纤维超滤膜或毛细管型超滤膜，沿着水流方向膜表面的流速及压力是逐渐变化的。供水量、流速及浓缩水排放量越大，则压力降越大，导致下游膜表面的压力不能达到所需的工作压力，膜组件的总产水量会受到一定影响。在实际应用中，应尽量控制压力降值不要过大，随着运转时间的延长，由于污垢积累而增加了水流的阻力，使压力降增大，当压力降高出初始值 0.05MPa 时应当进行清洗，疏通水路。

（3）回收比和浓缩水排放量

在超滤系统中，回收比与浓缩水排放量是一对相互制约的因素。回收比是指透过水量与供给量之比率，浓缩水排放量是指未透过膜而排出的水量。因为供给水量等于浓缩水与透过水量之和，所以如果浓缩水排放量大，回收比则较小。为了保证超滤系统的正常运行，应规定组件的最小浓缩水排放量及最大回收比。在一般水处理工程中，中空纤维超滤膜组件的回收比约为 50%～90%。其选择根据为进料液的组成及状态，即能被截留的物质的多少、在膜表面形成的污垢层厚度及对透过水量的影响等多种因素决定回收比。在多数情况下，也可以采用较小的回收比操作，而将浓缩液排放回流入原液系统，通过加大循环量来减小污垢层的厚度，从而提高透水速率，有时并不提高单位产水量的能耗。

（4）工作温度

超滤膜的透水能力随着温度的升高而增大，一般水溶液的黏度随温度升高而降低，从而降低了流动的阻力，相应提高了透水速率。在工程设计中应考虑工作现场供给液的实际温度。特别是季节的变化，当温度过低时应考虑温度的调节，否则随着温度的变化其透水率变化幅度有可能在 50%左右。此外，过高的温度亦将影响膜的性能。通常情况下中空纤维超滤膜的工作温度应在 （25±5）℃，需要在较高温度状态下工作则可选用耐高温膜材料及外壳材料。

19.6.6　超滤的应用

（1）工业废水处理

超滤技术在工业废水处理方面的应用十分广泛，特别是在汽车、仪表工业的涂漆废水，金属加工业的漂洗水以及食品工业废水中回收蛋白质、淀粉等方面是十分有效的，而且具有很高的经济效益。国外早已大规模用于生产实际中。

① 纺织印染废水处理　纺织印染废水具有色度高、化学耗氧量（COD）高和排放量大的特点，尤其是在化纤生产、纺织、印染加工过程中，大量使用表面活性剂、助剂、油剂、浆料、树脂、染料等，使纺织废水的 COD 越来越高。且由于这些合成物质难以被微生物所降解，使通常的生化处理无能为力，而成为当前纺织废水治理中的大难题。

超滤膜可有效去除废水中的有机分子。采用一套过滤面积为 $10m^2/d$ 的超滤膜装置处理印染废水，一年可回收染料 3.5t 左右，约 20 万元。经回收染料后的染色废水，COD 去除率达 80%左右，色度去除率达 90%以上。在化纤油剂废水处理方面，一般含油浓度 2～4g/L 的废水，经超滤可浓缩至 40～45g/L。浓缩后的油剂，可实行闭路循环，回用于生产，也可降解使用，或作毛条厂的洗毛剂等其他用途。废水经超滤处理后，油剂及 COD 去除率达 80%～90%。因此，只需进一步生化处理即可达标排放，且由于免除了大量污泥的生成，而为工厂废水治理带来了极大的方便。

② 造纸工业废水处理　用膜法处理造纸废水，主要是对某些成分进行浓缩并回收，而透过水又重新返回工艺中使用。主要回收的物质是磺化木质素，它可以返回纸浆被再利用，具有很大的环境效益和经济效益。为了防止废水中胶体粒子、大分子量的木质纤维、悬浮物以及钙盐在膜面的附着析出，造成浓差极化，要求水在膜表面具有较高的流速，一般要求在 1m/s 以上。当膜表面被污染时，可采取间歇降压运行、海绵球冲洗、酶洗涤剂及 EDTA 络合剂清洗等方法。

在各种水处理方法中，膜分离法具有更大的吸引力。它和其他方法相比具有分离效率高、分离过程无相变化、操作简单、节省能源，可使废水和有价值的物质回用等优点。在造纸工业中，采用超滤技术对废水进行处理，可实现三个目的，即：将纸浆废水中的木质素分子量分级、提纯；实现稀亚硫酸盐、稀硫酸盐的浓缩和回收；去除漂白废水中的色度和有机氯。

③ 含油废水的处理　含油废水来自钢铁工业、机械工业、石油精制、原油采集和运输及油品的使用过程中。含油废水包括三种：浮油、分散油和乳化油。前两种比较容易处理，机械分离、凝聚沉淀、活性炭吸附等方法处理后，油分可降至几毫克每升以下，而乳化油含有表面活性剂、有机物，以微米级大小的粒子存在于水中，重力分离和粗粒化法处理起来都比较困难。采用超滤技术，可以使油分浓缩，使水和低分子有机物透过膜，从而实现油水分离。

（2）食品工业中的应用

新榨取的果汁中往往含有单宁、果胶、苯酚等化合物而呈现浑浊态，传统方法是采用酶、皂土和明胶使其沉淀，然后取其上清液得到澄清的果汁，目前，采用超滤技术来澄清果汁，只需脱除部分果胶，可大大减少酶的用量，省去了皂土和明胶，降低了生产成本。浊度由传统方法的 1.5～3.0NTU 降低到膜法的 0.4～0.6NTU。同时，还去除了液体中所含的菌体，延长了果汁的保质期。

在酿酒行业，经过硅藻土过滤后的成品酒中仍有少量的酵母、杂菌、蛋白质以及多糖和其他丹宁组成的胶体等，这些杂质的存在会使酒类失去光泽、浑浊、沉淀、口味变坏，甚至酸败。若对经过常规过滤的发酵液再进行超滤处理，则不仅能完全阻截全部菌类，而且使蛋白质、糖类、丹宁降低到最低量，从而可以制得色泽清亮透明、泡沫性较好的优质啤酒。由于此法对啤酒进行"冷除菌"，不仅省时省工，而且节能，保存期可达两个月以上。

乳品工业生产过程中会产生大量的乳清。采用超滤技术可将脱脂牛奶浓缩 3～4 倍，浓缩液用于发酵生产奶酪，收率可提高 20％以上，可节约 6％的牛奶。

（3）高纯水的制备

许多工业用水都需用高纯水。例如，在集成电路半导体器件的切片、研磨、外延、扩散、蒸发等工艺过程中，必须反复用高纯水清洗。要求高纯水无离子、无可溶性有机物、无菌体和大于 0.5μm 的粒子。

（4）生物制药领域的应用

在生物制药领域，酶是一种分子量在 10000～100000 的蛋白质。从微生物中提取的酶溶液中含有许多无机盐、糖、肽、氨基酸等低分子组分，这些组分对于酶制剂的脱色、除味、吸湿性和结块都有很大的影响。传统的减压浓缩、盐析及有机溶剂沉淀法过程较为复杂，制品纯度及回收率都很低，且费用昂贵。采用超滤技术可有效地去除小分子，而保留酶的性质。进行酶的提纯和浓缩，过程简单，可减少杂质的污染，并能防止酶的失活，大大提高了酶的回收率和质量。一般，超滤技术与传统的减压蒸馏、盐析等手段相比较，产品纯度提高 4～5 倍，酶回收率提高 2～3 倍，高污染液的产生量降低为原来的 1/4～1/3。

（5）供水前处理

在广泛应用的水处理工艺过程中，超滤常作为深度净化的手段。根据中空纤维超滤膜的特性，有一定的供水前处理要求。因为水中的悬浮物、胶体、微生物和其他杂质会附于膜表面，而使膜受到污染。由于超滤膜水通量比较大，被截留杂质在膜表面上的浓度迅速增大产生所谓浓度极化现象，更为严重的是有一些很细小的微粒会进入膜孔内而堵塞水通道。另外，水中微生物及其新陈代谢产物生成黏性物质也会附着在膜表面。这些因素都会导致超滤膜透水率的下降以及分离性能的变化。同时对超滤供水温度、pH 值和浓度等也有一定的要求。因此对超滤供水必须进行适当的预处理和调整水质，满足供水要求条件，以延长超滤膜的使用寿命，降低水处理的费用。

① 微生物（细菌、藻类）的杀灭　当水中含有微生物时，在进入前处理系统后，部分被截留微生物可能黏附在前处理系统，如多介质过滤器的介质表面。当截留微生物黏附在超滤膜表面上时生长繁殖，可能使微孔完全堵塞，甚至使中空纤维内腔完全堵塞。微生物的存在对中空纤维超滤膜的危害性是极为严重的。除去原水中的细菌及藻类等微生物必须得到重视。在水处理工程中通常加入 $NaClO$、O_3 等氧化剂，浓度一般为 $1 \sim 5 mg/L$。此外，紫外杀菌也可使用。在实验室中对中空纤维超滤膜组件进行灭菌处理，可以用双氧水（H_2O_2）或者高锰酸钾水溶液循环处理 $30 \sim 60 min$。杀灭微生物处理仅可杀灭微生物，但并不能从水中去除微生物，仅防止了微生物的滋长。

② 降低进水浑浊度　当水中含有悬浮物、胶体、微生物和其他杂质时，都会使水产生一定程度的浑浊，该浑浊物对透过光线会产生阻碍作用，这种光学效应与杂质的多少、大小及形状有关系。衡量水的浑浊度一般以浊度表示，并规定 $1 mg/L\ SiO_2$ 所产生的浊度为 1 度，度数越大，说明含杂量越多。在不同领域对供水浊度有不同的要求，例如，对一般生活用水，浊度不应大于 5 度。由于浊度的测量是把光线透过原水测量被水中颗粒物反射出的光量、颜色、不透明性，颗粒的大小、数量和形状均影响测定，浊度与悬浮物固体的关系是随机的。对于粒径小于若干微米的微粒，浊度并不能被反映。

在膜法处理中，精密的微结构截留分子级甚至离子级的微粒，用浊度来反映水质明显是不精确的。为了预测原水污染的倾向，开发了 SDI 值试验。

SDI 值主要用于检测水中胶体和悬浮物等微粒的多少，是表征系统进水水质的重要指标。SDI 值的确定方法一般是用孔径为 $0.45 \mu m$ 的微孔滤膜在 $0.21 MPa$ 恒定水流压力下，首先记录通水开始滤过 $500 mL$ 水样所需的时间 t_0，然后在相同条件下继续通水 $15 min$，再次记录滤过 $500 mL$ 水样所需时间 t_{15}，然后根据下式计算：

$$SDI = (1 - t_0 / t_{15}) \times 100 / 15 \tag{19-21}$$

水中 SDI 值的大小大致可反映胶体污染程度。井水的 SDI＜3，地表水 SDI 在 5 以上，SDI 极限值为 6.66，即需进行预处理。

超滤技术对 SDI 值的降低最为有效，经中空纤维超滤膜处理水的 SDI＝0。但当 SDI 过大时，特别是较大颗粒对中空纤维超滤膜有严重的污染，在超滤工艺中，必须进行预处理，即采用石英砂、活性炭或装有多种滤料的过滤器过滤，至于采取何种处理工艺尚无固定的模式，这是因为供水来源不同，因而预处理方法也各异。

例如，对于具有较低浊度的自来水或地下水，采用 $5 \sim 10 \mu m$ 的精密过滤器（如蜂房式、熔喷式及 PE 烧结管等），一般可将 SDI 降低到 5 左右。在精密过滤器之前，还必须投加絮凝剂和放置双层或多层介质过滤器过滤，一般情况下，过滤速度不超过 $10 m/h$，以 $7 \sim 8 m/h$ 为宜，滤水速度越慢，过滤水质量越好。

（6）供水水质调整

① 供水温度的调整　超滤膜透水性能的发挥与温度高低有直接的关系，超滤膜组件标

定的透水速率一般是用纯水在 25℃ 条件下测试的。超滤膜的透水速率与温度成正比,温度系数约为 0.02/1℃,即温度每升高 1℃,透水速率约相应增加 2.0%。因此当供水温度较低(如<5℃)时,可采用某种升温措施,使其在较高温度下运行,以提高工作效率。但当温度过高时,同样对膜不利,会导致膜性能的变化,对此,可采用冷却措施,降低供水温度。

② 供水 pH 值的调整 用不同材料制成的超滤膜对 pH 值的适应范围不同,例如醋酸纤维素适合用于 pH=4~6 的场合,PAN 和 PVDF 等膜可在 pH=2~12 的范围内使用。如果进水超过使用范围,需要加以调整,目前常用的 pH 调节剂主要有酸(HCl 和 H_2SO_4 等)和碱(NaOH 等)。

由于溶液中无机盐可以透过超滤膜,不存在无机盐的浓度极化和结垢问题,因此在预处理水质调整过程中一般不考虑它们对膜的影响,而重点防范的是胶质层的生成、膜污染和堵塞的问题。

19.7

纳滤

19.7.1 概述

近年来,纳滤膜的研究与发展非常迅猛。从美国专利看,最早有关纳滤技术的专利出现于 20 世纪 80 年代末,到 1990 年,只有 9 项专利,而在以后的 5 年中出现了 69 项专利,到目前为止,有关纳滤膜及其应用的专利已超过 330 项,其应用涉及石油化工、海洋化工、水处理、生物、生化、制药、制糖、食品、环保、冶金等众多领域。

我国从 20 世纪 80 年代后期就开始了纳滤膜的研制,在实验室中相继开发了 CA-CTA 纳滤膜、S-PES 涂层纳滤膜和芳香聚酰胺复合纳滤膜,并对其性能的表征及污染机理等方面进行了试验研究,取得了一些初步的成果。但与国外相比,我国纳滤膜的研制技术和应用开发都还处于起步阶段。

19.7.2 纳滤的机理

纳滤(NF)是 20 世纪 80 年代后期发展起来的一种介于反渗透和超滤之间的新型膜分离技术,早期称为“低压反渗透”或“疏松反渗透”。纳滤技术是为了适应工业软化水的需求及降低成本而发展起来的一种新型的压力驱动膜过程。纳滤膜的截留分子量在 200~2000 之间,膜孔径约为 1nm,适宜分离大小约为 1nm 的溶解组分,故称为“纳滤”。纳滤膜分离在常温下进行,无相变,无化学反应,不破坏生物活性,能有效地截留二价及高价离子和分子量高于 200 的有机小分子,而使大部分低价无机盐透过,可分离同类氨基酸和蛋白质,实现高分子量和低分子量有机物的分离,且成本比传统工艺还要低。

19.7.3 纳滤膜材料

纳滤膜是纳滤过程中最为重要的核心部分,膜性能的优劣直接影响到分离效果的好坏。膜的性能通常是由膜材料性质和膜结构两方面决定的,前者主要取决于膜材质的选择,后者则与制膜的工艺有很大关系。

按应用领域来分,根据不同分离体系纳滤膜主要可分为水系纳滤膜和耐溶剂纳滤膜。按膜材料类型来分，纳滤膜主要可分为无机膜和有机-无机复合膜。而有机-无机复合膜按复合方式不同可以分为无机材料支撑有机膜、无机材料填充有机膜（混合基质膜）和有机-无机杂化膜。按膜结构来分，则包括均质膜、非对称膜和复合膜。

（1）高分子纳滤膜材料

商品化的高分子纳滤膜材料主要有醋酸纤维类（Toray、Trisep）、聚酰胺类（Film Tec、Toray、ATM、Trisep）、聚砜类（Nitto、Denko）等。此外，用于纳滤膜材料的还有聚哌嗪酰胺类、聚芳酯类、聚酰亚胺类、天然高分子、聚电解质等有机高分子材料。

（2）无机纳滤膜材料

相对于高分子膜材料而言，无机膜材料通常具有非常好的化学稳定性、热稳定性，寿命长，便于清洗。对无机膜可任选清洗剂。尽管无机材料有很多的优点，但真正用于制备纳滤膜的无机材料非常有限。无机纳滤膜通常由 3 种不同孔径的多孔层组成：大孔支撑层可以保证无机纳滤膜的机械强度；中孔的中间层可以降低支撑层的表面粗糙度，有利于纳孔层的沉积；而纳孔层（孔径＜2nm）决定着无机纳滤膜的渗透选择性。无机纳滤膜包括陶瓷膜、玻璃膜、金属膜和分子筛膜，常用的要属多孔陶瓷膜，有 Al_2O_3、ZrO_3、TiO_2、HfO_2、SiC 和玻璃等。

陶瓷膜材料有两个最大的优点：一是耐高温，除玻璃膜外，大多数陶瓷膜可在 $1000\sim1300℃$ 高温下使用；二是耐化学性和生物腐蚀，陶瓷膜一般比金属膜更耐酸腐蚀，而且与金属膜的单一均匀结构不同，多孔陶瓷膜根据孔径的不同，可有多层、超薄表层的不对称复合结构，还具有硬且脆、弹性模量高（刚性好）等特点。

19.7.4 纳滤的应用

（1）饮用水制备

纳滤膜最大的应用领域是饮用水的软化和有机物的脱除。随着水污染加剧，人们对饮用水的水质越来越关心。传统的饮用水处理主要通过絮凝、沉降、砂滤和加氯消毒来去除水中的悬浮物和细菌，而对各种溶解性化学物质的脱除作用却很低。随着水资源贫乏的日益严峻、环境污染的加剧和各国饮用水标准的提高，可脱除各种有机物和有害化学物质的"饮用水深度处理技术"日益受到人们的重视。目前深度处理的方法主要有活性炭吸附、臭氧处理和膜处理。

膜分离试验表明，纳滤膜可以去除消毒过程产生的微毒副产物、痕量的除草剂、杀虫剂、重金属、天然有机物及硫酸盐和硝酸盐等，同时具有处理水质好且稳定、化学药剂用量少、占地少、节能、易于管理和维护、基本上可以达到零排放等优点。所以纳滤膜有可能成为 21 世纪饮用水净化的首选技术。

（2）小分子有机物的回收或去除

由于小分子有机物的分子量多在数百到 1000 之间，正好处于纳滤膜的分离范围内，因而采用纳滤技术可将它们十分有效地分离出来。如采用纳滤膜分离技术可以回收分子量在 $160\sim1000$ 之间的有机金属络合物催化剂。由于有机金属络合物催化剂价格昂贵，因而它的回收与再利用大大降低了成本。此外，纳滤膜可用于分离含有高浓度的有机物、杀虫剂、染料、无机盐及其他微量污染物的体系。结果表明，纳滤膜对有机物、杀虫剂等有优异的截留能力，分离效果很好。此外，纳滤膜还可用于染料与无机盐的分离。

（3）工业废水处理

现代工业的发展在为社会创造巨大经济效益的同时，也产生了严重的环境问题，越来越多的海洋、湖泊及河流等由于大量工业废水的排入而被污染，给人类及动植物的生存造成严重威胁，膜分离技术的特点使得其在工业废水处理方面发挥了重要的作用。纳滤膜以其特殊的分离性能成功地应用于制糖、造纸、电镀、机械加工、垃圾渗滤液等行业废水（液）的处理上。垃圾渗滤液处理工艺流程见图 19-23。

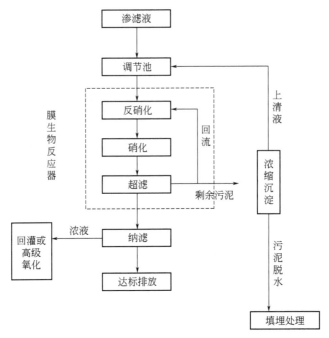

图 19-23　垃圾渗滤液处理工艺流程

在电镀加工和合金生产过程中，经常需要用大量水进行冲洗，在这些清洗水中，含有浓度相当高的重金属如镍、铁、铜和锌等。为了使这些含重金属离子的废水符合排放要求，一般的措施是将重金属处理成氢氧化物沉淀再除去，如果采用纳滤膜技术，不仅可以回收 90% 以上的废水，使之纯化，而且同时使重金属浓缩 10 倍，浓缩后的重金属具有回收利用价值，在提高效益的同时降低了成本。若能适当控制条件，纳滤膜可实现溶液中不同金属的分离。

在制糖工业中，含有高浓度氧化钠和带色有机物的离子交换树脂再生废液的排放是个难题，而将纳滤技术用于处理该树脂再生液，不仅可去除有色物质，而且可使 80% 以上的盐和 90% 的水重新循环使用，从而大大降低生产成本和减少废水排放量。

（4）制药业中的应用

利用纳滤技术可提纯与浓缩生化试剂，不仅可以降低有机溶剂与水的消耗量，而且可以去除微量有机污染物及低分子量盐，最终达到节能、提高产品质量的效果。抗生素的分子量大都在 300～1200 范围内，其生产过程为先将发酵液澄清，用选择性溶剂萃取，再通过减压蒸馏得到抗生素。纳滤膜技术可以从两个方面改进抗生素的浓缩和纯化工艺。

① 用纳滤膜浓缩未经萃取的抗生素发酵滤液，除去可自由透过膜的水和无机盐，然后再用萃取剂萃取。这样可以大幅度地提高设备的生产能力，并大大减少萃取剂的用量。

② 用溶剂萃取抗生素后，用耐溶剂纳滤膜浓缩萃取液。透过的萃取剂可循环使用。这样，可节省蒸发溶剂的设备投资费用以及所需的热能，同时也可改善操作环境。纳滤膜已成功地应用于红霉素、金霉素、万古霉素和青霉素等多种抗生素的浓缩和纯化过程中。维生素 B_{12} 由发酵得到，传统的生产工艺复杂，产率低。用微滤替代传统的过滤，经微滤的发酵清

液用纳滤膜可浓缩至 10 倍以上，从而大大减少了萃取剂用量，并提高了设备的生产能力。被萃取后的水相中还有少量的维生素 B_{12} 及一定的溶剂，通过纳滤可进行截留，以减少产品的损失。粗产品纯化过程中所使用的溶剂，也可以用纳滤膜处理回收使用。

（5）石油开采与提炼中的应用

近海石油开采，需把海水与原油分开，将原油输送到岸上，而废水直接排放，但是这些废水的排放受到环保部门的严格控制。目前采用的降低有机物含量的方法主要是活性炭吸收。虽然反渗透膜技术可以延长活性炭再生周期，但它同时也脱除了盐，较高的操作压力限制了它的应用。采用低脱盐率的纳滤膜技术是比较适合的处理方法，它不仅可以达到低于 48mg/L 的废水排放标准，而且通量大，水的回收率高。一般所采用的纳滤膜对 NaCl 的截留率小于 20%。

同样，在海上石油开采中，通常要在油井中灌注海水以提高原油的开采产量，但有些海域的原油中含有较高浓度的 Ba^{2+}，Ba^{2+} 易与海水中的 SO_4^{2-} 反应形成 $BaSO_4$ 沉淀物，从而堵塞含油砂层。纳滤膜能选择性地除去 SO_4^{2-}，而让 Cl^- 自由通过，这大大地降低了膜的渗透压，比对盐毫无选择性的 RO 膜在经济上更可行。石油提炼过程主要是通过精馏把原油分级成汽油、煤油、轻汽油和重油等，粗产品再经过裂解、催化以及加氢脱硫等进一步提炼。在提炼过程的蒸馏步骤中需要消耗巨大的能量，采用膜分离过程替代蒸馏，这将节省大量的能耗费用。纳滤膜可应用在催化剂生产中有机溶剂和工业生产中催化剂的分离和回收、润滑油精炼过程、脱沥青原油中轻质油的提取、汽油添加剂 MTBE 和 TAME 的生产中，以及甲醇从反应液中分离循环、饱和烃和芳香烃的分离、支链和直链同分异构体的分离等方面。

（6）食品加工中的应用

纳滤膜具有较高的抗污染能力，细菌也不易在膜表面繁殖。纳滤膜在减少盐含量的同时，可以避免盐对蒸发器的腐蚀。因此，纳滤膜可用于酵解与奶酪的加工过程。它不仅能够解决废水的排放问题，还可以提高经济效益。

纳滤膜也有利于发酵溶液中有机酸的回收利用。在溶液处于低 pH 值时，这些酸并未离解，很容易透过纳滤膜；而在高 pH 值条件下，由于离解的酸与膜之间相互的排斥作用使得大部分酸被膜截留，同时膜也截留了糖类化合物，有利于回收再利用。因此，调节发酵溶液的 pH 值，使它处于适当的范围，并用纳滤膜脱除发酵溶液中的有机酸，截留酵母菌、未发酵的糖以及其他有用成分，将这些截留物质再返回到发酵容器中重新利用，这样不仅可以减弱产物对发酵过程的抑制作用，同时有利于回收利用酵母菌和糖类。不仅提高了产量，还减少了高成本原料的费用。另外，纳滤膜还可以用于纺织、皮革加工等领域废水的处理以及手性物质的分离。由于其特殊的分离性能，纳滤将越来越广泛地应用于许多领域，如提高饮用水质量，软化水，染料、色素、医药与生化产品的提纯与浓缩，油水深度分离，染料、印刷、纺织、化学与医药废水的脱色等领域。耐溶剂、耐酸碱的纳滤膜应用前景更广。

19.8
渗透汽化膜

19.8.1　概述

渗透汽化（pervaporation，PV）法是利用液体中两种组分在膜中溶解度与扩散系数的差别，通过渗透与汽化，将两种组分进行分离的一种方法。早在一百多年前，人们就发现了渗透汽化现象，但长期以来，由于未找到既有一定分离效果又有较高通量的膜而一直未能得到应用。该技术得到广泛重视是在发生能源危机后的 20 世纪 70 年代末至 80 年代初，由于新聚合物的合成，膜制备技术的发展以及工业中降低能耗的要求，第一代渗透汽化膜才走向工业应用。今天渗透汽化膜分离技术的发展方兴未艾，应用领域不断拓宽，膜、膜材料及分离组件的研究不断深入，是一项日趋成熟和前景广阔的膜分离技术。

渗透汽化膜蒸发过程（称为 PV）是通过选择性地吸收和分解混合溶液中的组分和膜中每种组分的扩散速度不同来分离或富集一部分有机混合物的过程。其突出优点：可以完成蒸馏、萃取、吸附等传统方法难以完成的分离任务，能耗低，特别适用于近沸点、恒沸点混合物和具有相同的爆羹结构，难以通过普通整改分开或不能分开的物质，并分离出热稳定性差的化合物。对有机溶剂和混合溶剂中痕量水的去除，以及废水中少量有机污染物的分离具有明显的经济和技术优势。它已广泛应用于石油、化工、制药和环境保护等许多工业领域。

19.8.2　渗透汽化膜的特性和分类

将渗透汽化膜与蒸馏和反渗透膜等传统分离技术进行比较，其具有以下特点：

① 选择性好，分离因子高，约为反渗透的 2 倍。
② 与共沸蒸馏相比，能耗低，节能 $1/3 \sim 1/2$。
③ 工艺简单，附加工序少，操作方便。
④ 该工艺不引入其他试剂，产品和环境不受污染。
⑤ 易于扩展、集成和与其他过程集成。

19.8.3　渗透汽化膜工作原理

渗透汽化技术是膜分离技术的一个新的分支，也是热驱动的蒸馏法与膜分离方法相结合的一种分离方法。不过，渗透汽化不同于常规膜分离方法，它在渗透过程中将产生由液相到气相的转变。其分离机制可分为三步：①被分离物质在膜表面上有选择性地被吸附并被溶解；②以扩散的形式在膜内渗透；③在膜的另一侧变成气相脱附而与膜分离开来。渗透汽化原理见图 19-24。

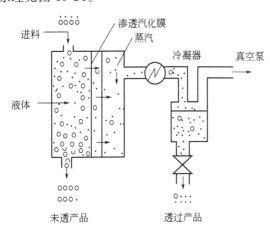

图 19-24 中表示采用选择渗透的膜进行渗透汽化分离液体混合物，经渗透汽化分离，在膜的另一侧得到被浓缩的气态组分，经进一步冷凝后，得到产品。

渗透汽化膜的分离机理主要是溶解-扩散过程，其是在液体混合物中组分蒸气分压差的推动下，利用组分通过致密膜溶解和扩散速度的不同实现分离的过程。

实际上，渗透汽化膜传质过程分为三个部分：①小分子在侧膜表面渗透溶解；②在梯度作用下通过膜扩散；③渗透侧膜表面的蒸发。

图 19-24　渗透汽化原理示意图

在典型的操作环境中，第三步（汽化过程）非常快并且对整个传质过程几乎没有影响，而第一步（溶解过程）和第二步（扩散过程）不仅取决于聚合物薄膜，性质和状态也与渗透分子的性质、渗透分子之间以及渗透分子和聚合物材料之间的相互作用密切相关。因此，渗透汽化膜蒸发过程实际上是溶解-扩散过程。

将待分离的有机混合物加热至一定温度后，在常压下将其与渗透汽化膜一侧的膜接触，并将膜的另一侧（下游侧）抽空或载气被吹扫以保持低压。因此，渗透组分在膜的两侧的蒸汽分压差（或化学梯度）下溶解并扩散通过膜，并在膜的渗透物侧表面上蒸发，并且蒸汽直接排出或经冷凝器冷却然后转化为液态，不通过膜的渗余物直接流出膜分离器，从而达到浓缩分离的目的。

19.8.4　渗透汽化膜分离技术的特点

渗透汽化膜分离技术的最大特点是单级选择性好。从理论上讲，渗透汽化分离的程度无极限，适合分离沸点相近的物质，尤其适于恒沸物的分离。其对于回收含量少的溶剂也不失为一种好方法。另外，渗透汽化过程操作简单，易于掌握，在操作过程中，进料侧原则上不需加压，所以不会导致膜的压缩，透过率也不会随时间的增长而减小。而且，在操作过程中将形成溶胀活性层及所谓的"干区"，膜可自动转化为非对称膜，此特点对膜的透过率及寿命有益，但与其他膜分离技术相比，由于渗透汽化过程中有相变发生，能耗较高，与反渗透等过程相比，渗透汽化的通量较小。基于上述渗透汽化过程的特点，在一般情况下，渗透汽化技术尚难与常规分离技术相匹敌，但由于它所特有的高选择性，在某些特定的场合，例如在常规分离手段无法解决或虽能解决但能耗太大的情况下，采用该技术十分合适。

19.8.5　渗透汽化膜的制备方法及膜的选择

(1) 渗透汽化膜的制备方法

渗透汽化膜分为均质膜和复合膜。均质膜的制备是先配制一定浓度的聚合物溶液，经脱泡后，在水浴上加热至一定的温度，然后在非常洁净的玻璃板上刮膜，并在室温或高于室温的无尘箱中干燥而得到均质膜，最后将该膜置于一定温度下的交联浴中处理一定时间，再用蒸馏水浸泡以洗涤掉残余的交联液。复合膜的制备则是首先制得渗透汽化分离膜的底膜［通常以聚砜为膜材料，以 DMF（二甲基甲酰胺）为溶剂，以 PEG（聚乙二醇）为添加剂］，再配制用于渗透汽化膜表面层的聚合物溶液，用砂滤器过滤后，采用浸渍法或涂布法在底膜上形成皮层（其厚度主要由表层聚合物溶液的浓度控制），然后在一定温度下干燥，二次涂敷，再干燥，即得。

(2) 渗透汽化膜材料的选择原则

一种液体分离膜完成预期分离的性能取决于该膜对溶液组分的相对渗透能力，而膜的渗透性则由膜材料的化学性质和物理结构所决定。一种特定化合物透过一张膜的速率是由其平衡效应和动态效应所决定的，即取决于溶液的组分在自由溶液和膜相中的分配，以及组分的本体流动和扩散。这两种效应都受渗透组分和膜之间的吸引力及排斥力的影响。当两者之间的吸引力较大时，将会导致渗透物在膜相中溶解度增加，可是，如果吸引力太强，由于渗透物在膜材料中滞留而导致渗透速率下降，反而使渗透通量减小。在极端情况下，很强的吸引力会使膜溶胀甚至溶解。另外，较强的排斥力和立体效应会阻止渗透物进入膜相，因此根据渗透物-膜之间的物化相互作用，包括色散力、偶极力、氢键等，实施膜材料设计时考虑这些作用力是非常有益的。

膜材料的种类很多，几乎包括了全部现有的均聚物、共聚物的共混物，可用于水/有机液、有机液/有机液及其他体系的渗透汽化分离。渗透物和膜材料之间偶极力、色散力和氢键力对膜传输过程的热力学和动力学都有影响。因此，在分离时，膜材料和溶液中的各组分间的这些非键合原子间的力，均对膜的选择性和渗透性起重要作用。化合物（包括聚合物）

的偶极力、色散力和氢键力都能用 Hansen 参数来描述。Hansen 的内聚能参数或溶度参数包括了这三种力。

$$D_{sp}^2 = D_d^2 + D_p^2 + D_h^2 \qquad (19\text{-}22)$$

上式中的 D_d、D_p、D_h 分别表示偶极力、色散力和氢键力。根据相似相溶的规则，如膜材料 M 和渗透物 I 的化学结构越相似，则它们的互溶性越大，其溶度参数差 $\$_{IM}$ 也就越小。

$$\$_{IM} = [(D_{dI} - D_{dM})^2 + (D_{pI} - D_{pM})^2 + (D_{hI} - D_{hM})^2]^{1/2} \qquad (19\text{-}23)$$

式(19-23)为膜材料的选择奠定了基础。更确切地说，溶液中组分 A 和组分 B 与膜材料 M 的溶度参数差的比值 $\$_{AM}/\$_{BM}$ 可以用来表示优先吸附的尺度，可作为膜材料的一个选择指标。假如溶液混合物组分为 A 和 B，在一分离过程中，若希望组分 B 通过，而组分 A 不通过，那么被选的膜材料 M 应该是在选择范围内 $\$_{AM}$ 最大，$\$_{BM}$ 最小，使 $\$_{AM}/\$_{BM}$ 值最大，这表示 B 对膜的亲和力强，而 A 对膜的亲和力弱。

（3）渗透汽化膜材料选择的应用实例

可以用 $\$_{AM}/\$_{BM}$ 的值来定量说明下述研究结果。人们在研究采用渗透汽化膜来传输有机化合物及分离有机混合物时发现：当渗透物和膜的化学性质相似时，$\$_{IM}$ 最小，渗透性最大；而当溶液组分在化学性质上有重大差别时，$\$_{AM}$ 最大，其分离效果最好。这一结论也表明了在溶液中某一组分的化学性质和膜材料非常类似时优先渗入。例如，要从聚乙烯和聚异戊二烯这两种致密膜中选择一种来进行环己烷和苯的渗透汽化分离。根据膜材料选择指标（$\$_{AM}/\$_{BM}$）的计算值（见表 19-3）：对于环己烷-苯-聚乙烯体质，$\$_{AM}/\$_{BM} = 0.14$；对于环己烷-苯-聚异戊二烯体系，$\$_{AM}/\$_{BM} = 1.28$。所以应该选择聚异戊二烯材料。从表 19-3 的数据来看，这个选择是正确的，用聚异戊二烯膜比用聚乙烯膜能得到更高纯度和更大流量的苯的渗透液。

表 19-3   渗透汽化膜材料的选择

组分	D	D_d	D_p	D_h	体系	$\$_{AM}/\$_{BM}$	选择性	渗透率 /[mL/(m²·h)]
环己烷	8.2	8.2	0	0.1	环己烷-苯-聚乙烯	0.14	1.63	6.88
苯	9.06	9.00	0	1.0				
聚乙烯	8.34	8.34	0	0	环己烷-苯-聚异戊二烯	1.28	2.19	12.64
聚异戊二烯	10.05	10.05	0	0				

但是在 B-M 之间相互作用力极大的情况下（即 $\$_{BM}$ 接近零时），就会导致膜材料结构强度下降和损失选择性，这是由于膜被 B 溶胀甚至溶解。为此，必须对膜材料进行交联，或与一种比较惰性的聚合物合金化或接枝，或与使用的惰性支撑材料接枝（惰性指 $\$_{AM}$ 和 $\$_{BM}$ 都很大）等方法处理，使膜不致被溶胀。例如，在全氟磺酸膜中，由于磺酸基的亲水性，必须使高聚物分子间有交联，或减小磺酸基的比例。由于溶度参数仅取决于膜材料的组成，因此，综合选择膜材料时还应考虑聚合物的分子结构和聚集态结构，如大分子的柔顺性、膜材料的结晶度及力学状态等。

19.8.6 影响渗透汽化膜分离过程的因素

渗透汽化过程中涉及多种梯度变化（如浓度、压力、温度），影响因素较多，主要有以下几种影响因素：

（1）膜材料和结构以及被分离组分的物化性质的影响

这是影响渗透汽化过程最重要的因素，它影响到组分在膜中的溶解性和扩散性，也就直接影响到膜的分离效果。此外，膜材料和膜结构还决定了膜的稳定性、寿命、抗化学腐蚀性及耐污染性的好坏，以及膜的成本。而被分离组分的分子量、化学结构及立体结构将直接影响到它的溶解能力和扩散行为，组分之间存在的伴生效应将影响最终的分离效果。

（2）温度的影响

温度对渗透性的影响可以由 Arrhenius 关系来描述。多数情况下，分离系数随温度的上升有所下降，但也有一些例外。

（3）液体浓度的影响

随着进料液体中优先渗透组分浓度的提高，渗透总量也将提高。

（4）上、下游压力的影响

渗透汽化受上游侧压力的影响不大，所以上游侧通常维持常压。下游侧压力的变化对分离过程有明显的影响。通常，随着下游侧压力的增加渗透性下降，但此时分离系数上升；反之，分离系数下降。

（5）膜厚度的影响

随着膜厚度的增加，传质阻力增加，渗透性降低。分离系数与膜厚度无关，这是因为分离作用是膜的极薄活性致密层决定的。

19.8.7　渗透汽化膜的应用

自 1984 年德国 GFT 公司在巴西建成世界上第一套用于甲醇/水分离的渗透汽化工业装置以来，已有近 140 套装置在世界各地运转，日处理有机溶剂能力均在 5000L 以上。1988 年建于法国的日产无水乙醇 1.5×10^5 L（合 120t）的装置分三个塔罐，分别装有膜充填面积为 $50m^2$ 的平板型组件 16 个、14 个及 12 个，总的膜面积达到 $2100m^2$，为全世界最大的渗透汽化装置。它可将含质量分数为 89% 左右的乙醇料液浓缩至 99.95%。渗透汽化技术主要的应用领域有以下三个。

（1）水/有机液体的分离

包括有机溶剂（如乙醇、甲醇、异丙醇、丙酮、丁醇、二氧六环、四氢呋喃、甘油等）中少量水分的脱除和水中少量有机液的去除。

（2）有机液/有机液混合物的分离

所涉及的有机液混合物体系主要有：芳香烃/烷烃、芳香烃/醇、醇/醚/烃类混合物、二甲苯异构体、环己酮/环己醇/环己烷等。这些体系均为石化工业中重要的共沸或近沸体系，是一个十分广阔而重要的领域。

（3）渗透汽化过程与反应过程的结合

如在酯化反应中，可以利用渗透汽化过程将反应产物中的水不断脱除，达到提高反应速率和反应转化率的目的。

采用无机渗透汽化膜分离技术进行有机溶剂脱水，可代替蒸馏、萃取、吸附等传统分离方法，能够以低能耗获得高质量的产品，实现常规方法很难或无法实现的分离要求，在有机物或混合有机物中少量或微量水分的脱除上具有更明显的优势。

① 节能收率 99% 节能 50%　渗透汽化技术的核心是借助渗透汽化膜的选择透过性使有机溶剂中少量或微量的水透过分离膜，而绝大多数的物料保留在膜的另一侧。该分离过程表现出高度的节能效果，特别适合共沸物、近沸混合物的分离，与传统的精馏、吸附技术相比可节能 50% 以上，收率＞99%。

② 环境友好 不引入或产生任何第三组分，产品质量高。将渗透汽化技术用于有机溶剂中水的脱除，不需要引入第三种组分，避免了对环境或产品造成污染，同时少量透过液可以回收处理并循环使用，也有利于环境保护。

③ 节省空间 结构紧凑、占地面积小。渗透汽化装备结构紧凑，占地面积小，资源利用率高，与精馏分离设备相比可节约空间 4/5 以上。

④ 操作简便、过程安全性高 渗透汽化膜分离工艺流程简单，操作条件温和，自动化程度高，因而其操作过程安全性高，更适合易燃、易爆溶剂体系的脱水。

19.9
液膜

19.9.1 概述

新开凿好的油井，过去常常会遇到井喷火灾事故，这是很令人头疼的一件事。不过这已经成为过去，因为现在有了一种神奇的液膜，人们只要穿着石棉服，手提液膜罐，迅速将液膜倒进井里，不久，井喷就被制服了。

什么是液膜呢？你一定知道肥皂泡沫吧，它就是最常见的液膜，它的分子一端亲水，一端亲油，在水中遇到油，亲油的一端向油，亲水的一端向外，就成为包围着油的泡沫。这种液膜不稳定，一吹就破。

扑灭井喷的液膜与肥皂泡沫类似，不同的是它是一种包结有膨润土的液膜，也就是说，在制造这种液膜时，加进了一些固体颗粒膨润土，这样形成的液膜里面就包结有固体物质膨润土。当这种液膜进入井内时，由于井内的温度和压力都比地面高，在高温高压的作用下，它就会很快破裂，膨润土随即分散开来，遇到地下水时，立即膨胀，而且黏性增加，并把井管通道堵塞，这样气体和油液被封闭起来，于是大火就灭了。

液膜技术是美国埃克森研究与工程公司的华裔学者黎念之发明的，它一出现就风靡世界，广泛应用于许多领域。

人们使用液膜技术来使油井增产。在美国，用高压泵将包结了盐酸的液膜掺和砂子和水，打进地下。在高温高压的作用下，液膜破裂，盐酸流出，同碱性土壤起化学反应，生成溶于水的盐类，土壤形成裂缝，而砂子则掺入缝隙起支撑作用。于是，较远地方的石油可以经过这条砂子通道，源源流向井管，使油井增产两成左右。

人们利用油膜技术来生产铀，成本比用萃取法要低一半左右，而且贫矿中夹杂的微量铀也能被提炼出来。比如磷矿中夹杂的铀，常常在生成磷酸时被白白地抛弃。人们将包结有氢离子和二价铁离子的液膜放进磷酸中，磷酸内的铀离子就会渗进液膜内，同氢离子和铁离子起反应，生成四价的铀化合物，然后把液膜滤出来，铀就可提炼出来。

工厂排出的污水中，含有镉、汞、铬等金属，如果利用各种液膜技术进行处理，就可以回收贵重金属，还可以减少污染。这类液膜技术成本低廉，操作方便，效益显著，是环境保护技术中的一颗"新星"。

19.9.2 液膜的组成和分类

液膜是由膜相、内相和外相组成的。膜相由膜溶剂（水或有机溶剂）、表面活性剂（乳化剂）、载体和膜相物质组成。

　　膜溶剂是膜相的主要成分，占 90% 以上。它具有一定的黏度，保持成膜所需的机械强度，类似生物膜的类脂，一般为水或有机溶剂。选择的依据是液膜的稳定性、对载体及溶质的溶解性、安全性和对生物活性无破坏性。

　　表面活性剂占 1%～5%。它具有亲水、亲油基团，能定向排列于油和水两相界面，用以稳定膜形，固定油水分界面。根据分离物质的性质对其进行选择，分为阴离子型、阳离子型和非离子型等，它能促进成膜液体的乳化、液膜稳定和选择渗透。

　　流动载体占 1%～2%，载体实际上是萃取剂，对分离速度起决定性作用，是液膜分离技术的关键。载体对分离溶质的选择性要好、通量要大。载体应具备如下条件：能与被分离组分在液膜外相进行配合反应，而在液膜的内相发生解配反应；载体与被分离组分形成的配合物可溶于液膜相，而不溶于内相和外相，也不产生沉淀。载体配合适宜的反萃取剂，才能达到分离效果。适当的载体可以几十甚至上百倍地提高分离效率。生物和食品工业中，载体基本上都是一种季铵盐。

　　膜增强添加剂用于进一步提高膜的稳定性。内相即接受相或反萃相。外相即待分离原料液或被萃取相。

　　根据液膜构成和操作方式的不同，可将液膜分为支撑液膜、乳状液膜（含载体的和不含载体的）和液滴状液膜。液膜分类见图 19-25，液膜形态见图 19-26。另外还有最近几年在研究的新型液膜，即包容液膜和静电式准液膜。

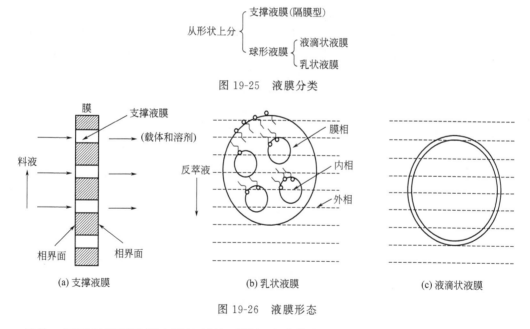

图 19-25　液膜分类

(a) 支撑液膜　　(b) 乳状液膜　　(c) 液滴状液膜

图 19-26　液膜形态

　　另外，还可以根据液膜中膜溶剂的不同把液膜分为油性液膜和水性液膜。当被隔开的两种溶液是水相时，液膜应是油性液膜（油泛指与水不相混溶的有机相）；当被隔开的两种溶液是有机相时，液膜应是水性液膜。

　　溶剂萃取一般都对应反萃取。液膜分离（liquid membrane-baded separation）过程对液体分离来讲是萃取（extraction）和反萃取（back-extraction or stripping）的微观结合。液膜是以液体为材料的膜。液膜还有以下分类。

　　① 沿固体壁面流动着的液膜。这种液膜与互相接触的气体或另一种与其不相溶的液体构成膜式两相流，出现在一些化工设备中，如垂直膜式冷凝器、膜式蒸发器、填充塔和膜式气液反应器等。

② 固体从能使其润湿的液体中取出时，表面上附着的液膜，称为滞留液膜。

③ 在液膜分离操作中，用以分隔两个液相的液膜，此液膜是对溶质具有选择性透过能力的液体薄层。

④ 气液两相相际传质系统中，假设存在于液相中界面附近的具有传递阻力的液膜。

19.9.3　液膜特性和滞留液膜的厚度

(1) 液膜特性

当液膜沿固体壁面下降时，随着雷诺数增加，膜内运动可依次出现层流、波动层流和湍流。当周围气体静止，液膜自由流动时，若雷诺数 $Re=u\delta/\nu$（式中，u 为液膜平均速度；δ 为液膜厚度；ν 为液体运动黏度）在 $20\sim30$ 范围内，膜内运动呈层流状态。此时液膜厚度均匀，界面平静，液体沿垂直壁面下降时的速度分布根据理论分析可用下式计算：

$$u_x=\frac{g}{\nu}y\left(\delta-\frac{y}{2}\right) \tag{19-24}$$

式中　u_x——液膜内与壁面距离为 y 处的点速度；

　　　　g——重力加速度。

这样在已知速度分布的基础上，结合对流扩散方程，可以计算出液膜中的浓度分布，从而确定传质分系数，这是连续接触传质设备设计的基础。结合蒸气冷凝液膜的热量衡算，可确定冷凝传热的传热分系数。当雷诺数增大到 $30\sim50$ 时，膜内出现波动层流，波动使气液界面结构复杂化。液膜波动如果由重力引起，称为重力波；若由表面张力引起，称为毛细波。观察发现，气液界面可用双波系统表示，即界面由大振幅波（大波）和小振幅波（小波）组成。大波的振幅比膜厚大得多，是个大流体团，它包含了膜内的大部分液体，在沿界面向下运动时形状和速度基本不变，各个液团具有随机分布的波形和速度。大波被很薄的液体衬底同壁隔开。衬底和大波一样，都覆盖着小波。波动造成液膜内部一定程度的混合，有利于提高液膜传递过程的速率。化工设备中的液膜多数是波动的。如果雷诺数更大，$Re=250\sim500$，膜内运动呈湍流状态。但是对自由面附近湍流特性目前了解甚少。当液膜同与其接触的气体同向流动时，气流牵动液膜；若流向相反时，气流将阻滞液膜运动；当气流速度足够大时，全部液膜将被气流带动向上运动，称为液泛。在这种简单情况下观察和研究液泛现象，有助于分析填充塔液泛机理，确定液泛速度计算式。

(2) 滞留液膜的厚度

滞留液膜最重要的物理量是厚度，它与物体从液体中抽出的速度以及液体的物理、化学性质有关。当抽出速度不太大时，L. D. 朗道及 B. Г. 列维奇曾导得如下计算公式：

$$\delta_0=\frac{0.944(u\mu)^{2/3}}{\sigma^{1/6}(\rho g)^{1/2}} \tag{19-25}$$

式中　δ_0——滞留膜厚度，m；

　　　　u——物体抽出速度，m/s；

　σ,ρ 和 μ——液体的表面张力 N·m^{-1}、密度 kg·m^{-3} 和黏度 Pa·s。

乳状液膜实际上是一种"水-油-水"型或"油-水-油"型的双重乳状液高分散体系，它由膜相、内包相和连续相（外相）组成。膜相包括膜溶剂、表面活性剂和添加剂三种成分。膜相与内包相组成的乳状液滴直径为 $0.1\sim5mm$，内包相微滴的直径为 $0.001\sim0.1mm$。通常内包相和连续相是互溶的。待分离物质由连续相经膜相向内包相传递。在传质过程结束后，采用静电凝聚等方法破乳。支撑液膜是将液膜牢固地吸附在多孔支撑体的微孔之中，在膜的两侧是与膜互不相溶的料液相和反萃相。待分离的组分自料液相经多孔支撑体中的膜相向反萃相传递。以薄层存在的液体有多种不同的液膜：①沿固体壁面流动着的液膜。这种液膜与互相接触的气体或另一种与其不相溶的液体构成膜式两相流，出现在一些化工设备中，如垂直膜式冷凝器、膜式蒸发器、填充塔和膜式气液反应器等。②固体从能使其润湿的液体中取出时，表面上附着的液膜，称为滞留液膜。若继之以干燥或冷冻，可将此液膜固定下来。工程上常用此法形成表面涂层，如制造感光胶片常用此法。在贮槽中，当液体流完后，壁上也附有滞留液膜。③在液膜分离操作中，用以分隔两个液相的液膜，此液膜是对溶质具有选择性透过能力的液体薄层。④气液两相相际传质系统中，假设存在于液相中界面附近的具有传递阻力的液膜。在这些液膜中，沿壁面下降的液膜和滞留液膜在生产中有较广的应用。

19.9.4 液膜分离概述

液膜分离过程对液体分离来讲是萃取和反萃取的微观结合。液膜分离过程对气体分离来讲是吸收和解吸的微观结合。溶剂萃取一般都对应反萃取。

液膜按构型分类有乳化液膜、疏水微孔膜支撑液膜、再生型的疏水微孔膜支撑液膜、无孔橡胶膜溶胀的液膜和中空纤维支撑液膜。

当然，也有人把膜萃取成为液膜萃取。但膜萃取实质上是有固定油-水接触界面的萃取过程。

萃取分离一般指通过混合物中介质相对于萃取剂的溶解度不同而进行分离，一般萃取剂只和其中一种介质互溶，如：水可以使甲醇汽油分离成汽油、甲醇水溶液两相。

液膜萃取剂和混合物不直接接触，中间有一层液膜，易溶物质通过液膜进入萃取剂。例如：用中油液膜萃取含酚废水中的酚，先在中油中加入氢氧化钠水溶液，形成油包水型萃取介质，废水中的酚通过油膜进入萃取介质内部，和氢氧化钠反应生成酚钠，酚钠不能通过油膜，被固定在油膜内部，使废水中的酚含量降低。这种工艺温度控制要求较高，操作难度较大，但其优势在于中油为煤化工过程副产氧气，消耗较低。

具体步骤要看你分离目标和混合物成分来确定的。选择合适的分离膜，选择分离压力、温度等。

液膜分离与溶剂萃取一样，由萃取与反萃取两个步骤组成，但是，溶剂萃取中的萃取与反萃取是分步进行的，它们之间的耦合是通过外部设备（泵与管线等）实现的，而液膜分离过程的萃取与反萃取分别发生在液膜界面的两侧，萃取和反萃取同时进行，溶质从料液相萃入膜相，并扩散到膜相另一侧，再被反萃入接收相，萃取和反萃取在一级内完成，由此实现萃取与反萃取的"内耦合"。液膜传质的"内耦合"方式，打破了溶剂萃取所固有的化学平衡，所以，液膜分离过程是一种非平衡传质过程。液膜分离还结合了透析过程中可以有效去除基体干扰的优点，因此液膜可以实现分离与浓缩的双重效果。

19.9.5 液膜分离的特点

液膜分离有以下特点。

① 液膜分离为非平衡传质过程，萃取与反萃取可同时进行，同时实现分离和浓缩。

② 液膜内的扩散系数比固膜的大，可根据不同的分离体系添加不同载体，在某些情况下，液膜中还存在对流扩散，所以，即使是厚度仅为微米级的固体膜，其传质速率亦无法与液膜比拟。

③ 内相与外相是互溶的或部分互溶的，而它们与膜相是互不相溶的，这样可以减少膜相的流失。

④ 试剂消耗量少，流动载体（萃取剂）在膜的一侧与溶质配合，在膜的另一侧将溶质

释放。载体在膜中犹如河中的"渡船"，将溶质从膜的一侧"渡"到另一侧，溶质的膜渗透速率与膜载体浓度不成比例。载体在膜内穿梭流动，使之在传递过程中不断得到再生。

⑤"上坡"（up-hill）效应，或者称为溶质"逆其浓度梯度传递"的效应，即溶质从液膜低浓度侧向高浓度侧传递的效应。由于在膜两侧界面上分别存在着有利于溶质传递的化学平衡关系，这两个平衡关系使溶质在膜内顺其浓度梯度扩散，界面两侧化学位的差异导致溶质透过界面而传递。液膜的这一特性使其在从稀溶液中提取与浓缩溶质方面具有优势。

⑥ 选择性好。固体膜往往只能对某一类离子或分子的分离具有选择性，而对其他特定离子或分子的分离则性能较差。

19.9.6　液膜分离机理

液膜分离机理主要有以下几种：①Fick 扩散传递机理（无载体）；②内相的化学反应；③膜相的促进传递机理（含载体）；④膜相不可逆化学反应（不含载体）。

（1）无载体 Fick 扩散传递（单纯迁移）

依据待分离组分在液膜内溶解和扩散速率不同实现分离。

组分 A 通过液膜的通量 J_A 为：

$$J_A = \frac{D_A}{L}(C_{A,0} - C_{A,L}) \tag{19-26}$$

式中　D_A——组分 A 在液膜中的扩散系数，m^2/s；

　　　L——液膜厚度，m；

　　$C_{A,0}$——主体溶液中靠近液膜界面处组分 A 的浓度，kg/m^3；

　　$C_{A,L}$—靠近内相界面处液膜内组分 A 的浓度，kg/m^3。

使用非流动载体液膜分离时，当液膜两侧物质 A 浓度相等时，扩散自动停止，没有富集效应，也不能达到完全分离的目的。Fick 扩散传递（单纯迁移）见图 19-27。

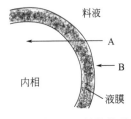

图 19-27　Fick 扩散传递
（单纯迁移）

（2）内相的化学反应（Ⅰ型促进迁移）

如果内相试剂 B 可以与经液膜传递过来的组分 A 发生化学反应，消耗 A，则液膜两侧 A 的浓度差可以达到最大值，利于 A 的传递，起到分离和富集的作用。

A 通过液膜传递的通量：

$$J_A = \frac{D_A}{L}C_{A,0} \tag{19-27}$$

本质还是依靠扩散，膜的选择性仍取决于溶质在液膜与邻近溶液间分配系数的变化。

（3）无载体膜相不可逆化学反应

膜相组分 C 与待分离组分 A 发生不可逆化学反应，产物扩散入内相，使膜内 A 浓度与外相保持最大。而一旦 C 被消耗尽，传递终止，可以通过及时向膜补加反应组分，使传递得以继续。无载体膜相不可逆化学反应见图 19-28。

（4）有载体膜相的促进传递（Ⅱ型促进迁移、载体中介输送）

① 单组分促进传递机理　膜相载体 C 在膜相/外相界面选择性地与组分 A 形成可逆配合物 AC，AC 在浓差作用下扩散至膜相另一侧，在膜相/内相界面与内相试剂 R 作用，A 进入内相，载体 C 再生。

A 在膜相中浓度保持为 0，即 A 在膜相与外相间有最大浓度梯度，促进了 A 的传递，即使内相 A 的浓度大于外相，A 的传质仍可继续，起富集作用。单组分促进传递机理见

图 19-29。

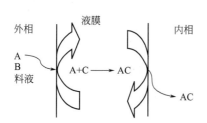

图 19-28 无载体膜相不可逆化学反应

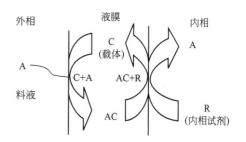

图 19-29 单组分促进传递机理

组分 A 通过液膜的通量（D_{AC} 为配合物 AC 在液膜中的扩散速度）：

$$J_A = \frac{D_A}{L}(C_{A,0} - C_{A,L}) + \frac{D_{AC}}{L}(C_{AC,0} - C_{AC,L}) \tag{19-28}$$

配合反应平衡常数（C_C 为自由载体浓度）：

$$K = \frac{C_{AC,0}}{C_{A,0} C_C} \tag{19-29}$$

膜内平均载体浓度：

$$\overline{C} = C_C + C_{AC,0} \tag{19-30}$$

假设

$$C_{A,L} \approx C_{AC,L} \approx 0$$

可得

$$J_A = \frac{D_A}{L} C_{A,0} + \frac{D_{AC}}{L} \times \frac{K \overline{C} C_{A,0}}{1 + K C_{A,0}} \tag{19-31}$$

分配系数：

$$k = \frac{C_{A,0}}{C_{A,f}} \tag{19-32}$$

组分 A 通过液膜的通量：

$$J_A = \frac{D_A k}{L} C_{A,f} + \frac{D_{AC}}{L} \times \frac{K k \overline{C} C_{A,f}}{1 + K k C_{A,f}} \tag{19-33}$$

载体与待分离组分的可逆反应，提高了选择性，增大了传递通量，同时实现了分离和浓缩，与生物膜很类似。这一分离方法的关键在于选择合适的载体：C 与 A 的结合力小，选择性差，促进作用弱；C 与 A 的结合力太大则 A 的释放慢，也不利于促进传质。一般选择键能 10～50kJ/mol 的氢键、酸碱作用、螯合作用、π 键等。

② 双组分促进传递——耦合传递机理 分为同向传递和反向（逆向）传递。

同向传递（图 19-30）类似单组分传递，载体 C 与组分 A、B 在膜相/外相界面发生可逆化学反应，生成物在浓差作用下迁移至膜相/内相界面，与内相试剂 R 作用，A 与 B 转移至内相。同向传递的载体通常为非离子型的。

组分 A 通过液膜的通量：

$$J_A = \frac{D_A}{L}(C_{A,f} - C_{A,p}) + \frac{D_{AC}}{L} \times \frac{C_{A,f} - C_{B,p} C_{A,p}}{C_{B,f}(1 + K C_{A,p} C_{B,p})} \tag{19-34}$$

反向传递（图 19-31）是组分 A 与 B 以相反的传递方向穿过膜相。载体在膜相/外相界面与 A 发生可逆反应后的产物 AC 迁移至膜相/内相界面，与内相组分 B 反应转化为 BC，同时向内相释放 A，BC 迁移至膜相/外相界面，与 A 作用转化为 AC，并向外相释放 B，如此循环。反向传递载体通常为离子型的。

组分 A 通过液膜的通量：

$$J_A = \frac{D_A}{L}(C_{A,f} - C_{A,p}) + \frac{D_{AC}}{L} \times \frac{C_{A,f} - C_{B,p} C_{A,p}}{K - C_{A,p} + C_{B,p}} \tag{19-35}$$

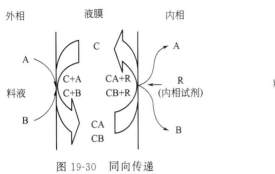

图 19-30　同向传递

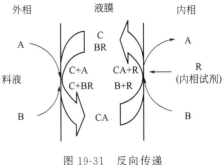

图 19-31　反向传递

19.9.7　液膜分离的过程和装置设备

（1）混合分离

混合分离是使乳状液膜与待分离的料液充分混合接触，形成 W/O/W 型或 O/W/O 型多重乳状液分离体系，通常采用将乳状液和料液混合搅拌或以连续流动的方式使乳状液和料液相互接触。对混合分离的要求一方面是两相间充分接触，以利于溶质的迁移，另一方面还必须考虑液膜的稳定性。因此，混合搅拌强度、流体的流量等是影响分离效率的因素。

（2）沉降澄清

沉降澄清则是将富集了迁移物质的乳化液与残液进行分离，该工序的要求是两相迅速分离并减少相互夹带，大多采用沉降槽实现分层澄清。

（3）破乳

为了使液膜得到重新利用并富集溶质的内相，需要将乳液破乳，分离出膜相用于循环制乳。在实际破乳过程中存在着乳状液滴尺寸小、破乳分离的速度较慢，可能导致生成第三相等不利因素。因此，破乳技术是乳状液膜分离技术实现工业化的关键环节。

（4）乳状液膜分离装置设备

乳状液膜分离主要装置设备有：制乳——搅拌槽，萃取——搅拌槽或转盘塔，沉降澄清——沉降槽，破乳——破乳器。

19.9.8　液膜分离的影响因素

如何使待分离物由非活化态转化为活化态而不是使干扰物质或其他不需要的物质变为活化态是提高液膜选择性的关键，这不仅需要从液膜构成入手，而且对分离过程所采取的操作条件必须加以严格限制。

（1）混合强度的影响

在制乳阶段，搅拌速度愈大，乳液直径愈小，乳液愈稳定。在水乳接触阶段，搅拌有一最佳值，速度过快，液膜容易破裂；相反，速度过慢，难以保证水、乳之间的充分混合，二者分离效率都会降低。

（2）操作时间

在制乳阶段，制乳时间越长，乳液分散状态越好，液膜越稳定。对乳液的基本要求是放置较长的时间还能保持稳定性。液膜和原料液接触时间有一最佳值，因为时间过长，会因液膜稳定性受到影响而影响分离效果，当然也不能太短，接触时间短，不能将待分离物质萃取到膜相，会影响分离效果。

（3）料液的浓度、酸度的影响

液膜分离属于非平衡分离过程，可对 1%～2% 以下浓度的料液进行分离。若溶质浓度过高，一级处理会达不到要求，必须采用多级处理方式。一般采用逆流操作，可以提高推动力。连续相 pH 决定渗透物的存在状态，在一定 pH 下，渗透物能与液膜中的载体形成配合物而进入液膜相，从而产生良好的分离效果，反之则分离效果差。通过调节溶液的 pH 可以把各种平衡常数 pK 不同的物质有选择地萃取出来。pH 对表面活性剂的稳定性也有影响。

（4）操作温度

操作温度也有一个最佳值，一般在室温下进行。提高操作温度，传质速率加快，但是液膜的黏度下降，这会降低分配比，增加液膜的挥发性，可能引起表面活性剂的水解，降低液膜稳定性和分离效率。

（5）油内比

油内比是指含表面活性剂的油膜体积与内相试剂体积之比，当它从 1 增至 2 时，液膜变厚，液膜稳定性增加，但渗透速率降低，传递速率下降。

（6）乳水比

液膜乳液体积与料液体积之比即乳水比，乳水比越大，渗透过程的接触面积越大，分离效果也越好，但乳液消耗多，成本高。从经济上看，在高效分离的同时，希望乳水比越小越好。

19.9.9　液膜的制备和应用

乳状液膜的制备通常采用搅拌、超声波或其他机械分散方式，使含有膜溶剂、表面活性剂、流动载体以及膜增强剂的膜相溶液与内相溶液进行混合。支撑液膜是利用界面张力和毛细管力作用，将膜相附着在多孔惰性支撑体微孔中制成的。

液膜分离主要应用于下列领域：

① 生化分离　从发酵液中提取氨基酸、有机酸等。

② 废水处理　含酚、氰、氨、汞、铜等的工业废水，采用液膜处理，可富集浓缩并回收有用物质。

③ 湿法冶金　从铜矿酸浸液中回收铜，从铀矿酸浸液中回收铀。

19.10
气体分离膜

19.10.1　概述

气体膜分离是指在以压力差为推动力的作用下，利用气体混合物中各组分在气体分离膜中渗透速率的不同而使各组分分离的过程。

气体膜分离技术的特点是：分离操作无相变化，不用加入分离剂，是一种节能的气体分离方法。它广泛应用于提取或浓缩各种混合气体中的有用成分，具有广阔的应用前景。

气体分离膜技术是近年来发展很快的一项新技术。不同的高分子膜对不同种类的气体分子的透过率和选择性不同，因而可以从气体混合物中选择分离某种气体。如从空气中收集氧，从合成氨尾气中回收氢，从石油裂解的混合气中分离氢、一氧化碳等。美国洛杉矶加州大学的化学家用一种叫作聚苯胺的能导电的有机材料制作出一种薄膜。这种聚合物能掺入带电的原子，通过改变掺杂剂的含量来改变薄膜的渗透性。在通过这种薄膜时，氧比氮快，二氧化碳比甲烷快，氢比氮更快，因此用这种薄膜制取氧气和氮气成本低。它们还可能用于消除汽车尾气和工业排出废气中的污染物。气体分离膜的研究主要集中在富氧膜上。制作富氧膜的高分子材料，要求兼具高透过性和高选择性。美国通用电气公司采用聚碳酸酯和有机硅的共聚物作为分离膜，经过一级分离就可获得40%富氧的空气。若以富氧的空气代替普通空气，将大大提高各种燃烧装置的效率，并可减少公害。国外还在开发一种水下呼吸器，它是一种直接从海水中提取溶解氧的潜水装置。

19.10.2　气体分离膜的发展历程

1829年，开始膜法气体透过性研究。

1831年，J. V. Mitchell研究了天然橡胶的透气性。

1950年，众多科学家研究大量气体分离膜。

1954年，Mears研究了玻璃态聚合物的透气性。

1965年，S. A. Sterm等从天然气中分离氦气。

1979年，美国Monsanto（孟山都公司）研制出"Prism"气体分离膜装置，通过在聚砜中空纤维膜外表面上涂敷致密的硅橡胶表层，从而得到高渗透率、高选择性的复合膜，成功地将之应用在合成氨弛放气中回收氢。成为气体分离膜发展中的里程碑。至今已有百多套在运行，Monsanto公司也因此成为世界上第一个大规模的气体分离膜专业公司。

从20世纪80年代开始，中国科学院（简称中科院）大连化物所、长春应化所等单位，在研究气体分离膜及其应用方面进行了积极有益的探索，并取得了长足进展。1985年，中科院大连化物所首次成功研制了聚砜中空纤维膜氮氢分离器。

19.10.3　气体分离膜材料分类

按材料的化学组成，气体分离膜材料有高分子膜材料、无机膜材料、有机-无机杂化膜材料。

(1) 高分子膜材料

高分子膜材料分橡胶态膜材料和玻璃态膜材料两大类。

玻璃态聚合物与橡胶态聚合物相比选择性较好，其原因是玻璃态的链迁移性比后者低得多。玻璃态膜材料的主要缺点是它的渗透性较低，橡胶态膜材料的普遍缺点是它在高压差下容易膨胀变形。目前，研究者们一直致力于研制开发具有高透气性和透气选择性、耐高温、耐化学介质的气体分离膜材料，并取得了一定的进展。

(2) 无机膜材料

无机膜的主要优点有：物理稳定性、化学稳定性和机械稳定性好；耐有机溶剂、氯化物和强酸、强碱溶液，并且不被微生物降解；操作简单、迅速、便宜等。

受目前工艺水平的限制，无机膜的缺点为：制造成本相对较高，大约是相同膜面积高分子膜的10倍；质地脆，需要特殊的形状和支撑系统；制造大面积稳定的且具有良好性能的膜比较困难；膜组件的安装、密封（尤其是在高温下）比较困难；表面活性较高等。

(3) 有机-无机杂化膜材料

采用有机-无机杂化膜，以耐高温高分子材料为分离层，以陶瓷膜为支撑层，既发挥了高分子膜高选择性的优势，又解决了支撑层材料耐高温、抗腐蚀的问题，为实现高温、腐蚀环境下的气体分离提供了可能性。

采用非对称膜时，它的表面致密层是起分离作用的活性层。为了获得高渗透通量和分离因子，表皮层应该薄而致密。实际上常常因为表皮层存在孔隙而使分离因子降低，为了克服这个问题可以针对不同膜材料选用适当的试剂进行处理。例如用三氟化硼处理聚砜非对称中空纤维膜，可以减小膜表面的孔隙，提高分离因子。

19.10.4　气体分离膜的表征

气体分离膜的表征三要素为渗透速率、选择性和寿命。

（1）气体分离膜的主要特性参数

① 渗透系数（Q）　渗透系数是单位压力单位膜面积在单位时间内透过单位膜厚度的气体的量。其单位是 $cm^3(STP)/(cm^2 \cdot s \cdot cmHg)$ 或 $cm^3(STP)/(cm^2 \cdot s \cdot atm)$。

② 分离系数

$$\alpha_{A/B} = \frac{\left(\dfrac{A\ 组分的浓度}{B\ 组分的浓度}\right)_{透过气}}{\left(\dfrac{A\ 组分的浓度}{B\ 组分的浓度}\right)_{原料气}} = \frac{p'_A/p'_B}{p_A/p_B} \tag{19-36}$$

③ 溶解度系数（S）。

（2）影响渗透通量与分离系数的因素

① 压力　气体膜分离的推动力为膜两侧的压力差，压差增大，气体中各组分的渗透通量也随之升高。但实际操作压差受能耗、膜强度、设备制造费用等条件的限制，需要综合考虑才能确定。

② 膜的厚度　膜的致密活性层的厚度减小，渗透通量增大。减小膜厚度的方法是采用复合膜，此种膜是在非对称膜表面加一层超薄的致密活性层，降低可致密活性层的厚度，使渗透通量提高。

③ 温度　温度对气体在高分子膜中的溶解度与扩散系数均有影响，一般说来温度升高，溶解度减小，而扩散系数增大。但比较而言，温度对扩散系数的影响更大，所以，渗透通量随温度的升高而增大。

19.10.5　气体分离膜的分离机理

两种或两种以上的气体混合物通过高分子膜时，由于各种气体在膜中的溶解和扩散系数的不同，导致气体在膜中的相对渗透速率有差异。在驱动力——膜两侧压力差作用下，渗透速率相对较快的气体，如水蒸气（H_2O）、氢气（H_2）、二氧化碳（CO_2）和氧气（O_2）等优先透过膜而被富集，而渗透速率相对较慢的气体，如甲烷（CH_4）、氮气（N_2）和一氧化碳（CO）

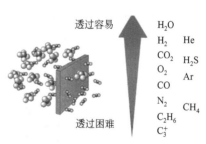

图 19-32　气体膜分离原理

等气体则是在膜的滞留侧被富集，从而达到混合气体分离的目的。气体膜分离原理见图 19-32。

19.10.5.1　多孔膜分离机理

气体分子在高分子膜表面遵循溶解-扩散渗透原理进行气体的分离。

（1）努森扩散

努森数 $K_n \gg 1$ 尤其当 $K_n \geq 10$ 时，气体分子平均自由程远大于膜孔径，呈努森扩散，孔内分子流动受分子与孔壁间的碰撞作用支配，见图 19-33。

（2）黏性流扩散

努森数 $K_n \leqslant 0.01$，膜孔径远大于操作条件下气体分子的平均运动自由程，孔内分子流动受分子之间碰撞作用支配，见图 19-34。

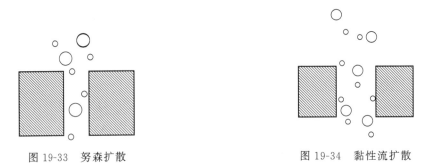

图 19-33　努森扩散　　　　　　　　　　图 19-34　黏性流扩散

（3）表面扩散

气体分子吸附在膜孔壁上，在浓度差的作用下，分子沿膜孔表面移动，产生表面扩散流，见图 19-35。

（4）分子筛分

膜孔介于不同气体分子直径之间，直径小的分子能通过膜孔，而大分子被挡住，达到分离效果。分子筛分见图 19-36。

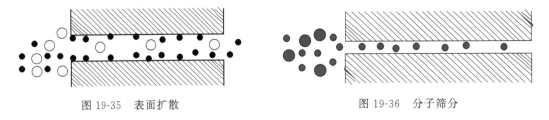

图 19-35　表面扩散　　　　　　　　　　图 19-36　分子筛分

（5）毛细管凝聚

在操作温度处于较低温度的情况下，当气体通过微孔介质时，易冷凝组分达到毛细管冷凝压力时，孔道被易冷凝组分的冷凝液体堵塞，从而阻止非冷凝组分渗透，从而出现毛细管冷凝分离，见图 19-37。

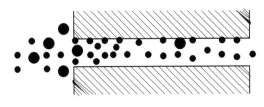

图 19-37　毛细管凝聚

19.10.5.2　非多孔膜分离机理

① 气体溶解在膜的上游表面，见图 19-38(a)。

② 在浓度差的作用下，溶解在上游表面的气体在膜中向膜的下游表面扩散（控制步骤），见图 19-38(b)。

③ 到达膜下游表面的气体从膜的下游表面解吸，见图 19-38(c)。

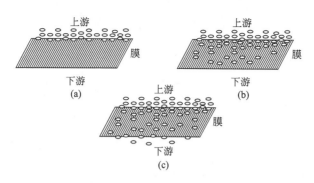

图 19-38　非多孔膜分离机理

19.10.6　气体分离膜的应用

自 1980 年以来，气体分离膜技术作为全球最先进的气体分离技术，在各个领域已经得到了广泛的应用，主要应用领域有：膜法提氢；膜法富氧、富氮；有机蒸气回收；天然气脱湿、提氢、脱二氧化碳和脱硫化氢等。

（1）氢气的回收

利用膜法进行气体分离最早用于氢气的回收。典型的例子是从合成氨弛放气中回收氢气。在合成氨生产过程中每天有大量氢气被混在弛放气中白白地烧掉，如果不加以回收，将会造成很大的浪费。

合成氨弛放气回收氢气的典型流程见图 19-39。合成氨弛放气首先进入水清洗塔除去或回收其中夹带的氨气，从而避免氨对膜性能的影响。经过预处理的气体进入第一组渗透器，透过膜的气体作为高压氢气回收，渗余气流进第二组渗透器中，渗透气体作为低压氢气回收。渗余气体中氢气含量较少，作为废气燃烧。两段回收的氢气循环使用。

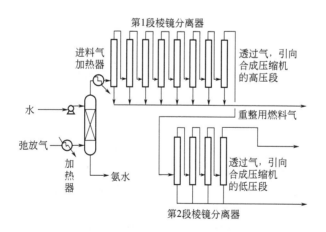

图 19-39　合成氨弛放气回收氢气的典型流程

（2）氮氧分离

空气中含氮 79％，含氧 21％。选用易于透过 O_2 的膜，在透过侧得到富集的 O_2，其浓度为 30％～40％，另一侧得到富集的氮气，其浓度可达 95％。膜法富氮与深冷和变压吸附法相比具有成本低、操作灵活、安全、设备轻便、体积小等优点。氮氧分离机理见图 19-40。

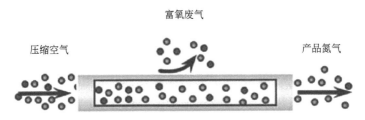

图 19-40　氮氧分离机理

(3) 脱除合成天然气中的 CO_2 制备城市煤气

合成天然气（液化石油气或石脑油精制气体）是城市煤气的主要来源之一。由于天然气中 CO_2 的含量（摩尔分数）为 18%～21%，如此高的 CO_2 浓度会降低合成天然气的热值和燃烧速率。因此，需将合成天然气中的 CO_2 含量降至 2.5%～3.0%。

图 19-41 为膜法制备城市煤气的工艺流程图。液化石油气或石脑油在热交换器中加热到 300～400℃，通入脱硫塔，在镍-钼催化剂的作用下，含硫化合物反应生成 H_2S，用 ZnO 吸附 H_2O。脱硫后的气体在管道内与水蒸气混合，在加热炉中加热到 550℃，进入甲烷转化器合成甲烷。合成天然气经热交换器降温到 40～50℃ 进入一级膜分离器，渗余气富含甲烷，输入城市煤气管道，透过气中含有少量甲烷，经压缩机加压进入二级膜分离器，透过气可作为加热炉或蒸汽锅炉的燃料，剩余气体回流，重新输入一级膜分离器。

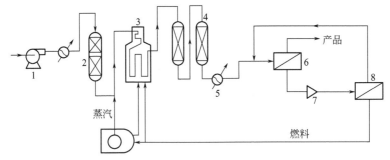

图 19-41　膜法制备城市煤气的工艺流程

1—泵；2—脱硫塔；3—加热炉；4—甲烷转化器；5—热交换器；

6——级膜分离器；7—压缩机；8—二级膜分离器

(4) 有机废气的回收

在许多石油化工、制药、油漆涂料、半导体等工业中，每天有大量的有机废气向大气中散发。废气中挥发性的有机物（简称 VOC）大多具有毒性，部分已被列为致癌物。VOC 的处理方法有两类：破坏性消除法和回收法。膜分离法作为一种有前途的回收法比其他方法都经济可行。

图 19-42 为膜法与冷凝法结合回收有机废气的流程。经压缩后的有机废气进入冷凝器，

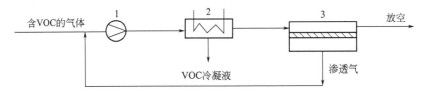

图 19-42　膜法与冷凝法结合回收有机废气流程

1—压缩机；2—冷凝器；3—膜组件

气体中的一部分 VOC 被冷凝下来，冷凝液可以再利用，而未凝气体进入膜组件中，其中 VOC 在压力差的推动下透过膜，渗余气为脱除 VOC 的气体，可以直接放空。透过气中富含有机蒸气，该气体循环至压缩机的进口。由于 VOC 的循环，回路中 VOC 浓度迅速上升，当进入冷凝器的压缩气体达到 VOC 的凝结浓度时，VOC 又被冷凝下来。

气体膜分离技术是一项高效、节能、环保的新兴技术，是 21 世纪关键的分离技术。随着膜科学的不断发展，国内外对膜分离方法的研制工作取得了可喜的成果。今后开展新的制膜方法与理论，新的制膜材料、流程和系统的优化等方面是研究的热点。

思 考 题

1. 什么叫膜分离技术？膜分离技术有何应用？举例说明。

2. 以压力差为推动力的膜分离技术主要有哪些？

3. 电渗析的工作原理是什么？电渗析极限电流密度公式中的 K 和 n 值的大小对电渗析装置有何影响？

4. 离子交换膜的性能是什么？

5. 在电渗析过程中，流经淡室的水中阴、阳离子分别向阴、阳膜不断地迁移，此时淡室中的水流是否仍旧保持电中性？如何从理论上加以解释？

6. 试述膜分离的原理。膜材料为什么能够具有选择渗透性？

7. 什么是膜的浓差极化？预防浓差极化的措施有哪些？

8. 膜性能指标有哪些？膜的分离特性是如何表征的？

9. 什么是膜污染？如何减轻膜的污染？

10. 什么是反渗透过程？渗透过程发生的必要条件是什么？

11. 微滤过程及其分离机理是什么？微滤膜的特点有哪些？

12. 简述超滤的分离机理与分离性能。

13. 比较液膜分离技术与普通的溶剂萃取技术的异同点。

14. 液膜分离机理有哪些？

15. 气体分离膜的分离机理有哪些？

16. 有机分离膜和无机分离膜的制备方法有哪些？举例说明各自的步骤。

17. 画出应用膜技术处理垃圾渗滤液的工艺流程图，并且说明各个过程的作用。

18. 画出利用自来水应用反渗透原理制备纯水的工艺流程，并且说明各过程的作用。

参 考 文 献

[1] Leavic S. Nitrogen removal from fertilizer wastewater by ion exchange [J]. Wat Res, 2000, 34 (1): 185-190.

[2] 何云. 连续式离子交换法处理硝铵废水 [J]. 大氮肥, 2000, 23 (4): 264-266.

[3] 张丽珍. 弱碱离子交换树脂应用于含酚废水的处理 [J]. 惠州大学学报, 2001, 21 (4): 52-56.

[4] 卡尔蒙 C, 戈尔德 H. 污染控制中的离子交换技术 [M]. 姜志新, 译. 北京: 原子能出版社, 1978.

[5] 武贵桃. 离子交换法去除与回收电镀废水中铬酸的实验研究 [J]. 河北省科学院学报, 2000, 17 (1): 43-45.

[6] 刘冰扬, 赵建民. 离子交换处理含铜废水的实验研究 [J]. 南京理工大学学报, 1995, 19 (2): 184-187.

[7] 王瑞祥. 离子交换处理含铬和铜废水的研究 [J]. 电镀与涂饰, 2002, 21 (4): 36-38.

[8] 陈秀芳. 离子交换法在废水处理中的应用 [J]. 科技情报开发与经济, 2004, 14 (7): 148, 149.

[9] 范小丰. 微生物燃料电池电极的改性及在废水中的应用研究 [D]. 景德镇: 景德镇陶瓷大学, 2016.

[10] 焦创. 流变相法制备包裹型纳米零价铁及处理重金属废水的研究 [D]. 景德镇: 景德镇陶瓷大学, 2013.

[11] 王博, 高冠道, 李凤祥, 等. 微生物电解池应用研究进展 [J]. 化工进展, 2017, 36 (3): 1084-1092.

[12] 鲁正伟, 伍永钢, 杨周生. 基于微生物电解池的废水生物处理技术研究进展 [J]. 工业水处理, 2016, 36 (6): 1-6.

[13] 叶国杰, 王一显, 罗培, 等. 水处理高级氧化法活性物种生成机制及其技术特征分析 [J]. 环境工程, 2020, 2: 1-15.

[14] 祖庸, 雷闫盈, 李晓娥, 等. 纳米 TiO_2——一种新型的无机抗菌剂 [J]. 现代化工, 1999, 19 (8): 46-48.

[15] 沈君全. TiO_2 光催化剂及其应用 [J]. 现代技术·陶瓷, 1998, 1: 32-37.

[16] 张宇婷. 纳米 TiO_2 及 TiO_2/PMMA 复合材料的制备及其性能研究 [D]. 扬州: 扬州大学, 2010.

[17] 方晓明, 陈焕钦. 纳米 TiO_2 的液相合成方法 [J]. 化工进展, 2001, 9: 17-21.

[18] 尹荔松, 周岐发, 唐新桂, 等. 溶胶-凝胶法制备纳米 TiO_2 的胶凝过程机理研究 [J]. 功能材料, 1999, 30 (4): 407-409.

[19] 刘宝春, 王锦堂, 顾国亮, 等. 水解法制备纳米级 TiO_2 [N]. 南京化工大学学报, 1997 (4).

[20] 汪国忠, 汪春昌, 张立德, 等. 材料研究学报 [N]. 东北林业大学学报, 1997 (5): 527.

[21] 刘守信, 王岩, 李海潮, 等. 载银光催化剂 Ag-TiO_2 合成及光催化性能 [N]. 2011 (6): 56-59.

[22] 王崔政, 隋昊彬. TiO_2/C 的制备及催化降解性能 [N]. 北华大学学报 (自然科学版), 2011 (3): 366-368.

[23] 王艳芹, 张莉, 程虎民, 等. 掺杂过渡金属离子的 TiO_2 复合纳米粒子光催化剂-罗丹明 B 的光催化降解 [N]. 高等学校化学学报, 2000.

[24] 水淼, 岳林海, 徐铸德. 稀土镧掺杂二氧化钛的光催化特性 [N]. 物理化学学报, 2000 (5).

[25] 李聪, 成岳, 王朝阳, 等. NaY/MCM-48 复合分子筛的制备及对活性艳蓝 KN-R 染料的吸附性能研究 [J]. 硅酸盐通报, 2016, 35 (2): 529-532.

[26] 李建金, 黄勇, 李大鹏. 厌氧颗粒污泥的特性、培养及应用研究进展 [J]. 环境科技, 2011, 24 (3): 59-63.

[27] 陆胜利. 世界能源问题与中国能源安全研究 [D]. 北京: 中共中央党校, 2011.

[28] 穆泉, 张世秋. 2013 年 1 月中国大面积雾霾事件直接社会经济损失评估 [J]. 中国环境科学, 2013, 33 (11): 2087-2094.

[29] 邓鑫. 浅析新能源的利用 [J]. 硅谷, 2010, 13: 125.

[30] 王萍, 郭麦平, 王理想, 等. 高浓度有机废水处理方法研究 [J]. 绿色科技, 2012 (3).

[31] 魏日出, 陈洪林, 张小明. 湿式催化氧化法处理含高浓度甲醛的草甘膦废水 [J]. 分子催化, 2013 (4).

［32］ 王洪臣. 我国污水处理业的发展历程与未来展望［J］. 环境保护，2012 (15)：19-23.

［33］ Logan B E，Hamelers B，Rozendal R，et al. Microbial fuel cells：Methodology and technology［J］. Environmental Science & Technology，2006，40：5181-5192.

［34］ 尤世界. 微生物燃料电池处理有机废水过程中的产电特性研究［D］. 哈尔滨：哈尔滨工业大学，2006：3，4.

［35］ 邹勇进，孙立贤，徐芬，等. 以新亚甲基蓝为电子媒介体的大肠杆菌微生物燃料电池的研究［J］. 高等学校化学学报，2007，28 (3)：510-513.

［36］ 黄旸，张更宇. 好氧颗粒污泥形成及其特点［J］. 山东化工，2016，45 (23)：157-159.

［37］ 郭晓磊，胡勇有，高孔荣. 厌氧颗粒污泥及其形成机理［J］. 给水排水，2000，26 (1)：33-38.

［38］ Logan B E，Rabaey K. Conversion of wastes into bioelectricity and chemicals using microbial electrochemical technologies［J］. Science，2012，337 (6095)：686-690.

［39］ 付楚芮，曲思建，董卫果，等. 煤化工废水萃取脱酚流程模拟［J］. 洁净煤技术，2017，23 (3)：94-99.

［40］ 高廷耀，顾国维，周琪. 水污染控制工程［M］. 4 版. 北京：高等教育出版社，2015.